湖北省一流本科课程建设成果教材

化学工业出版社"十四五"普通高等教育规划教材

中国石油和化学工业
优秀出版物奖
（教材奖）

有机化学

U0740319

吴爱斌　李水清　舒文明　主编

第二版

化学工业出版社
·北京·

内容简介

　　《有机化学》（第二版）是在第一版注重基础、强化应用和反映学科最新成果的基础上，结合近年来教学实践编写而成。全书共分 16 章，采用脂肪族和芳香族混编体系，以反应机理为主线组织教学内容。为便于教和学，本书配有电子课件，且每章后设有本章小结、习题和参考答案；另外，每章还附有相关的阅读材料，以拓宽学生的知识面、提高学习效率和实现人才培养的价值引领。

　　本书可作为石油类、农林类和医学类等专业的有机化学课程教材或教学参考书，也可供相关专业学生选用和社会读者阅读参考。

图书在版编目（CIP）数据

有机化学 / 吴爱斌，李水清，舒文明主编. -- 2 版 . --
北京：化学工业出版社，2024. 9. --（湖北省一流本
科课程建设成果教材）. -- ISBN 978-7-122-46219-0

Ⅰ. O62

中国国家版本馆 CIP 数据核字第 20245RT765 号

责任编辑：林　媛　蔡洪伟　旷英姿　　　　装帧设计：刘丽华
责任校对：李雨晴

出版发行：化学工业出版社
　　　　　（北京市东城区青年湖南街 13 号　邮政编码 100011）
印　　刷：北京云浩印刷有限责任公司
装　　订：三河市振勇印装有限公司
787mm×1092mm　1/16　印张 21¾　字数 533 千字
2024 年 11 月北京第 2 版第 1 次印刷

购书咨询：010-64518888　　　　　售后服务：010-64518899
网　　址：http://www. cip. com. cn
凡购买本书，如有缺损质量问题，本社销售中心负责调换。

定　　价：56.00 元　　　　　　　　　　版权所有　违者必究

　　《有机化学》自 2017 年第一次出版发行以来，承蒙广大读者及全国部分兄弟院校师生厚爱，已被多所高等学校用作石油类、农林类和医学类等本科生教材或教学参考书，本书可按 32～64 学时安排理论教学。

　　第一版教材的出版已有七年了，随着有机化学学科的不断发展，我国教学改革不断深入和教学水平逐步提高，这对教材提出了新的更高的要求。根据近年来教学实践检验以及部分兄弟院校师生和广大读者的宝贵意见和建议，现修订成第二版。第二版在保持第一版教材优势的基础上，对部分章节内容作了一定的修改和充实，增添了一些最新的研究成果，精选了部分富有启发性的习题。在每章后更新了有关阅读材料，紧紧围绕家国情怀、文化素养、法治意识和道德修养等方面开展，坚定学生理想信念，引导学生树立正确的人生观、世界观和价值观。有机化合物结构分析部分配有视频动画的数字资源，学生扫码即可观看，使得抽象、难懂的结构形象化，有利于学生理解和掌握。

　　本教材由吴爱斌、李水清和舒文明任主编，赵春、胡琳莉和胡圣扬任副主编，参加编写的人员还有黄剑平、戴捷和周智敏等。在第二版的编写过程中，参考了国内外众多学者的研究成果，在此作者一并致以诚挚的感谢。

　　限于作者的水平和教学经验，书中难免存在疏漏和不妥之处，恳请广大读者和同行批评指正。

编　者
2024 年 2 月

目录 ⬡

第3章
烷烃和环烷烃

041

习题参考答案

参考文献

第1章

绪论

学习目标

　　了解有机化学发展历程、研究对象以及有机化合物的特性，掌握有机化合物结构表示方法和有机化学结构理论（价键理论、杂化轨道理论和分子轨道理论），理解共价键的属性、有机酸碱理论、分子间相互作用力以及有机化合物分类原则与官能团结构。

素质目标

　　了解有机化学的产生和发展历程以及与工农业生产、社会生活与环境保护的关系；了解中国近代化学工业拓荒者——侯德榜，学习其吃苦耐劳、不畏艰难的品格以及奋发图强、百折不挠的精神和坚定投身科学研究为祖国做贡献的信念。

1.1 有机化学和有机化合物

　　有机化学是研究有机化合物的科学，即研究有机化合物的组成、结构、性质及其变化规律的科学，是化学学科的重要分支，是有机化学工业的理论基础。不论是化学工业、能源工业和材料工业，还是电子工业、国防工业和生命科学的发展，都离不开有机化学。有机化合物在组成上通常都含有碳和氢两种元素，在结构上可看作碳氢化合物分子中的氢原子被其他原子或基团取代后得到的衍生物，因此有机化合物可定义为碳氢化合物及其衍生物。有机化合物大量存在于自然界中（如粮、油、棉、麻、毛、丝、木材、糖、蛋白质、农药、塑料、染料、香料、医药和石油等），与人们的衣、食、住、行等日常生活密切相关，是人们生活中一刻也离不开的物质。

1.1.1 有机化学的产生和发展

　　有机化学的发展历史与无机化学相比要短得多，迄今有 200 多年。19 世纪初期当化学刚刚成为一门学科的时候，当时的有机物都是从动植物——即有生命的物体中取得的，而它们与由矿物界得到的矿石、金属、盐类等物质在组成和性质上又有较大的区别，更重要的是当时人们对生命现象的本质缺乏认识，认为有机物是不能用人工方法合成的，而只能由"生命力"所创造，因此将化学物质根据来源分成无机物与有机物两大类。"有机"这个名称也由此而来，意思是指"有生机之物"。1806 年，瑞典化学家 Berzelius J. 首先使用了"有机化学"这个词。随着科学的发展，越来越多的原来由生物体中取得的有机物，可以用人工的方法合成，而无需借助于"生命力"。但"有机"这个名称却被保留下来。由于有机化合物数目繁多，在结构和性质上又有许多共同的特点，因此有机化学逐渐发展成为一门独立的学科。

1828 年，德国化学家 Wöhler 在研究氰酸盐的过程中，意外地发现了用无机物氯化铵和氰酸银一起加热，可以制得有机物尿素。这是世界上第一次在实验室中从无机物制得有机物。毫无疑问，Wöhler 的这一伟大发现，是对"生命力学说"的有力冲击，打破了无机物和有机物绝对分明的界限，开辟了人工合成有机物的新纪元，是有机化学发展史上的一个重要里程碑。

$$NH_4Cl + AgOCN \longrightarrow AgCl\downarrow + NH_4OCN \xrightarrow{\triangle} H_2N-\overset{\displaystyle O}{\overset{\|}{C}}-NH_2$$

19 世纪中叶，化学家们陆续合成了相当多的有机物。1845 年，德国化学家 Kolber A. W. H. 合成了乙酸；1854 年，法国化学家 Berthelot P. E. M. 合成了油脂；1861 年，俄国化学家 Butlerov A. M. 合成了糖等。此后，许多天然有机化合物被合成出来，许多自然界中不存在的有机物也被制造出来。自此"生命力学说"被彻底否定，开创了合成有机化合物的新时代。

1858 年，德国化学家 Kekulé F. A. 和英国化学家 Couper A. S. 提出价键学说，奠定了分子结构的基础理论；1861 年，Butlerov A. M. 提出化学结构的概念，指出原子间存在相互影响；1865 年，Kekulé F. A. 提出苯的环状结构学说；1874 年，荷兰化学家 van't Hoff J. H. 和法国化学家 Le Bel J. A. 提出饱和碳原子的四面体构型学说，开创了有机化合物的立体化学研究；1916 年，美国化学家 Lewis G. N. 用电子对的方法说明化学键的生成；1926 年，德国化学家 Heitler W. 和 London F. 等人阐明了化学键的微观本质，建立了量子化学；1931 年，德国物理化学家 Hückel E. 用量子化学方法研究不饱和化合物和芳香化合物的结构；1933 年，英国化学家 Ingold C. K. 用化学动力学方法研究饱和碳原子上的取代反应机理；1943 年，Hassel D. 和 Barton D. H. R. 提出的构象分析方法，使人们对有机反应中分子的动态有了新的认识。20 世纪 60 年代，各种光谱分析方法的应用为有机分子结构的测定提供了强有力的手段，同时热力学和动力学方法以及同位素标记法的应用，极大地帮助了化学家对化学反应详细历程的理解。这些工作对有机化学的发展都起到了重要作用。

有机合成艺术大师 WoodWard R. B. 在 20 世纪中叶，不仅成功合成了叶绿素和维生素 B$_{12}$，还与 Hofmann R. H. 共同发现了分子轨道对称守恒原理，成功说明和预言了具有环状过渡态的协同反应；1967 年，Corey E. J. 首次提出了合成子的概念，并于 1985 年系统地提出了可普遍适用于各类复杂分子全合成的分析策略；1989 年哈佛大学的 Kishi 对海葵毒素（palytoxin）进行了全合成研究，该化合物有 64 个手性中心，其可能的异构体数为 2^{71} 个。海葵毒素的全合成成功，被认为是有机合成中的珠穆朗玛峰，标志着当今有机化学的理论和方法已发展到相当高的水平。

我国在有机化学发展中也起到了重要作用。1965 年，我国成功地运用人工方法合成了世界上第一个具有生物活性的蛋白质——结晶牛胰岛素；1981 年，我国成功地合成了分子量约为26000、具有与天然分子相同结构和完整生物活性的酵母丙氨酸转移核糖核酸；2000年，我国科学家在国际人类基因组计划工程中，成功地破译了人类3号染色体部分遗传密码，标志着我国在蛋白质和核酸的研究方面已进入世界先进行列。

1.1.2 有机化学的研究对象

一些简单的有机物，如甲烷（CH_4）、乙烯（$CH_2{=}CH_2$）、乙炔（$CH{\equiv}CH$）、苯（C_6H_6）、酒精（C_2H_5OH）、醋酸（CH_3COOH）、葡萄糖（$C_6H_{12}O_6$）等都是人们所熟悉的。这些化合物的元素组成有一个共同特点即都含有碳元素，因此，Gmelin L. 等认为有机物就是含碳的化合物，有机化学就是研究含碳化合物的化学。但是一氧化碳（CO）、二氧化碳（CO_2）和碳酸盐（CO_3^{2-}）等含碳化合物仍属于无机物。另外从上述列举的有机物分子式中可以看出，绝大部分有机物都含有氢元素，而且许多有机物除了含碳、氢元素外，还含有氧、氮、硫、磷和卤素等。因此，Schörlemmer C. 等认为有机物就是碳氢化合物及其衍生物，有机化学是研究碳氢化合物及其衍生物的化学。

通常，把只含有碳、氢两种元素的化合物称为烃，因而有机化合物亦称为烃及其衍生物。有机化学就是研究烃及其衍生物的组成、结构、性质及其变化规律的科学。

1.1.3 有机化合物的特性

与无机物相比，有机物一般具有如下特性。

（1）数量庞大，结构复杂，同分异构现象普遍存在　构成有机物的主要元素种类不多，但有机物的数量却非常庞大。据估计，目前世界上有机物的数量已超过1000万种，而且这个数量还在与日俱增，几乎每天至少有一种新的有机物被合成或被发现。但是由100多种元素构成的无机物的数量迄今仅有十几万种。有机物数量庞大与其结构的复杂性密切相关。构成有机物主体的碳原子不但数目可以很多，而且相互结合能力较强，可以以单键、双键或三键相连，还可以相互连接成不同形式的碳链或碳环。这样就导致有机物普遍存在同分异构现象，所谓同分异构现象是指有机化合物分子式相同，但结构式不同，从而性质各异的现象。这些都是造成有机物数量庞大和结构复杂的原因。

例如，乙醇和甲醚，互为同分异构体，分子式均为C_2H_6O，但它们的结构不同（见图1-1），因而物理性质[如沸点(b. p.)]和化学性质也不相同。由于有机化合物中普遍存在同分异构现象，故在有机化学中不能只用分子式来表示某一有机化合物，必须使用构造式或构型式。

乙醇(沸点78.5℃)　　　甲醚(沸点−25℃)

图 1-1　乙醇和甲醚结构式

（2）容易燃烧　除少数例外，几乎所有的有机物都能燃烧，生成二氧化碳和水，同时放出大量热量。而大多数无机物，如酸、碱、盐或氧化物等都不能燃烧。因此有时采用灼烧试验区别有机物和无机物。

（3）熔点和沸点较低，热稳定性较差　有机物分子中的化学键一般是共价键，而无机物中一般是离子键。有机物分子之间相互作用力是范德华（van der Waals）力，而无机物分子之间是静电引力，这就决定了有机物通常以分子状态存在，分子间的吸引力主要是微弱的范德华力，所以有机物的熔、沸点较低，受热易分解。而无机物如酸、碱、盐等都是离子型化合物，正、负离子之间静电吸引力很强，离子排列比较整齐，要破坏这种引力需要较高的能量，因此无机物的熔、沸点较高，热稳定性较好。

一般来说，纯的有机物都有固定的熔点和沸点，熔点和沸点是有机物非常重要的物理常数，人们常利用测定熔点和沸点的来鉴定有机物。

（4）难溶于水、易溶于有机溶剂　溶解是一个复杂的过程，一般服从"相似相溶原理"规律。有机物是以共价键相连的碳链或碳环，一般是弱极性或非极性的化合物，而水是一种强极性物质，故大多数有机物在水中的溶解度都很小，易溶于非极性或极性较弱的有机溶剂中，而极性较强的无机物大多易溶于水，不易溶于有机溶剂。因此，有机化学反应常在有机溶剂中进行，而无机化学反应常在水中进行。

（5）反应速率慢，副反应多且产物复杂　无机物的反应一般都是离子型反应，反应速率非常快，几乎无法测定。例如，下列反应在瞬间完成且产物单纯。

$$AgNO_3 + NaCl \longrightarrow AgCl\downarrow + NaNO_3$$

而大多数有机物的反应，包括原共价键断裂和新共价键形成的过程，所以反应速率通常较慢，一般需要几小时，甚至几十小时才能完成。因此，常采用加热、加压、光照、搅拌或加催化剂等措施来加速有机反应的进行。

在有机反应中，反应中心往往不局限于有机物分子的某一固定部位，而是可以在不同部位同时发生反应，得到多种产物。而且反应生成的初级产物还可能继续发生反应，得到进一步的产物。因此，常把某一反应中产率较高的产物称为主要产物，产率较低的产物称为副产物。为了提高主产物的产率，控制好反应条件是十分必要的。由于经反应得到的产物是混合物，故还需要经过分离、提纯等步骤，才能获得较纯净的有机物。在书写有机反应方程式时，常采用箭头，而不用等号，一般只写出主要反应及其产物，并在箭头上标明反应的必要条件。反应方程式一般不需要配平，只是在需要计算理论产率时，有机反应才要求配平。

1.1.4　有机化合物的分子结构和结构式

原子按照一定的键合顺序和空间排列而结合在一起的整体，称为分子。这种键合顺序和空间排列关系称为分子结构。由于分子内原子间的相互作用，分子的物理和化学性质不仅取决于其组成原子的种类和数目，更取决于分子的结构（例如，同分异构体等）。因此，可以根据有机化合物的结构预测其性质，也可以根据物质的性质推测其结构。

分子结构通常用结构式表示，结构式是分子结构的化学表示式。一般使用的结构式有短线式（见图1-1，乙醇和甲醚的表示式）、缩简式和键线式（如表1-1）。短线式书写不便，一般只在阐明反应机理时才使用；对于开链化合物，习惯用缩简式表示；环状化合物通常用键线式表示；如果结构中同时含有碳链和碳环，则采用缩简式和键线式相结合的结构式。需要指出的是，书写键线式时，用短线表示化学键，拐角和线端表示碳原子。除氢原子外，与碳相连的其他原子（如O，N，S等）或基团，需用元素符号或缩写符号表示。

化合物	缩简式	键线式	缩简式-键线式
正戊烷	$CH_3CH_2CH_2CH_2CH_3$ 或 $CH_3(CH_2)_3CH_3$		
1-丁烯	$CH_3CH_2CH=\!\!=CH_2$		
2-丁酮	$CH_3CH_2CCH_3$ 下方 O		
正丙醇	$CH_3CH_2CH_2OH$ 或 $CH_3(CH_2)_2OH$		
丁酸	$CH_3CH_2CH_2COOH$ 或 $CH_3(CH_2)_2COOH$		
乙基环己烷	结构式		—CH_2CH_3
苯	结构式		
苯甲醇	结构式		—CH_2OH

需要指出的是，上述书写的结构式并不能完全代表分子的真实结构。分子结构包括组成分子的原子彼此间的连接顺序（即分子的构造）以及各原子在空间的相对位置（即分子的构型和构象），因此上述书写的表示分子结构的化学式，严格意义上讲应称为构造式。

1.2　有机化合物中的共价键

碳元素在周期表中位于第二周期第ⅣA族，介于典型金属与典型非金属之间，是组成有机物的主要元素。由于碳元素所处的特殊位置，使得它具有不易失去电子形成正离子，也不易得到电子形成负离子的特性，故在形成化合物时更倾向于形成共价键。大多数有机物分子里的碳原子跟其他原子是以共价键相结合的，共价键是有机物分子中主要的、典型的化学键。

1.2.1　共价键的形成

共价键的概念是 Lewis G. N. 于 1916 年提出的。共价即电子对共用或电子配对。Lewis 指出，氢气分子的形成是由两个氢原子各提供一个电子，通过共用一对电子而结合成共价键，从而两个氢原子都具有类似于氦的二电子稳定电子构型。

$$H\cdot + \cdot H \longrightarrow H:H \ 或 \ H—H$$
$$(1) \qquad (2)$$

式（1）称为 Lewis 结构式，式（2）为短线式，其中的短线表示一对电子。二者都是常用的表示分子内原子成键的式子。

碳原子最外层具有四个价电子，可分别与四个氢原子形成四个共价键而构成甲烷分子。

$$\cdot \overset{\cdot}{\underset{\cdot}{C}} \cdot + 4H\cdot \longrightarrow H \overset{H}{\underset{H}{::}} C :: H \quad 或 \quad H-\overset{H}{\underset{H}{C}}-H$$

甲烷分子中的碳原子具有类似于氖的八电子稳定电子构型。上述共用一对电子形成的键称为单键，若共用两对或三对电子，则分别称为双键和三键。例如，乙烯最稳定的 Lewis 结构中包含一个碳碳双键，乙炔最稳定的 Lewis 结构中包含一个碳碳三键，其中每个碳原子均具有完整的八隅体。

$$H \overset{\cdot\cdot}{\underset{\cdot\cdot}{C}} :: \overset{\cdot\cdot}{\underset{\cdot\cdot}{C}} H \quad 或 \quad \overset{H}{\underset{H}{}}C = C\overset{H}{\underset{H}{}} \qquad H:C:::C:H \quad 或 \quad H-C\equiv C-H$$

Lewis 的共用电子对形成共价键的概念，虽然可以表述分子结构，但是对共价键形成的本质并未予以说明，直到将量子力学引入化学中，建立和发展了量子化学，人们才对共价键的形成有了更多认识。根据量子力学对不同分子体系 Schrödinger 方程的近似处理，共价键形成的理论解释有多种方法，其中常用的有价键理论和分子轨道理论。

1.2.1.1 价键理论

价键理论认为，共价键的形成可以看作是原子轨道的重叠或电子配对的结果。但只有当两个原子各有一个未成对的电子且自旋方向相反时，它们才能配对成键，形成一个共价单键。原子轨道重叠时，两个原子核间电子云密度最大，因而降低了两核之间的正电排斥，增加了两核对负电的吸引，成键电子定域在两个成键原子之间，使整个体系的能量降低，形成稳定的共价键。例如，两个氢原子的 1s 轨道互相重叠生成氢分子（图 1-2）。

图 1-2　氢原子的 s 轨道重叠形成氢分子

共价键具有饱和性。在形成共价键时，一个原子有几个未成对电子，它就可以和几个自旋方向相反的电子配对成键，不再与多于它的未成对电子配对，即共价键的饱和性。例如，HCl 分子的形成中，氢原子的一个未成对电子与氯原子的一个未成对电子已经配对成键，就不可能再与其他原子的电子配对了。

共价键具有方向性。在原子轨道重叠时，重叠的程度越大，所形成的共价键越牢固。因此原子轨道只能在一定方向上进行交盖才能达到最大程度的重叠，而形成稳定的共价键，即共价键的方向性。如在图 1-3 中，氢原子的 1s 轨道与氯原子的 $3p_x$ 轨道重叠形成 HCl 时，有三种可能重叠情况，但只有在（1）所示的 x 轴方向轨道才有最大的重叠。

碳原子在基态时，核外电子排布为 $1s^2 2s^2 2p_x^{\,1} 2p_y^{\,1}$，只有两个未成对电子。根据价键理论观点，碳原子应是两价的。但大量事实都证实，在有机物中碳原子都是四价的，而且在饱和化合物中，碳的四价都是等同的。为了解决这类矛盾，1931 年 Pauling L. 在价键理论

| (1) 重叠最大(稳定) | (2) 重叠较小(不稳定) | (3) 不能结合 |

图 1-3　氢原子的 1s 轨道与氯原子的 $3p_x$ 轨道的重叠

的基础上提出了原子轨道杂化理论，Pauling L. 也因对有机物结构理论的贡献而获得诺贝尔化学奖。

　　杂化就是成键原子的几种能量相近的原子轨道相互影响和混合后重新组成复杂的原子轨道的过程。在杂化中所形成的等价新轨道叫杂化轨道。杂化轨道的数目等于参加杂化的原子轨道的数目。根据原子轨道杂化理论，碳原子在成键的过程中首先要吸收一定的能量，使 2s 轨道的一个电子跃迁到 2p 空轨道中，形成碳原子的激发态。激发态的碳原子具有四个单电子，因此碳原子为四价的。

　　碳原子的轨道杂化一般有三种可能的类型：2s 轨道和全部三个 2p 轨道杂化，称为 sp^3 杂化。例如，甲烷分子中的碳原子经 sp^3 杂化后成键而具有空间正四面体结构。2s 轨道和两个 2p 轨道杂化，称为 sp^2 杂化。例如，乙烯分子中的碳原子经 sp^2 杂化后成键而具有平面结构。2s 轨道和一个 2p 轨道杂化，称为 sp 杂化。例如，乙炔分子中的碳原子经 sp 杂化后成键而具有直线形结构。具体将在后续章节中详细讨论。

　　碳原子的 sp^3、sp^2、sp 杂化轨道的形状相似，但其中 s 轨道的成分不同，能量及电负性均有差别，与其他原子形成 σ 键的稳定程度也有差别。s 成分多的轨道，核对轨道中的电子束缚力强。

1.2.1.2　分子轨道理论

　　分子轨道理论是 1932 年美国化学家 Mulliken　R.S. 提出的，他是从分子整体出发来研究分子中每一个电子的运动状态。分子轨道理论认为，分子中的成键电子不是定域在两个成键原子之间，而是围绕整个分子运动的。利用薛定谔方程求解分子轨道 ψ 很困难，一般采用近似解法。其中最常用的是原子轨道线性组合法，即将分子轨道看成是原子轨道函数的相加或相减。一个分子的分子轨道数目等于组成该分子的原子轨道数目的总和。

　　两个原子轨道可以线性组合成两个分子轨道：

$$\psi_1 = C_1\psi_A + C_2\psi_B \tag{1}$$

$$\psi_2 = C_1\psi_A - C_2\psi_B \tag{2}$$

　　式中，ψ_1 和 ψ_2 为两个分子轨道的波函数；ψ_A 和 ψ_B 分别为原子 A 和 B 的原子轨道的波函数；C_1 和 C_2 为两个原子轨道的特定系数。在式（1）中，ψ_A 和 ψ_B 的符号相同，即两个波函数的位相相同。它们叠加的结果使两个波函数值增大，电子概率密度增大（图 1-4），两原子轨道重叠达到了最大程度，从而形成稳定的共价键。这样的分子轨道（ψ_1）能量低于原来的原子轨道，称为成键轨道。在式（2）中，ψ_A 和 ψ_B 的符号相反，即两个函数的位相不同。它们叠加的结果使两个波函数值减小（或抵消），电子概率密度减小或出现节点（图 1-5），两核之间产生斥力，原子轨道重叠很少或不能重叠，因而不能形成共价键。这样的分子轨道（ψ_2）能量高于原来的原子轨道，称为反键轨道。

图 1-4　两个位相相同的波函数相互叠加结果示意图

图 1-5　两个位相不同的波函数相互叠加结果示意图

与价键理论相似，每一个分子轨道最多只能容纳两个自旋方向相反的电子，从最低能级的分子轨道开始，逐个填充电子。例如，两个氢原子形成氢分子时（图 1-6），一对自旋相反的电子进入能量低的成键轨道（ψ_1）中，电子云主要集中于两个原子核间，体系能量最低，从而使氢分子处于稳定的状态。反键轨道的电子云主要分布于原子核的外侧，不利于原子的结合而有利于核的分离。所以，当电子进入反键轨道时，反键轨道的能量高于原子轨道，体系不稳定，氢分子自动解离为两个氢原子。

图 1-6　氢分子轨道能级图

分子轨道是由原子轨道线性组合而成的，但并不是任何原子轨道都可以构成分子轨道。原子轨道组合成稳定的分子轨道，必须具备成键的三个条件。

① 对称性匹配　组成分子轨道的原子轨道的位相必须相同，才能匹配组成分子轨道。

② 能量相近　成键的原子轨道的能量相近，能量差越小，才能最有效地组成分子轨道，

形成的共价键才越稳定。

③ 最大重叠 原子轨道重叠程度越大，形成的共价键越稳定。

1.2.2 共价键的属性

在有机化学中，经常用到的键参数有键长、键能、键角和键的极性。这些物理量可用来表征共价键的性质，可利用近代物理方法测定。

(1) 键长 两个成键原子的核间平均距离称为键长（键距），单位为 nm（$1nm = 1 \times 10^{-9}m$）。不同原子形成的共价键的键长是不同的，而同一类型共价键的键长在不同的化合物中也不完全相同，这是由于构成共价键的原子在分子中不是孤立的，而是相互影响的。例如，C—C 键在丙烷中为 0.154nm，而在环己烷中为 0.153nm。一般来说，形成的共价键越短，表示键越强，越牢固。一些常见共价键的键长见表 1-2。

▫ 表 1-2 常见共价键的键长

共价键	键长/nm	共价键	键长/nm
C—H	0.109	C =C	0.134
C—C	0.154	C≡C	0.120
C—N	0.147	C =N	0.130
C—O	0.144	C≡N	0.115
C—S	0.181	C =O	0.123
C—F	0.142	N—H	0.104
C—Cl	0.177	O—H	0.096
C—Br	0.194	S—H	0.135
C—I	0.214		

(2) 键能 形成共价键过程中体系释放出的能量，或共价键断裂过程中体系所吸收的能量，称为键能，单位通常用 $kJ \cdot mol^{-1}$ 表示。键能反映了共价键的强度，是决定一个反应能否进行的基本参数。通常键能越大，则键越牢固。不同分子中的同一种化学键或者同一分子内不同位置的化学键，其键能也不尽相同。一些常见分子中共价键的键能如表 1-3 所示。

▫ 表 1-3 一些常见分子中共价键的键能

共价键	键能/$kJ \cdot mol^{-1}$	共价键	键能/$kJ \cdot mol^{-1}$
H_3C—CH_3	377	H_3C—NH_2	360
H_3C—CH =CH_2	426	H_3C—F	460
H—CH_3	439	H_3C—Cl	350
H—CH_2CH_3	420	H_3C—Br	294
H—CH$(CH_3)_2$	410	H_3C—I	240
H—C$(CH_3)_3$	400	H_2C =CH_2	728
HO—CH_3	385	HC≡CH	954

(3) 键角 两价以上的原子在与其他原子成键时，键与键的夹角称为键角。键角反映了分子的空间结构，键角的大小与成键的中心原子有关，也随着分子结构不同而改变。例如，

甲烷分子中∠HCH 为 109°28′，而在丙烷分子中的∠C—CH$_2$—C 是 112°。

（4）键的极性、分子的极性和键的极化 由于成键的两个原子之间的电负性差异而引起的电子云分配的变化，称为键的极性。当两个相同的原子形成共价键时，由于两个原子的电负性相同，对键合电子的吸引力一样，电子云均匀地分布在两个原子核之间，键的正、负电荷中心恰好重合，这种键是没有极性的，叫做非极性共价键。例如，氢分子中的 H—H 键和乙烷分子中的 C—C 键；当两个不相同的原子形成共价键时，由于电负性的差异，电子云偏向电负性较大的原子一方，使正、负电荷重心不能重合，电负性较大的原子带有微弱的负电荷（用 δ$^-$ 表示），电负性较小的原子带有微弱的正电荷（用 δ$^+$ 表示），即此键有一个正极和一个负极，这种键叫做极性共价键。例如，一氯甲烷中的 C—Cl 键，电子云偏向氯原子，使之带有微弱的负电荷，电负性较小的碳原子带有微弱的正电荷。

$$CH_3^{\delta+} \rightarrow Cl^{\delta-}$$

常见元素的电负性见表 1-4。

▫ 表 1-4 常见元素的电负性

H 2.20						
Li 0.98	Be 1.57	B 2.04	C 2.55	N 3.04	O 3.44	F 3.98
Na 0.93	Mg 1.31	Al 1.61	Si 1.90	P 2.19	S 2.58	Cl 3.16
						Br 2.96
						I 2.66

键的极性是用偶极矩（μ）来度量的，偶极矩是电荷量与正、负电荷中心之间距离的乘积（$\mu = qd$），单位为库仑·米（C·m）。偶极矩是矢量，具有方向性，一般用 +→ 表示，箭头表示由正端指向负端。表 1-5 列出了一些常见共价键的偶极矩。

▫ 表 1-5 一些常见共价键的偶极矩

共价键	偶极矩/C·m	共价键	偶极矩/C·m
C—H	1.33	C—Cl	4.78
N—H	4.37	C—Br	4.60
O—H	5.04	C—I	3.97
S—H	2.27	C—N	0.73
Cl—H	3.60	C≡N	11.67
Br—H	2.60	C—O	2.47
I—H	1.27	C═O	7.67
C—F	4.70	C—S	3.00

分子的极性是指在一个分子中，如果它的正电中心和负电中心不相重合，则它就具有极

性，这样的分子称为极性分子，反之则称为非极性分子。在双原子分子中，键的偶极矩就是分子的偶极矩。例如，H_2 为非极性分子，HCl 为极性分子。但多原子分子的偶极矩，则是整个分子中各个共价键偶极矩的矢量和。例如，甲烷和四氯化碳是对称分子，各键偶极矩的矢量和等于零，故为非极性分子；三氯甲烷分子中，各个键的偶极矩的矢量和不等于零，为极性分子。

$$\mu=0 \qquad\qquad \mu=0 \qquad\qquad \mu=3.63\times10^{-30}\,C\cdot m$$

键的极性和分子的极性对物质的熔点、沸点和溶解度都有很大的影响，键的极性也能决定发生在这个键上的反应类型，甚至还能影响到附近键的反应活性。

键的极化是指极性键或非极性键的成键电子云，在外加电场（包括进攻试剂产生的电场）的影响下而发生分布状态的改变，其结果导致极性键的极性增强，而非极性键产生极性。键的极化是暂时的，当外电场存在时表现出来，而外电场消失时则恢复至原来的状态。键的极化是用极化度来度量的，它表示成键电子被成键原子核约束的相对强度。极化度越大的共价键，越容易受外界电场影响而发生极化。通常情况下，成键原子的体积越大，电负性越小，对成键电子的约束越小，则键的极化度就越大。例如，碳卤键的极化度为 C—I＞C—Br＞C—Cl＞C—F；π 键比 σ 键易极化。键的极化对键的化学反应活性常常起决定性作用。

1.2.3 共价键的断裂方式和有机反应的类型

化学反应是旧键断裂、新键生成的过程。根据共价键断裂方式可以把有机化学反应分为不同的类型。

（1）均裂　在共价键断裂时，成键的一对电子平均分给两个原子或原子团，这种断裂方式称为均裂。均裂反应一般要在光照、辐射或高温加热下进行，如果反应体系中有容易产生自由基的引发剂（如过氧化物）、低键能的共价键等均易引发均裂反应。均裂生成的带单电子的原子或原子团称为自由基。通过自由基活性中间体而进行的反应称为自由基反应。

$$C:Y \xrightarrow{\text{均裂}} C\cdot + Y\cdot$$

（2）异裂　在共价键断裂时，成键的一对电子完全为成键原子中的一个原子或原子团所占有，这种断裂方式称为异裂。异裂反应一般需要酸、碱催化或有极性物质存在下进行。共价键异裂产生正离子和负离子。当成键两原子之一是碳原子时，异裂既可生成碳正离子，也可生成碳负离子。通过正、负离子中间体而进行的反应称为离子型反应。离子型反应根据反应实际类型的不同，又可分为亲电反应和亲核反应。亲电反应又可再分为亲电加成反应和亲电取代反应；亲核反应也可再分为亲核加成反应和亲核取代反应。

$$C:Y \xrightarrow{\text{异裂}} :C^- + Y^+$$

另外，还有一类反应不同于以上两类反应，反应过程中旧键的断裂和新键的生成同时进行，经过环状过渡态且无活性中间体生成，这类反应称为周环反应。

在有机反应中，共价键断裂所产生的自由基、正离子和负离子，活性高、寿命短，不能稳定存在，往往在生成的一瞬间就参加化学反应，很难将它们分离出来。只有当带正电荷、负电荷或单电子的碳原子连接着能够稳定这些电荷或单电子的某种基团时，才能存在较长时间。用特殊的化学或物理手段，可以证明活性中间体的存在，这对于了解有机反应机理极其重要。

1.3 酸碱的概念

随着化学学科的发展，酸碱的含义和范围在不断扩大和发展。在有机化学中，有很多化合物是酸或碱，有许多反应是酸碱反应，而且还有不少反应是在酸催化或碱催化下进行的。因此，理解有机化学中的酸碱理论，对理解有机化合物性质与结构的关系、分析反应机理、选择反应条件具有重要意义。现将有机化学中常用的三种酸碱理论概括如下。

1.3.1 Brönsted 酸碱理论

1923 年丹麦化学家 Brönsted J. N. 提出了质子酸碱理论，定义凡是能给出质子的分子或离子都称为酸，如 HCl、NH_4^+、H_2O、CH_3COOH、HSO_4^- 等；凡是能与质子结合的分子或离子都称为碱，如 Cl^-、NH_3、OH^-、SO_4^{2-}、CH_3COO^- 等。酸碱反应都是质子由酸转移到碱的过程：酸失去质子，剩余的基团就是它的共轭碱；碱得到质子生成的物质就是它的共轭酸。

质子转移反应表示如下：

酸		碱		共轭酸		共轭碱
HA	+	B	$\rightleftharpoons$	HB^+	+	A^-
H_2O	+	CH_3COO^-	$\rightleftharpoons$	CH_3COOH	+	OH^-
CH_3COOH	+	H_2O	$\rightleftharpoons$	H_3O^+	+	CH_3COO^-
HCl	+	NH_3	$\rightleftharpoons$	NH_4^+	+	Cl^-

质子酸碱理论是以给出质子或接受质子确定酸或碱，所以酸碱的概念是相对的。同一种物质在不同的反应中，表现出不同的性质，在一个反应中是酸，而在另一反应中可以是碱。例如，H_2O 对 CH_3COO^- 来说是酸，而 H_2O 对 CH_3COOH 则是碱。一个酸碱反应是由两对互为共轭的酸碱组成的。在共轭酸碱中，给出质子能力强的酸为强酸，其共轭碱为弱碱；接受质子能力强的碱为强碱，其共轭酸为弱酸，反之亦然。

酸或碱的强度可用解离平衡常数 K_a 或 K_b 表示。例如，CH_3COOH 在水溶液中的解离平衡常数为：

$$CH_3COOH + H_2O \rightleftharpoons CH_3COO^- + H_3O^+$$

$$K_a = \frac{[CH_3COO^-][H_3O^+]}{[CH_3COOH]}$$

式中，$[CH_3COO^-]$、$[H_3O^+]$、$[CH_3COOH]$ 分别为 CH_3COO^-、H_3O^+、CH_3COOH 的平衡浓度。

K_a 值大，表示酸性越强。常将 K_a 转化成 pK_a（$pK_a = -\lg K_a$）；同样，碱的强度则用 K_b 或 pK_b 表示。在水溶液中，共轭酸/碱的 pK_a 与 pK_b 之和为 14，即 $pK_a + pK_b = 14$

有机化学中常遇到的共轭酸碱对的强度见表 1-6。

酸	共轭碱	pK_a	酸	共轭碱	pK_a
H_2SO_4	HSO_4^-	-9	NH_3	NH_2^-	34
HI	I^-	-10	C_6H_5SH	$C_6H_5S^-$	7.8
HBr	Br^-	-9	HCOOH	$HCOO^-$	3.77
HCl	Cl^-	-7	CH_3COOH	CH_3COO^-	4.74
HF	F^-	3.18	ArCOOH	$ArCOO^-$	4.20
HNO_3	NO_3^-	-1.3	$ArNH_3^+$	$ArNH_2$	4.60
H_3PO_4	$H_2PO_4^-$	2.12	ArOH	ArO^-	10.0
HCN	CN^-	9.2			
HNO_2	NO_2^-	3.23	CH_3CH_2OH	$CH_3CH_2O^-$	16
H_2CO_3	HCO_3^-	6.35	CH_3OH	CH_3O^-	15.5
HCO_3^-	CO_3^{2-}	10.2	$HC{\equiv}CH$	$HC{\equiv}C^-$	26
H_2O	OH^-	15.7	$H_2C{=}CH_2$	$H_2C{=}CH^-$	36
NH_4^+	NH_3	9.24	CH_4	CH_3^-	39

1.3.2　Lewis 酸碱理论

1923 年，美国物理化学家 Lewis G. N. 提出了电子酸碱理论，定义凡能接受电子对的物质都称为酸，如 BF_3、$AlCl_3$、H^+、Ag^+、RCH_2^+ 等；凡能给出电子对的物质都称为碱，如 NH_3、H_2O、RNH_2、ROR、$CH_2{=}CHR$ 等。

酸和碱的反应可用下式表示，其中 A 是 Lewis 酸，它一定是缺电子体，至少有一个原子具有空轨道，具有接受电子对的能力，在有机反应中常称为亲电试剂；B 是 Lewis 碱，它至少含有一对未共用电子对，具有给予电子对的能力，在有机反应中常称为亲核试剂。酸和碱反应生成的 AB 叫做酸碱加合物。

$$
\begin{array}{cccc}
& \text{Lewis 酸} & \text{Lewis 碱} & \text{酸碱加合物} \\
\text{通式} & A & +\quad :B \longrightarrow & A:B \\
& AlCl_3 & +\quad :Cl^- \longrightarrow & [Cl:AlCl_3]^- \\
& CH_3^+ & +\quad :Cl^- \longrightarrow & Cl:CH_3 \\
& H^+ & +\quad C_2H_5O^- \longrightarrow & C_2H_5O:H
\end{array}
$$

常见的 Lewis 酸有以下几种类型：金属离子如 Li^+、Ag^+、Cu^{2+} 等；中性分子如 BF_3、$AlCl_3$、$SnCl_2$、$ZnCl_2$、$FeCl_3$ 及含有羰基、氰基等极性基团的有机化合物等；正离子如 R^+、RCO^+、Br^+、NO_2^+、H^+ 等。常见的 Lewis 碱有以下几种类型：具有未共用电子对的化合物如 H_2O、NH_3、RSH、ROH、RNH_2、ROR、烯或芳香化合物等；负离子如 X^-、OH^-、RO^-、SH^-、R^- 等。

Lewis 碱与 Brönsted 碱两者是一致的，但 Lewis 酸要比 Brönsted 酸概念广泛得多。例如从 Lewis 酸碱理论出发，所有的金属离子都是 Lewis 酸，而与金属离子结合的负离子或中性分子则都是 Lewis 碱。因此，无机物的酸、碱、盐都是酸碱加合物。而对于有机物而言，也可以看成是酸碱加合物。例如，甲烷 CH_4 可以看成酸 H^+ 和碱 CH_3^- 的加合物；乙醇 CH_3CH_2OH 可以看成酸 H^+ 和碱 $CH_3CH_2O^-$ 的加合物。大部分无机和有机反应，都可以设想为一种 Lewis 酸碱反应。在有机化学反应中，常用 H^+、BF_3、$ZnCl_2$、$FeBr_3$ 等 Lewis 酸作催化剂。

1.3.3 硬软酸碱原理

1963 年由 Pearson R. G. 提出了软硬酸碱原理，他根据酸碱接受电子的能力和可极化程度的大小，将 Lewis 酸碱分成硬、软以下两种类型。

硬酸：接受体的体积小，带正电荷多，价电子层没有未共用电子对，其可极化程度低，电负性大。软酸：接受体的体积大，带正电荷少，价电子层有未共用电子对（p 或 d），其可极化程度高，电负性小。

硬碱：给予体的原子电负性大，可极化程度低，不易被氧化，对价电子束缚得紧。软碱：给予体的原子电负性小，可极化程度高，易被氧化，对价电子束缚得松。

"硬"、"软"是用来描述酸碱束缚电子的松紧程度，束缚电子紧密的称为"硬"，反之称为"软"。但是这种性质的界限很难划分，因此将酸碱又分为三类：硬、软、交界。交界是指介于硬软之间的。一些硬软酸碱如表 1-7 所示：

□ 表 1-7　一些硬软酸碱

	硬	交界	软
酸	H^+，Li^+，Na^+，K^+，Mg^{2+}，Ca^{2+}，Al^{3+}，Cr^{3+}，Fe^{3+}，BF_3，$AlCl_3$，SO_3，$RC{\equiv}O^+$，CO_2	Fe^{2+}，Cu^{2+}，Zn^{2+}，$B(CH_3)_3$，$Al(CH_3)_3$，SO_2，$R_2C{=}O$，$C_6H_5^+$	R^+，Cu^+，Ag^+，Hg^{2+}，B_2H_6，RS^+，Br^+，I^+，CH_2（单线态）
碱	RO^-，HO^-，F^-，Cl^-，AcO^-，PO_4^{3-}，SO_4^{2-}，ClO_4^-，NO_3^-，ROH，R_2O，H_2O，$RCOOH$	$PhNH_2$，C_5H_5N，NH_3，RNH_2，N_2H_4，N_3^-，Br^-，NO_2^-，SO_3^{2-}	RSH，R_2S，RS^-，HS^-，I^-，^-SCN，CN^-，R^-，H^-，R_3P，C_2H_4，C_6H_6

硬软酸碱原理指出，硬酸优先与硬碱结合，软酸优先与软碱结合，它们之间能够形成稳定的化合物，且反应速率大；而硬酸与软碱结合、软酸与硬碱结合，它们之间形成化合物不稳定，且反应速率小；交界酸碱不论是硬还是软均能反应，所形成的化合物差别不大，且反应速率适中。总之，即"硬亲硬，软亲软，软硬交界则不管"。

硬软酸碱原理是根据大量实验总结出的经验规律，它能够解释无机化学、有机化学中诸多存在的化学现象和问题（例如，对化合物和配合物稳定性的解释、对化合物反应活性的解释、溶解度规律、有关配体选择的规律、催化剂中毒等），从而受到了广泛的重视。

1.4　分子间相互作用力

分子间能够相互吸引甚至缔合，这种作用力称为分子间作用力。分子间作用力有多种且较弱，比键能小 $1\sim2$ 个数量级，但却对有机化合物的物理性质、化学性质和生物学性质等具有重要影响。

1.4.1　范德华力

自然界的物质都是以三态形式存在，即气态、液态和固态。物质以任何聚集态存在时，分子间都存在一定的吸引力。由于这种力最早是范德华（van der Waals）发现的，所以通常把分子间的作用力叫做范德华力。

范德华力包括取向力、诱导力和色散力三种。

（1）取向力　极性分子与极性分子之间、偶极定向排列产生的作用力称为取向力。取向力的大小和性质与相互作用的偶极矩的大小和方向有关。偶极矩大，作用力就大；偶极矩方向不同，则可以是吸引力或排斥力。

（2）诱导力　极性分子的永久偶极矩同非极性分子被极化而产生的诱导偶极矩之间的作用力称为诱导力。诱导力的大小同极性分子的偶极矩和非极性分子的极化率有关。诱导力都是吸引力。

（3）色散力　非极性分子的瞬间偶极，诱导邻近分子产生诱导偶极，瞬间偶极和诱导偶极之间产生的相互作用力称为色散力。这是一种很弱但是普遍存在的分子间作用力。作用力的大小同相互作用分子的电离能和它们的极化率相关。色散力都是吸引力。色散力不仅存在于非极性分子中，也可存在于极性分子中。

总之，范德华力是永远存在于分子或原子间的一种较弱的作用力，其大小为每摩尔几千焦到几十千焦，没有方向性和饱和性。通常，分子的极化率越大，则范德华力作用力越大。

1.4.2　氢键

氢键是分子之间较强的偶极-偶极相互作用。当氢原子与电负性很大且原子半径很小的原子（如氟、氧、氮、氯）相连时，由于这些原子吸电子能力很强，使氢原子几乎成为裸露的质子而带正电荷，因而氢原子可以与另一分子的氟、氧、氮等原子的未共用电子对以静电引力相结合，使氢原子在两个电负性很强的原子之间形成桥梁，这样形成的键称为氢键。氢键以虚线表示，HF 分子和 ROH 分子中的氢键如下所示：

氢键有方向性和饱和性，其强度介于 van der Waals 力和一般共价键力之间，大约是 $10 \sim 30 \mathrm{kJ \cdot mol^{-1}}$。与氢相连原子的电负性数值越大，形成的氢键则越强。氢键存在于气体、液体、晶体和溶液等各种状态中，氢键不仅对许多物质的物理和化学性质有很大的影响，而且对多糖、蛋白质、核酸等许多生物高分子化合物的立体结构和生理功能等都具有极为重要的作用。

1.5　有机化合物的分类

有机化合物数量庞大，而且新的有机物还在不断地被发现和合成，因此对有机物进行科学合理的分类是非常必要的。有机化合物按其分子结构，通常采取两种分类方法，一种是按碳架分类，一种是按官能团分类。

1.5.1　按碳架分类

（1）开链化合物　在开链化合物中，分子中的碳原子连接成链状。由于脂肪类化合物具有这种结构，因此开链化合物又称为脂肪族化合物。例如：

$$CH_3CH_2CH_3 \qquad CH_3CH=CH_2 \qquad CH_2=CH-CH=CH_2 \qquad CH_3CH_2OH \qquad CH_3CH_2OCH_2CH_3$$

丙烷 　　　丙烯 　　　1,3-丁二烯 　　　乙醇 　　　乙醚

（2）脂环化合物　在脂环化合物中，分子中的碳原子连接成环状，其性质与脂肪族化合物类似。成环的两个相邻碳原子可以通过单键、双键或三键相连。例如：

甲基环丙烷 　　环丁烷 　　环戊烷 　　环己烯 　　1,3-环戊二烯

（3）芳香族化合物　该类化合物分子中一般含有苯环结构，其性质不同于脂环化合物，具有特殊的"芳香性"。例如：

苯 　　甲苯 　　1,2-二甲苯 　　萘 　　2-甲基萘

（4）杂环化合物　该类化合物分子中含有碳原子和其他非碳原子（也称杂原子，如 O，N，S 等）连接成环的一类化合物。例如：

呋喃 　　噻吩 　　吡咯 　　吡啶 　　3-甲基吡啶

1.5.2　按官能团分类

官能团是分子中比较活泼而又易起化学反应的原子或基团，它常常决定着化合物的主要性质，反映着化合物的主要特征。含有相同官能团的化合物具有相类似的性质。因此只要研究该类化合物中的一个或几个化合物的性质后，即可了解该类其他化合物的性质。常见有机化合物的重要官能团如表 1-8 所示。

在有机化学教材中，通常将上述两种分类方法结合起来应用。本书主要采用按官能团分类为主线，结合按碳架分类混合编写的体系讨论各类有机化合物。

⊡ **表 1-8　常见有机化合物的重要官能团及其代表性化合物**

化合物类别	官能团结构	官能团名称	代表性化合物
烯烃	$\diagup\!\!\!=$	双键	$CH_2=CH_2$
炔烃	$\equiv$	三键	$HC\equiv CH$
卤代烃	$-X$	卤素	CH_3CH_2-X
醇	$-OH$	羟基	CH_3CH_2OH
酚	$-OH$	羟基	$\text{（苯环）}-OH$
醚	$-C-O-C-$	醚键	$C_2H_5-O-C_2H_5$
醛	$-CH=O$	醛基	$CH_3-CH=O$
酮	$>\!\!=O$	酮基	CH_3COCH_3

化合物类别	官能团结构	官能团名称	代表性化合物
羧酸	—COOH	羧基	CH_3COOH
羧酸酯	—COOR	酯基	CH_3COOCH_3
胺	—NH$_2$	氨基	$CH_3CH_2—NH_2$
硝基化合物	—NO$_2$	硝基	⟨苯环⟩—NO$_2$
偶氮化合物	—N=N—	偶氮基	⟨苯环⟩—N=N—⟨苯环⟩
酰胺化合物	$\overset{O}{\underset{}{—C—NH_2}}$	酰氨基	$CH_3—\overset{O}{\underset{}{C}}—NH_2$
腈	—CN	氰基	CH_3CN
硫醇	—SH	巯基	$CH_3CH_2—SH$
硫酚	—SH	巯基	⟨苯环⟩—SH
磺酸	—SO$_3$H	磺酸基	⟨苯环⟩—SO$_3$H

1.6 有机化学与其他学科的关系

自从瑞典化学家 Berzelius J. 首先提出"有机化学"这个概念后，历经 200 多年的发展，有机化学现已由传统的实验性学科发展成为实验与理论并重的学科，且与农业科学、石油地质科学、医学、药学等学科，以及其他基础学科之间，始终保持着密切关系，相互交叉渗透。

长期以来，人们一直向自然界索取原料，并不断改进加工手段，使生活水平随之得到提高。自然界不但为人们提供了生活资源，而且给有机化学提出了许多研究的新课题和新领域。农业科学、石油地质科学、医学和药学等学科的发展促进了有机化学的发展，同样有机化学对这些学科的发展和飞跃也是至关重要的。以农业科学为例，农业科学实质上是探讨生命现象及其规律的科学，是生命科学的一个重要组成部分。生物的生命现象就涉及生物体内物质的合成、分解及转化过程。只有了解这些变化过程及其规律，才能掌握它、改造它，使它向着人们需要的方向发展。现代生命科学正在向分子水平上发展，也就是说，要从分子水平上认识生命过程并研究生命现象，化学的理论、观点和方法在整个生命科学中起着不可缺少的作用。当今，诸多有机化学工作者都在生物学方面进行工作，同样生物学工作者也需要具备较深厚的有机化学知识。毋庸置疑，不具备有机化学知识的人是根本不可能去研究现代生命科学的。

另外，大量天然的及合成的有机化合物正越来越广泛地应用于生产实际。各种农药，包括杀虫剂、杀菌剂、除草剂等，可以保护农作物的生长；各种医药，包括中药、中成药、西药等，可以消除疾病的困扰；各种激素、饲料添加剂、兽药等，可用于家畜、禽类的饲养、治病与防疫；各种防腐保鲜剂、色素、香精及食品添加剂等，可用于农、畜产品的贮藏与加工；各种特殊功能高分子材料可用于石油的开采和开发等，可使产品的质量和产量得到显著提高，并可促进工、农业的发展。此外，棉、毛、丝、麻、合成纤维、合成橡胶、油脂、淀粉、蛋白质、医药等又与人们的日常生活息息相关。因此，了解这些有机化合物的组成、结构、理化性质及生理功能，正确地、有效地使用和应用它们，对维护生态平衡，改善环境等都是十分必要的。

有机化学既是学习这些学科的基础，又是进行这些学科科学研究的工具。因此，只有掌握了有机化学的基本理论、基本知识和基本操作技能，才能更好地学习和从事相关科学的研究，为农业科学、石油地质学、医学和药学等学科的发展做出更大贡献。

阅读材料

中国近代化学工业拓荒者侯德榜

侯德榜（1890—1974），我国近代化学工业的重要奠基人，在为祖国化工事业建设而奋斗的一生中，打破了索尔维集团70多年对制碱技术的垄断，发明了世界制碱领域最先进的技术。1939年侯德榜首先提出联合制碱的连续工程，在世界上被称为"侯氏制碱法"，该法的特点是将制碱厂、合成氨厂和石灰厂联合起来，降低了生产成本，提高了利用率，制碱的同时生产化肥（NH_4Cl）。这是世界制碱工艺上的重大突破，对我国制碱和化肥工业做出了杰出贡献。

侯德榜出生于福建省闽侯县坡尾村的一个农民家庭，因幼年家贫不能上学，他就在私塾外面听课，学堂里面的学生还没记住，他在外面已是过耳不忘。少年时期的侯德榜就认识到中国必须图强，并在成长过程中逐步树立起"科学救国""实业救国"的理想。1933年英文版《纯碱制造》一书在纽约出版，书商制作了这样一幅广告画：一个中国少年在稻田边的水车上，一边踩水车，一边手捧书本阅读。这幅广告画上所描述的故事是在闽侯广为流传的佳话"挂车攻读"，画上的这位中国农家少年，就是日后10门功课考出1000分的侯德榜。

20世纪初，化工在世界上还是一门方兴未艾的学科。侯德榜对化工产生了浓厚的兴趣，先后在麻省理工学院和哥伦比亚大学学习化工专业。经过八载寒窗苦读，侯德榜于1921年获得制革博士学位。当时正在准备博士论文答辩的侯德榜接到了范旭东的来信，邀请他毕业后到"永利制碱公司"工作，承担起建设亚洲第一家碱厂——永利塘沽碱厂的重任。虽然侯德榜是学制革出身，但为了振兴中华民族工业，他依然决心从事制碱，选择了回国担任永利碱厂的技师长（即总工程师），开始了半个多世纪的科学救国和实业救国的人生历程。

那时的制碱工艺是由法、德、美等国家发起组织的索尔维公会所独占，对外绝对保密，凡是不得索尔维公会特许权者，根本无从问津氨碱法生产详情。许多想要探索索尔维制碱法奥秘的厂商，无不以失败而告终。索尔维制碱法有一个致命缺点，就是食盐利用率不高，约有30%食盐会被浪费掉。侯德榜决定另辟蹊径，他边摸索边实验，不断设计、改进方案，带领技术人员进行了500多次试验，分析了2000多个样品，终于取得了成功。这种新方法被命名为"联合制碱法"，即后来的"侯氏制碱法"，可使盐的利用率提高到96%，制碱成本比索尔维法低40%，同时将污染环境的废物转化为化肥——氯化铵，开创了世界制碱工业的新纪元。

20世纪50年代后期，我国大力发展农业，迫切需要化肥。限于当时我国技术水平落后等实际情况，化工部通过专家论证决定开发化肥新品种——碳酸氢铵。1958年侯德榜亲自带队到上海化工研究院，开始在上海规划建设合成氨厂。他和全体组员同吃、同住、同班倒，历时 8 年终于在 1965 年成功创建了"碳化法"制取碳酸氢铵新工艺，形成了我国独有的小氮肥工艺。

侯德榜作为一位化学家、化工技术专家和化工行业的主要领导者，具有强烈的环境意识，一贯重视环境保护，对防治污染做了大量工作。他非常重视从选择厂址开始就解决污染问题，同时也非常注意发展低污染或无污染技术以代替那些高污染技术，把污染消除在生产过程中。新中国成立后，侯德榜积极投身到我国科学技术界、工业界各项建设工作中，担任中央财经委员会委员、政务院重工业部化工局顾问、化工部化工技术委员会主任等职。

1973 年 11 月，侯德榜向周恩来总理写信道："德榜年迈，体弱多病，恐亦不久于人世。一生蒙党和国家栽培，送外国留学，至今无以为报，拟于百岁之后，将家中所存国内较少有的参考书籍贡献给国家。请总理指定届时移存北京图书馆或中国科学院图书馆。"

拓荒化工路，德炳华夏榜。侯德榜拼搏一生，只为报效祖国。他的奋斗历程，他在制碱、化肥等化学工业上创造的成就，为科学点亮星星之光；他身上奋发图强、百折不挠的精神，为后辈树立起科学的丰碑，指引着后辈学者前行之路。

习题

1-1 写出符合下列条件且分子式为 C_3H_6O 的化合物的结构式。
（1）含有醛基　　（2）含有酮基　　（3）含有环和羟基　　（4）醚　　（5）环醚
（6）含有双键和羟基（双键和羟基不在同一碳上）

1-2 指出下列化合物中带"＊"号碳原子的杂化类型。

$$CH_3^*CH_2CH_3 \qquad HC\!\equiv\!C\!-\!\overset{*}{C}H_3 \qquad H_2\overset{*}{C}\!=\!CH_2 \qquad$$

1-3 下列化合物哪些是极性分子？哪些是非极性分子？
（1）CH_4　　（2）CH_2Cl_2　　（3）$CHCl_3$　　（4）CCl_4　　（5）H_2　　（6）CH_3CH_3　　（7）CH_3CHO
（8）HBr　　（9）H_2O　　（10）CH_3CH_2OH　　（11）CH_3OCH_3　　（12）CH_3COCH_3

1-4 根据碳链和官能团不同，指出下列化合物的类别。
（1）CH_3CH_2Cl　　（2）CH_3OCH_3　　（3）CH_3CH_2OH　　（4）CH_3CHO　　（5）$CH_3CH\!=\!CH_2$
（6）$CH_3CH_2NH_2$　　（7）CH_3CH_2SH　　（8）$CH_3COOCH_2CH_3$　　（9）CH_3CH_2COOH
（10）C_6H_5CHO　　（11）C_6H_5OH　　（12）$C_6H_5NH_2$

1-5 下列化合物哪些易溶于水？哪些易溶于有机溶剂？
（1）$CH_3CH_2CH_3$　　（2）CCl_4　　（3）$CH_3CH_2NH_2$　　（4）CH_3CHO　　（5）$HCOOH$
（6）$NaCl$　　（7）CH_3COONa　　（8）CH_3COOCH_3

1-6 指出下列分子或离子哪些是路易斯酸？哪些是路易斯碱？
（1）Br^+　　（2）ROH　　（3）CN^-　　（4）H_2O　　（5）OH^-　　（6）CH_3^+　　（7）CH_3O^-
（8）CH_3NH_2　　（9）H^+　　（10）Ag^+　　（11）$SnCl_2$　　（12）Cu^{2+}

1-7 比较下列各化合物酸性强弱（借助表 1-6）。
（1）H_2O　　（2）CH_3CH_2OH　　（3）CH_3COCH_3　　（4）CH_4　　（5）C_6H_5OH　　（6）H_2CO_3
（7）CH_3COOH　　（8）NH_3　　（9）$HC\!\equiv\!CH$　　（10）HCl

1-8 某化合物 3.26mg，燃烧分析得 4.74mg CO_2 和 1.92mg H_2O。化合物分子量为 60，求该化合物的分子式。

1-9 某化合物含碳 49.3%、氢 9.6%、氮 19.2%，测得化合物分子量为 146，求该化合物的分子式。

第2章

有机化合物的波谱分析

学习目标

了解电磁波的概念、红外光谱的基本原理和表示方法，掌握红外光谱在有机化合物结构分析中的应用；了解紫外-可见光谱的基本原理、表示方法和电子跃迁的概念，掌握紫外-可见光谱在有机结构分析中的应用；了解核磁共振谱的基本原理、化学位移和表示方法，掌握核磁共振在有机化合物结构分析中的应用；能够识别简单分子的红外光谱图和核磁共振谱图。

素质目标

理解知识和技能与内在德行和素养的互动关系，培养社会责任感和对职业的尊重；深刻认识"热爱祖国、敬业奉献"是大国工匠精神的核心动力，怀揣匠心筑梦，传承优秀品质；了解化学家陈耀祖先生的科研经历，汲取他刻苦钻研、务实求真的高尚品质和强烈的爱国情怀，增强民族自豪感，将个人成长与社会、国家发展融为一体，立志为国家繁荣贡献力量。

有机化合物的结构测定，是有机化学的重要组成部分。过去，主要依靠化学方法来测定有机物的结构，试样用量大、费时、费力，且测试结构准确性不高。例如，鸦片中生物碱吗啡碱的结构测定，从 1805 年开始直至 1952 年才彻底完成。利用现代波谱分析手段，仅仅需要微量试样，就能够快速地测定一些化合物的结构，有时甚至能获得其聚集态及分子间相互作用信息。

有机化学中应用最广泛的波谱手段是红外光谱（IR）、紫外光谱（UV）、核磁共振谱（NMR）和质谱（MS）。前三者为分子吸收光谱，而质谱是化合物分子经高能粒子轰击形成的正电荷离子（或采用软电离技术形成的离子），在电场和磁场的作用下按质荷比大小排列而形成的图谱，不是吸收光谱。限于篇幅，本章仅介绍红外光谱、紫外光谱和核磁共振谱，三者在有机化合物的结构鉴定中应用十分广泛。

2.1 电磁波和吸收光谱

电磁波的区域范围很广，包括了从波长极短的宇宙射线到波长较长的无线电波，所有这些电磁波在本质上完全相同，只是波长或频率有所差别。电磁波按波长可分为几个光谱区，见表 2-1。所有这些电磁波都具有相同的速度，频率与波长或波数的关系为：

$$\nu = \frac{c}{\lambda} \qquad \sigma = \frac{1}{\lambda}$$

式中，c 为光速，为 $3 \times 10^8 \, \text{m} \cdot \text{s}^{-1}$；$\lambda$ 为波长，m；ν 为频率，Hz；σ 为波数，cm^{-1}，表示 1cm 长度中波的数目。

⊡ 表 2-1　电磁波类型与波谱分析方法

电磁波类型	波长[①]	跃迁类型	波谱类型
γ 射线	$0.001 \sim 0.01 \text{nm}$	核跃迁	穆斯堡尔谱
X 射线	$0.01 \sim 10 \text{nm}$	内层电子	X 射线光谱
远紫外	$10 \sim 200 \text{nm}$	外层电子	紫外吸收光谱
紫外	$200 \sim 400 \text{nm}$	外层电子	紫外吸收光谱
可见光	$400 \sim 800 \text{nm}$	外层电子	可见吸收光谱
近红外	$0.8 \sim 2.5 \mu \text{m}$	分子振动	红外吸收光谱；拉曼光谱
中红外	$2.5 \sim 25 \mu \text{m}$	分子振动	红外吸收光谱；拉曼光谱
远红外	$25 \sim 1000 \mu \text{m}$	分子振动	远红外吸收光谱
微波	$0.1 \sim 10 \text{cm}$	分子转动；电子自旋	微波波谱；电子自旋共振谱
射频	$>10 \text{cm}$	核自旋	核磁共振谱

① 波长范围的划分不很严格，不同文献资料可能会有所出入。

分子结构不同，由低能级向高能级跃迁所吸收电磁波的能量不同，因而可形成各自特征的分子吸收光谱，并以此来鉴别已知化合物或测定未知化合物的结构。其吸收能量与吸收电磁波频率的关系如下：

$$E = h\nu = h \frac{c}{\lambda}$$

式中，h 为 Planck 常量，其值为 $6.63 \times 10^{-34} \text{J} \cdot \text{s}$。由于分子能级是量子化的，因此只有电磁波的能量恰好等于分子两个能级之间的能量差时才能被吸收，所吸收能量的大小及强度都与物质分子的结构有关，用特定仪器记录下来就得到分子吸收光谱。

2.2　红外光谱

在波数为 $4000 \sim 400 \text{cm}^{-1}$（波长为 $2.5 \sim 25 \mu \text{m}$）的红外光照射下，试样分子吸收红外光发生振动能级跃迁，所测得的吸收光谱称为红外光谱（infrared spectrum，IR）。每种有机化合物都有其特定的红外光谱，就像人的指纹一样。根据红外光谱上吸收峰的位置和强度，可以判断待测化合物是否存在某些官能团。

2.2.1　基本原理

由原子组成的分子在不断地振动中，多原子分子具有复杂的振动形式，通常可分为两大类：一是伸缩振动，振动时键长发生变化，但不改变键角的大小。伸缩振动分为对称伸缩振动和不对称伸缩振动；二是弯曲振动，振动时键角发生变化，但键长通常不变。弯曲振动可分为面内弯曲振动和面外弯曲振动，如图 2-1 所示。此外，还存在多原子分子的骨架振动，如苯环的骨架振动。

图 2-1　分子振动示意图（"＋"、"－"表示与纸面垂直方向）

可以把两个成键原子间的伸缩振动近似地看成用弹簧连接的两个小球（质量分别为 m_1 和 m_2）的简谐振动。根据 Hooke 定律可得其振动频率为：

$$\nu = \frac{1}{2\pi}\sqrt{\frac{K}{\mu}} \qquad \sigma = \frac{1}{2\pi c}\sqrt{\frac{K}{\mu}}$$

式中　μ——折合质量，$\mu = \dfrac{m_1 m_2}{m_1 + m_2}$，kg；

K——化学键的力常数，单位为 N·m^{-1}。

一些化学键伸缩振动的力常数如表 2-2 所示。

☐ 表 2-2　某些化学键伸缩振动的力常数

键型	O—H	N—H	≡C—H	═C—H	—C—H	C≡N	C≡C	C═O	C═C	C—O	C—C
$K/\text{N·m}^{-1}$	7.7	6.4	5.9	5.1	4.8	17.7	15.6	12.1	9.6	5.4	4.5

力常数是衡量价键性质的一个重要参数，与化学键的键能成正比。力常数越大，化学键越强，成键原子质量越小，键的振动频率越高。同一类型的化学键，由于其在分子内部及外部所处环境（电子效应、氢键、空间效应、溶剂极性、聚集状态）不同，力常数并不完全相同，因此吸收峰的位置也不相同。此外，只有引起分子偶极矩发生变化的振动模式才会出现红外吸收峰。化学键极性越强，振动时偶极矩变化越大，吸收峰越强。

2.2.2　表示方法

红外光谱图通常以波数 ν 或波长 λ 为横坐标，表示吸收峰的位置；以吸光度 A 或透光率 T（％）为纵坐标，表示吸收强度。如用吸光度表示，则吸收带向上，如用透过率表示，则吸收带向下。后者使用更普遍一些。

红外光谱的吸收强度可用于定量分析，也是化合物定性分析的重要依据。用于定量分析时，吸收强度在一定浓度范围内符合朗伯-比尔（Lambert-Beer）定律；用于定性分析时，根据其摩尔吸光系数可区分吸收强度级别，如表 2-3 所示。

摩尔吸光系数/L·mol^{-1}·cm^{-1}	强度	符号
>200	很强	vs
75~200	强	s
25~75	中等	m
5~25	弱	w
0~5	很弱	vw

　　红外光谱吸收的强度受狭缝宽度、温度和溶剂等因素的影响，强度不易精确测定。在实际的谱图分析中，往往以羰基等吸收作为最强吸收，其他峰与之比较，做出定性的划分。吸收峰的形状有：宽峰、尖峰、肩峰和双峰等类型，见图 2-2。

宽峰　　　　尖峰　　　肩峰　　　双峰

图 2-2　红外光谱吸收峰的形状

2.2.3　有机化合物基团的特征频率

　　同类化学键或官能团的吸收频率总是出现在特定波数范围内。这种代表某基团存在的吸收峰，称为该基团的特征吸收峰，其最大吸收所对应的频率称为该基团的特征频率。表 2-4 列举了各类有机化合物基团的特征频率。

⊡ 表 2-4　常见有机化合物基团的特征频率

化学键类型	波数/cm^{-1}	波长/μm
Y—H 伸缩振动吸收峰		
O—H	3650~3100	2.74~3.23
N—H	3550~3100	2.82~3.23
≡C—H	3310~3200	3.01~3.02
=C—H	3100~3025	3.24~3.31
Ar—H	3020~3080	3.31~3.25
—C—H	2960~2870	3.38~3.49
X=Y 伸缩振动吸收峰		
C=O	1850~1650	5.40~6.05
C=NR	1690~1590	5.92~6.29
C=C	1680~1600	5.95~6.25
N=N	1630~1570	6.13~6.35
N=O	1600~1500	6.25~6.50
⬡	1600~1450	6.25~6.90

化学键类型	波数/cm^{-1}	波长/μm
X≡Y 伸缩振动吸收峰		
C≡N	2260～2240	4.42～4.46
RC≡CR	2260～2190	4.43～4.57
RC≡CH	2150～2100	4.67～4.76

把 4000～1300cm^{-1} 称为特征频率区，因为该区域里的吸收峰主要是特征官能团的伸缩振动所产生的；把 1300～400cm^{-1} 称为指纹区，该区域里吸收峰通常很多，而且不同化合物差异很大。特征频率区用来判断化合物是否具有某种官能团，而指纹区用来区别或确定具体化合物。习惯上把同一官能团因振动方式不同而产生的不同位置的吸收峰称为相关峰，相关峰有助于确定特征官能团的存在。在进行结构鉴定时，通常将红外光谱分为八个重要区段分别进行解析，如表 2-5 所示。

☐ 表 2-5 红外光谱中的八个重要区段

八个区段/cm^{-1}	波长范围/μm	化学键的振动类型
3650～2500	2.74～3.64	O—H,N—H(伸缩振动)
3300～3000	3.03～3.33	C—H(≡C—H,=C—H,Ar—H)
3000～2700	3.33～3.70	C—H(—CH$_3$,—CH$_2$,—CH,—CHO)伸缩振动
2270～2100	4.04～4.76	C≡C,C≡N(伸缩振动)
1870～1650	5.35～6.06	C=O(醛、酮、羧酸、酸酐、酯、酰胺,伸缩振动)
1690～1590	5.92～6.29	C=C(脂肪族及芳香族,伸缩振动),C=N(伸缩振动)
1475～1300	6.80～7.69	—C—H(面内弯曲振动)
1000～670	10.0～14.8	=C—H,Ar—H(面外弯曲振动)

2.2.4 红外光谱在有机化合物结构分析中的应用

（1）烷烃　烷烃没有官能团，其红外光谱较简单。区分饱和与不饱和 C—H 键伸缩振动的界限为 3000cm^{-1}。饱和烷烃甲基和亚甲基的 C—H 键伸缩振动出现在 3000～2800cm^{-1} 区域，可作烷基存在的依据；C—H 键弯曲振动在 1460cm^{-1} 和 1375cm^{-1} 处有特征吸收，1375cm^{-1} 处吸收峰对识别甲基很有用；异丙基在 1380～1370cm^{-1} 有两个强度相似的双峰；C—C 键伸缩振动在 1400～700cm^{-1} 区域有弱吸收，吸收峰不明显，对结构分析的价值不大；分子中具有—(CH$_2$)$_n$—链节且当 $n \geq 4$ 时，在 720cm^{-1} 有一弱吸收峰。

（2）烯烃　烯烃官能团 C=C 键伸缩振动在 1680～1620cm^{-1}，共轭使吸收向低频方向移动，当烯烃的结构对称时，不会出现此吸收峰；=C—H 键伸缩振动在 3100～3025cm^{-1} 区域，不同取代烯烃=C—H 键面外弯曲振动在 1000～650cm^{-1} 处有明显特征。

（3）炔烃　炔烃官能团 C≡C 键伸缩振动出现在 2200～2100cm^{-1} 处，对称炔烃无此吸收峰；≡C—H 键伸缩振动位于 3310～3200cm^{-1} 处，峰形尖锐，吸收强度中等。

（4）芳烃　芳烃官能团 C=C 键骨架振动在 1620～1450cm^{-1} 区域，一般有 1600cm^{-1}、1585cm^{-1}、1500cm^{-1}、1450cm^{-1} 四条谱带，这是判断苯环存在的主要依据；=C—H 键伸缩振动也在 3100～3000cm^{-1} 区域，与烯烃一样，特征性不强；=C—H 键面外弯曲振动出现在 900～650cm^{-1} 处，吸收较强，是识别苯环上取代基位置和数目的重要特征峰，如表

2-6 所示。

▫ 表 2-6 取代苯的 ═C—H 面外弯曲振动吸收峰

取代苯类型	═C—H 面外弯曲振动/cm⁻¹
苯	670
单取代苯	710～690 和 770～730
邻二取代	770～735
间二取代	710～690 和 810～750
对二取代	810～750 和 850～810

（5）卤代烃　卤代烃官能团 C—X 键的伸缩振动分别出现在 $1400 \sim 1100 cm^{-1}$（C—F）、$800 \sim 600 cm^{-1}$（C—Cl）、$600 \sim 500 cm^{-1}$（C—Br）和大约 $500 cm^{-1}$（C—I）处，为强到中强吸收峰；芳卤化合物 Ar—X 键的伸缩振动吸收峰频率变高，C—F 键在 $1300 \sim 1150 cm^{-1}$，其余 Ar—X 键在 $1175 \sim 1000 cm^{-1}$ 处。

（6）醇、酚和醚　醇和酚的官能团 O—H 键，游离羟基的伸缩振动一般在 $3640 \sim 3610 cm^{-1}$ 区域，峰形尖锐，无干扰；缔合羟基，由于形成氢键，其伸缩振动在 $3500 \sim 3200 cm^{-1}$ 区域出现宽而强的吸收峰；C—O 键伸缩振动在 $1200 \sim 1000 cm^{-1}$ 处有强吸收，不同醇的 C—O 键伸缩振动频率略有差异，伯醇为 $1050 cm^{-1}$，仲醇为 $1100 cm^{-1}$，叔醇为 $1150 cm^{-1}$，酚为 $1230 cm^{-1}$，峰形一般较宽；醚的官能团 C—O—C 键的不对称伸缩振动出现在 $1150 \sim 1060 cm^{-1}$ 处，强度大。

（7）醛和酮　醛和酮官能团 C═O 键的伸缩振动出现在 $1900 \sim 1650 cm^{-1}$，为强峰，特征明显；醛酮羰基的吸收位置差不多，但醛在 $2820 \sim 2720 cm^{-1}$ 处有两个中等强度的醛氢特征吸收峰，极易识别；而羧酸、酸酐、酯、醌类、酰卤、酰胺等有机化合物中的羰基，吸收峰位置基本上在 $1850 \sim 1650 cm^{-1}$ 区域内。

（8）酰胺　受氨基影响，酰胺 C═O 键伸缩振动吸收峰向低波数移动，伯酰胺羰基吸收峰位于 $1690 \sim 1650 cm^{-1}$ 处，仲酰胺位于 $1680 \sim 1655 cm^{-1}$ 处，叔酰胺位于 $1670 \sim 1630 cm^{-1}$ 处；对于 N—H 键而言，游离伯酰胺位于 $3520 cm^{-1}$ 和 $3400 cm^{-1}$ 处，缔合 N—H 键位于 $3350 cm^{-1}$ 和 $3180 cm^{-1}$ 处，呈双峰。仲酰胺 N—H 键伸缩振动位于 $3440 cm^{-1}$ 处，缔合 N—H 键位于 $3100 cm^{-1}$ 处，呈单峰；伯酰胺 N—H 键弯曲振动吸收峰位于 $1640 \sim 1600 cm^{-1}$ 处，仲酰胺位于 $1500 \sim 1530 cm^{-1}$ 处，强度大，特征明显。

（9）胺　胺官能团 N—H 键的伸缩振动吸收峰位于 $3300 \sim 3500 cm^{-1}$ 处。游离和缔合氨基吸收峰的位置不同，且峰的数目与氨基氮原子连接的氢原子数目有关，其规律如酰胺。

在应用红外光谱推断有机化合物结构时，通常首先要根据分子式计算该化合物的不饱和度（U）。不饱和度的计算公式为：

$$U = \frac{2n_4 + n_3 - n_1}{2}$$

式中，n_1、n_3、n_4 分别表示一价原子（如氢和卤素）、三价原子（如氮和磷）和四价原子（如碳和硅）的数目。开链饱和化合物的 U 值为 0，一个硝基、一个双键或一个环的 U 值为 1，一个三键的 U 值为 2，一个苯环的 U 值为 4，依次类推。

【例 2-1】　某化合物分子式为 C_7H_8，它的红外光谱图如图 2-3 所示，请确定这个化合物的结构。

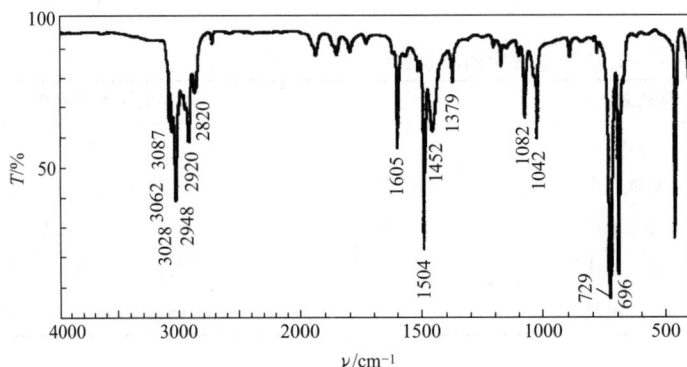

图 2-3　化合物 C_7H_8 的红外光谱图

根据分子式求得该化合物的不饱和度 $U=4$，说明它可能是一个芳烃。

红外谱图中 $3028cm^{-1}$ 和 $1605cm^{-1}$、$1504cm^{-1}$、$1452cm^{-1}$ 处这些吸收峰说明苯环存在，其中 $3028cm^{-1}$ 处吸收峰为苯环上＝C—H 伸缩振动，后三个峰为苯环骨架振动产生的吸收峰；$2948\sim2820cm^{-1}$ 处的吸收峰是烷基—C—H 伸缩振动，在 $1379cm^{-1}$ 处出现了甲基的特征峰，$696cm^{-1}$、$729cm^{-1}$ 处吸收峰为苯环上＝C—H 面外弯曲振动，说明苯环为单取代。因此，可以确证该化合物为甲苯。

甲苯

【例 2-2】　某化合物分子式为 C_8H_7N，它的红外光谱图如图 2-4 所示，请确定这个化合物的结构。

图 2-4　化合物 C_8H_7N 的红外光谱图

根据分子式求得该化合物的不饱和度 $U=6$，说明它可能含苯环和 2 个双键或一个三键。

红外谱图中可见 $3068cm^{-1}$ 处吸收峰为＝C—H 伸缩振动吸收，$1609cm^{-1}$、$1509cm^{-1}$ 处吸收峰为苯环骨架振动，可确定该分子中有苯环，$817cm^{-1}$ 处吸收峰为苯环＝C—H 面外弯曲振动，说明苯环发生了对位二取代。$2926cm^{-1}$、$1450cm^{-1}$ 和 $1380cm^{-1}$ 处的吸收峰说明分子中含有甲基或亚甲基，$1380cm^{-1}$ 处为甲基的对称弯曲振动吸收峰，说明分子中含有甲基。由于该分子中含有氮元素，结合 $2229cm^{-1}$ 处的强吸收，可推断该吸收为 C≡N 特征峰（因吸收的波数值较小，故应为共轭 C≡N）。

综上所述，可确证该化合物为对甲基苯甲腈。

$$CH_3 \text{—} \bigcirc \text{—} CN$$
对甲基苯甲腈

2.3 紫外-可见光谱

通常所说的紫外光谱是指 200～400nm 的近紫外光谱，可见光谱的波长范围为 400～800nm。一般仪器可测出近紫外和可见光区域内（200～800nm）分子的吸收光谱，称为紫外-可见光谱(ultraviolet - visible spectrum，UV-Vis)。

2.3.1 基本原理

分子通常处于基态，当紫外-可见光通过物质分子且其能量（$E=h\nu$）恰好等于电子低能级（基态 E_0）与其高能级（激发态 E_1）能量的差值（$\Delta E = E_1 - E_0$）时，紫外-可见光的能量就会转移给分子，使分子中价电子从 E_0 跃迁到 E_1 而产生紫外-可见吸收光谱。由于电子能级（$\Delta E_电$）远大于分子的振动能量差（$\Delta E_振$）和转动能量差（$\Delta E_转$），因此在电子跃迁的同时，不可避免地伴随振动能级和转动能级的跃迁，故所产生的吸收因附加上振动能级和转动能级的跃迁而变成宽的吸收带。

有机化合物对紫外-可见光的吸收与分子的电子结构密切相关；只含 σ 键的化合物在紫外-可见光区内无吸收；含 π 键的化合物，特别是分子结构中含有共轭体系的化合物，具有特征吸收峰。所以紫外光谱提供的分子结构信息虽然比其他光谱少，但仍然是测定分子结构的一种非常重要的手段。

紫外吸收强度遵守 Lambert-Beer 定律。

$$A = \lg \frac{I_0}{I_1} = \lg \frac{1}{T} = \varepsilon cl$$

式中，A 代表吸光度，表示单色光通过试液时被吸收的程度，其值为入射光强度 I_0 与透过光强度 I_1 的比值的对数；T 代表透光率，也称透射率，其值为透过光强度 I_1 与入射光光强度 I_0 的比值；l 代表光在溶液中经过的距离，一般为吸收池的厚度；c 代表浓度；ε 代表摩尔吸光系数，表示物质对光能的吸收程度，是各种物质在一定波长下的特征常数，是鉴定化合物的重要数据，变化范围从 $1～10^5$，其值是浓度为 $1mol \cdot L^{-1}$ 的溶液在 1cm 的吸收池中，在一定波长下测得的吸光度。

2.3.2 表示方法

紫外-可见光谱图通常是以波长（λ/nm）为横坐标，百分透光率（$T/\%$）或吸光度（A）为纵坐标作图。吸收光谱又称吸收曲线，通常把吸收带上最大值对应的波长称为该谱带的最大吸收波长（λ_{max}），对应的摩尔吸光系数作为该谱带的吸收强度（ε_{max}）。吸收曲线中，在吸收峰旁存在的小的曲折（或拐点）称为肩峰；在吸收曲线波长最短处，吸收相当大但不成峰形的部分称为末端吸收。整个吸收光谱的位置、强度和形状是鉴定化合物的标志。在文献资料中，紫外吸收最大波长位置及摩尔吸光系数表示为：

$$\lambda_{max}^{C_2H_5OH} 204 \ (\varepsilon 1120)$$

即样品在乙醇溶液中，最大吸收波长为204nm，摩尔吸光系数为1120L·mol^{-1}·cm^{-1}。图2-5为丙酮的紫外-可见光谱图。

2.3.3 电子跃迁类型及其特征吸收

根据在分子中成键电子的种类不同，有机化合物中的价电子可分为三种：成单键的σ电子、成不饱和键的π电子、杂原子上未成键的n电子。分子中电子的跃迁方式与化学键的性能有关，当电子状态发生变化即跃迁时，需要吸收不同的能量，即吸收不同波长的光。各种电子能级能量高低的顺序为σ＜π＜n＜π*＜σ*，因此电子跃迁共有四种类型，即σ→σ*、n→σ*、π→π*、n→π*，如图2-6所示。

图2-5　丙酮的紫外-可见光谱图

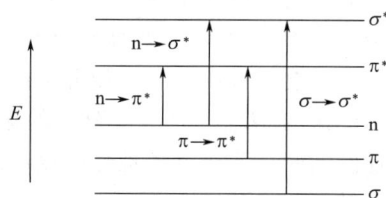

图2-6　各种电子跃迁示意图

(1) σ→σ*跃迁　成键轨道上的σ电子吸收能量后被激发，跃迁到σ*反键轨道。由于能级差较大，故σ电子跃迁需要很高能量。一般情况下，仅在200nm以下才能观察到，即其吸收位于远紫外区，落在紫外-可见光谱仪工作范围以外，只能用真空紫外光谱仪才能观测。有机化合物分子中的烷烃，其成键电子都是σ电子，故饱和碳氢化合物（即饱和烃）在近紫外区是透明的，可作紫外测量的溶剂。例如，乙烷的λ$_{max}$＝135nm。

(2) n→σ*跃迁　非键轨道上的n电子吸收能量后被激发，跃迁到σ*反键轨道。当有机化合物分子中含有下列基团（如—NH$_2$、—OH、—S、—X等）时，杂原子上的n电子可以向σ*反键轨道跃迁。这种跃迁所需的能量小于σ→σ*跃迁，波长较σ→σ*长，故醇、醚、胺等有机化合物能在远紫外区和近紫外区产生吸收。例如，甲胺的λ$_{max}$＝213nm。

(3) n→π*跃迁　含有杂原子的不饱和有机化合物中，杂原子上的n电子吸收能量后被激发，跃迁到π*反键轨道产生的吸收带，光谱学上称为R带。这种跃迁所需的能量比n→σ*跃迁小，一般在近紫外或可见光区有吸收，其特点是吸收强度弱，ε$_{max}$＜100L·mol^{-1}·cm^{-1}（或lgε＜2），大多数为15～50，λ$_{max}$为270～350nm。例如，醛酮分子中羰基的λ$_{max}$为275～295nm，甲基乙烯基酮n→π*跃迁的λ$_{max}$＝324nm。

(4) π→π*跃迁　不饱和键中的π电子吸收能量后被激发，跃迁到π*反键轨道产生的吸收带，光谱学上称为K带。由于能级差小，故π电子跃迁不需要较高能量，其特点是吸收强度很强，ε$_{max}$＞10000L·mol^{-1}·cm^{-1}（或lgε＞4）。对于孤立双键来说，其吸收峰大都位于远紫外区末端或200nm附近，属于强吸收峰；若分子中有两个或两个以上双键共轭时，π→π*跃迁能量降低，λ$_{max}$向长波方向移动，ε$_{max}$也随之增大。值得注意的是，共轭烯烃的 K 带不受溶剂极性的影响，而不饱和醛酮 K 带的 λ_{max} 随溶剂极性的增大而向长波递增。

芳香族化合物 $\pi \rightarrow \pi^*$ 跃迁引起的特征吸收带，也称为 B 带，其特点是吸收强度较弱，$\varepsilon_{max} \approx 200 \text{L} \cdot \text{mol}^{-1} \cdot \text{cm}^{-1}$，$\lambda_{max}$ 为 $230 \sim 270 \text{nm}$，中心在 256nm 左右，在非极性溶剂中芳烃的 B 带为一具有精细结构的宽峰，但在极性溶剂中精细结构消失；E 带指在封闭的共轭体系（如苯环）中，因 $\pi \longrightarrow \pi^*$ 跃迁产生的强度较弱的特征吸收带。

总之，电子跃迁类型与分子结构密切相关。可以根据分子结构来预测电子跃迁类型，反之也可以根据紫外吸收波长及电子跃迁类型来判断有机化合物分子中可能存在的吸收基团，见表 2-7。

⊡ **表 2-7　某些有机化合物的电子跃迁类型和吸收相关数据**

化合物	电子跃迁类型	λ_{max}/nm	ε_{max}/L·mol^{-1}·cm^{-1}	吸收带
CH_3CH_3	$\sigma \rightarrow \sigma^*$	135	1000	
$C_6H_{11}SH$	$n \rightarrow \sigma^*$	224	12.6	
$CH_2 \!=\! CH_2$	$\pi \rightarrow \pi^*$	170	1500	
$CH \!\equiv\! CH$	$\pi \rightarrow \pi^*$	173	600	
CH_3COCH_3	$n \rightarrow \sigma^*$	189	90	
	$n \rightarrow \pi^*$	280	1.5	R
$CH_2 \!=\! CH\!-\!CH \!=\! CH_2$	$\pi \rightarrow \pi^*$	217	2100	K
$CH_2 \!=\! CH\!-\!CHO$	$\pi \rightarrow \pi^*$	210	1150	K
	$n \rightarrow \pi^*$	315	1.4	R
C_6H_6	$\pi \rightarrow \pi^*$	184	600	E_1
		203	80	E_2
		256	21.5	B
$C_6H_5CH \!=\! CH_2$	$\pi \rightarrow \pi^*$	244	1200	K
		282	45	B
$C_6H_5COCH_3$	$\pi \rightarrow \pi^*$	240	1300	K
		278	110	B
	$n \rightarrow \pi^*$	319	5	R

2.3.4　紫外-可见光谱在有机化合物结构分析中的应用

根据电子跃迁类型及其吸收特点，以及紫外-可见光谱仪的测试范围，显而易见只有 $\pi \rightarrow \pi^*$ 和 $n \rightarrow \pi^*$ 的跃迁才有实际意义，也就是说紫外-可见光谱适用于分子中具有不饱和结构特别是共轭结构的化合物。但是有时分子中某一部分的结构变化较大，而紫外-可见光谱的变化却不大，导致其应用存在很大的局限性。即便如此，在推测有机化合物结构时，紫外-可见光谱也能提供一些重要的信息。

（1）判断分子中是否存在共轭体系或某些官能团　$200 \sim 400 \text{nm}$ 无吸收，可推测化合物是饱和烃；$270 \sim 350 \text{nm}$ 有弱吸收且 $\varepsilon_{max} < 100$（R 带），$200 \sim 260 \text{nm}$ 内无任何吸收，可推测化合物有一个含未共用电子对的不饱和基团；若光谱中存在许多吸收峰，且有一些出现在可见光区，可推测化合物含有共轭链生色团或多环共轭体系；若化合物是有色的，可推测分

子中含有 $4\sim5$ 个共轭的生色团和助色团;若吸收峰的 ε_{max} 为 $10000\sim20000L\cdot mol^{-1}\cdot cm^{-1}$,表明分子中有 α,β-不饱和醛酮或共轭双烯的存在;若吸收峰的 ε_{max} 为 $1000\sim10000L\cdot mol^{-1}\cdot cm^{-1}$,表明分子中有芳环存在;若光谱中既存在 $\varepsilon_{max}>10000L\cdot mol^{-1}\cdot cm^{-1}$ 的谱带,还伴随一些 $\varepsilon_{max}<10000L\cdot mol^{-1}\cdot cm^{-1}$ 的谱带,表明芳环上连有生色基团。

(2) 判断分子的基本骨架 先研究未知物的光谱特征,然后再寻找已知结构的、具有类似发色团的化合物作为模型,和未知物光谱进行对比。如果很相似,便可推知其基本骨架。例如维生素 K 的基本骨架就是这样推断的。

(3) 判断某些官能团的位置 利用位移试剂对紫外光谱的影响,可确定有机化合物结构中某些官能团的位置。例如除虫菊醇酮侧链上两个双键的位置就是利用此技术确定的,此技术在黄酮类化合物的结构鉴定中也特别有用。

除虫菊醇酮

(4) 判断某些化合物的异构体和互变异构 对于顺反异构体而言,一般情况下其反式异构体的 λ_{max} 和 ε_{max} 大于顺式异构体,如 1,2-二苯乙烯。对于互变异构体而言,以乙酰乙酸乙酯的酮-烯醇互变异构为例,在酮式结构中,两个双键未共轭,$\lambda_{max}=204nm$;在烯醇结构中,两个双键共轭,吸收波长较长,$\lambda_{max}=243nm$;通过吸收峰强度可知异构体的大致含量,且在不同极性溶剂中,酮式和烯醇式所占比例不同(图 2-7)。乙酰乙酸乙酯在己烷中烯醇式含量高,在水中烯醇式含量低。

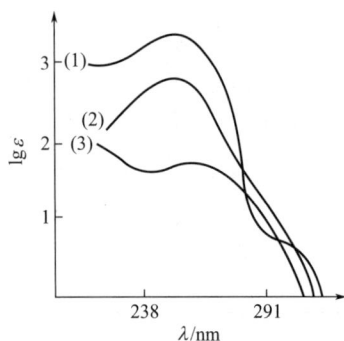

图 2-7 乙酰乙酸乙酯的紫外-可见吸收曲线
溶剂:(1)-己烷;
(2)-乙醇;(3)-水

(5) 判断某些化合物的纯度或含量 紫外-可见光谱法灵敏度很高,容易检验出有机化合物中所含的微量杂质。如果在已知化合物的紫外-可见光谱中发现其他吸收峰,便可判定有杂质存在。例如,乙醇中微量醛的检测,可在 $270\sim290nm$ 范围内测定其吸光度,如无醛存在,则没有吸收;紫外-可见光谱在有机化合物含量测试方面的应用,比其在化合物定性测试方面具有更大的优越性,该方法准确性高、重现性好。只要对近紫外光或可见光有吸收或可能有吸收的化合物,均可用紫外-可见分光光度法进行测定。

【例 2-3】 某化合物分子式为 C_4H_6O,其构造式可能有 30 多种。经紫外-可见光谱测试,$\lambda_{max}=230nm$,具有较强吸收 $\varepsilon_{max}>5000L\cdot mol^{-1}\cdot cm^{-1}$。请推测该化合物结构。

经计算,该化合物的不饱和度 $U=2$。根据其紫外-可见吸收的 λ_{max} 和 ε_{max},可推测分子中含有共轭体系,即分子可能是一个共轭醛或共轭酮,结构如下所示。

至于化合物究竟是这三种结构中的哪一种，还需要进一步用红外、核磁共振谱或化学方法来确定。

2.4 核磁共振谱

1946 年美国物理学家 Bloch F. 和 Purcell E. 首次发现核磁共振（nuclear magnetic resonance，NMR）现象。核磁共振是无线电波与处于磁场内的自旋核相互作用，引起核自旋能级的跃迁而产生的。核磁共振谱主要提供分子中原子数目、类型以及键合次序等信息，有的甚至可以直接确定分子的立体结构，是目前研究有机化合物分子结构的强有力的手段之一。

原子序数或原子质量为奇数的原子核，即核自旋量子数 $I \neq 0$ 的原子核（例如 ^1H，^{13}C，^{15}N，^{17}O，^{19}F，^{31}P，^{35}Cl，^{37}Cl 等），在磁场作用下均可发生核磁共振现象。其中最常用的是核磁共振氢谱（^1H-NMR）和核磁共振碳谱（^{13}C-NMR）。^1H 和 ^{13}C 原子核的核自旋量子数 $I = 1/2$。本节重点讨论核磁共振氢谱，对核磁共振碳谱作初步简介。

2.4.1 基本原理

具有磁矩的原子核是核磁共振研究的主体。原子核是带正电荷的粒子，自旋量子数 $I \neq 0$ 的原子核自旋会产生磁场而形成磁矩，见图 2-8。$I = 1/2$ 的 ^1H 原子核在外加磁场中，两种自旋的能级出现裂分，与外磁场方向相同的自旋核能量低，用 $+1/2$ 表示；与外磁场方向相反的自旋核能量高，用 $-1/2$ 表示。两者能级差为 ΔE，见图 2-9。ΔE 与外磁场强度 B_0 成正比，其关系式如下：

$$\Delta E = E_{-1/2} - E_{+1/2} = h\nu = \gamma \frac{h}{2\pi} B_0$$

式中，γ 为磁旋比，是核的特征常数，对于 ^1H 核而言，其值为 $2.675 \times 10^8 T^{-1} \cdot s^{-1}$；$h$ 为 Plank 常数；ν 为无线电波的频率；B_0 为外加磁场强度。

图 2-8 ^1H 核的自旋与回旋

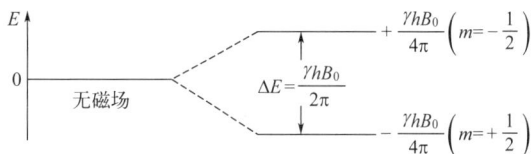

图 2-9 ^1H 核两种自旋的能级裂分与外加磁场强度的关系

用一定频率的电磁波照射外磁场中的 ^1H 核，当电磁波的能量正好等于两个能级之差时，^1H核就吸收电磁波的能量，从低能级跃迁到高能级，发生核磁共振。因为只有吸收频率为$\nu = \gamma B_0/2\pi$的电磁波才能产生核磁共振，故该式为产生核磁共振的条件。显而易见，实现核磁共振的方式有两种：一是保持外磁场强度B_0不变，改变电磁波辐射频率ν，称为扫频；二是保持电磁波辐射频率ν不变，改变外磁场强度B_0，称为扫场。这两种方式得到的核磁共振谱图均相同。目前绝大多数核磁共振仪采用扫场方式。

2.4.2 化学位移

化学位移是由核外电子的屏蔽效应所引起的，用δ表示。根据发生核磁共振的条件可知，质子共振的磁感应强度只与质子的旋磁比及电磁波照射频率有关。当符合共振条件时，试样中的全部质子都发生共振，只产生一个单峰，这对于测定有机化合物的结构是毫无意义的。但实验事实证明，在相同频率照射下，化学环境不同的质子，即质子周围电子云密度分布不同的质子，在不同的磁感应强度处出现吸收峰。这是因为质子在分子中并不是完全裸露的，而是被价电子所包围。在外加磁场作用下，核外电子在垂直于外加磁场的平面内绕核旋转，产生与外加磁场方向相反的感生磁场B'，使质子实际感受到的磁感应强度$B_{实}$变小，强度为：

$$B_{实} = B_0 - B' = B_0 - \sigma B_0 = B_0 \times (1-\sigma)$$

式中，σ为屏蔽常数。核外电子对质子产生的这种作用称为屏蔽效应。显而易见，质子周围电子云密度越大，屏蔽效应越大，只有增加磁感应强度才能使其发生共振吸收。反之，若感生磁场与外加磁场方向相同，则质子实际感受到的磁场为外加磁场与感生磁场之和，这种作用称为去屏蔽效应，只有减小外加磁场的强度，才能使质子发生共振吸收。因此，分子中的质子发生核磁共振的条件为：

$$\nu = \frac{\nu}{2\pi} \times B_{实} = \frac{\nu}{2\pi} \times B_0 (1-\sigma)$$

不同化学环境的质子，其核外电子云密度分布不同，受到不同程度的屏蔽或去屏蔽效应，因而在核磁共振谱的不同位置出现吸收峰，这种吸收峰位置上的差异称为化学位移。不同类型质子的化学位移值不同，可用于鉴别或测定有机化合物的结构。

由于核外电子产生的感生磁场强度B'非常小，只有外加磁场的百万分之几，因此要测定质子发生核磁共振频率的精确值相当困难，而精确测定质子相对于标准物质的吸收频率却比较方便。标准物质通常是四甲基硅烷 $[Si(CH_3)_4，TMS]$，该分子吸收呈现为单峰，且屏蔽效应很大，不会与常见化合物的 NMR 信号产生重叠。

化学位移用δ表示，其定义为：

$$\delta = \frac{\nu_{样品} - \nu_{TMS}}{\nu_0} \times 10^6$$

式中，$\nu_{样品}$和ν_{TMS}分别为测试样品和 TMS 的共振频率；ν_0为操作仪器选用的频率。

国际纯粹与应用化学联合会（IUPAC）建议，将 TMS 的δ值定义为零，一般有机化合物质子的吸收峰都在它的左边，即在低场一侧，$\delta > 0$。化学位移值的大小直接反映了分子的结构特征。质子核外的电子云密度大，屏蔽作用强，吸收峰从左向右移，即由低场区向高场区移动，具有较小的化学位移值；质子周围的电子云密度小，去屏蔽作用强，吸收峰从右向左移，即由高场区向低场区移动，具有较大的化学位移值。各种质子的化学位移（δ）值范围见表 2-8，绝大多数化合物的核磁共振吸收都在 0～15 范围。

质子类型	化学位移 δ	质子类型	化学位移 δ
RCH_3	0.9	$RCH\!=\!CHR$	4.5~5.7
R_2CH_2	1.2	$RC\!\equiv\!CH$	2.0~3.0
R_3CH	1.5	ArH	6.5~8.5
RCH_2F	4.4	ArOH	4.5~16
RCH_2Cl	3.7	ROH	0.5~5.5
RCH_2Br	3.5	RNH_2	0.6~5.0
RCH_2I	3.2	$RCONH_2$	5.0~9.4
R_2NCH_3	2.2	RCHO	9.5~10.1
$RCOCH_3$	2.1	$RCOOH,RSO_3H$	10~13
$ROCH_3$	3.4	$RCOOCH_3$	3.7
RCH_2OH	3.6	$ArCH_3$	2.3

2.4.3　表示方法

有机化合物对叔丁基甲苯的核磁共振氢谱如图 2-10 所示，图右侧为高场、低频区，图左侧为低场、高频区。横坐标表示吸收峰位置，用化学位移表示；纵坐标表示吸收峰强度，与氢原子的数目有关。吸收峰面积越大，表示所含氢原子数目越多，成正比关系。吸收峰面积用积分曲线高度表示，峰面积越大，积分线高度就越高。图中，对叔丁基甲苯分子中三组吸收峰的积分曲线高度之比为 3.8:2.9:8.8≈4:3:9，正好对应于分子中苯环、甲基和叔丁基上氢原子的数目之比。

图 2-10　对叔丁基甲苯的核磁共振氢谱图

2.4.4　自旋偶合与自旋裂分

在核磁共振谱图中，质子的吸收峰并不都是单峰，而是常常出现二重峰、三重峰和多重峰。图 2-11 为 1-硝基丙烷的高分辨率[1]H-NMR 谱，在 δ 为 4.35、2.04、1.12 处出现了三组峰，三者的峰面积之比为 2:2:3，从化学位移上看，不难判断出它们分别对应于 H_c、H_b 和 H_a 三种质子，其中 c 为三重峰，b 为六重峰，a 为三重峰。这些峰的出现是由于相邻碳原子上的氢核自旋产生的微小磁场对外加磁场的影响而产生的。这种使吸收峰发生分裂的现象叫做自旋-自旋裂分（简称为自旋裂分）。氢核的自旋受到相邻碳原子上氢核自旋所产生的磁场的相互作用，叫做自旋-自旋偶合（简称为自旋偶合）。

$$CH_3-CH_2-CH_2-NO_2$$

图 2-11　化合物 1-硝基丙烷的 ^1H-NMR 谱

以 $H_a-C-C-H_b$ 为例来讨论自旋裂分。若 H_a 邻近无 H_b 存在，则 H_a 的共振频率为 $\nu=\gamma B_0/2\pi$，吸收信号为单峰；若 H_a 邻近有 H_b 存在，H_b 在磁场中的两种自旋取向通过化学键传递到 H_a 处，产生两种不同的感生磁场 $+\Delta B$ 和 $-\Delta B$，使 H_a 的共振频率由 ν 裂分为 ν_1 和 ν_2：

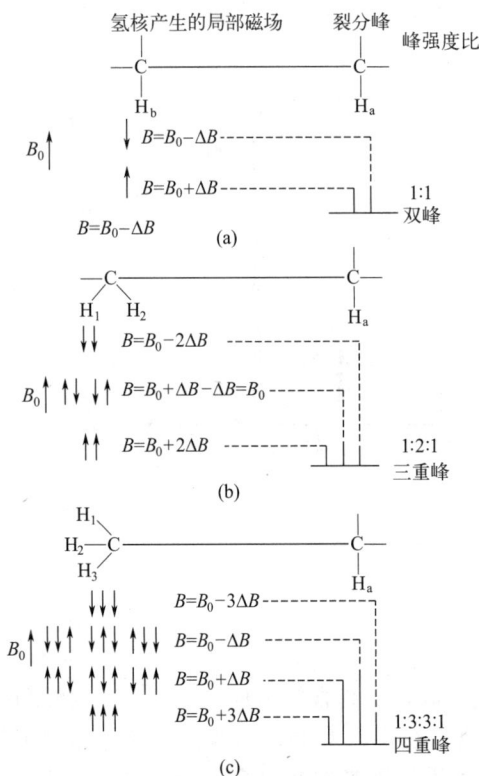

图 2-12　相邻质子吸收峰裂分简单原理

$$\nu_1=\frac{\nu}{2\pi}\left[B_0\left(1-\sigma\right)+\Delta B\right]$$

$$\nu_2=\frac{\nu}{2\pi}\left[B_0\left(1-\sigma\right)-\Delta B\right]$$

因此由于 H_b 的偶合作用，H_a 的吸收峰被裂分为双峰。若 H_a 分别相邻一个、两个和三个质子，则由于偶合 H_a 分别呈现双重（1∶1）、三重（1∶2∶1）和四重（1∶3∶3∶1），见图 2-12。

在一级谱图中，自旋裂分所产生谱线的间距称为偶合常数，用 J 表示，单位为 Hz。根据相互偶合质子间间隔化学键的数目，可将偶合作用分为同碳偶合（^2J）、邻碳偶合（^3J）和远程偶合。偶合常数的大小表示偶合作用的强弱，与两个偶合核之间的相对位置和所处的环境有关：对饱和体系而言，间隔化学键数目超过 3 个时，J 值趋近于零；对于电负性大的杂原子（如 N，O 等）上的质子，由于易发生电离和快速交换作用，通常不参与偶合且吸收峰变宽。

在 NMR 谱图中，化学环境相同的核

具有相同的化学位移，称为化学等同核；分子中的一组核，若化学等同，且对组外任何一核的偶合常数也相同，称为磁等同核。磁等同核之间的偶合作用不产生峰的裂分，磁不等同核之间的偶合作用产生锋的裂分。例如，在1-氯乙烷分子中，甲基上的三个质子是化学等同核，亚甲基上的两个质子亦是化学等同的；在1,1-二氟乙烯分子中，$^3J_{HaFa} \neq {}^3J_{HbFa}$，两个质子是化学等同核，但不是磁等同核。

$$
\begin{array}{c}
\text{H}_a \quad \text{H}_b \\
| \quad\quad | \\
\text{H}_a\text{—C—C—Cl} \\
| \quad\quad | \\
\text{H}_a \quad \text{H}_b
\end{array}
\qquad
\begin{array}{c}
\text{H}_a \qquad \text{F}_a \\
\diagdown \quad\quad \diagup \\
\text{C}=\text{C} \\
\diagup \quad\quad \diagdown \\
\text{H}_b \qquad \text{F}_b
\end{array}
$$

当两组或几组磁等同核的化学位移差 $\Delta \nu$ 与其偶合常数 J 之比大于 6，即 $\Delta\nu/J > 6$ 时，质子间的相互偶合作用比较简单，NMR谱呈现为一级谱图。一级谱图具有以下特征：①磁等同质子间不产生偶合裂分；②磁不等同质子间产生偶合，偶合裂分峰数目符合 $n+1$ 规律，n 为相邻的磁等同质子的数目；③若相邻的磁等同质子有多种，则偶合裂分峰数目符合 $(n+1)(n'+1)$ 规律；④裂分峰各峰强度比符合二项式展开系数之比；⑤各裂分峰等距，裂距即为偶合常数 J。

例如，在 CH_3CHCl_2 分子中，—CH_3 的三个质子是磁等同的，与邻近基团—$CHCl_2$ 中的1个质子偶合，产生 $1+1=2$ 重吸收峰，强度比为 1:1；同理—$CHCl_2$ 中的质子，与邻近基团—CH_3 中的3个磁等同质子偶合，产生 $3+1=4$ 重吸收峰，强度比为 1:3:3:1；在 $Cl_2CH—CH_2—CHBr_2$ 分子中两端基团—Cl_2CH 和—$CHBr_2$ 中的质子为磁不等同核，因而中间基团—CH_2—中的质子偶合裂分为 $(1+1)(1+1)=4$ 重峰，强度比接近 1:3:3:1；在 CH_3CH_2OH 分子中，—OH质子由于质子间的快速交换，而呈现为一个尖锋。

2.4.5 核磁共振氢谱在有机化合物结构分析中的应用

^{1}H-NMR谱图解析时，首先看谱图中有几组峰，由此确定化合物中有几种/几组质子，再由积分曲线面积确定各组峰中所含质子的数目，然后根据化学位移判断质子的化学环境（例如，烷基氢、烯氢、芳氢、羟基氢、氨基氢、醛基氢等），最后根据裂分情况和偶合常数确定各组质子之间的相互关系。

【例 2-4】 某化合物的分子式为 $C_6H_{10}O_3$，其核磁共振氢谱见图 2-13。请确定该化合物的结构式。

图 2-13 化合物 $C_6H_{10}O_3$ 的 ^{1}H-NMR谱

根据分子式，求得化合物的不饱和度 $U=2$，说明分子中可能含 C=O、C=C、碳环或一个三键。谱图中除 TMS 吸收峰外，从低场到高场共有 4 组吸收峰，积分曲线高度之比依次为 2：2：3：3。因分子中有 10 个氢原子，故各组吸收峰依次分别相当于—CH₂—、—CH₂—、—CH₃ 和—CH₃。

化学位移 5 以上无吸收峰，表明分子中不存在烯氢，则分子中的不饱和键很有可能是 C=O；从峰的裂分数目来看，$\delta4.1$（四重峰，CH₂）、$\delta3.5$（单峰，CH₂）、$\delta2.2$（单峰，CH₃）、$\delta1.2$（三重峰，CH₃），可推测，$\delta=4.1$ 的质子与 $\delta=1.2$ 的质子相互偶合，且与强吸电子基团相连，表明分子中存在乙氧基（—OCH₂CH₃）；$\delta=3.5$ 的质子和 $\delta=2.2$ 的质子呈现为单峰，表明它们均不与其他质子相邻，由化学位移判断 $\delta=2.2$ 处的质子应与吸电子羰基相连，即为 CH₃CO—基团，$\delta=3.5$ 处的质子应与两个吸电子羰基相连，即为—CH₂—基团。

综上所述，分子中具有以下结构单元：CH₃CO—、—OCH₂CH₃ 和—CH₂—。所以该化合物的结构式为 CH₃COCH₂COOCH₂CH₃。

【例 2-5】 某化合物的分子式为 $C_7H_{16}O_3$，其核磁共振氢谱见图 2-14。请确定该化合物的结构式。

图 2-14 化合物 $C_7H_{16}O_3$ 的 ¹H-NMR 谱

根据分子式求得不饱和度 $U=0$，说明这是一个饱和的化合物。谱图中除 TMS 吸收峰外，从低场到高场共有 3 组吸收峰，积分曲线高度之比依次为 1：6：9，因分子中有 16 个氢，故各组吸收峰依次分别相当于 1 个—CH、3 个等同的—CH₂、3 个等同的—CH₃。

从各组峰的化学位移和裂分来看，$\delta5.2$（单峰，CH）、$\delta3.6$（四重峰，3CH₂）、$\delta1.2$（三重峰，3CH₃），可推测，$\delta=3.6$ 的质子与 $\delta=1.2$ 的质子相互偶合，且与强吸电子基团相连，表明分子中存在 3 个乙氧基（—OCH₂CH₃）；$\delta=5.2$ 的质子呈现为单峰，表明它不与其他质子相邻，由化学位移判断—CH 应与多个强吸电子基相连。

综上所述，分子中具有以下结构单元：3 个—OCH₂CH₃ 和 1 个—CH。所以该化合物的结构式为（CH₃CH₂O）₃CH。

2.4.6 核磁共振碳谱简介

¹³C 核与 ¹H 核类似，都是磁性核，自旋量子数 $I=1/2$。但是 ¹³C 核在自然界的丰度仅为 1.1%，且其磁矩也比 ¹H 核小，因此 ¹³C 核信号的灵敏度仅为 ¹H 核的 1/5700 左右；再者 ¹H 与 ¹³C 核之间的偶合作用，使得 ¹³C-NMR 谱图信号更弱更复杂。随着脉冲傅里叶变换和噪声去偶技术的成功应用，¹³C-NMR 谱测试中的许多技术难题已经克服，¹³C-NMR 谱的应用也日趋普

遍。在鉴定复杂有机化合物结构方面，^{13}C-NMR 谱比 ^{1}H-NMR 谱具有更加显著的优点。

脉冲傅里叶变换技术，是指采用脉冲射频场使分子中所有 ^{13}C 核同时被激发并把多次脉冲所得的结果进行叠加，从而使整个摄谱时间大大缩短。噪声去偶，是以一定频率范围的另一个射频场照射分子，使分子中所有的 ^{1}H 核都处于饱和状态，这样消除了所有 ^{1}H 核对 ^{13}C 核的偶合，使每种碳都表现为单峰，谱图和解析过程得以大大简化。图 2-15 为化合物 2,2,4-三甲基-1,3-戊二醇的去偶 ^{13}C-NMR 谱。如图所示，分子中四种不同甲基的信号在 ^{1}H 谱中虽然重叠在一起，但在 ^{13}C 谱中则截然分开。

图 2-15　化合物 2,2,4-三甲基-1,3-戊二醇的 ^{13}C 噪声去偶 NMR 谱（CDCl$_3$，150.9MHz）

在碳核数目相同的情况下，^{13}C-NMR 谱的信号强弱一般为：伯碳＞仲碳＞叔碳＞季碳。^{13}C 信号通常出现在 $\delta=0\sim240$ppm 区域内（见表 2-9），很少出现谱峰重叠的现象。

▢ 表 2-9　常见碳原子的 ^{13}C-NMR 化学位移

碳原子类型	化学位移 δ	碳原子类型	化学位移 δ
RCH_3	$0\sim35$	RCH_2Br	$20\sim40$
R_2CH_2	$15\sim40$	RCH_2Cl	$25\sim50$
R_3CH	$25\sim50$	RCH_2NH_2	$35\sim50$
R_4C	$30\sim40$	RCH_2OH,RCH_2OR	$50\sim65$
$RCCR$	$65\sim90$	RCN	$110\sim125$
$R_2C=CR_2$	$100\sim150$	$RCOOH,RCOOR$	$160\sim185$
C_6H_6	$110\sim175$	$RCHO,RCOR$	$190\sim220$

🔬 阅读材料 ···

中国有机化学和分析化学奠基人之一陈耀祖

陈耀祖（1927—2000），有机化学和分析化学家。1927 年生于湖南长沙，1949 年毕业于浙江大学化学系，毕业后一直在大学从事教学和科研工作，在祖国西北工作 40 多年。20 世纪 50 年代初，在西北黄土高原相当简陋的条件下，他建立了第一个能够达到恒温、恒湿、防震和防尘要求的现代有机分析实验室，从此开展了中草药有效成分的结构分析研究。1991 年当选为中国科学院学部委员（院士），曾任浙江大学教授、兰州大学教授。主要研究方向是质谱研究、质谱与色谱联用技术、天然药物结构分析和有机化合物微量系统鉴定等，是中国有机化学和分析化学的奠基人之一。

陈耀祖先生创立了反应质谱的立体化学分析法，为测定有机分子绝对构型、差向异构、顺反异构、苏式/赤式异构和构象等提供了一种快速超微量手段，开辟了质谱分析新用途。他运用波谱分析技术结合化学反应分析了 80 余种西部边远地区特产药用植物的化学成分，发现了百余种新的有机化合物（例如当归中的双内酯、毛茛科植物中的桥杂环二萜生物碱和唇形科植物中的四环二萜等），其中有 6 种是新的结构骨架，并研究了其中一些成分的化学结构与药理效应的关系。他十分注意分析手段的方法学研究，将环炉技术与放射性自显影薄层色谱相联用，建立有机化合物微量系统鉴定法是他早期的研究工作。在质谱仪离子源中引入立体选择性反应试剂，由原位反应产生的特征离子相对丰度可以获得样品分子的立体化学信息，用这种反应质谱法可以进行构象分析、绝对构型和几何构型测定等超微量立体化学分析。在天然抗癌药物分子中引入稳定自由基，获得高效低毒的自旋标记衍生物，运用顺磁共振谱可观察这类药物与 DNA 的结合，这种自旋标记分析法已成为进行抗癌药物分子药理学研究的一种手段。他发展了快原子轰击-串联质谱法测定糖苷结构，建立了闪蒸/气相色谱/质谱和微量预吸附/气相色谱/质谱分析植物挥发油和鲜花头香的微量技术，建立了抗癌物自旋标记分析法，为药理研究提供了一种新的灵敏易行的分析手段。陈耀祖先生的工作极大地丰富了天然产物有机化学，填补了有机反应质谱的空白。

陈耀祖先生共发表了 320 多篇学术论文，专著有《半微量有机分析》《近代有机定量分析》《有机微量定量分析》《有机分析》和《有机质谱原理及应用》等，这些研究成果为开发利用西北药用植物资源提供了科学依据，并为丰富有机化学知识和发展有机分析化学学科作出了贡献。在教学工作中，他主张"授人以鱼不如教人以渔"的教学原则，重视思维启发和独立工作能力的培养，指导研究生以师生共同讨论为主要教学形式。他是我国首批博士生导师之一，已培养了 35 位博士生和 58 位硕士生，他们多成长为技术骨干，多名学生已是博士生导师、教授、学术带头人等。

陈耀祖先生主持的"有机化合物微量系统鉴定法及有机官能团的定量分析研究"获 1978 年全国科学大会奖，"有机质谱在立体化学研究中的应用"获 1991 年国家自然科学三等奖，"有机分析新技术""天然产物质谱研究"和"卫矛科杀虫植物的化学成分及生物活性"分别获 1988 年、1991 年和 1992 年国家教委科技进步二等奖。

本章小结

1. 电磁波类型与波谱分析法。
2. 基团的红外特征频率及其应用。
3. 电子跃迁类型、特征吸收及其应用。
4. 质子的化学位移、偶合裂分及其应用。

习题

2-1 利用红外光谱鉴别下列各组化合物，并简要说明理由。

(1) $CH_3CH_2CH_2CH_3$ 和 $CH_3CH_2CH=CH_2$

(2) $CH_3C\equiv CCH_3$ 和 $CH_3CH_2C\equiv CH$

（3） CH_3CH_2CHO 和 CH_3COCH_3

（4） $CH_3CH_2CH_2OH$ 和 $CH_3CH_2CH_2NH_2$

（5） 苯和环己烷

2-2 指出下列两种化合物的红外光谱图中所显示的官能团。

(A)

(B)

2-3 试预测下列哪种化合物能吸收较长波长的光，哪种化合物能吸收较短波长的光？为什么？（只考虑 $\pi \to \pi^*$ 跃迁）

2-4 下列化合物除 $\sigma \to \sigma^*$ 跃迁外，还能发生哪些类型的跃迁？在紫外-可见光谱中有哪些吸收带？

（1） CH_3CHO （2） $CH_3—CH=CH—OCH_3$

（3） $CH_2=CHN(CH_3)_2$ （4） $C_6H_5—CH=CHCHO$

2-5 下列化合物的分子式为 $C_4H_8Br_2$，其 ^1H-NMR 谱如下。试推断该化合物的结构。

2-6 根据以下数据推测化合物的结构。化合物 A，化学式 C_3H_7I，$\delta 4.1$（m，1H），1.9（d，6H）；化合物 B，化学式 $C_2H_4Br_2$，$\delta 5.9$（q，1H），2.7（d，3H）；化合物 C，化学式 $C_3H_6Cl_2$，$\delta 3.8$（t，4H），2.2（m，2H）；化合物 D，化学式 $C_8H_{12}O_4$，$\delta 6.8$（s，1H），4.3（q，2H），1.3（t，3H）。

2-7 化合物 $C_7H_{12}O_3$ 的紫外光谱在 280nm 处有弱吸收峰，红外光谱在 $1715cm^{-1}$ 和 $1735cm^{-1}$ 有强吸收峰，^1H-NMR 谱有五组吸收峰，δ 值分别为 3.85（s，3H）、2.75（t，2H）、2.60（t，2H）、2.48（q，2H）、1.05（t，3H）。试推测该化合物的结构。

2-8 某化合物的分子式为 $C_{12}H_{14}O_4$，其 IR、^1H-NMR 和 ^{13}C-NMR 谱分别如下，试推断该化合物的结构。

第 3 章

烷烃和环烷烃

学习目标

了解烷烃的同分异构、构象异构等概念，掌握几种表示构型和构象的方法，以及烷烃和环烷烃的命名方法（普通命名和系统命名法）；了解烷烃和环烷烃的物理性质，掌握烷烃和环烷烃的化学反应、常见烷基自由基的稳定性；理解烷烃和环烷烃分子结构特点，掌握饱和碳原子正四面体概念；了解环烷烃结构与环稳定性的关系，掌握环己烷的优势构象。

素质目标

了解烷烃的来源、用途以及与石油的关系，深入了解我国对全球气候治理和人类命运共同体建设所做出的努力（碳中和目标的提出），积极迎接挑战，养成勇攀高峰的科研态度，感悟大国担当，培养家国情怀。

　　只含有碳、氢两种元素的有机化合物统称为烃。烃是组成最简单的一类有机化合物，其他有机物均可以看成是烃的衍生物。因此，可以把烃看作有机化合物的母体。

　　烷烃和环烷烃分子中碳原子的四个价键除了以碳-碳单键连接外，其余价键完全为氢原子所饱和，这种烃又称为饱和烃。饱和烃中碳原子相互连接成开链状的叫做烷烃；碳原子相互连接成闭合环状的叫做环烷烃。

3.1 烷烃

3.1.1 烷烃的结构

3.1.1.1 杂化轨道理论

　　碳原子基态时的电子构型是 $(1s)^2(2s)^2(2p)^2$，只有两个未成对电子。依照价键理论，只能和两个其他原子形成两个共价键。但在有机物中，碳原子总是四价。为了解释分子的空间构型，Pauling 于 1931 年在价键理论的基础上提出了杂化轨道理论，认为能量相近的原子轨道可进行杂化，组成能量相等的杂化轨道，这样可使成键能力更强，体系能量降低，成键后可达到最稳定的分子状态。根据杂化轨道理论，碳原子在与其他原子成键时，先经过电子的跃迁，即（2s）中的一个电子跃迁到（$2p_z$）轨道中，形成 4 个价电子，然后进行轨道杂化。

碳原子有 sp^3 杂化（即由 2s 轨道和 3 个 2p 轨道杂化而成）、sp^2 杂化（即由 2s 轨道和 2 个 2p 轨道杂化而成）和 sp 杂化（即由 2s 轨道和 1 个 2p 轨道杂化而成）三种类型。sp^3 杂化示意如下：

杂化后形成 4 个能量相等的杂化轨道，这种杂化轨道称为 sp^3 杂化轨道。sp^3 杂化轨道形状是呈一头大一头小的葫芦型［图 3-1（a）］。每个 sp^3 杂化轨道具有 1/4s 成分与 3/4p 成分。为了使碳原子的这 4 个 sp^3 杂化轨道达到彼此最大的距离及最小的干扰，在空间采取一定的排列方式：以碳原子为中心，4 个轨道分别指向正四面体的每一个顶点，有一定的方向性，轨道彼此间保持着一定的角度，键角（∠HCH）都是 109.5°［图 3-1（b）］，这与范霍夫的计算值是一致的，具体化合物可能稍有出入。

(a) sp^3 杂化轨道形状　　　　(b) 4 个 sp^3 杂化轨道在空间的分布

图 3-1　碳原子的 sp^3 杂化轨道形状及其空间分布

除了 sp^3 杂化外，碳原子还有 sp^2 杂化及 sp 杂化。在 sp^2 杂化中，有 1 个 2s 电子激发到 2p 轨道，然后由 1 个 2s 轨道与 2 个 2p 轨道杂化，形成 3 个能量相等的 sp^2 杂化轨道（形状与 sp^3 杂化轨道相似），每个 sp^2 杂化轨道具有 1/3s 成分与 2/3p 成分。为了使 3 个轨道具有最大的距离和最小的干扰，3 个 sp^2 杂化轨道的对称轴分布在同一平面上，键角为 120°，呈平面三角形。未参与杂化的 p_z 轨道的对称轴垂直于此平面，如图 3-2 所示。

(a) 3 个 sp^2 杂化轨道　　　　(b) 未杂化的 p_z 轨道在空间的分布

图 3-2　碳原子的 3 个 sp^2 杂化轨道和未杂化的 p_z 轨道的空间分布

在 sp 杂化中，电子跃迁后由 1 个 2s 轨道与 1 个 2p 轨道杂化，形成 2 个能量相等的 sp 杂化轨道，每个轨道具有 1/2s 成分与 1/2p 成分。为了使 2 个轨道具有最大的距离和最小的干扰，2 个轨道处在同一条直线上，但方向相反，键角为 180°。未参与杂化的 p_x、p_z 轨道的对称轴互相垂直，且垂直于 sp 杂化轨道对称轴所在的直线，如图 3-3 所示。

(a) 2 个 sp 杂化轨道   (b) 未杂化的 p_y、p_z 轨道在空间的分布

图 3-3   碳原子的 2 个 sp 杂化轨道和 2 个未杂化的 p 轨道在空间的分布

由于杂化后碳原子有 4 个可成键的轨道和 4 个价电子，它可以形成 4 个共价键，碳原子杂化轨道的类型和空间构型如表 3-1 所示。

▫ 表 3-1   碳原子的三种杂化类型与空间构型

杂化类型	电负性	每一杂化轨道含 s 和 p 成分	键角	形成分子的几何构型	实例
sp^3	小	$\frac{1}{4}s$，$\frac{3}{4}p$	109.5°	正四面体	CH_4
sp^2	中	$\frac{1}{3}s$，$\frac{2}{3}p$	120°	平面三角	C_2H_4
sp	大	$\frac{1}{2}s$，$\frac{1}{2}p$	180°	直线	C_2H_2

3.1.1.2 烷烃分子的结构

甲烷是最简单的烷烃，由实验测得，CH_4 分子是正四面体结构（见图 3-4），键角（∠HCH）都是 109.5°，4 个 C—H 键的键长都是 0.110nm。杂化轨道理论认为：在甲烷分子中，碳原子的 4 个 sp^3 杂化轨道分别与 4 个氢原子的 s 轨道以"头碰头"的方式重叠，形成 4 个完全等同的 C—Hσ 键。这 4 个 σ 键的键角为 109.5°，这样的排布可以使价电子尽可能彼此离得最远，相互间的排斥力最小。

甲烷分子结构   (a) 甲烷分子的形成   (b) 甲烷的正四面体结构   (c) 球棍模型

图 3-4   甲烷分子的形状及结构

其他烷烃分子中，碳原子均以 sp^3 杂化轨道与碳原子或氢原子形成 σ 键，因而都具有四面体的结构。如在乙烷分子中，2 个碳原子相互以 1 个 sp^3 杂化轨道重叠形成 C—Cσ 键，其余 6 个 sp^3 杂化轨道分别与 6 个氢原子的 s 轨道重叠形成 6 个 C—Hσ 键，如图 3-5 所示。

图 3-5 乙烷分子中的成键情况

经测定,乙烷分子中 C—C 键的键长为 0.154nm,C—H 键的键长为 0.110nm,键角为 109.5°,乙烷分子的碳链排布在一条直线上。除乙烷外,其他烷烃分子的碳链并不是排布在一条直线上,而是曲折地排布在空间,这是由烷烃碳原子的四面体结构所决定的。为了书写方便,仍写成直线的形式。现在也常用折线式来书写分子结构,折线式只需写出锯齿形骨架,用锯齿形线的角(120°)及其端点代表碳原子,而不需要写出碳原子上所连的氢原子,但除了氢原子外的其他原子必须全部写出。例如:

3-甲基戊烷

3-甲基 -2- 戊醇

3.1.2 烷烃的同分异构

3.1.2.1 烷烃的构造异构

在有机化合物中,具有相同的分子式、但具有不同结构式的化合物互称为同分异构体。同分异构体主要分为两大类:构造异构和立体异构。构造异构是由于分子中各原子相互连接的次序不同而引起的,烷烃的同分异构主要为构造异构。例如,正戊烷的五个碳原子相互连接成一条直碳链,而异戊烷则是四个碳原子连接成一条直碳链,在第二个碳原子上有一个支链,新戊烷则由三个碳原子连接成直链,在第二个碳原子上有两个支链。

$$CH_3—CH_2—CH_2—CH_2—CH_3$$

正戊烷

$$CH_3—\underset{\underset{CH_3}{|}}{CH}—CH_2—CH_3$$

异戊烷

$$CH_3—\underset{\underset{CH_3}{|}}{\overset{\overset{CH_3}{|}}{C}}—CH_3$$

新戊烷

3.1.2.2 烷烃的构象异构

由于单键可以绕键轴自由旋转,使分子中的原子或原子团在空间产生不同的排列,这种特定的排列形式,称为构象。由单键旋转而产生的异构体,称为构象异构体。

(1) 乙烷的构象 乙烷是含有 C—C 单键的最简单的化合物。在乙烷分子中,两个甲基以 C—C 单键为轴自由旋转时,两个碳原子上的氢原子在空间的相对位置不断发生变化,可得到无数种构象。但其中典型的构象只有两种,一种是交叉式构象,一种是重叠式构象(分别见图 3-6 和图 3-7)。

简单分子的构象可以用透视式和纽曼(Newman)投影式来表示。透视式是表示从斜侧面看到的乙烷分子模型的形象,比较直观,但难以画好。纽曼投影式则是在 C—Cσ 键键轴的延长线上观察分子的模型形象:离观察者较远的碳原子用空心圆圈表示,圆圈边缘上向外伸展三条短线，每条短线边接一个氢原子；离观察者较近的碳原子，用圆心表示，从该点发出三条线段，末端各接一个氢原子。在同一碳原子上的三个C—H键，在投影图中互成120°的夹角。

图 3-6 为乙烷的交叉式构象的透视式和纽曼投影式，两组氢原子处于交叉的位置，这种构象叫做交叉式构象。

(a) 球棍模型　　　　　　(b) 透视式　　　　　　(c) 纽曼投影式

图 3-6　乙烷的交叉式构象

从乙烷的交叉式构象开始，沿碳碳键的键轴旋转60°，则由交叉式构象变为重叠式构象。图 3-7 为乙烷的重叠式构象的透视式和纽曼投影式。

(a) 球棍模型　　　　　　(b) 透视式　　　　　　(c) 纽曼投影式

图 3-7　乙烷的重叠式构象

图 3-7 中两个碳原子上所连的氢原子两两相对重叠，这种构象叫重叠式构象。交叉式构象和重叠式构象是乙烷的两种极端构象，二者之间还存在着无数个中间构象。在室温时，乙烷分子是交叉式、重叠式以及介于它们两者之间的许多构象的平衡混合物。当然，此时有大多数乙烷分子以能量最低、最稳定的交叉式构象存在。在乙烷的交叉式构象中，两个碳原子上的氢原子交叉排列，氢原子之间的空间距离最远，相互排斥作用最小，因而内能最低，最稳定。重叠式构象中，两个碳原子上的氢原子距离最近，相互排斥作用最大，因而内能最高，最不稳定。

从能量上讲，重叠式的能量比交叉式的能量大约高 $12.5kJ \cdot mol^{-1}$，这个能量差叫做能垒。即交叉式需要得到大约 $12.5kJ \cdot mol^{-1}$ 的能量才能转变成重叠式。也就是说，乙烷中两个甲基沿 C—C 键轴旋转从一个交叉式到另一个交叉式，必须经过重叠式，即必须越过这个能垒，如图 3-8 所示。不过，这个能垒并不高，即使在常温时乙烷分子间的碰撞也可产生比

图 3-8 乙烷分子的能量曲线图

此能垒高得多的能量，足以使 C—C 键"自由"旋转，所以目前还不可能分离出单一构象的乙烷。在接近绝对零度的低温时，才能得到单一的稳定的交叉式构象的乙烷。

（2）正丁烷的构象　正丁烷有三个可旋转的 C—C 单键，因此，它的构象要比乙烷复杂得多。在此，主要讨论沿 C^2—C^3 间的 σ 键键轴旋转所形成的四种典型构象：全重叠式、邻位交叉式、部分重叠式和对位交叉式。它们的纽曼投影式如图 3-9 所示。

丁烷分子各种构象的能量曲线如图 3-10 所示。

在正丁烷的四种典型构象中，对位交叉式的两个甲基相距最远，相互排斥作用最弱，内能最低，是最稳定的现象；邻位交叉式的两个甲基相距较近，所以稳定性稍差；部分重叠式的甲基和氢原子较为靠近，相互作用大，稳定性较邻位交叉式差；全重叠式中，由于两个甲基处于十分靠近的地位，相互排斥作用最大，稳定性最差。正丁烷的四种典型构象的内能高低次序为：全重叠式＞部分重叠式＞邻位交叉式＞对位交叉式。常温下，正丁烷的各种构象的平衡混合物中，最稳定的对位交叉式构象约占 72%，邻位交叉式约占 28%，其余各种构象含量极少。由于各构象之间内能差不大，分子的热运动也可使各种构象迅速相互转变，不能分离出各构象异构体。

图 3-9　丁烷的四种典型构象的纽曼投影式

图 3-10　丁烷分子各种构象的能量关系图

脂肪族化合物的构象都类似于正丁烷，其相邻碳原子的各化学键都采取对位交叉式的优势构象排布。研究表明，某些化学反应的活性和方向性，常与构象密切相关；天然产物、农药和医药的生理活性也与构象密切相关。构象是立体化学的重要内容之一。

3.1.3 烷烃的命名

3.1.3.1 烷基和碳、氢原子的类型

烷烃分子从形式上去掉一个氢原子后剩下的基团称为烷基，其通式为 C_nH_{2n+1}，用 R— 表示，烷基的名称由相应的烷烃而来。例如：

$$CH_3— \qquad CH_3—CH_2— \qquad CH_3—CH_2—CH_2— \qquad CH_3—CH—$$
$$\qquad\qquad\qquad\qquad\qquad\qquad\qquad\qquad\qquad\qquad\qquad\qquad | \\ \qquad\qquad\qquad\qquad\qquad\qquad\qquad\qquad\qquad\qquad\qquad\qquad CH_3$$

  甲基   乙基   正丙基   异丙基

$$CH_3—CH_2—CH_2—CH_2— \qquad CH_3—CH_2—CH—CH_3 \qquad CH_3—CH—CH_2— \qquad CH_3—C—CH_3$$

  正丁基   仲丁基   异丁基   叔丁基

  烷烃分子中，各个碳原子按照它们所连的碳原子数目可分为四类：只与一个碳原子相连的碳称为伯碳原子（或称为一级碳原子），与两个、三个、四个碳原子相连的碳分别称为仲、叔、季碳原子（或称为二级、三级、四级碳原子），分别用符号 $1°$、$2°$、$3°$、$4°$ 表示。

$$\overset{1°}{CH_3}—\overset{2°}{CH_2}—\overset{2°}{CH_2}—\overset{2°}{CH_2}—\overset{1°}{CH_3} \qquad \overset{1°}{CH_3}—\overset{3°}{CH}—\overset{2°}{CH_2}—\overset{1°}{CH_3} \qquad \overset{1°}{CH_3}—\overset{4°}{C}—\overset{1°}{CH_3}$$

  烷烃分子中的氢原子按照其所连接的碳原子类型分为三类：与伯、仲、叔碳原子相连的氢原子，分别称为伯氢或一级（$1°$）氢、仲氢或二级（$2°$）氢、叔氢或三级（$3°$）氢原子。这些氢原子所处的地位不同，在反应性能上存在较大差异。

3.1.3.2 烷烃的普通命名法

普通命名法的基本原则如下。

（1）根据分子中碳原子的总数目称为"某烷" 碳原子数目在十以内的分别用天干——甲、乙、丙、丁、戊、己、庚、辛、壬、癸表示；在十以上的则用中文数字十一、十二……表示。例如，C_8H_{18} 称为辛烷；$C_{12}H_{26}$ 称为十二烷。

（2）用正、异、新等字来区别异构体 直链的烷烃称为"正（n-）"某烷，但"正"字常可省略，在链端第二个碳原子上连有一个甲基支链的称为"异（iso）"某烷，在链端第二个碳原子上连有两个甲基支链的称为"新（neo）"某烷。例如：

$$CH_3—CH_2—CH_2—CH_2—CH_3 \qquad CH_3—CH—CH_2—CH_3 \qquad CH_3—C—CH_3$$

  正戊烷   异戊烷   新戊烷

  普通命名法虽然简单，但只适用于含碳原子较少的烷烃。随着碳原子数目的增加，异构体的数目迅速增多，需要用系统命名法来命名。

3.1.3.3 烷烃的系统命名法

有机化合物的系统命名是以 1892 年日内瓦国际化学会议上拟定的有机化合物系统命名法（即日内瓦命名法）为基础，由国际纯粹与应用化学联合会（International Union of Pure and Applied Chemistry，简写为 IUPAC）几经修订而成，故又称为 IUPAC 命名法。现已普遍为各国所采用。我国的系统命名法就是根据这个命名原则和我国的文字特点制定的。

（1）直链烷烃的命名　直链烷烃的系统命名法与普通命名法相似，只是在名称的前面不加"正"字。例如：

$$CH_3-CH_2-CH_2-CH_2-CH_3 \qquad\qquad CH_3-CH_2-CH_2-CH_2-CH_2-CH_3$$
戊烷 　　　　　　　　　　　　　　 庚烷

（2）支链烷烃的命名　带有支链的烷烃按以下原则命名。

① 主链的选定　选择含碳原子数最多的碳链作为主链。根据主链所含碳原子总数称为"某烷"，主链以外的支链作为取代基。分子中若有几条等长碳链，则应选择取代基最多的碳链作为主链。

② 主链碳原子的编号　从距离取代基最近的一端开始，用阿拉伯数字将主链碳原子依次编号。当主链上有几个取代基和编号有几种可能时，应采用"最低系列"编号法，即从小到大依次比较几种编号系列中取代基的位次，最先遇到位次小的编号为合理编号。

③ 取代基的标明　取代基的位次用它所连接的主链碳原子的编号来表示。位次数字和取代基名称之间用"-"连接起来，取代基的名称写在主链名称的前面。主链上有不同的取代基，把取代基按"次序规则"排列，较优基团后列出；相同的取代基，则将取代基的位次逐个标出，位次数字之间用逗号隔开，并在其名称前面用中文数字二、三、四……标明个数。

"次序规则"是用来决定不同原子或原子团相互排列顺序的规则，其主要内容如下。

① 将各种取代基与主链直接相连的原子按其原子序数大小排列，大者为"较优"基团。若为同位素，则质量高的定为"较优"基团，孤电子对排在最后。例如：

I＞Br＞Cl＞S＞F＞O＞N＞C＞D＞H＞孤电子对

② 若各取代基的第一个原子相同，则比较与它直接相连的其他几个原子，比较时，按原子序数排列。先比较最大的，若仍相同，再依次比较居中的、最小的；若仍相同，则沿取代链逐次比较，直到找出较优基团。例如，$CH_3(CH_2)_2C^1H_2-$ 和 $(CH_3)_2C^1H-$ 比较，前者 C^1 上连接两个氢原子和一个碳原子，后者 C^1 上连接一个氢原子和两个碳原子，故后者次序应在前。下列基团排列顺序为：

$(CH_3)_3C-＞(CH_3)_2CH-＞CH_3CH_2CH_2-＞\quad CH_3-\quad ClCH_2-＞\quad CH_3-$
(C,C,C)　　　(C,C,H)　　　(C,H,H)　　　(H,H,H)(Cl,H,H)　(H,H,H)

③ 含有双键或三键的基团，可以认为连有两个或三个相同的原子。例如：

此外，如果烷烃结构比较复杂，支链也要编号时，则从与主链相连的碳原子开始给支链编号（可以用带撇数字标明），把支链上取代基的位置、个数及名称写在支链名称前，一并放在括号内。例如：

$$3'CH_3$$
$$|$$
$$2'CH-CH_3$$
$$CH_3 \quad 1'CH-CH_3$$
$$| \qquad |$$
$$CH_3CH_2CH_3CHCH_2CH_2CHCH_2CH_2CH_3$$
$$\quad 1 \; 2 \; 3 \; 4 \; 5 \qquad 6 \; 7 \; 8 \; 9 \; 10$$
$$|$$
$$CH-CH_3$$
$$|$$
$$CH_3$$

$$6 \; 5 \; 4 \; 3$$
$$CH_3CH_2CH_3CHCH_2CH_3$$
$$|$$
$$CH_3 \; 2CH-CH_3$$
$$|$$
$$1CH_3$$

2,5-二甲基-3-乙基己烷   3-甲基-4-异丙基-6-(1',2'-二甲基丙基)癸烷

3.1.4 烷烃的物理性质

有机化合物的物理性质，一般是指化合物的存在状态、颜色、气味、相对密度、熔点、沸点、溶解度、折射率、光谱性质和偶极矩等。纯净的有机物，其物理性质在一定的条件下是固定不变的，这些数值称为物理常数。通过物理常数的测定，可以鉴定有机化合物及其纯度。已知有机物的物理常数有专门手册可以查阅。表 3-2 列出了正烷烃（直链烷烃）的物理常数，从表中可以看出，随着烷烃分子中碳原子的递增，物理性质呈现出规律性的变化。

▣ 表 3-2　直链烷烃的物理常数

名称	结构式	熔点/℃	沸点/℃	相对密度(d_4^{20})
甲烷	CH_4	−182.6	−161.7	
乙烷	CH_3CH_3	−172.0	−88.6	
丙烷	$CH_3CH_2CH_3$	−187.1	−42.2	0.5005
丁烷	$CH_3CH_2CH_2CH_3$	−135.0	−0.5	0.5788
戊烷	$CH_3(CH_2)_3CH_3$	−129.7	36.1	0.5572
己烷	$CH_3(CH_2)_4CH_3$	−94.0	68.7	0.6594
庚烷	$CH_3(CH_2)_5CH_3$	−90.5	98.4	0.6837
辛烷	$CH_3(CH_2)_6CH_3$	−56.8	125.6	0.7028
壬烷	$CH_3(CH_2)_7CH_3$	−53.7	150.7	0.7179
癸烷	$CH_3(CH_2)_8CH_3$	−29.7	174.0	0.7298
十一烷	$CH_3(CH_2)_9CH_3$	−25.6	195.8	0.7404
十二烷	$CH_3(CH_2)_{10}CH_3$	−9.6	216.3	0.7493
十三烷	$CH_3(CH_2)_{11}CH_3$	−6.0	230.0	0.7568
十四烷	$CH_3(CH_2)_{12}CH_3$	5.5	251.0	0.7636
十五烷	$CH_3(CH_2)_{13}CH_3$	10.0	268.0	0.7688
十六烷	$CH_3(CH_2)_{14}CH_3$	18.1	280.0	0.7749
十七烷	$CH_3(CH_2)_{15}CH_3$	22.0	303.0	0.7767
十八烷	$CH_3(CH_2)_{16}CH_3$	28.0	308.0	0.7767
十九烷	$CH_3(CH_2)_{17}CH_3$	32.0	330.0	0.7776
二十烷	$CH_3(CH_2)_{18}CH_3$	36.4	—	0.7777
三十烷	$CH_3(CH_2)_{28}CH_3$	66.0	—	—
四十烷	$CH_3(CH_2)_{38}CH_3$	81.0	—	—

3.1.4.1 物理状态

在室温和大气压力下（25℃、101.3kPa），$C_1 \sim C_4$ 的正烷烃是气体，$C_5 \sim C_{17}$ 的正烷烃

是液体，C_{18} 以上的正烷烃是固体。

3.1.4.2 沸点

烷烃是非极性或极性很弱的物质，分子间的作用力主要是色散力。随着分子量的增加，色散力增加，沸点升高。直链烷烃的沸点随着分子量的增加而表现出规律性地升高，而沸点升高值，随着碳原子数目的增加，逐渐减小。

带有支链的烷烃分子，由于支链的阻碍，分子间距离增大，分子间色散力减弱，故支链烷烃的沸点比直链烷烃低。支链越多，沸点越低。如正戊烷的沸点为 36.1℃，异戊烷的沸点为 27.9℃；而新戊烷的沸点只有 9.5℃。

3.1.4.3 熔点

烷烃熔点的变化基本上与沸点相似，直链烷烃的熔点变化也是随着分子量的增加而增加。但偶数碳原子的烷烃熔点增加的幅度比奇数碳原子的要大一些，形成一条锯齿形的曲线。若分别将偶数和奇数碳原子的熔点连接起来，则得到两条曲线，偶数碳原子的在上，奇数的在下，随着分子量的增加，两条曲线逐渐靠拢。烷烃的熔点曲线如图 3-11 所示。

图 3-11　直链烷烃的熔点与分子中所含碳原子数目的关系

烷烃的熔点也是由分子间的色散力所决定的。固体分子间的色散力，不仅取决于分子中原子数目的多少，而且与晶体中晶格排列的对称性有关，对称性大的烷烃晶格排列比较紧密，熔点相对要高些。X 射线结构分析证明：固体直链烷烃的晶体中，碳链为锯齿形；由奇数碳原子组成的锯齿状链中，两端的甲基处在同一边，由偶数碳原子组成的锯齿状链中，两端的甲基处在相反的位置。偶数碳原子的烷烃有较大的对称性，因而使偶数碳原子链比奇数碳原子链更为紧密，链间的作用力增大，所以偶数碳原子的直链烷烃的熔点比相邻的奇数碳原子的直链烷烃的熔点要高一些。

对于含有相同碳原子数的烷烃来说，分子的对称性越好，其熔点也越高。因分子对称性好，它们在晶格中的排列紧密，分子间的色散力大，则熔点高。在戊烷的三种碳链异构体中，新戊烷的对称性最好，正戊烷次之，异戊烷最差，因此新戊烷的熔点最高（-16.6℃），异戊烷的熔点最低（-159.9℃）。

3.1.4.4 相对密度

烷烃比水轻，相对密度都小于 1。相对密度变化的规律也是随着分子量的增加逐渐增大，如表 3-2 所示。

3.1.4.5 溶解度

烷烃都是非极性或弱极性的分子，不能与水形成氢键，根据相似相溶原理，它们不能溶于水和极性溶剂，而易溶于极性小的或非极性的有机溶剂中，如可溶于苯、四氯化碳、氯仿等。

3.1.5 烷烃的化学性质

烷烃是饱和烃，分子中的 C—C σ 键和 C—H σ 键是非极性键或弱极性键，键能较高，键比较牢固，又不易极化，因此烷烃是很稳定的化合物，一般在常温下与强酸、强碱、强氧化剂、强还原剂都不起作用。烷烃的这种稳定性使其常用作有机溶剂（如石油醚）、润滑剂（如石蜡、凡士林）等。但这种稳定性性是相对的，在一定条件下，如光、热、催化剂和压力等作用下，烷烃也能发生一些化学反应。

3.1.5.1 烷烃的卤代反应

在一定的条件下，分子中的一个或几个氢原子（或原子团）被其他原子（或原子团）所取代的反应称为取代反应。若烷烃分子中的氢原子被卤素原子取代，称为卤代反应。烷烃与卤素在室温和黑暗中并不起反应，但在强光的照射下则发生剧烈反应，甚至引起爆炸。如甲烷与氯气在强光照射下剧烈反应生成氯化氢和碳。

$$CH_4 + 2Cl_2 \xrightarrow{\text{强烈阳光}} C + 4HCl$$

在漫射光、热或催化剂的作用下，烷烃分子中的氢原子被卤素取代，生成烃的卤素衍生物和卤化氢，同时放出热量。

烷烃有实用价值的卤代反应是氯代和溴代反应。因为氟代反应非常剧烈且大量放热，不易控制，碘代反应则较难发生。卤素反应的活性次序为：

$$F_2 > Cl_2 > Br_2 > I_2$$

（1）甲烷的氯代　将甲烷与氯气混合，在漫射光或适当加热条件下，甲烷分子中的氢原子能逐个被氯原子取代，得到四种氯代甲烷和氯化氢的混合物，工业上常利用这种混合物作为溶剂。

$$CH_4 + Cl_2 \xrightarrow{\text{光}} CH_3Cl + HCl$$

$$CH_3Cl + Cl_2 \xrightarrow{\text{光}} CH_2Cl_2 + HCl$$

$$CH_2Cl_2 + Cl_2 \xrightarrow{\text{光}} CHCl_3 + HCl$$

$$CHCl_3 + Cl_2 \xrightarrow{\text{光}} CCl_4 + HCl$$

上述反应很难控制在某一步，但通过控制反应条件、原料的用量比和反应时间，可使其中一种氯代烷成为主要产物。如工业上，在 $400 \sim 450℃$ 采用热氯气的方法，调节甲烷与氯气的摩尔比为 $10:1$，此时主要产物为一氯甲烷；甲烷与氯气的摩尔比为 $0.262:1$，则主要产物为四氯化碳。

（2）烷烃氯代反应机理　反应机理是化学反应所经历的途径或过程，又称反应历程。有机物的反应比较复杂，由反应物到产物常不只是简单的一步反应，也不只有一种途径。因此，只有了解了反应机理，才能认清反应的本质，掌握反应的规律，从而达到控制和利用反应的目的。反应机理的研究是有机化学理论的重要组成部分，但反应机理是根据大量的实验事实作出的理论推导，是一种假说，有些反应机理是肯定的、可靠的，有些机理则尚欠成熟，需根据新的实验结果进行改进和补充，而且并不是所有反应都能提出明确的机理。实验证明，烷烃的氯代反应是按自由基（也称游离基）反应机理进行的。自由基机理反应的特点是反应过程中形成一个活泼的原子或原子团自由基。自由基机理通常分链的引发、链的增长、链的终止三个阶段。甲烷的氯代反应过程如下：

① 链的引发　在光照或高温条件下，氯气分子吸收约 $253kJ \cdot mol^{-1}$ 的能量而发生共价键的均裂，产生两个氯原子（或氯自由基）。

$$Cl—Cl \xrightarrow[\text{或加热}]{\text{光照}} 2 \cdot Cl \qquad (1)$$

氯原子或氯自由基，有一个未成对的单电子，这个未成对的单电子称做奇电子或自由基电子。具有未成对单电子的原子或原子团或分子叫做自由基。自由基有获取一个电子而达到八隅体稳定结构的趋向，是非常活泼的。

② 链的增长　链引发阶段产生的氯自由基反应性能活泼，它与体系中甲烷分子发生碰撞时，从甲烷分子中夺取一个氢原子，生成氯化氢和一个新的自由基——甲基自由基。

$$CH_3—H + \cdot Cl \longrightarrow \cdot CH_3 + HCl \qquad (2)$$

甲基自由基也非常活泼，它与体系中的氯分子碰撞，生成一氯甲烷和一个新的氯原子。

$$Cl—Cl + \cdot CH_3 \longrightarrow CH_3Cl + \cdot Cl \qquad (3)$$

反应反复地进行，进一步地传递下去，直到生成四氯化碳：

$$CH_3Cl + \cdot Cl \longrightarrow \cdot CH_2Cl + HCl$$
$$\cdot CH_2Cl + Cl_2 \longrightarrow CH_2Cl_2 + \cdot Cl$$
$$\cdots\cdots$$

链增长阶段有一步的和多步的。这个阶段的特点是，每一步都消耗一个自由基，同时又为下一步反应产生一个新的自由基。

③ 链的终止　链反应并不是可以无限连续的，随着反应的进行，甲烷迅速消耗，自由基的浓度不断增加，自由基与自由基之间发生碰撞结合生成分子的机会就会增加，自由基的数量就会减少，反应逐渐停止。

$$Cl \cdot + \cdot Cl \longrightarrow Cl_2 \qquad (4)$$
$$CH_3 \cdot + \cdot CH_3 \longrightarrow CH_3CH_3 \qquad (5)$$
$$CH_3 \cdot + \cdot Cl \longrightarrow CH_3Cl \qquad (6)$$

链终止阶段的特点是自由基被逐渐消耗掉，并且不再产生新的自由基。研究表明，在甲烷氯代反应中，反应（1）生成的氯自由基大约可使反应（2）、反应（3）两步反复进行数千次。这种引发后能自动反复进行一连串的反应，叫做连锁反应或链反应。又由于有自由基参加而进行的反应，所以又叫自由基反应或自由基连锁反应。

链反应一般包括链的引发（1）、链的传递（2）、（3）、链的终止（4）、（5）、（6）三个阶段。链的传递阶段是生成产物的主要阶段，在此阶段中，反应（2）的活化能比反应（3）高得多，是整个氯代过程的慢反应（决速步骤）。

自由基反应机理是有机化学反应中的重要类型之一，在生物学中这类反应有重要的意义。近年来随着仪器分析方法的发展，证实了自由基机理的真实性，并确定了甲基自由基的结构，如图 3-12 所示，$CH_3 \cdot$ 中所有原子在同一平面上，碳原子以 3 个 sp^2 杂化轨道分别与氢的 s

图 3-12　甲基自由基的结构

轨道重叠形成 3 个 σ 键，碳原子上未参与杂化的 p 轨道与 3 个 σ 键的平面垂直，此轨道上有一个未配对的单电子。

其他烷烃的卤代反应机理和甲烷氯代反应机理一样，都是自由基反应。只不过，对于高级、复杂的烷烃，其卤代反应更加复杂，最终的产物是由多种物质组成的混合物。

烷烃分子中可以有伯、仲和叔三种氢原子，由于分子中各部分之间的相互制约和影响，这三种氢原子在自由基取代反应中的活泼性并不一样。

丙烷氯代可以得到两种一氯丙烷：

$$\text{CH}_3\text{CH}_2\text{CH}_3 + \cdot\text{Cl} \begin{cases} \xrightarrow{\text{夺取仲氢}} \text{CH}_3\overset{\cdot}{\text{C}}\text{HCH}_3 \xrightarrow{\text{Cl}_2} \text{CH}_3\underset{\text{Cl}}{\text{C}}\text{HCH}_3 \quad 57\% \\ \xrightarrow{\text{夺取伯氢}} \text{CH}_3\text{CH}_2\text{CH}_2\cdot \xrightarrow{\text{Cl}_2} \text{CH}_3\text{CH}_2\text{CH}_2\text{Cl} \quad 43\% \end{cases}$$

如果考察氢原子被取代的概率，丙烷中可被取代的伯氢有 6 个，而可被取代的仲氢只有 2 个。伯氢与仲氢被取代的概率应为 6：2，实际却是 43：57，这表明仲氢比伯氢活泼，容易被取代。仲氢与伯氢活性之比为：

$$\frac{\text{仲氢}}{\text{伯氢}} = \frac{57/2}{43/6} \approx \frac{4}{1}$$

即仲氢的活性为伯氢的 4 倍，所以仲氢比伯氢容易被取代。

异丁烷的氯代得到 36% 的 2-甲基-2-氯丙烷和 64% 的 2-甲基-1-氯丙烷。

$$\underset{\text{CH}_3}{\overset{\text{CH}_3}{\text{CH}_3-\text{CH}}} + \cdot\text{Cl} \begin{cases} \xrightarrow{\text{夺取叔氢}} \text{CH}_3-\underset{\text{CH}_3}{\overset{\text{CH}_3}{\text{C}\cdot}} \xrightarrow{\text{Cl}_2} \text{CH}_3-\underset{\text{CH}_3}{\overset{\text{CH}_3}{\text{C}}}-\text{Cl} \quad 36\% \\ \xrightarrow{\text{夺取伯氢}} \text{CH}_3-\underset{\text{CH}_3}{\text{CH}}-\text{CH}_2\cdot \xrightarrow{\text{Cl}_2} \text{CH}_3-\underset{\text{CH}_3}{\text{CH}}-\text{CH}_2\text{Cl} \quad 64\% \end{cases}$$

如果考虑到伯氢与叔氢被取代的概率为 9：1，可以明显看出叔氢比伯氢被取代要容易得多。

$$\frac{\text{叔氢}}{\text{伯氢}} = \frac{36/1}{64/9} \approx \frac{5}{1}$$

由以上可以看出，在室温下光引发的氯代反应，叔、仲、伯氢的活性之比大致为：叔氢：仲氢：伯氢 = 5：4：1。由此可知，氢原子被卤化的次序（由易到难）为：

叔氢 > 仲氢 > 伯氢

烷烃分子中氢原子的反应活性次序或者说氯代反应的选择性可用相应 C—H 键的解离能大小和自由基的稳定性来解释。

伯氢：$\text{CH}_3\text{—H} \longrightarrow \text{CH}_3\cdot + \text{H}\cdot$ $\quad\quad\quad \Delta H = 435\text{kJ}\cdot\text{mol}^{-1}$

$\quad\quad\text{CH}_3\text{—CH}_2\text{—H} \longrightarrow \text{CH}_3\text{—CH}_2\cdot + \text{H}\cdot$ $\quad \Delta H = 410\text{kJ}\cdot\text{mol}^{-1}$

$\quad\quad\text{CH}_3\text{—CH}_2\text{—CH}_3 \longrightarrow \text{CH}_3\text{—CH}_2\text{—CH}_2\cdot + \text{H}\cdot$ $\quad \Delta H = 410\text{kJ}\cdot\text{mol}^{-1}$

仲氢：$\text{CH}_3\text{—CH}_2\text{—CH}_3 \longrightarrow \text{CH}_3\text{—}\overset{\cdot}{\text{C}}\text{H—CH}_3 + \text{H}\cdot$ $\quad \Delta H = 397\text{kJ}\cdot\text{mol}^{-1}$

叔氢：$\text{CH}_3\text{—}\underset{\text{CH}_3}{\overset{\text{CH}_3}{\text{CH}}}\text{—CH}_3 \longrightarrow \text{CH}_3\text{—}\underset{\cdot}{\overset{\text{CH}_3}{\text{C}}}\text{H—CH}_3 + \text{H}\cdot$ $\quad \Delta H = 380\text{kJ}\cdot\text{mol}^{-1}$

C—H 键解离能越小，C—H 键越容易断裂，所连氢原子的活性越高，自由基越容易形成，所形成的自由基也越稳定，即含单电子的碳上连接的烷基越多，自由基越稳定；经历最稳定自由基历程的反应，形成的产物越多。

几种常见的烷基自由基的稳定性次序为：

$$CH_3-\overset{\overset{\displaystyle CH_3}{|}}{\underset{\underset{\displaystyle CH_3}{|}}{C}}\cdot \quad > CH_3-\overset{\cdot}{C}H-CH_3 > CH_3-CH_2\cdot > CH_3\cdot$$

烷烃卤代反应的选择性除与 C—H 键的强度有关外，还与卤原子的种类有关。烷烃溴代比氯代选择性更强。例如：

$$CH_3CH_2CH_3 \xrightarrow{Br_2} \underset{99\%}{CH_3\overset{\overset{\displaystyle Br}{|}}{C}HCH_3} + \underset{1\%}{CH_3CH_2CH_2Br}$$

如果希望得到产率高、比较纯净的产物，常常选用溴代反应。

烷烃的氯代和溴代在有机合成方面具有重要意义，因为卤代后生成的碳卤键比相应的碳氢键的反应活性要高得多，可以在相对温和的条件下发生许多化学反应，如亲核取代反应，消除反应和生成格氏试剂等。烷烃的氯代反应比较剧烈，选择性稍差，但氯气比较便宜；烷烃的溴代反应比较温和，选择性好，但溴试剂较贵。

3.1.5.2 烷烃的氧化反应

烷烃的氧化反应分激烈氧化和缓慢氧化两类。燃烧是激烈氧化反应，被氧化剂所氧化属于缓慢氧化反应。

（1）燃烧　烷烃在高温和有足够的空气中很容易燃烧，燃烧时发出光并放出大量的热，生成二氧化碳和水。例如：

$$CH_4 + 2O_2 \longrightarrow CO_2 + 2H_2O \qquad \Delta H_c = -890kJ \cdot mol^{-1}$$

$$C_{10}H_{22} + 15\frac{1}{2}O_2 \longrightarrow 10CO_2 + 11H_2O \qquad \Delta H_c = -6770kJ \cdot mol^{-1}$$

这是汽油和柴油在内燃机中燃烧的基本反应。在燃烧时放出的热量叫燃烧热，燃烧热是热化学中的一项重要数据，通过燃烧热可计算其他有关反应热。

低级烷烃（$C_1 \sim C_6$）的蒸气与一定比例空气混合后，遇到火花就会发生爆炸，这是煤矿井中发生爆炸事故的主要原因之一。例如，甲烷在空气中的含量达到 $5.53\% \sim 14\%$（体积分数）时，遇到火花就会发生爆炸。

（2）氧化　烷烃在室温下，一般不与氧化剂或空气中的氧反应，如控制适当条件，在催化剂的作用下，可以使其发生部分氧化反应，得到醇、醛、酮、羧酸等各种含氧衍生物。但由于氧化过程复杂，氧化的位置各异，产物往往是复杂的混合物，难以得到纯净的产物。然而，在工业生产中，可以通过控制条件获得以某些产物为主的产品，或直接利用其氧化混合物。例如，高级烷烃（如石蜡，一般是 $C_{20} \sim C_{25}$ 烷烃的混合物）在 $120 \sim 150℃$ 并以锰盐作催化剂时，被空气氧化成高级脂肪酸。

$$R-CH_2-CH_2-R' + O_2 \xrightarrow[107 \sim 110℃]{MnO_2} RCOOH + R'COOH + 其他羧酸$$

生成的高级脂肪酸可代替油脂制造肥皂。低级烷烃（$C_1 \sim C_4$）氧化可以得到甲醇、甲醛、甲酸、乙酸、丙酮等。例如：

$$CH_4 + O_2 \xrightarrow[600℃]{NO} \underset{甲醛}{HCHO} + H_2O$$

一般烷烃的氧化反应较难控制，反应生成复杂的混合物，产物难分离、精制过程复杂。

3.1.5.3 烷烃的裂化反应

烷烃在高温、无氧条件下，碳碳键、碳氢键可以断裂，变为小分子化合物，这类反应称为裂化反应。例如：

$$CH_3CH_2CH_2CH_3 \xrightarrow{500℃} \begin{cases} CH_4 + CH_2=CHCH_3 \\ CH_3CH_3 + CH_2=CH_2 \\ CH_2=CHCH_2CH_3 + H_2 \end{cases}$$

裂化反应的反应机制是热作用下的自由基反应。裂化反应的结果，大分子烷烃裂化成分子更小的烷烃、烯烃。

如用催化剂进行裂化反应可以降低温度，但反应机制就不是自由基反应而是离子型反应。

裂化是一个复杂的反应，产物是多种烃类的混合物，烷烃分子中所含碳原子数越多，产物越复杂。条件不同，产物也不相同。在石油工业中，利用裂化反应可将廉价的重油成分裂化成价值高的轻油成分，如将十六烷裂化成辛烷和辛烯，从而提高了石油的利用率和汽油的质量。在裂化反应过程中，还同时有异构化、环化和芳构化等反应发生，可由此而获取多种化工原料。

3.1.6 烷烃的来源和用途

烷烃的天然来源主要是石油、天然气、油田气和煤矿的坑气。石油是古代的动植物体经细菌、地热、压力及其他无机物的催化作用而生成的物质。石油虽然因产地不同而成分各异，但其主要成分是各种烃类（开链烷烃、环烷烃和芳香烃等）的复杂混合物。通常将石油分馏成若干馏分来使用。天然气、油田气一般是甲烷等低沸点的烃类。由于石油资源的不断减少，利用蕴藏丰厚的煤资源来转化得到烃类复杂混合物也是一种发展趋势。

某些动植物体中也有少量烷烃存在，如在烟草叶上的蜡中含有二十七烷和三十一烷，白菜叶上的蜡含有二十九烷，苹果皮上的蜡含有二十七烷和二十九烷。此外，某些昆虫的外激素就是烷烃。昆虫外激素是指同种昆虫之间借以传递信息而分泌的化学物质。例如有一种蚁，它们通过分泌一种有气味的物质来传递警戒信息，经分析，这种物质含有正十一烷和正十三烷。如雌虎蛾引诱雄虎蛾的性外激素是2-甲基十七烷，这样人们就可合成这种昆虫性外激素并利用它将雄虎蛾引诱至捕集器中将它们杀死。昆虫外激素的作用往往是专一的，所以可利用它只杀死某一种昆虫而不伤害其他昆虫，这便是近年来发展起来的第三代农药，即生物农药。

3.1.7 烷烃的重要化合物

（1）甲烷 甲烷大量存在于自然界中，是天然气、沼气、石油气的主要成分。甲烷无色、无臭，易溶于酒精、乙醚等有机溶剂，微溶于水。甲烷极易燃烧，富含甲烷的天然气和沼气是优良的气体燃料。甲烷完全燃烧时产生淡蓝色的火焰，生成二氧化碳和水，放出大量的热。

除了用作燃料外，甲烷还用作化工原料。甲烷不完全燃烧时，会产生浓厚的炭黑。这是生产炭黑的一种方法。炭黑可作黑色颜料、油墨、橡胶的填料。

$$CH_4 + O_2 \xrightarrow{\text{不完全燃烧}} C + 2H_2O$$

甲烷高温裂解可制得乙炔，乙炔是有机合成的重要原料。

$$2CH_4 \xrightarrow{1600℃} CH{\equiv}CH + 3H_2$$

（2）石油醚 常温下石油醚为无色澄清的液体，有类似乙醚的气味，故称石油醚。石油醚是轻质石油产品中的一种，主要是戊烷和己烷等低分子量烃类的混合物。石油醚不溶于水，溶解于大多数有机溶剂，能溶解油和脂肪。其相对密度为 $0.63\sim0.66$，沸点范围为 $30\sim90℃$。石油醚由天然石油或人造石油经分馏而得到，主要用作有机溶剂。石油醚容易挥发和着火，使用时应注意安全。

（3）液化石油气 液化石油气主要来源于油田伴生气和石油炼厂气，主要成分是含有 3 个或 4 个碳原子的烃类如丙烷、丙烯、丁烷、丁烯的混合物。习惯上也叫碳三（C_3）、碳四（C_4）烃类混合物。通常 C_3 约 63%、C_4 约 36%，其余为含量甚少的甲烷、乙烷、乙烯和戊烷等。液化石油气为人们生活带来便利，但由于其易燃易爆，在使用时一定要注意安全。

（4）凡士林 凡士林的主要成分是 $C_{18}\sim C_{22}$ 的液体烷烃和固体烷烃的混合物，呈软膏状半固体。不溶于水，溶于醚和石油醚，性质稳定。用作润滑剂、防锈涂料，在制药上常用作软膏的基质。

3.2 环烷烃

3.2.1 环烷烃的分类和异构现象

3.2.1.1 分类

环烷烃按环的大小可分为小环（三、四元环）、普通环（五至七元环）、中环（八至十一元环）和大环（十二元环以上）。根据分子中碳环的数目还可分为单环、二环或多环脂环烃。在二环化合物中，两个环共用一个碳原子的称为螺环烃；两个环共用两个或两个以上碳原子的称为桥环烃。例如：

螺环烃　　　　　　　　　　　　　　桥环烃

3.2.1.2 异构现象

单环烷烃通式为 C_nH_{2n}，与碳原子数目相同的单烯烃互为同分异构体，环状化合物之间也可互为异构体。例如，分子式为 C_4H_8 的环烷烃异构体为：

环丁烷　　　　　1-丁烯　　　　　2-甲基丙烯　　　　甲基环丙烷

在环烷烃分子中，由于环限制了碳碳单键的自由旋转，所以当环上有两个或两个以上的取代基连在不同的碳原子上时，还会产生顺反异构体。较优基团在环平面同侧的为顺式构型，反之为反式构型。例如：

顺-1,2-二氯环丙烷　　　　反-1,2-二氯环丙烷

顺-1,2-二甲基环丙烷　　　反-1,2-二甲基环丙烷

3.2.2 环烷烃的命名

3.2.2.1 单环烷烃的命名

单环烷烃的命名与烷烃相似。环烷烃是在相应的烷烃名称前加上"环"字，称为"环某烷"。将环上的支链作为取代基，其名称放在"环某烷"之前。对有多个取代基的环烷烃，按照次序规则从连有最小基团的环碳原子开始，用阿拉伯数字给碳环依次编号，并使取代基的位次尽可能小。例如：

环戊烷　　　　　　　1,3-二甲基环己烷　　　　　1-甲基-4-异丙基环己烷

如果分子内有大环与小环，命名时以大环作母体，小环作取代基；对于比较复杂的化合物，或环上带的支链不易命名时，则将环作为取代基来命名。例如：

3-甲基-4-环丁基庚烷

3.2.2.2 螺环烃的命名

螺环烷烃命名时，两个碳环共有的碳原子称为"螺原子"。以"螺"字作为词头，按成环碳原子总数称为"螺某烷"。用方括号中的阿拉伯数字分别标明两个碳环除螺原子以外所包含的碳原子数目，但顺序是小环到大环，数字用下角圆点分开。环上碳原子编号的顺序是由较小环中与螺原子相邻的碳原子开始，沿小环编号，然后通过螺原子到较大的环。当环上有支链时，支链的位次应尽可能小。例如：

螺[4.5]癸烷　　　　　　　　　　1,5,7-三甲基螺[3.4]辛烷

3.2.2.3 桥环烃的命名

桥环烷烃命名时，以"二环"、"三环"、"四环"等作词头，按成环碳原子的总数称为"某烷"。两环连接处的碳原子作为桥头碳原子，其他碳原子作为桥碳原子，从一个桥头到另一个桥头的碳链称为"桥"。各桥的碳原子数（不包含桥头碳原子）由大到小分别用数字表示，并用下角圆点分开，放在方括号中，然后将方括号放在"二环"等词头与"某烷"之间。环的编号是从一个桥头碳原子开始，沿最长的桥编到另一桥头碳原子，再沿次长的桥编回到开始的桥头碳原子，最短桥上的碳原子最后编号。例如：

二环[4.4.0]癸烷

6,8-二甲基-2-乙基二环[3.2.1]辛烷

3.2.3 环烷烃的结构与环的稳定性

3.2.3.1 环烷烃的结构

环烷烃和开链烷烃一样，分子中成环碳原子也是 sp^3 杂化的。经 sp^3 杂化的碳原子有四个 sp^3 杂化轨道，相邻两个杂化轨道间的夹角为 $109.5°$。

但在环丙烷分子中，三个碳原子处在同一平面上，构成了一个正三角形，三个碳原子核连线间的夹角为 $60°$，此角度要比正常的 sp^3 杂化轨道间的夹角相差 $49°28'$。显然，在环丙烷分子中，碳原子在形成 C—C σ 键时，sp^3 杂化轨道不可能沿着轨道对称轴的方向实现最大程度的重叠而形成正常的 σ 键，见图 3-13。为了能重叠得多一些，每个碳原子必须把形成 C—C σ 键的两个杂化轨道间的角度缩小。见图 3-14。这样形成的 C—C σ 键的杂化轨道仍然不是沿着两个原子之间的轨道对称轴重叠的。这种 σ 键与一般的 σ 键不一样，其杂化轨道稍偏转一定角度，以弯曲的方向重叠，所形成的 C—C σ 键也是弯曲的，其外形似香蕉一样的"弯曲键"。这种重叠不是发生在电子云密度最大的方向，所形成的 C—C 键比一般的 σ 键弱，键的稳定性较差，故环丙烷不稳定，容易发生开环加成反应。

图 3-13　环丙烷中 sp^3 杂化轨道的重叠

图 3-14　环丙烷分子中的弯曲键

环丁烷的情况与环丙烷相似，碳碳之间也是用"弯曲键"结合的。但是，环丁烷的四个碳原子不在同一平面上，而是曲折的，见图 3-15。所以，成键原子轨道的重叠程度比环丙烷大，角张力小，分子较稳定。因此，环丁烷在加氢、卤素和卤化氢时，开环要比环丙烷困难。

环戊烷的结构形状像一个开启的信封，如图 3-16 所示。在成键的五个碳原子中，四个处于同一平面上，第五个碳原子向上或向下微微翘起，其与四个碳原子所在的平面距离为 $0.05nm$。故环戊烷分子中成键的 sp^3 杂化轨道近乎在轨道对称轴的方向进行重叠，成环碳原子的键角为 $108°$，接近 $109.5°$，角张力很小，所以分子稳定，不易发生开环作用。在室温下，与卤素只发生取代反应。

图 3-15　环丁烷的分子结构　　　　　　　　　　　图 3-16　环戊烷的分子结构

在环己烷及大环化合物分子中，不存在"弯曲键"，成环碳原子间的键角为 109.5°，所以它们都是无张力环，分子比较稳定，它们的性质类似于开链烷烃，即使在比较苛刻的反应条件下，也难以发生开环作用。

3.2.3.2　环烷烃的环张力与稳定性

环烷烃中环的大小不同，其稳定性也各不相同，三元环、四元环的环烷烃不稳定，化学性质活泼，容易进行开环加成，从燃烧热的数值比较也可以得出相同的规律。所谓燃烧热，是指 1mol 的有机化合物在标准压力时完全燃烧，生成二氧化碳和水所放出的热量。其大小反映分子能量的高低，常常可以提供有关有机物相对稳定性的依据。环烷烃可以看作是数量不等的亚甲基单元连接起来的化合物，其燃烧热显然与分子中所含的亚甲基的数量有关，如果取亚甲基单元的平均燃烧热，不同的环烷烃是可以比较的。表 3-3 列出了几种环烷烃在标准状态时的燃烧热。

⊡ 表 3-3　几种环烷烃在标准状态时的燃烧热（$\Delta_c H_m^{\ominus}$/kJ·mol^{-1}，298K）

名称	分子燃烧热	每个 CH_2 燃烧热	名称	分子燃烧热	每个 CH_2 燃烧热
环丙烷	2091.2	697.1	环癸烷	6635.8	663.6
环丁烷	2744.3	686.1	环十一烷	7289.7	662.7
环戊烷	3320.0	664.0	环十二烷	7912.8	659.4
环己烷	3951.8	658.6	环十三烷	8582.6	660.2
环庚烷	4636.7	662.4	环十四烷	9220.4	658.6
环辛烷	5310.3	663.8	环十五烷	9884.7	659.0
环壬烷	5981.0	664.6	环十七烷	11180.9	657.7

从表 3-3 可见，从环丙烷到环戊烷，随着环的增大，每个亚甲基单元的燃烧热依次降低，环越小则每个亚甲基单元的燃烧热越大。这说明在小环化合物中，环越小能量越高，越不稳定。由环己烷开始，亚甲基单元的燃烧热趋于稳定。

为了解释各种环化学反应性能的不同，1885 年拜耳（Baeyer A）根据碳是正四面体的概念提出了张力学说。他假设构成环的所有碳原子都在同一平面上，于是得出如下结论：如果成环后所有碳原子间的正常键角是 109.5°（更准确地说是 109°28′），那么不但这种环很容易生成，而且生成的环状化合物很稳定。在形成三元环时，三个碳原子在一平面上成一正三角形，两键间的夹角是 60°，所以每键必须向内压缩（109°28′−60°）/2＝24°44′。四元环是正四边形，两键间的角度是 90°，因此每键要向内压缩 9°44′。五元环向内压缩 0°44′。六元环则向外扩张 5°16′。键的这种向内压缩或向外扩张，意味着化合物的内部发生了张力，这种张力是由于键角压缩或扩张所产生的，叫做角张力（又称为拜耳张力）。角张力示意图见图 3-17。从能量来讲，张力大的结构比较不稳定，所含的能量就高。

角张力的存在使环变得不稳定，其中环丙烷的角张力最大，最不稳定，环丁烷次之。根据这一学说，环戊烷应该最稳定，环己烷则不如它稳定，但是这与事实是不相符合的。近代测试结果表明，五元环及以上的环烷烃的成环碳原子不在同一个平面上，其键角接近于正常键角，基本上没有角张力，相应的环称为"无张力环"。

图 3-17 环丙烷和环丁烷的角张力示意图

3.2.4 环烷烃的物理性质

环烷烃的熔点、沸点和相对密度均比同碳数的烷烃高一些，但相对密度仍小于 1.0。在常温常压下，环丙烷、环丁烷为气体，环戊烷至环十一烷是液体，其他高级环烷烃为固体。环烷烃不溶于水，易溶于有机溶剂。表 3-4 列出了几种环烷烃的部分物理常数。

▫ 表 3-4 某些环烷烃的物理性质

中文名	熔点/℃	沸点/℃	相对密度(d_4^{20})
环丙烷	−127.6	−32.7	0.680(−33℃)
环丁烷	−80.0	12.5	0.703(0℃)
环戊烷	−93.9	49.3	0.7457
环己烷	6.6	80.7	0.7786
环庚烷	−12.0	118.5	0.8098
环辛烷	14.3	150.0	0.8349

3.2.5 环烷烃的化学性质

3.2.5.1 取代反应

在高温或光照射下，环烷烃与烷烃一样能发生自由基取代反应。例如：

3.2.5.2 氧化反应

环烷烃在常温下，用一般氧化剂（如高锰酸钾溶液、臭氧等）不起作用，然而在加热情况下用强氧化剂或在催化剂存在下用空气直接氧化，环烷烃也是可以被氧化的。例如：

$$\bigcirc + O_2 \xrightarrow[140\sim180℃加压]{钴催化剂} \text{(OH)} + \text{(O)}$$

此反应是工业上生产环己醇的方法，环己醇则是生产己二酸的原料。

3.2.5.3 加成反应

环烷烃，主要是小环的环丙烷和环丁烷，容易打开环而发生加成反应，故也称为开环加成反应。这是小环烷烃的特殊反应。

（1）加氢　在催化剂的作用下，小环如环丙烷、环丁烷，与氢可以进行加成反应，开环与两个氢原子结合生成烷烃。

$$\triangle + H_2 \xrightarrow[80℃]{Ni} CH_3CH_2CH_3$$

$$\square + H_2 \xrightarrow[200℃]{Ni} CH_3CH_2CH_2CH_3$$

从反应条件不难看出，环丁烷比环丙烷要稳定，开环比较困难，而环戊烷则更稳定，需要更强烈的条件才能开环加成。

$$\pentagon + H_2 \xrightarrow[300℃]{Ni} CH_3CH_2CH_2CH_2CH_3$$

环己烷及更高级的环烷烃加氢则更为困难。

（2）加卤素　环丙烷及其烷基衍生物不仅容易加氢，且容易开环与卤素加成。如环丙烷与溴在常温下即可开环发生加成反应，生成 1,3-二溴丙烷。

$$\triangle + Br_2 \xrightarrow[室温]{CCl_4} BrCH_2CH_2CH_2Br$$

环丁烷与溴常温不反应，必须加热才能开环加成。

$$\square + Br_2 \xrightarrow{\triangle} BrCH_2CH_2CH_2CH_2Br$$

因此，一般不用溴褪色的方法来区别环烷烃和烯烃。

（3）加卤化氢　环丙烷及其烷基衍生物容易与卤化氢进行开环加成反应。

环的断裂发生在连接氢原子最多的碳与连接氢原子最少的碳之间。而且符合 Markovnikov 规则，氢加到含氢较多的成环碳原子上，而卤素加到含氢较少的碳原子上。

$$H_3C\text{—}\triangledown + HBr \longrightarrow \underset{\underset{Br}{|}}{CH_3CHCH_2CH_3}$$

$$\overset{H_3C \quad CH_3}{\underset{CH_3}{\triangle}} + HBr \longrightarrow \underset{\underset{Br \ CH_3}{| \quad |}}{CH_3C\text{—}CHCH_3}\overset{CH_3}{|}$$

环丁烷及以上的环烷烃在常温下则难以与卤化氢发生开环加成反应。

3.2.6 环己烷及其衍生物的构象

3.2.6.1 环己烷的构象

环己烷的六个成环碳原子不共平面，C—C—C 键角为 109.5°，是无张力环。环己烷分子在保持键角 109.5°不变的情况下，可以通过 σ 键的旋转和键的扭动而产生构象异构，其中最典型的有两种极限构象：一种像椅子称椅式构象，另一种像船形称船式构象。通过键的扭动和 σ 键的旋转，椅式构象和船式构象可以相互转变。椅式构象是稳定构象，船式构象比椅式构象能量高 $30kJ \cdot mol^{-1}$，常温下两种构象处于相互转变的动态平衡体系中，达到动态平衡时，椅式构象占绝对优势，约为 99.9%，故环己烷及其多数衍生物主要以稳定的椅式构象存在，如图 3-18 所示。

图 3-18 环己烷的椅式构象和船式构象

椅式构象和船式构象虽然都保持了正常键角，不存在角张力，但从 Newman 投影式（见图 3-19）可看出，椅式构象中所有相邻的两个碳原子上 C—H 键都处于交叉式的位置，这种构象内能低。在船式构象中，C_2 和 C_3 上的 C—H 键及 C_5 和 C_6 上的 C—H 键却处于全重叠式的位置，它们之间存在着较大的扭转张力；另外，在船式构象中，C_1 和 C_4 两个向上向内侧伸展的碳氢键相距较近（0.18nm，见图 3-18），两个氢原子的相互距离小于该两个氢原子的 van der Waals 半径之和（0.24nm），因此产生排斥力。由于这两种张力的存在，船式构象能量较高，不如椅式构象稳定。

环己烷分子构象　　椅式构象透视式　　　　　　　船式构象透视式

椅式构象投影式　　　　　　　船式构象投影式

图 3-19 环己烷椅式构象和船式构象的透视式和 Newman 投影式

在环己烷的椅式构象中，可以把环上的六个碳原子看作 C^1、C^3、C^5 和 C^2、C^4、C^6 两个相互平行的平面，这样，环己烷中的十二个 C—H 键可以分为两种类型。其中六个是垂直于平面而与两个平行平面的对称轴平行的,称为直立键或 a 键(axial bond),三个向上另三个向下,交替排列。另外的六个 C—H 键则向外伸出,与对称轴约成 109.5°夹角,称为平伏键或 e 键(equatorial bond),也是三个向上斜伸,三个向下斜伸。每个碳原子上的两个 C—H 键,一个是 a 键,另一个是 e 键,如 a 键向上则 e 键向下,在环中上下交替排列,如图 3-20 所示。

图 3-20 环己烷椅式构象中的直立键和平伏键

在常温下,环己烷由一种椅式构象可以通过 C—C 键的协同扭动而变成另一种椅式构象,这种构象的互变称为转环作用。转环作用可由分子热运动而产生,不需要经过 C—C 键的破裂来进行。转环后,原来的 a 键都变成 e 键,原来的 e 键都变成了 a 键。椅式环己烷处于这两种构象的平衡中,如图 3-21 所示。

图 3-21 环己烷两种椅式构象间的转换

此平衡中,只发生直立键氢和平伏键氢的互相转换,分子的骨架、能量和氢原子间的几何关系都保持不变,所以这两种构象是不能区分开的。

3.2.6.2 取代环己烷的构象

环己烷的一元取代衍生物,取代基可以在 e 键上,也可以在 a 键上,从而出现两种可能的构象。一般情况下,以 e 键相连的构象占优势。以甲基环己烷为例,由于 a 键上较大的甲基与 3 和 5 位上直立键氢距离较近,存在强烈的空间排斥力(称为 1,3-二竖键相互作用),故不稳定;而甲基若以 e 键相连,则没有上面的斥力,故后者比前者的能量低,是优势构象,如图 3-22 所示。

(a)　　　　　　　　　　　　(b) 优势构象
约5%　　　　　　　　　　　　约95%

图 3-22 甲基环己烷的两种椅式构象

在叔丁基环己烷中，叔丁基以 e 键相连的构象几乎接近 100%。

根据许多实验事实，对环己烷的稳定构象总结出如下规律：

① 环己烷及其衍生物的椅式构象比船式构象稳定。在常温下，主要以椅式构象存在。

② 在环己烷的多元取代物中，最稳定的构象是 e 键上取代基最多的构象。

③ 环上有不同的取代基时，大取代基处于 e 键的构象更稳定。

3.2.6.3 十氢化萘的构象

十氢化萘是由两个环己烷分子稠合而成的，它具有顺、反两种异构体，当两个桥头碳原子上的氢原子处于环的同侧时，为顺式异构体；当两个桥头碳原子上的氢原子处于环的异侧时，为反式异构体，如图 3-23 所示。

顺式十氢化萘(cis-decalin)　　　　反式十氢化萘(trans-decalin)

图 3-23　十氢化萘顺式和反式异构体

十氢化萘的构象是由两个椅式环己烷共用一条边稠合而成的。两个环己烷分子可以采用两种不同的方式稠合而产生两种构象（图 3-24）。

顺式(ae型)　　　　　　反式(ee型)

图 3-24　十氢化萘的顺式和反式构象

🔬 阅读材料 ··

碳中和——中国引领世界行动的伟大壮举

碳氢化合物的主要来源是天然气和石油。石油化工产品贯穿于社会生活的方方面面，其生产产生的碳排放不容小觑。目前石油化工行业生产过程排放的 CO_2 占全国碳排放的比重约 13%，占工业领域碳排放比重约 17%。CO_2 是导致目前气候变暖、海平面上升的主要温室气体。目前人类可用碳排放空间越来越小，CO_2 等温室气体浓度越来越高，已经引起了地球气候不利于人类生存的明显变化。今天的气候变化主要是发达国家自工业革命以来 200 多年碳排放累积效应所造成的，早已透支了其"自有"碳排放空间份额，这种碳负债因排放的逐年累积而像滚雪球一样在不断地增长与扩大。因此实现碳中和是避免气候出现灾难性变化的主要途径，是全球气候治理与世界各国实现可持续发展的必由之路。

碳中和是人类活动总碳量进出大气达到 0 的平衡状态。推进碳中和，对我国现代化建设、对全球气候治理、对人类命运共同体建设，具有极其重要的理论与实践意义。虽然我国人均碳排放水平不及美国 50%，但人口大国、制造业大国、进出口大国等因素已然将中国塑造成年总量超过 100 亿吨的世界第一碳排放大国。对于这样一个尚未完成现代化进程的发展中大国来说，要在未来不到 40 年时间内，实现碳的净 0 排放实属不易。在明知要承担巨大碳减排成本、碳中和压力与挑战的情况下，中国选择以提升自主贡献力度的方式实现碳中和，承诺在时间上与发达国家大体同步地达成碳中和目标，体现了中国作为世界大国的历史责任与担当。在尚有巨大"自有"碳空间余额情况下，中国自主推进碳中和发展进程，将为全球气候治理做出发达国家无可比拟的巨大贡献。

中国目前尚未完成碳达峰，碳中和时点又几乎与欧美发达国家同步，因而整个碳中和过程不仅不能有碳负债，还要有巨大的自主贡献。这意味着相对于欧美国家，中国实现碳中和需要承担更多更大的碳中和成本，包括碳达峰的压峰成本和碳中和的压期成本。碳中和是一项前无古人的全球治理伟大事业：早在 2012 年党的十八大就开始对碳中和事业进行前期布局，提出了低碳发展、绿色发展、循环发展、建设美丽中国等目标；2014 年习近平总书记从保障国家能源安全的角度提出了"能源革命"的构想，指出保障国家能源安全必须推动能源消费革命、能源供给革命、能源技术革命和能源体制革命。在碳中和的背景下，中国能源革命的重要目标之一就是发展零碳能源，实现零碳能源对含碳能源的替代，构建零碳能源新格局。2006 年以来我国零碳能源发展取得了可喜成绩，其中核电、光电、风电、水电占比上升较快，在一次能源消费总量中的占比由 8%（2006）上升到 16%（2020）。

构建零碳能源新格局，实现能源供给消费去碳化，是碳中和背景下我国能源革命突破口：它能从供给侧以釜底抽薪方式，驱动高碳产业、高碳消费、高碳制度的整体转型；它能够化解煤炭、石油、天然气等化石能源资源储量有限与能源消费需求不断增长之间的矛盾；能源去碳是压减碳排放量，实现碳中和最有效的办法。"能源革命"理念，为我国和全世界碳中和发展指明了前进的方向。加快能源技术创新，低成本推进零碳能源建设，大幅削减碳中和成本，是中国创造的可供发展中国家借鉴的碳中和经验。只有取得零碳能源的低成本优势，我国奇高的碳中和成本和巨大的碳减排压力才能得以化腐朽为神奇。低成本优势是大力推进零碳能源替代化石能源的前提，是推进我国高碳生产、高碳生活、高碳产业、高碳城市、高碳社会全面向低碳转型的关键，是构建我国现代化碳中和强国的基本支撑。

碳空间是世界性的公共物品，碳中和行动具有强外部正效应。发达国家尤其是美国，存在着巨大的历史累积碳负债，未来还将需要更多的碳负债才能继续生存下去；一些尚未实现碳转型的发展中国家，为了推进自身工业化与城市化发展进程，还需要占用大量的碳空间。在这种条件下如果不建立碳中和命运共同体，中国即使再努力、牺牲再多、贡献再大，也无济于事，全球气候治理最终仍是一句空话。为了防止"碳搭车""碳转移""碳泄漏""碳赖账"和"碳透支"等非道德、非公平竞争行为，避免不负责任碳欠账国对碳自主贡献国利益的损害、对全球气候公共利益的损害、对全球碳中和成果的损害，中国有必要和碳中和国家一道，积极共建碳中和命运共同体。

碳中和命运共同体是世界各国合作发展的新载体，我国要不失时机地将碳中和命运共同体纳入人类命运共同体的建设中来，以碳中和命运共同体建设来带动人类命运共同体建设。同时在我国现代化强国建设进程中，要充分利用碳中和命运共同体和人类命运共同体建设的机会，将中国打造成为世界的能源革命先行区、零碳能源实验区、低碳转型示范区、碳中和引领区和碳生态文明高地。

本章小结

一、烷烃的主要化学反应

1. 卤代反应

$$-\overset{|}{\underset{|}{C}}-H + X_2 \xrightarrow[\text{或光照}]{\text{高温}} -\overset{|}{\underset{|}{C}}-X + HX$$

通常为混合物

反应活性：$F_2 > Cl_2 > Br_2 > I_2$；$3°H > 2°H > 1°H > CH_3-H$

2. 氧化反应和燃烧

$$R^1-CH_2-CH_2-R^2 \xrightarrow{O_2} R^1CH_2OH + R^2CH_2OH + R^1COOH + R^2COOH + \cdots$$

$$C_nH_{2n+2} \xrightarrow{\text{燃烧}} nCO_2 + (n+1)H_2O + \text{热量}$$

二、环烷烃的主要化学反应

1. 开环反应

（1）加氢

（2）加卤素

（3）加卤化氢

2. 取代反应

习题

3-1 用系统命名法命名下列化合物。

（1）$(C_2H_5)_2CHCH(C_2H_5)CH_2CH(CH_3)_2$

（2）$(CH_3)_3CCH(CH_3)_2$

（3）

（4）

（5）

（6）

（7）

（8）

3-2 试写出下列化合物的构造式。

    (1) 3-甲基-4-乙基壬烷　　　　(2) 2,3,4-三甲基-3-乙基戊烷

    (3) 异己烷　　　　　　　　　　(4) 5-甲基二环 [2.2.2]-2-辛烯

    (5) 螺 [4.5]-6-癸烯

3-3 写出 C_5H_{12} 烷烃的所有一氯代衍生物。

3-4 写出下列化合物的纽曼投影式。

    (1) 1,2-二氯乙烷的全交叉构象　　　(2) 1,1,2,2-四溴乙烷的全重叠构象

3-5 写出下列化合物最稳定的构象式。

(1) 　　(2) 　　(3)

3-6 比较 1,2-二甲基环己烷的顺式异构体和反式异构体的稳定性，并说明理由；如果是 1-甲基-3-异丙基环己烷，是顺式异构体稳定还是反式异构体稳定，画出稳定的构象式。

3-7 试写出下列化合物氯代反应的活泼性顺序。指出反应中哪一种 C—H 键首先断裂，为什么？

    (1) $CH_3CH_2CH(CH_3)_2$　　　(2) $C(CH_3)_4$　　　(3) $CH_3CH_2CH_3$

3-8 试将下列烷基自由基按稳定性大小排列。

    (1) $\cdot CH_3$　　　　　　　　　　(2) $CH_3\dot{C}HCH_2CH_3$

    (3) $\cdot CH_2CH_2CH_2CH_3$　　　　(4) $\cdot C(CH_3)_3$

3-9 写出下列烷基的名称及常用符号。

    (1) $CH_3CH_2CH_2-$　　(2) $(CH_3)_2CH-$　　(3) $(CH_3)_2CHCH_2-$

    (4) $(CH_3)_3C-$　　　　(5) CH_3-　　　　(6) CH_3CH_2-

第4章

烯烃、炔烃和二烯烃

学习目标

了解烯烃和炔烃的结构特点，理解形成 π 键的条件以及 π 键的特性，掌握烯烃和炔烃的同分异构、烯烃的顺反异构及其表示方法；了解烯烃和炔烃的物理性质，掌握烯烃、炔烃和二烯烃的命名方法和化学性质，掌握烯烃加成的 Markovnikov 规则，并能运用马氏规则判断不对称烯烃加成方向；了解烯烃的来源、制备及工业用途。

素质目标

了解烯烃与传统能源石油之间的关系，探讨其现状与发展趋势；了解烯烃聚合反应在现代工业中的应用；关注"白色污染"所带来的环境问题，了解绿色化学理念，提高节能减排和环保意识，承担起保护环境的责任。

分子中含有碳碳双键或碳碳三键的烃类化合物，称为不饱和烃。含有碳碳双键的烃称为烯烃，含有碳碳三键的烃称为炔烃。根据含双键的数目不同，烯烃可分为单烯烃、二烯烃，多烯烃。而通常所讲的烯烃指的是单烯烃。

4.1 烯烃

烯烃是指分子中含有一个碳碳双键的烃，其通式为 C_nH_{2n}，与含相同碳原子数的单环环烷烃互为构造异构体，其官能团为 C＝C。例如：

$$CH_2{=}CH_2 \qquad CH_2{=}CHCH_3 \qquad CH_2{=}CHCH_2CH_3 \qquad CH_3CH{=}CHCH_3$$

乙烯　　　　　　　丙烯　　　　　　　　1-丁烯　　　　　　　　　2-丁烯

4.1.1 烯烃的结构

乙烯（$CH_2{=}CH_2$）是最简单的烯烃。分子中的 2 个碳原子均为 sp^2 杂化，每个碳原子形成 3 个能量完全等同的 sp^2 杂化轨道。在乙烯分子中，2 个碳原子各以 1 个 sp^2 杂化轨道沿着键轴方向"头碰头"重叠，形成 1 个 C—C σ 键，并用其余 2 个 sp^2 轨道分别与氢原子的 s 轨道重叠形成 4 个 C—H σ 键，分子中 6 个原子都处于同一个平面上。另外，2 个碳原子中未参与杂化的 p 轨道彼此"肩并肩"重叠形成 π 键，π 键电子云对称分布在分子平面的上方和下方，如图 4-1 所示。

(a) 乙烯的 σ 键　　　(b) p_z 轨道的重叠　　　(c) π 电子云　　　乙烯分子结构

图 4-1　乙烯分子中的 σ 键和 π 键

由于 π 键是由 2 个 p 轨道侧面重叠而成，重叠程度较小，因此 π 键不如 σ 键牢固，容易断裂。这还可以从键能数据得到证明：碳碳双键的键能为 $610kJ \cdot mol^{-1}$，并不是单键键能 $345kJ \cdot mol^{-1}$ 的两倍，可见 π 键的键能比 σ 键的键能小。

4.1.2　烯烃的同分异构

由于烯烃分子中存在碳碳双键，所以烯烃的异构现象比较复杂，其异构体的数目比相应的烷烃多，主要有碳链异构、官能团位置异构及顺反异构。

（1）碳链异构　与烷烃相似，由于碳链的骨架不同而引起的异构现象。例如：

$$CH_2 =\!\!=CHCH_2CH_3 \qquad\qquad \underset{\substack{|\\CH_3}}{CH_2=\!\!=C-CH_3}$$

1-丁烯　　　　　　　　　　2-甲基丙烯

（2）官能团位置异构　由于双键在碳链上位置不同而引起的异构现象。例如：

$$CH_2 =\!\!=CHCH_2CH_3 \qquad\qquad CH_3CH =\!\!= CHCH_3$$

1-丁烯　　　　　　　　　　2-丁烯

（3）顺反异构　在烯烃分子中由于碳碳双键不能自由旋转，致使与双键碳原子直接相连的原子或基团在空间的相对位置被固定下来。例如，2-丁烯有下列两种异构体：

顺-2-丁烯　　　　　　　　反-2-丁烯

这种异构体称为顺反异构体（*cis*-trans isomerism），又称几何异构体。

分子中产生几何异构现象，在结构上分子必须满足两个条件：其一，分子中必须有限制 σ 键旋转的因素，如双键、环等。其二，对于烯烃来说每个双键碳原子都必须和两个不同的原子或基团相连。例如，具有下列结构形式的物质都具有几何异构现象。

任一双键碳原子所连的两个原子（或基团）相同，则没有顺反异构现象。例如：

4.1.3 烯烃的命名

4.1.3.1 烯基

烯烃分子从形式上去掉一个氢原子后剩下的一价基团称为烯基，最常见的烯基有：

$$CH_2=CH- \qquad CH_3CH=CH- \qquad CH_2=CHCH_2-$$

乙烯基 　　　　　1-丙烯基（丙烯基）　　　　　烯丙基

4.1.3.2 烯烃的系统命名法

烯烃的命名多采用系统命名法，个别简单的单烯烃可以按普通命名法命名。例如：

$$CH_2=CH_2 \qquad CH_3-CH=CH_2 \qquad CH_2=\overset{\displaystyle CH_3}{\underset{}{\overset{|}{C}}}-CH_3$$

乙烯 　　　　　　丙烯 　　　　　　　　异丁烯

烯烃的系统命名法基本上与烷烃相似，其要点如下。

（1）选主链　选择含有双键的最长碳链作为主链，支链作为取代基，按主链中所含碳原子的数目命名为"某烯"。

（2）编号　从距离双键最近的一端开始给主链编号，双键的位次用两个双键碳原子编号较小的碳原子的号数表示，写在"某烯"之前。

（3）命名　取代基的位次、数目、名称写在"某烯"名称之前，其原则和书写格式同烷烃。例如：

$$CH_2=\overset{}{\underset{\underset{CH_2CH_2CH_3}{|}}{C}}-CH_2CH_3 \qquad CH_3-\overset{\overset{\displaystyle CH_3}{|}}{\underset{\underset{CH_3}{|}}{C}}-CH=CHCH_3 \qquad CH_3-\overset{}{\underset{\underset{CH_2CH_3}{|}}{C}}-\overset{}{\underset{}{C}}=CH_2$$

2-乙基-1-戊烯 　　　　　　4,4-二甲基-2-戊烯 　　　　　3-甲基-2-乙基-1-丁烯

与烷烃不同的是，当烯烃主链碳原子数多于十个时，命名时汉字数字与烯字之间应加一个"碳"字（烷烃不加碳），称为"某碳烯"，例如：

$$CH_3(CH_2)_4CH=CH(CH_2)_4CH_3$$

6-十二碳烯

环烯烃的命名是以环为母体，编号时从双键碳原子开始，但命名时位次号"1"通常省略。取代基放在母体名称之前。

3-甲基环己烯 　　　　　　4-甲基环戊烯

4.1.3.3 烯烃顺反异构体的命名

烯烃顺反异构体的命名可采用两种方法——顺、反标记法和 Z/E-标记法。

（1）顺、反标记法　当双键碳原子上连接的相同原子或基团处于双键同侧的，称为顺式，反之称为反式，书写时分别冠以顺、反，并用半字线与烯烃名称相连。如2-戊烯，可采用顺反命名法。

顺-2-戊烯 　　　　　　反-2-戊烯

但当双键碳上连接的四个原子或基团都不同时，则很难用顺、反标记法命名。例如：

由此可见，并不是所有具备顺反异构体的烯烃都可采用顺反标记法进行命名。

（2）Z/E-标记法　对于结构复杂的几何异构体的区分，IUPAC 提出了 Z、E 标记法。其原则是：分别将与双键碳原子相连的两个原子或基团按次序规则排序，定出较优基团，该两个碳原子上的较优基团在双键的同侧时，以字母 Z 表示，反之，则以字母 E 表示。Z 和 E 分别是德文 Zusammen 和 Entgegen 的第一个字母，前者的意思是"在一起"，后者的意思是"相反、相对"。例如，在 C=C 上分别连有 a，b 及 d，e 四个完全不同的基团时，其几何异构可以表示如下：

假设 a＞b，d＞e，即 a 及 d 分别为较优基团，则前者为 Z 式，后者为 E 式。

次序规则主要有三点：

① 单原子取代基，按原子序数大小排列。原子序数大后列出（较优）；原子次序小先列出；同位素中质量高的后列出（较优）。例如：

$$I>Br>Cl>S>P>F>O>N>C>D>H$$

② 多原子基团第一个原子相同，则要依次比较第二、第三顺序原子的原子序数，来决定基团的大小顺序。

例如：$CH_3CH_2—>CH_3—$（因第一顺序原子均为 C，故必须比较与碳相连基团的大小）$CH_3—$中与碳相连的是 C（H、H、H）；$CH_3CH_2—$中与碳相连的是 C（C、H、H），所以 $CH_3CH_2—$优先。

③ 当取代基为不饱和基团时，则把双键、三键原子看成是它与多个某原子相连。

例如，3-乙基-1,3-戊二烯中双键碳上所连的四个原子或基团都不相同，命名时就只能采用 Z/E-标记法，而不能采用顺、反标记法。

(E)-3-乙基-1,3-戊二烯　　　(Z)-3-乙基-1,3-戊二烯

书写时将 Z 或 E 加括号放在烯烃名称之前，并用半字线与烯烃名称相连。

但必须指出，顺、反标记法和 Z/E 标记法是表示烯烃构型的两种不同标记方法，顺和 Z、反和 E 不是对应关系，顺可以是 Z，也可以是 E，反之亦然。例如：

$$\underset{\substack{\text{反-2,2,4-三甲基-3-乙基-3-己烯} \\ (Z)\text{-2,2,4-三甲基3乙基-3-己烯}}}{\underset{C_2H_5}{CH_3}\underset{C(CH_3)_3}{\overset{C_2H_5}{C=C}}}$$

反-2,2,4-三甲基-3-乙基-3-己烯
(Z)-2,2,4-三甲基3乙基-3-己烯

顺-3-甲基-2-溴-2-戊烯
(Z)-3-甲基-2-溴-2-戊烯

如果是含有多个双键的化合物，命名时将每一个双键的构型标记连同双键的位置编号一起写在名称的前面，构型标记之间用逗号隔开。例如：

(2E,4Z)-2,4-己二烯

4.1.4 烯烃的物理性质

烯烃和烷烃具有基本相似的物理性质，它们一般是无色，其沸点和相对密度等也随着分子量的增加而增加，含相同碳原子数目的直链烯烃的沸点比支链的高。顺式异构体的沸点比反式的高，熔点比反式的低。在常温下，含 $C_2 \sim C_4$ 的烯烃为气体，$C_5 \sim C_{18}$ 的烯烃为液体，C_{19} 以上的烯烃为固体。烯烃的相对密度都小于 1。难溶于水，而易溶于非极性和弱极性的有机溶剂，如石油醚、乙醚、四氯化碳和苯等。一些烯烃的物理常数见表 4-1。

⊡ 表 4-1 一些烯烃的物理常数

名称	熔点/℃	沸点/℃	相对密度(d_4^{20})
乙烯	−169.5	−103.7	0.3840
丙烯	−185.2	−47.4	0.5193
1-丁烯	−185.4	−6.3	0.5951
顺-2-丁烯	−138.9	3.7	0.6213
反-2-丁烯	−105.6	0.88	0.6042
异丁烯	−140.4	−6.9	0.5902
1-戊烯	−165.2	30.0	0.6405
1-己烯	−139.8	63.4	0.6731
1-庚烯	−119.0	93.6	0.6970

4.1.5 烯烃的化学性质

单烯烃的化学性质与烷烃不同，比较活泼，主要体现在 C═C 双键上。双键是烯烃化学反应的中心，容易发生加成、氧化、聚合等反应。受 C═C 双键的影响，与双键碳相邻的碳原子上的氢（称为 α-氢原子）也表现出一定的活泼性。

4.1.5.1 加成反应

加成反应是烯烃的典型反应。在反应中 π 键断开，双键的两个碳原子与其他原子或基团结合，形成两个较强的 σ 键，这类反应称为加成反应。

$$C=C \quad + \quad X-Y \quad \longrightarrow \quad \underset{X \quad Y}{C-C}$$

（1）催化加氢　　常温常压下，烯烃很难同氢气发生反应，但是在催化剂存在下，烯烃与氢发生加成反应，生成相应的烷烃，常用的催化剂包括 Ni、Pd、Pt 等。例如：

$$R-CH=CH_2+H_2 \xrightarrow{\text{催化剂}} R-CH_2CH_3$$

催化加氢也称催化氢化。Ni、Pd、Pt 等催化剂在催化反应过程中可以降低反应的活化能，从而加速反应进行（图 4-2）。

催化加氢是放热反应，1mol 烯烃催化加氢时放出的热量称为氢化热。例如，顺-2-丁烯和反-2-丁烯氢化的产物都是丁烷，反式比顺式少放出 $4.2kJ \cdot mol^{-1}$ 的热量，意味着反式的内能比顺式少 $4.2kJ \cdot mol^{-1}$，所以反-2-丁烯更稳定。通过测定不同烯烃的氢化热，可以比较烯烃的相对稳定性。氢化热越小的烯烃越稳定。

催化加氢一般不用于从乙烯、丙烯等低级烯烃制取相应的烷烃，但此反应在工业生产上和科学研究中都具有重要意义，如油脂氢化制

图 4-2　催化剂对烯烃氢化中活化能的影响

硬化油、人造奶油等；为除去粗汽油中的少量烯烃杂质，可进行催化氢化反应，将少量烯烃还原为烷烃，从而提高油品的质量。

（2）亲电加成　　由于烯烃分子中含有 π 键，π 电子受原子核的束缚较小，结合较松散，容易失去电子，可作为电子源与需要电子的试剂发生加成反应。这种需要电子的试剂称为亲电试剂，常见的亲电试剂有：卤素（Br_2，Cl_2）、卤化氢、硫酸及水等。烯烃与亲电试剂发生的加成反应称为亲电加成反应。

① 加卤素

a. 加溴和氯　　烯烃容易与卤素发生加成反应生成邻二卤化物，此反应在常温下就可以迅速、定量进行。例如，将烯烃气体通入溴或溴的四氯化碳溶液中，溴的红棕色立即消失，表明发生了加成反应。在实验室中，常利用这个反应来检验烯烃的存在。

$$CH_2=CH_2 \xrightarrow[CCl_4]{Br_2} \underset{\underset{Br}{|}}{CH_2}-\underset{\underset{Br}{|}}{CH_2}$$

除溴外，常用的卤素还有氯。相同的烯烃和不同的卤素进行加成时，卤素的活性顺序为：氟＞氯＞溴＞碘。氟与烯烃的反应太剧烈而难以控制，碘与烯烃的加成反应比较困难。不同的烯烃与相同的卤素进行加成时，双键碳原子上连接的烷基多者，反应速率快。

b. 亲电加成反应机理　　实验表明，卤素与烯烃加成反应形成二卤代物，是通过共价键异裂的离子型亲电加成。这两个卤原子是同时加上去的还是分两步加上去的呢？现以乙烯和溴的加成反应为例说明其反应机理。

将乙烯通入含有氯化钠的溴水溶液中，如果加成是一步进行的，即生成物只有 1,2-二溴乙烷，而所得的产物除了预期生成的 1,2-二溴乙烷外，还生成 1-氯-2-溴乙烷和 2-溴乙醇，说明反应是分步进行的。

$$CH_2=CH_2+Br_2 \xrightarrow{NaCl,\ H_2O} BrCH_2CH_2Br+BrCH_2CH_2Cl+BrCH_2CH_2OH$$

第一步，当溴分子接近烯烃时，受烯烃 π 电子的影响，溴分子会发生极化（$\overset{\delta^+}{Br}—\overset{\delta^-}{Br}$），被极化的溴分子中带微正电荷的溴原子（$Br^{\delta^+}$）首先进攻乙烯中的 π 键，形成环状溴鎓正离子中间体。由于 π 键的断裂和溴分子中 σ 键的断裂都需要一定的能量，故反应速率较慢，是决定加成反应速率的一步。

$$Br—Br + CH_2=CH_2 \xrightarrow{\text{慢}} \underset{Br}{\overset{+}{CH_2—CH_2}} + Br^-$$

溴鎓离子

第二步，溴负离子或氯负离子、水分子从背面进攻溴鎓正离子的两个碳原子之一，生成反式邻二溴的产物，这一步反应是离子之间的反应，反应速率较快。如下式所示：

上面的加成反应实质上是亲电试剂 Br^+ 对 π 键的进攻引起的，所以叫做亲电加成反应。由于加成是由溴分子发生异裂后生成的离子进行的，故这类加成又称为离子型亲电加成反应。

② 加卤化氢。

a. 加卤化氢　烯烃与卤化氢加成，生成一卤代物。

$$CH_2=CH_2 + HX \longrightarrow CH_3CH_2X$$

烯烃与卤化氢的加成，不同的烯烃与相同的卤化氢进行加成时，双键碳原子上连接供电子的烷基越多，加成反应速率越快；连接吸电子基越多，加成反应速率越慢。不同卤化氢与相同的烯烃进行加成时，反应活性顺序为：$HI > HBr > HCl$，HF 一般不与烯烃加成。

烯烃与卤化氢的加成反应机理和烯烃与卤素的加成相似，也是分两步进行。不同的是第一步由亲电试剂 H^+ 进攻 π 键，且不生成卤鎓离子，而是生成碳正离子中间体；第二步 X^- 进攻碳正离子，也不一定生成反式加成的产物。其反应机理如下：

$$>C=C< + H—X \xrightarrow{\text{慢}} \underset{H}{—C—\overset{+}{C}—} + X^-$$

$$\underset{H}{—C—\overset{+}{C}—} + X^- \xrightarrow{\text{快}} \underset{H \quad X}{—C—C—}$$

烯烃与卤化氢的亲电加成反应在工业上已得到广泛的应用。例如，乙烯与氯化氢加成生成氯乙烷的反应，是工业上生产氯乙烷的方法之一。

$$H_2C=CH_2 + HCl \xrightarrow[130\sim250℃]{AlCl_3} CH_3CH_2Cl$$

b. Markovnikov 规则　　乙烯是对称分子，不论氢原子或卤原子加到哪一个碳原子上，得到的产物都是一样的。但是丙烯等不对称的烯烃与卤化氢加成时，可能得到两种不同的产物。

$$CH_3—CH=CH_2 + HX \longrightarrow \begin{cases} CH_3—\underset{\underset{X}{|}}{CH}—CH_3 & \text{2-卤代丙烷} \\ CH_3—CH_2—\underset{\underset{X}{|}}{CH_2} & \text{1-卤代丙烷} \end{cases}$$

实验证明，丙烯与卤化氢加成的主要产物是 2-卤代丙烷。1868 年俄国化学家马尔科夫尼科夫（Markovnikov）在总结大量实验事实的基础上，提出了一条重要的经验规则：不对称烯烃与不对称的亲电试剂进行加成反应时，氢原子总是加到含氢较多的双键碳原子上。这个经验规则叫做马尔科夫尼科夫规则，简称马氏规则。利用此规则可以预测很多不对称烯烃与不对称亲电试剂加成反应时的主要产物。

c. Markovnikov 规则的理论解释　　首先，马氏规则可以利用诱导效应进行解释。在多原子分子中，当两个直接相连的原子的电负性不同时，由于电负性较大的原子吸引电子的能力较强，两个原子间的共用电子对偏向于电负性较大的原子，使之带有部分负电荷（用 δ^- 表示），另一原子则带有部分正电荷（用 δ^+ 表示）。在静电引力作用下，这种影响能沿着分子链诱导传递，使分子中成键电子云向某一方向偏移。例如，在氯丙烷分子中：

$$\underset{3}{\overset{\delta\delta\delta^+}{CH_3}} \longrightarrow \underset{2}{\overset{\delta\delta^+}{CH_2}} \longrightarrow \underset{1}{\overset{\delta^+}{CH_2}} \longrightarrow \overset{\delta^-}{Cl}$$

由于氯的电负性比碳大，因此 C—Cl 键的共用电子对向氯原子偏移，使氯原子带部分负电荷（δ^-），碳原子带部分正电荷（δ^+）。在静电引力作用下，相邻 C—C 键中共用的电子对也向氯原子方向偏移，使得 C^2 上也带有很少的正电荷，同样依次影响的结果，C^3 上也多少带有部分正电荷。图中箭头所指的方向是电子偏移的方向。

像氯丙烷这样，当不同原子间形成共价键时，由于成键原子的电负性不同，共用电子对会偏向于电负性大的原子使共价键产生极性，而且这个键的极性可以通过静电作用力沿着碳链在分子内传递，使分子中成键电子云向某一方向发生偏移，这种效应称为诱导效应，用符号 I 表示。

诱导效应是一种静电诱导作用，其影响随距离的增加而迅速减弱或消失，诱导效应在一个 σ 体系传递时，一般认为每经过一个原子，即降低为原来的三分之一，经过三个原子以后，影响就极弱了，超过五个原子后便可忽略不计了。诱导效应具有叠加性，当几个基团或原子同时对某一键产生诱导效应时，方向相同，效应相加；方向相反，效应相减。此外，诱导效应沿单键传递时，只涉及电子云密度分布的改变，共用电子对并不完全转移到另一原子上。

诱导效应的强度由原子或基团的电负性决定，一般以氢原子作为比较基准。比氢原子电负性大的原子或基团表现出吸电性，称为吸电子基，具有吸电诱导效应，一般用 $-I$ 表示；比氢原子电负性小的原子或基团表现出供电性，称为供电子基，具有供电诱导效应，一般用 $+I$ 表示。常见原子或基团的诱导效应强弱次序为：

吸电诱导效应　$—NO_2 > —COOH > —F > —Cl > —Br > —I > —OH > RC≡C— > C_6H_5— > R'CH=CR—$。

供电诱导效应　$(CH_3)_3C— > (CH_3)_2CH— > CH_3CH_2— > CH_3—$。

上面所讲的是在静态分子中所表现出来的诱导效应，称为静态诱导效应，它是分子在静止状态的固有性质，没有外界电场影响时也存在。在化学反应中，分子受外电场的影响或在反应时受极性试剂进攻的影响而引起的电子云分布的改变，称为动态诱导效应。

根据诱导效应就不难理解马氏规则，如当丙烯与 HCl 加成时，丙烯分子中的甲基是一个供电子基，使双键上的 π 电子云密度发生偏移，其偏移方向与甲基供电子方向一致，这样，含氢原子较少的双键碳原子带部分正电荷（δ^+）即电子云密度降低，含氢原子较多的双键碳原子则带部分负电荷（δ^-）即电子云密度升高。加成时，亲电试剂 HBr 分子中带正电荷的 H^+ 首先进攻电子云密度较高的带负电荷的（即含氢较多的）双键碳原子，然后，Br^- 才加到另一个双键碳上，即生成 2-溴丙烷。

$$CH_3 \longrightarrow \overset{\delta^+}{C}H \overset{\frown}{=\!\!=} \overset{\delta^-}{C}H_2 \;+\; \overset{\delta^+}{H} \overset{\delta^-}{-\!\!-} Br \longrightarrow [CH_3 -\overset{+}{C}H - CH_3] \xrightarrow{Br^-} CH_3\underset{|}{\overset{}{C}}HCH_3$$
$$\qquad\qquad\qquad\qquad\qquad\qquad\qquad\qquad\qquad\qquad\qquad\quad Br$$

其次，马氏规则可以由反应过程中生成的活性中间体即碳正离子的稳定性来解释。碳正离子越稳定，生成相应的碳正离子所需要的能量越低，则越容易生成。而加成反应的速率和方向往往取决于碳正离子生成的难易程度。例如，丙烯和 HBr 加成，第一步反应生成的碳正离子中间体有两种可能：

$$CH_3-CH\!=\!CH_2+HBr \xrightarrow{-Br^-} \begin{cases} [CH_3-\overset{+}{C}H-CH_3] & (\text{I}) \\ [CH_3-CH_2-\overset{+}{C}H_2] & (\text{II}) \end{cases}$$

究竟生成哪一种碳正离子，这取决于碳正离子的相对稳定性。一个带电体系的稳定性取决于所带电荷的分散程度，电荷愈分散，体系愈稳定。丙烯分子中的甲基与带正电荷的碳原子（碳正离子也称中心碳原子）相连时，由于甲基碳原子是 sp^3 杂化，中心碳原子是 sp^2 杂化，前者的电负性比后者小，二者之间形成 σ 键的电子云密度偏向中心碳原子，而使得中心碳原子上的正电荷得到分散，体系趋于稳定。因此，带正电荷的碳原子上连接的烷基越多，正电荷被分散的程度越大，碳正离子的稳定性越高。

碳正离子的稳定性与其结构有关，一般烷基碳正离子的稳定性次序为：叔>仲>伯>甲基正离子，即 $3° > 2° > 1° > CH_3^+$。例如：

$$(CH_3)_3C^+ > (CH_3)_2\overset{+}{C}H > CH_3CH_2^+ > CH_3^+$$

因此，在上述丙烯和 HBr 加成过程中，根据碳正离子的稳定性次序，由于 2°碳正离子（I）比 1°碳正离子（II）稳定，所以加成反应主要按生成（I）的方式进行，即生成 2-溴丙烷。

d. 反 Markovnikov 规则（过氧化物效应）　卤化氢与不对称烯烃加成时一般服从马氏规则，但在过氧化物存在下，溴化氢与不对称烯烃的加成是反马氏规则的。例如，在过氧化物存在下丙烯与溴化氢的加成，生成的主要产物是 1-溴丙烷，而不是 2-溴丙烷。

$$CH_3-CH\!=\!CH_2+HBr \xrightarrow{\text{过氧化物}} CH_3CH_2CH_2Br$$

这种由于过氧化物的存在而引起烯烃加成取向的改变，称为过氧化物效应。该反应是自由基加成反应，不是亲电加成反应。过氧化物容易解离，产生烷氧基自由基，这是链的引发阶段；烷氧基自由基和 HBr 反应，生成溴自由基，继而与烯烃作用，使其 π 键均裂产生烷基自由基，最后与溴自由基结合生成 C—Br 键，反应周而复始，这是链的增长阶段；自由基相互结合，链反应终止。具体反应历程如下：

$$R \overset{\frown}{-O} \overset{\frown}{:O} \overset{\frown}{-} R \longrightarrow R-O\cdot$$

$$R-O\cdot + H \overset{\frown}{-Br} \longrightarrow R-OH + Br\cdot$$

$$CH_2=CH-CH_3 + Br\cdot$$

1°碳自由基 (不稳定)　　　次要产物

2°碳自由基 (较稳定)　　　主要产物

值得注意的是，过氧化物效应只限于 HBr 与不对称烯烃的加成，HCl 和 HI 与不对称烯烃的加成反应没有过氧化物效应。这是因为 H—Cl 键的键能较高，较难发生键的均裂，生成氯自由基；H—I 键虽容易发生键的均裂，但形成的碘自由基比较稳定，不与烯烃发生加成反应。

③加硫酸　烯烃与冷的浓硫酸混合，反应生成硫酸氢酯，硫酸氢酯水解生成相应的醇。例如：

$$CH_2=CH_2 + HOSO_3H \longrightarrow CH_3CH_2OSO_3H \xrightarrow[\triangle]{H_2O} CH_3CH_2OH + H_2SO_4$$

硫酸氢乙酯

不对称烯烃与硫酸的加成反应，遵守马氏规则。

$$CH_3-CH=CH_2 + HOSO_3H \longrightarrow \underset{\underset{OSO_3H}{|}}{CH_3CHCH_3} \xrightarrow[\triangle]{H_2O} \underset{\underset{OH}{|}}{CH_3CHCH_3} + H_2SO_4$$

硫酸氢异丙酯　　　　异丙醇

这是工业上制备醇的方法之一，其优点是对烯烃的原料纯度要求不高，技术成熟，转化率高，但由于反应需使用大量的酸，易腐蚀设备，且后处理困难。由于硫酸氢酯能溶于浓硫酸，因此可用来提纯某些化合物。例如，烷烃一般不与浓硫酸反应，也不溶于硫酸，用冷的浓硫酸洗涤烷烃和烯烃的混合物，可以除去烷烃中的烯烃。

④ 加水　在酸（常用硫酸或磷酸）催化下，烯烃与水直接加成生成醇。不对称烯烃与水的加成反应也遵从马氏规则。例如：

$$CH_2=CH_2 + HOH \xrightarrow[300℃，7MPa]{H_3PO_4/硅藻土} CH_3CH_2OH$$

$$CH_3-CH=CH_2 + HOH \xrightarrow[200℃，2MPa]{H_3PO_4/硅藻土} \underset{\underset{OH}{|}}{CH_3CHCH_3}$$

异丙醇

上述反应也是醇的工业制法之一，称为烯烃的水合反应（直接水合法）。此法简单、价格低廉，但对设备要求较高，尤其是需要选择合适的催化剂。

⑤ 加次卤酸　烯烃与次卤酸（常用次氯酸和次溴酸）加成生成 β-卤代醇。例如：

$$CH_3CH=CH_2 + HO-X \longrightarrow \underset{\underset{OH \quad X}{| \quad |}}{CH_3CH-CH_2}$$

在实际生产中，由于次卤酸不稳定，通常用氯或溴与水混合代替次卤酸与乙烯反应生成

β-氯乙醇。例如：

$$CH_2=CH_2+Cl_2 \xrightarrow{H_2O} \underset{\underset{OH\ HCl}{|\ \ \ \ |}}{H_2C-CH_2}$$

不对称烯烃与次卤酸的加成反应，也遵循马氏规则，亲电试剂中的卤元素加到含氢较多的双键碳原子上，羟基加到含氢较少的双键碳原子上。

4.1.5.2 氧化反应

碳碳双键的活泼性也表现为容易被氧化。烯烃的氧化除与其结构有关外随氧化剂和氧化条件的不同而产物各异。

（1）高锰酸钾氧化　用等量稀的碱性或中性高锰酸钾水溶液，在较低温度下氧化烯烃及其衍生物时，则双键中的 π 键被断开，引入两个羟基，生成邻二醇或其衍生物。此反应具有非常明显的现象——高锰酸钾溶液的紫色逐步褪去，同时生成棕褐色的二氧化锰沉淀，故可以用来鉴定含有碳碳双键的不饱和烃。例如：

$$3R-CH=CH_2+2KMnO_4+4H_2O \xrightarrow[\text{或中性}]{\text{稀 OH}^-} \underset{\underset{OH\ \ OH}{|\ \ \ \ \ |}}{3R-CH-CH_2}+2MnO_2\downarrow+2KOH$$

在加热或酸性高锰酸钾溶液等条件下氧化烯烃，碳碳双键完全断裂，同时双键碳原子上的 C—H 也被氧化而生成含氧化合物。例如：

$$R-CH=CH_2 \xrightarrow[H^+]{KMnO_4} R-COOH+CO_2\uparrow+H_2O$$

$$R-CH=CHR' \xrightarrow[H^+]{KMnO_4} R-COOH+R'-COOH$$

$$R-CH=\underset{\underset{R''}{|}}{\overset{\overset{R'}{|}}{C}} \xrightarrow[H^+]{KMnO_4} R-COOH+\underset{\underset{O}{\|}}{R'-C-R''}$$

由于烯烃结构不同，氧化产物也不同，因此通过分析氧化产物，可推测原烯烃的结构。

（2）臭氧氧化　将含有 6%～8% 臭氧的氧气在低温下通入烯烃的非水溶液中，烯烃迅速被氧化成臭氧化物，这个反应称为臭氧化反应。由于臭氧化合物不稳定易爆炸，因此反应产物不需分离，可直接水解生成醛或酮，同时伴随有过氧化氢生成。为防止反应产物被过氧化氢氧化，在水解时通常加入少量的还原剂（如锌粉），或在铂、钯等催化剂存在下直接通入 H_2 分解。

$$\underset{\underset{R'}{\diagup}}{\overset{\diagdown}{R}}C=CH-R'' \xrightarrow{O_3} \underset{\underset{R'}{\diagup}}{\overset{\diagdown}{R}}\underset{O-O}{\overset{O}{C\ \ \ \ \ \ C}}\overset{R''}{\underset{H}{\diagdown}} \xrightarrow{Zn/H_2O} \underset{\underset{R'}{\diagup}}{\overset{\diagdown}{R}}C=O + O=\underset{\overset{H}{|}}{C}-R''$$

$$\qquad\qquad\qquad\qquad \text{臭氧化物} \qquad\qquad\qquad \text{酮} \qquad\quad \text{醛}$$

$$\underset{\underset{CH_3}{|}}{CH_3C}=CHCH_3 \xrightarrow[\text{(2) } Zn/H_2O]{\text{(1) } O_3} \underset{\underset{CH_3}{|}}{CH_3C}=O +CH_3CHO$$

根据烯烃臭氧化所得到的产物，也可以推测原来烯烃的结构。例如，一未知烯烃臭氧化后还原水解，得到等物质的量的丁醛和甲醛，说明双键在链端为 1-戊烯。

$$CH_3CH_2CH_2CHO+HCHO \xleftarrow[\text{(2) } Zn/H_2O]{\text{(1) } O_3} CH_2=CHCH_2CH_2CH_3$$

（3）催化氧化　在活性银催化条件下，乙烯可被空气或氧气氧化，碳碳双键中的 π 键断裂生成环氧乙烷，这是工业上生产环氧乙烷的主要方法。

$$2CH_2\!\!=\!\!CH_2 + O_2 \xrightarrow[250℃]{Ag} 2CH_2\!\!-\!\!CH_2$$
$$\underset{O}{\diagdown\diagup}$$

环氧乙烷是重要的有机合成中间体，用它可以制造乙二醇、合成洗涤剂、乳化剂、抗冻剂、合成树脂等。

在氯化钯-氯化铜催化作用下，乙烯也可被空气或氧气氧化成醛或酮。工业上已利用此方法由乙烯生产乙醛。例如：

$$2CH_2\!\!=\!\!CH_2 + O_2 \xrightarrow[125\sim130℃\ 0.4MPa]{PdCl_2\text{-}CuCl_2,\ H_2O} 2CH_3CHO$$

4.1.5.3 α-氢原子的卤代反应

在烯烃中，α-氢原子由于受到相邻 C $=$ C 双键的影响，表现得比较活泼，在一定条件下，能与卤素发生卤代反应。例如，丙烯与氯气在约 500℃ 主要发生取代反应，生成 3-氯-1-丙烯。这是工业上生产 3-氯-1-丙烯的方法。

$$CH_3CH\!\!=\!\!CH_2 + Cl_2 \xrightarrow{500℃} \underset{\underset{Cl}{\big|}}{CH_2}CH\!\!=\!\!CH_2$$

α-氢原子的卤代反应属于自由基取代反应，需要在光照、高温或过氧化物（如过氧化苯甲酸）等条件下引发产生自由基。如果用 N-溴代丁二酰亚胺（简称 NBS）为溴化剂，在光或过氧化物作用下，α-溴代可在较低温度下进行。例如：

4.1.5.4 聚合反应

在催化剂的存在下，烯烃分子中的 π 键被断开，通过加成的方式相互结合，生成高分子化合物，这种反应叫聚合反应。反应中的烯烃分子称为单体，生成的产物叫聚合物。聚合反应是烯烃的重要化学反应，现代有机合成工业中，常用的重要烯烃单体有乙烯、丙烯、异丁烯、氯乙烯、苯乙烯等。例如，在齐格勒-纳塔（Ziegler-Natta）催化剂［TiCl₄-Al(C₂H₅)₃］等的作用下，乙烯、丙烯可以聚合为聚乙烯、聚丙烯。

$$nCH_2\!\!=\!\!CH_2 \xrightarrow{TiCl_4\text{-}Al(C_2H_5)_3} \ +\!\!CH_2\!\!-\!\!CH_2\!\!+_n$$
$$聚乙烯$$

$$nCH_3\!\!-\!\!CH\!\!=\!\!CH_2 \xrightarrow{TiCl_4\text{-}Al(C_2H_5)_3} \ \underset{\underset{CH_3}{\big|}}{+\!\!CH}\!\!-\!\!CH_2\!\!+_n$$
$$聚丙烯$$

很多高分子聚合物均有广泛的用途，如聚乙烯是一种电绝缘性能好、用途广泛的塑料；聚氯乙烯用作管材、板材等；聚 1-丁烯用作工程塑料；聚四氟乙烯称为塑料王，广泛用于电绝缘材料、耐腐蚀材料和耐高温材料等。

4.1.6 烯烃的重要化合物

4.1.6.1 乙烯

乙烯是一种稍带甜味的无色气体，沸点 -103.7℃，微溶于水，与空气能形成爆炸性混合物，其爆炸极限是 $2.7\% \sim 36\%$。

乙烯是重要的有机合成原料，可以用来大规模生产许多化工产品和中间体，如塑料、橡胶、涂料、溶剂等，所以乙烯的产量被认为是衡量一个国家石油化学工业发展水平的标志。

乙烯是植物的内源激素之一，许多植物器官中都含有微量的乙烯，它能抑制细胞的生长，促进果实成熟和促进叶片、花瓣、果实等器官脱落，所以乙烯可用作水果的催熟剂，当需要的时候，可以用乙烯人工加速果实成熟。另一方面，在运输和贮存期间，则希望果实减缓成熟，可以使用一些能够吸收或氧化乙烯的药剂来控制乙烯的含量以延长贮存期，保持果实的鲜度。

4.1.6.2 丙烯

常温下，丙烯是一种无色、无臭、稍带有甜味的气体。分子量 42.08，密度 $0.5139g \cdot cm^{-3}$（20/4℃），熔点 $-185.3℃$，沸点 $-47.4℃$。易燃，爆炸极限为 $2\% \sim 11\%$。不溶于水，溶于有机溶剂，是一种属低毒类物质。

丙烯是三大合成材料的基本原料，主要用于生产丙烯腈、异丙烯、丙酮和环氧丙烷等。丙烯在特定的催化剂作用下可以聚合丙烯。聚丙烯是一种白色无臭无毒的固体，其透明度比聚乙烯好，具有良好的机械性能、耐热性和耐化学腐蚀性等优点，广泛用于国防、工业、农业和日常生活用品中。丙烯在氨存在下氧化得到丙烯腈，丙烯腈是制造腈纶（人造羊毛）的单体。人造羊毛的问世及其产品的工业化，不仅基本解决了有史以来人类为穿衣发愁的困扰，而且节约了大量的耕地去用于粮食生产，从而间接地缓解了粮食的供求矛盾。

4.2 炔烃

分子中含有碳碳三键（—C≡C—）的烃称为炔烃，通式为 C_nH_{2n-2}，碳碳三键（—C≡C—）是炔烃的官能团。三键在分子链的末端，称为端炔烃；三键在碳链中间，称为非端基炔烃或内炔烃。分子中同时含有碳碳三键和碳碳双键的烃称为烯炔。例如：

HC≡CH   CH₃C≡CH   CH₃CH₂C≡CH   CH₃C≡CCH₃   CH₂=CHC≡CH
乙炔   丙炔   1-丁炔   2-丁炔   1-丁烯-3-炔

4.2.1 炔烃的结构

乙炔（H—C≡C—H）是最简单的炔烃。乙炔分子中，2 个碳原子均为 sp 杂化，每个碳原子形成 2 个能量完全相等的 sp 杂化轨道，每个 sp 杂化轨道含有 1/2s 成分和 1/2p 成分，这 2 个 sp 杂化轨道的对称轴在一条直线上，彼此间夹角为 180°。

在乙炔分子中，两个碳原子各以 1 个 sp 杂化轨道"头碰头"互相重叠，形成 1 个 C—C σ 键，又各用余下的另 1 个 sp 杂化轨道和氢原子的 s 轨道重叠，形成两个 C—H σ 键，如图 4-3 所示。

图 4-3 乙炔分子中的 σ 键

乙炔分子结构

同时，每一个碳原子的 2 个未参与杂化而又互相垂直的 p 轨道两两"肩并肩"重叠，形成两个彼此相垂直的 π 键，从而构成了碳碳三键 [图 4-4（a）]。两个 π 键电子云围绕 C—C σ 键旋转形成一个圆筒形 [图 4-4（b）]。所以炔烃中的三键是由一个 σ 键和两个 π 键组成的。

(a) p_y、p_z 轨道的重叠　　　　(b) 圆筒形 π 电子云

图 4-4　乙炔分子中 π 键的形成及电子云分布

碳碳三键的键能为 $835kJ\cdot mol^{-1}$，比碳碳双键的键能要高。乙炔碳碳三键键长为 120pm，比乙烯的碳碳双键键长（135pm）和乙烷的碳碳单键键长（154pm）短。这是因为三键相连接的两个碳原子之间共享电子增加，电子云密度较大，增加了对两个碳原子核的吸引力，从而使两个碳原子更加靠近。这也说明乙炔分子中两个碳原子的 p 轨道重叠程度比乙烯分子中两个碳原子的 p 轨道重叠程度大，故乙炔分子中的 π 键比乙烯分子中的 π 键稳定，乙炔分子中的 π 电子与电负性较大的 sp 杂化碳原子结合得更紧密，不易受外界亲电试剂的接近而极化。这种电子云密度分布情况既表现炔烃具有与烯烃相类似的不饱和性，同时又具有它自己独有的特性。

4.2.2　炔烃的构造异构

由于三键的几何形状为直线形，三键碳上只可能连有一个取代基，因此炔烃不存在顺反异构现象，炔烃异构体的数目比含相同碳原子数目的烯烃少。

4.2.3　炔烃的命名

4.2.3.1　炔基

$$HC\equiv C-\qquad\qquad CH_3C\equiv C-\qquad\qquad HC\equiv CCH_2-$$
乙炔基　　　　　　1-丙炔基（丙炔基）　　　　　炔丙基

4.2.3.2　炔烃的系统命名法

炔烃的系统命名法，其规则与烯烃相同，即选择包含三键的最长碳链为主链，编号由距三键最近的一端开始，取代基位置放在母体名称之前，三键的位置放在炔名之前。但结尾用"炔"字代替"烯"字。例如：

$$CH_3CH_2C\equiv CH\qquad\qquad (CH_3)_2CHC\equiv CCH_3\qquad\qquad (CH_3)_2CHC\equiv CH$$
1-丁炔　　　　　　　　4-甲基-2-戊炔　　　　　　　3-甲基-1-丁炔

4.2.3.3　烯炔的命名

分子中同时含有双键和三键的烯炔类化合物，命名时，选择包括双键和三键碳链为主链，编号时从靠近不饱和键（双键或三键）的一端开始，使不饱和键的编号尽可能小，书写时烯在前炔在后。

$$CH_3-CH=CH-C\equiv CH\qquad\qquad CH_3-C\equiv C-CH=CH_2$$
3-戊烯-1-炔　　　　　　　　　　1-戊烯-3-炔

双键和三键处在相同的位次时，应使双键的编号最小。

$$CH_2=CH_2-CH_2-C\equiv CH$$
1-戊烯-4-炔（不叫 4-戊烯-1-炔）

4.2.4 炔烃的物理性质

炔烃是低极性的化合物，它的物理性质与烷、烯烃相似，即沸点随着分子量的增大而有规律地变化。简单炔烃的沸点、熔点以及相对密度，比碳原子数相同的烷烃和烯烃高一些（表 4-2）。这是由于炔烃分子较短小、细长，在液态和固态中，分子可以彼此靠得很近，分子间的范德华作用力很强。炔烃在水中的溶解度很小，但易溶于石油醚、乙醚、苯和四氯化碳等有机溶剂。

⊡ **表 4-2　一些炔烃的物理常数**

名称	熔点/℃	沸点/℃	相对密度（d_4^{20}）
乙炔	−80.8	−84.0	0.6208
丙炔	−101.5	−23.2	0.7062
1-丁炔	−125.7	8.1	0.6784[0]
2-丁炔	−32.3	27.0	0.6910
1-戊炔	−90.0	40.2	0.6901
2-戊炔	−101	56.1	0.7107
3-甲基-1-丁炔	−89.7	29.4	0.6660
1-己炔	−131.9	71.3	0.7155
1-庚炔	−81.0	99.7	0.7328

4.2.5 炔烃的化学性质

炔烃含有碳碳三键，化学性质和烯烃相似，可以与氢气、卤素、卤化氢、水、氢氰酸等发生加成反应，碳碳三键可以被氧化生成羧酸和自身发生聚合等反应。炔烃含有两个 π 键，加成可逐步进行，通过控制反应条件，可以得到与一分子加成的产物，也可得到与两分子加成的产物。炔烃与卤素、卤化氢、水等的加成，都属于亲电加成，但与氢氰酸的加成，属于亲核加成。由于炔烃中的 π 键和烯烃中的 π 键在强度上有差异，造成两者在化学性质上有差别，即炔烃的亲电加成反应活泼性不如烯烃，且炔烃三键碳上的氢显示一定的酸性。炔烃的主要化学反应如下：

$$R—C\!\!≡\!\!C—H$$

— 炔氢的弱酸性
— 炔烃的加成反应
— 炔烃的氧化反应

4.2.5.1 加成反应

（1）催化加氢　一般的炔烃在铂、钯等催化剂的催化下，与氢气反应生成烷烃，而很难停留在烯烃阶段。

$$R—C≡C—R' \xrightarrow[Pd]{H_2} R—CH=\!CH—R' \xrightarrow[Pd]{H_2} R—CH_2CH_2—R'$$

但在特殊的催化剂如林德拉（Lindlar）催化剂作用下，能够得到烯烃。林德拉催化剂是把钯沉积于碳酸钙上，加少量醋酸铅和喹啉使之部分毒化，从而降低催化剂的活性。值得一提的是，林德拉催化剂不仅可以使炔烃的还原停留在烯烃阶段，更重要的是由此可以得到顺式构型的烯烃，若要生成反式烯烃，需用金属钠/液氨还原等方法。

$$C_2H_5C{\equiv}CC_2H_5 \ + \ H_2 \ \xrightarrow[\text{喹啉}]{Pd/CaCO_3} \quad \substack{C_2H_5 \\ \diagdown C=C \diagup \\ H \qquad H}^{C_2H_5}$$

$$C_2H_5C{\equiv}CC_2H_5 \ + \ H_2 \ \xrightarrow[-33℃]{Na/NH_3} \quad \substack{C_2H_5 \\ \diagdown C=C \diagup \\ H \qquad C_2H_5}^{H}$$

（2）亲电加成　炔烃与卤素、卤化氢、水等试剂加成时，同样遵守马氏规则。

① 加卤素　炔烃和卤素（主要是氯和溴）发生亲电加成反应，反应是分步进行的，先生成二卤代烯，再生成四卤代烷烃。

$$HC{\equiv}CH \xrightarrow{Br_2} \underset{Br\ \ Br}{HC=CH} \xrightarrow{Br_2} \underset{\underset{Br\ \ Br}{}}{\overset{\overset{Br\ \ Br}{}}{HC-CH}}$$

$$\qquad\qquad\qquad\quad \text{1,2-二溴乙烯} \qquad\quad \text{1,1,2,2-四溴乙烷}$$

与烯烃一样，炔烃与红棕色的溴溶液反应生成无色的溴代烃，所以此反应可用于炔烃的鉴别。

从1,2-二溴乙烯的结构可以看出，在烯烃双键的两侧各连有一个吸电子基卤素，使得双键上电子云密度降低，从而亲电加成活性降低，因此加成反应可以停留在第一步。

实验表明：烯烃可使溴的四氯化碳溶液立刻褪色，炔烃却需要几分钟才能使之褪色，乙炔甚至需在光或三氯化铁催化下才能加溴。这是因为乙炔的π键比乙烯的π键强些，不易受亲电试剂的接近而极化，所以乙炔较乙烯的亲电加成反应活性小，难发生亲电加成反应，因此当分子中同时存在双键和三键时，首先进行的是双键加成。例如，在低温、缓慢地加入溴的条件下，三键不参与反应。

$$CH_2{=}CH{-}CH_2{-}C{\equiv}CH \ +Br_2 \longrightarrow \underset{\quad\ Br \qquad Br}{CH_2{-}CH{-}CH_2{-}C{\equiv}CH}$$

$$\qquad\qquad\qquad\qquad\qquad\qquad\qquad\qquad \text{4,5-二溴-1-戊炔}$$

但是当双键、三键处于共轭时，优先往生成共轭体系的方向加成。

$$\underset{\quad H}{CH_2{=}C{-}C{\equiv}CCH_3} \xrightarrow{Br_2} \underset{\quad H}{CH_2{=}C{-}\overset{\overset{Br\ \ Br}{}}{C{-}CCH_3}}$$

$$\qquad\qquad\qquad\qquad\qquad\qquad \text{3,4-二溴-1,3-戊二烯}$$

② 加卤化氢　炔烃与卤化氢加成的速率比烯烃慢，反应是分两步进行的，先加一分子卤化氢，生成卤代烯烃，后者继续与卤化氢加成，生成二卤代烷烃，产物符合马氏规则。加成反应可以停留在第一步。

例如，乙炔与碘化氢反应，首先生成碘乙烯。碘乙烯不活泼，反应可以停留在第一步。在较强烈的条件下，碘乙烯进一步加成生成1,1-二碘乙烷。

$$CH{\equiv}CH \xrightarrow{HI} CH_2{=}CHI \xrightarrow{HI} CH_3{-}CHI_2$$

$$\qquad\qquad\qquad \text{碘乙烯} \qquad\quad \text{1,1-二碘乙烷}$$

不对称的炔烃与卤化氢加成符合马氏规则，氢加在含氢较多的双键碳上。

$$CH_3CH_2C≡CH \xrightarrow{HBr} CH_3CH_2C=CH_2 \xrightarrow{HBr} CH_3CH_2\overset{\overset{\displaystyle Br}{|}}{\underset{\underset{\displaystyle Br}{|}}{C}}-CH_3$$

$$\underset{Br}{}$$

2-溴-1-丁烯　　　　2,2-二溴丁烷

乙炔和氯化氢的加成要在氯化汞催化下才能顺利进行。例如：

$$CH≡CH \xrightarrow[HgCl_2]{HCl} CH_2=CHCl \xrightarrow[HgCl_2]{HCl} CH_3-CHCl_2$$

氯乙烯　　　　　1,1-二氯乙烷

氯乙烯是合成聚氯乙烯塑料的单体。

③ 加水　在稀硫酸水溶液中，用汞盐作催化剂，炔烃可以和水发生加成反应。炔烃与水的加成遵从马氏规则，生成羟基与双键碳原子直接相连的加成产物，称为烯醇。具有这种结构的化合物很不稳定，容易发生分子重排，形成稳定的羰基化合物。

$$RC≡CH + HOH \xrightarrow[H_2SO_4]{HgSO_4} \left[\underset{OH}{RC=CH_2} \right] \xrightarrow{重排} R-\overset{\overset{\displaystyle O}{||}}{C}-CH_3$$

例如，乙炔在10％硫酸和5％硫酸汞水溶液中发生加成反应，生成乙醛，这是工业上生产乙醛的方法之一。

$$CH≡CH + HOH \xrightarrow[H_2SO_4]{HgSO_4} [CH_2=CH-OH] \xrightarrow{重排} CH_3-CHO$$

乙烯醇　　　　　乙醛

除乙炔得到乙醛外，其他炔烃与水加成均得到酮。

$$CH_2=CH-C≡CH \xrightarrow[H_2SO_4]{H_2O,\ HgSO_4} CH_2=CH-\overset{\overset{\displaystyle O}{||}}{C}-CH_3$$

④ 氢氰酸　在氯化亚铜及氯化铵的催化下，乙炔可与 HCN、RCOOH 等含有活泼氢的化合物发生加成反应，反应的结果可以看作是这些试剂的氢原子被乙烯基（$CH_2=CH-$）所取代，因此这类反应通称为乙烯基化反应。其反应机理不是亲电加成，而是亲核加成。烯烃一般不能与这些化合物发生加成反应。

$$HC≡CH + HCN \xrightarrow{Cu_2Cl_2} CH_2=CHCN$$

丙烯腈

含有—CN（氰基）化合物称为腈，丙烯腈是工业上合成腈纶和丁腈橡胶的重要单体。

4.2.5.2 氧化反应

炔烃在强氧化剂（如高锰酸钾或重铬酸钾的酸性溶液）的作用下，分子中的三键发生断裂，生成羧酸或二氧化碳等氧化产物。一般"RC≡"部分氧化成羧酸；"≡CH"氧化为二氧化碳。

$$RC≡CH \xrightarrow[H^+]{KMnO_4} R-\overset{\overset{\displaystyle O}{||}}{C}-OH + CO_2 + H_2O$$

$$RC≡CR' \xrightarrow[H^+]{KMnO_4} R-\overset{\overset{\displaystyle O}{||}}{C}-OH + R'-\overset{\overset{\displaystyle O}{||}}{C}-OH$$

由于反应中高锰酸钾溶液的紫色消失，故此反应可用做炔烃的定性鉴定。根据所得氧化产物的结构，也可推知原炔烃的结构。

4.2.5.3 金属炔化物的生成

三键碳原子、双键碳原子和烷烃中的碳原子由于杂化类型不同，杂化轨道中的 s 轨道成

分不同，电负性大小也不同。杂化碳原子的电负性随 s 成分的增加而增大，由于 sp 杂化轨道中 s 成分所占比例最高，sp 杂化碳原子的电负性最大，与之相连的氢原子显弱酸性。如乙炔的酸性比乙烯和乙烷强，但比水的酸性弱。

$$
\begin{array}{cccc}
H_2O & HC{\equiv}CH & CH_2{=}CH_2 & CH_3CH_3 \\
15.7 & 25 & 36.5 & 42
\end{array}
$$

pK_a

由于炔氢的弱酸性，因此乙炔和端基炔烃与烯烃和烷烃不同，能与活泼金属（如 Na、K）或强碱（如氨基钠）等反应生成金属炔化物，并产生氢气。例如：

$$
HC{\equiv}CH \xrightarrow[110\,℃]{Na} NaC{\equiv}CH \xrightarrow[190\,℃]{Na} NaC{\equiv}CNa
$$
乙炔钠　　　　　　乙炔二钠

金属炔化物既是强碱，也是很强的亲核试剂，它能与伯卤代烃发生亲核取代反应，使乙炔和端基炔进行烷基化，将低级炔烃转化为高级炔烃。

乙炔和端基炔烃分子中的炔氢，还可以被某些金属离子（Ag^+ 或 Cu^+）取代。例如，将乙炔通入银氨溶液或亚铜氨溶液中，则分别析出白色和红棕色的炔化物沉淀。

$$
CH{\equiv}CH + 2Ag(NH_3)_2NO_3 \longrightarrow AgC{\equiv}CAg\downarrow + 2NH_4NO_3 + 2NH_3
$$
乙炔银（白色）
$$
CH{\equiv}CH + 2Cu(NH_3)_2Cl \longrightarrow CuC{\equiv}CCu\downarrow + 2NH_4Cl + 2NH_3
$$
乙炔亚铜（红棕色）

上述反应非常灵敏，现象也很明显，可被用来鉴别乙炔和端基炔烃。烷烃、烯烃和 $R{-}C{\equiv}C{-}R'$ 类型的炔烃均无此反应。

金属炔化物潮湿时比较稳定，干燥时受热或撞击容易发生爆炸。所以实验结束后应立即加酸处理，避免发生危险。

4.2.6 炔烃的重要化合物

乙炔是最重要的炔烃，它不仅是重要的有机合成原料，而且又大量地用作高温氧炔焰的燃料。工业上可用煤、石油或天然气作为原料生产乙炔。

纯的乙炔是具有麻醉作用，并带有乙醚气味的无色气体。与乙烯、乙烷不同，乙炔在水中具有一定的溶解度，易溶于丙酮。乙炔是一种不稳定的化合物，液化乙炔经碰撞、加热可发生剧烈爆炸，乙炔与空气混合，当它的含量达到 3%～70% 时，会剧烈爆炸。为避免爆炸危险，一般可用浸有丙酮的多孔物质（如石棉、活性炭）吸收乙炔后一起贮存在钢瓶中，这样可便于运输和使用。乙炔和氧气混合燃烧，可产生 2800℃ 的高温，用以焊接或切割钢铁及其他金属。

乙炔在催化剂作用下，也可以发生聚合反应。与烯烃不同，它一般不聚合成高聚物。例如，在氯化亚铜和氯化铵的作用下，可以发生二聚或三聚作用。这种聚合反应可以看作是乙炔的自身加成反应：

$$
CH{\equiv}CH + CH{\equiv}CH \xrightarrow[NH_4Cl]{Cu_2Cl_2} CH_2{=}CH{-}C{\equiv}CH \xrightarrow[NH_4Cl]{Cu_2Cl_2} CH_2{=}CH{-}C{\equiv}C{-}CH{=}CH_2
$$
乙烯基乙炔　　　　　　　　　　　二乙烯基乙炔

4.3 二烯烃

分子中含有两个碳碳双键的不饱和烃称为二烯烃。通式为 C_nH_{2n-2}，与碳原子数相同的炔烃是同分异构体。

4.3.1 二烯烃的分类和命名

4.3.1.1 二烯烃的分类

根据二烯烃分子中两个双键相对位置的不同，可将二烯烃分为累积二烯烃、隔离二烯烃和共轭二烯烃。

（1）累积二烯烃　两个双键连在同一个碳原子上的二烯烃称为累积二烯烃。例如：

$$CH_2=C=CH_2$$

丙二烯

（2）孤立二烯烃　两个双键被两个或两个以上的单键隔开的二烯烃称为孤立二烯烃，它们的性质与一般烯烃相似。例如：

$$CH_2=CH-CH_2-CH=CH_2$$

1,4-戊二烯

（3）共轭二烯烃　两个双键被一个单键隔开的二烯烃称为共轭二烯烃。例如：

$$CH_2=CH-CH=CH_2$$

1,3-丁二烯

三类二烯烃中，累积二烯烃不稳定，存在和应用均不普遍；孤立二烯烃中两个双键位次相隔较远，相互影响较小，其性质与一般单烯烃相似；共轭二烯烃由于两个双键相互影响，表现出一些特殊的性质，具有重要的理论和实际应用价值。因此主要介绍共轭二烯烃。

4.3.1.2 二烯烃的命名

二烯烃的命名与烯烃相同，只是在"烯"前加一个"二"字。选取含双键在内的最长碳链为主链，编号从距离双键最近的一端开始，称为某二烯。

$$CH_2=CH-C=CH_2 \qquad CH_2=C-CH_2-CH=CH_2$$
$$\qquad\quad | \qquad\qquad\qquad\quad |$$
$$\qquad\quad CH_3 \qquad\qquad\qquad CH_3$$

2-甲基-1,3-丁二烯（异戊二烯）　　　　　2-甲基-1,4-戊二烯

与单烯烃相同，当二烯烃的双键两端连接的原子或基团各不相同时，也存在顺反异构现象。由于分子中存在两个双键，故异构现象比单烯烃更加复杂。命名时要逐个标明其构型。例如，3-甲基-2,4-庚二烯有四种构型式。

顺,顺-3-甲基-2,4-庚二烯　　　　　反,反-3-甲基-2,4-庚二烯
(2E,4Z)-3-甲基-2,4-庚二烯　　　　(2Z,4E)-3-甲基-2,4-庚二烯

顺,反-3-甲基-2,4-庚二烯　　　　　反,顺-3-甲基-2,4-庚二烯
(2E,4E)-3-甲基-2,4-庚二烯　　　　(2Z,4Z)-3-甲基-2,4-庚二烯

4.3.2 共轭二烯烃的结构和共轭效应

4.3.2.1 1,3-丁二烯的结构

1,3-丁二烯是最简单的共轭二烯烃，在其分子中，四个碳原子都是 sp^2 杂化，相邻碳原子之间以 sp^2 杂化轨道相互重叠形成三个 C—C σ 键，其余的 sp^2 杂化轨道分别与氢原子的 s 轨道重叠形成六个 C—H σ 键。由于每个碳原子的三个 sp^2 杂化轨道都处在同一平面上，所以三个 C—C σ 键和六个 C—H σ 键都处在同一个平面上，键角都接近 120°。每个碳原子还有一个未参与杂化的 p 轨道垂直于该分子所在的平面且彼此间相互平行。因此，不仅 C^1 与 C^2、C^3 与 C^4 的 p 轨道发生了"肩并肩"重叠，而且 C^2 与 C^3 的 p 轨道也发生了一定程度的重叠（但比 C^1—C^2 或 C^3—C^4 之间的重叠要弱一些）。重叠的结果不仅在 C^1 与 C^2、C^3 与 C^4 之间形成了双键，而且使得 C^2 与 C^3 之间的键也具有部分双键的性质，最终形成了包含四个碳原子的离域大 π 键。如图 4-5 所示。

图 4-5　1,3-丁二烯分子中 p 轨道重叠示意图

丁二烯分子结构

由于 π 电子的离域，不但使 C^1 与 C^2、C^3 与 C^4 之间的电子云密度增大，也部分地增大了 C^2 与 C^3 之间的电子云密度；而且使得共轭分子中单、双键的键长趋于平均化。例如，1,3-丁二烯分子中 C^1—C^2、C^3—C^4 的键长为 0.1337nm，与乙烯的双键键长 0.134nm 相近；而 C^2—C^3 的键长为 0.147nm，比乙烷分子中的 C—C 单键键长 0.154nm 短。

同样由于电子离域的结果，使共轭体系的能量显著降低，稳定性明显增加。例 1,3-戊二烯的氢化热 $-226kJ \cdot mol^{-1}$，1,4-戊二烯的氢化热 $-254kJ \cdot mol^{-1}$，共轭体系的氢化热比非共轭体系的氢化热低 $28kJ \cdot mol^{-1}$。共轭体系越长，体系的能量越低，化合物越稳定。

4.3.2.2 共轭体系的类型和共轭效应

共轭体系的类型有多种，除了最常见且最重要的 π-π 共轭体系（1,3-丁二烯）外，还有 p-π 共轭体系、σ-π 和 σ-p 超共轭体系。p-π 共轭体系的结构特征是单键的一侧的 p 轨道与另一侧平行的 π 键共轭。例如，氯乙烯分子（图 4-6）和烯丙基正离子（图 4-7）。

图 4-6　氯乙烯分子中的 p-π 共轭

图 4-7　烯丙基正离子的 p-π 共轭

电子的离域不仅存在于 π-π 共轭体系和 p-π 共轭体系，在其他共轭体系中同样存在。分子中的 C—H σ 键也能与处于共轭位置的 π 键、p 轨道发生侧面部分重叠，产生类似的电子离域现象。例如，CH_3—CH＝CH_2 中 CH_3—的 C—H σ 键与—CH＝CH_2 中的 π 键发生 σ-π 共轭（图 4-8）和 $(CH_3)_3C^+$ 中 CH_3—的 C—H σ 键与碳正离子的 p 轨道都能发生 σ-p 共轭（图 4-9），统称为超共轭效应。超共轭效应比 π-π 和 p-π 共轭效应弱得多。

图 4-8　丙烯分子中的超共轭　　　　　图 4-9　碳正离子的超共轭

共轭效应具有如下特点：

① 共轭效应通过共轭链传递，共轭体系消失，共轭效应则也随之消失；

② 在共轭体系中，共轭效应的大小相差不大，一般不随共轭链的增加而逐渐消失或减弱；

③ 共轭体系一端受到电场的影响，在共轭链上电子云部分正电荷和部分负电荷交替出现；

$$A^+ \longrightarrow CH_2\!\!=\!\!CH-CH\!\!=\!\!CH$$
$$\quad\quad\quad\quad \delta^- \quad \delta^+ \quad \delta^- \quad \delta^+$$

④ 所有原子都处于同一平面上。只有这样，才能使形成大 π 键的 p 轨道得到最大程度的重叠。

共轭效应和诱导效应都是分子内原子间相互影响的电子效应。它们常同时存在，利用它们可以解释有机化学中的许多问题。

4.3.3　共轭二烯烃的化学性质

共轭二烯烃除具有单烯烃的性质外，由于两个双键彼此之间的相互影响，还表现出一些特殊的化学性质。

4.3.3.1　1,2-加成和 1,4-加成反应

和烯烃一样，共轭二烯烃可与卤素、卤化氢等亲电试剂进行亲电加成反应，也可发生催化氢化反应。但又有烯烃不一样，共轭二烯烃与一分子的亲电试剂加成时有两种可能，生成两种加成产物：

$$CH_2\!\!=\!\!CH\!-\!CH\!\!=\!\!CH_2 + Br_2 \longrightarrow CH_2\!\!=\!\!CH\!-\!\underset{\underset{Br}{|}}{CH}\!-\!\underset{\underset{Br}{|}}{CH_2} + CH_2\!-\!CH\!\!=\!\!CH\!-\!CH_2$$
$$\underset{Br}{|}\quad\quad\quad\quad\quad\quad\quad\quad\underset{Br}{|}$$

　　　　　　　　　　　　　1,2-加成产物　　　　　　1,4-加成产物

$$CH_2\!\!=\!\!CH\!-\!CH\!\!=\!\!CH_2 + HBr \longrightarrow CH_2\!\!=\!\!CH\!-\!\underset{\underset{Br}{|}}{CH}\!-\!CH_3 + CH_2\!-\!CH\!\!=\!\!CH\!-\!CH_3$$
$$\underset{Br}{|}$$

　　　　　　　　　　　　　1,2-加成产物　　　　　　1,4-加成产物

这两种不同的加成产物是由于不同的加成方式造成的。一种是普通的加成，即断开其中一个 π 键，亲电试剂的两部分加到双键的两端，这称为 1,2-加成；另一种是两个 π 键都断

开，亲电试剂加在共轭双键两端的碳原子上（C^1 和 C^4），同时在 C^2—C^3 原子之间形成一个新的 π 键，称为 1,4-加成。共轭二烯烃与亲电试剂的加成往往以 1,4-加成的产物为主。

例如，1,3-丁二烯与溴化氢的加成，第一步是亲电试剂 H^+ 的进攻，加成可能进攻 C^1 或 C^2 上，将生成两种碳正离子（Ⅰ）或（Ⅱ）。

$$CH_2=CH-CH=CH_2 + H^+Br^- \longrightarrow \begin{cases} CH_2=CH-\overset{+}{C}H-CH_3 + Br^- \quad (Ⅰ) \\ CH_2=CH-CH_2-\overset{+}{C}H_2 + Br^- \quad (Ⅱ) \end{cases}$$

在碳正离子（Ⅰ）中，带正电荷的碳原子为 sp^2 杂化，它的空 p 轨道可以和相邻 π 键的 p 轨道发生重叠，形成包含三个碳原子的缺电子大 π 键，由于 π 电子的离域，使得正电荷分散到三个碳原子上，体系能量降低。

$$\overset{+}{CH_2=CH=CH}-CH_3$$

而在碳正离子（Ⅱ）中，带正电荷的碳原子的空 p 轨道不能和 π 键的 p 轨道发生重叠，正电荷得不到分散，体系能量较高，因此碳正离子（Ⅰ）比碳正离子（Ⅱ）稳定，所以加成反应的第一步主要是通过形成碳正离子（Ⅰ）进行的。

在第二步反应时，溴负离子既可进攻 C^2，发生 1,2 加成，也可进攻 C^4，发生 1,4 加成，其反应机理如下：

$$\underset{\overset{4}{}}{\overset{\delta^+}{CH_2}}=\underset{3}{CH}=\underset{\overset{2}{}}{\overset{\delta^+}{CH}}-\underset{1}{CH_3} + Br^- \longrightarrow \begin{cases} \text{1,2-加成} \longrightarrow CH_2=CH-\underset{Br}{\underset{|}{CH}}-CH_3 \\ \text{1,4-加成} \longrightarrow \underset{Br}{\underset{|}{CH_2}}-CH=CH-CH_3 \end{cases}$$

共轭二烯烃的 1,2-加成和 1,4-加成是同时发生的，产物的比例与反应物的结构、反应温度等有关，一般随反应温度的升高和溶剂极性的增加，1,4-加成产物的比例增加。

4.3.3.2 Diels-Alder 反应

Diels-Alder 反应又称为双烯合成反应，通常是指共轭二烯烃及其衍生物与含有双键或三键的化合物发生 1,4-加成反应，生成六元环状化合物的反应。这是共轭二烯烃的又一特征反应。例如：

$$\text{（二烯）} + \text{（乙烯）} \xrightarrow{200℃} \text{（环己烯）}$$

在 Diels-Alder 反应中，通常将共轭二烯烃及其衍生物称为双烯体，与之反应的含有双键或三键的化合物称为亲双烯体。

$$\text{（丁二烯）} + \text{（马来酸酐）} \xrightarrow{200℃} \text{（产物）}$$

双烯体　　　　亲双烯体　　　　产物

在这类反应中，两种反应物分子彼此靠近，互相作用，旧键的断裂与新键的形成是同时进行的，经过一个环状过渡态，最后逐渐转化为产物分子。反应是一步完成的，没有活泼中间体如碳正离子、碳负离子、自由基等生成。

1,3-丁二烯与乙烯进行的 Diels-Alder 反应对反应条件要求较高，在 200℃、9MPa 反应

17h，产率仅为 18％。然而，当亲双烯体上连有吸电子取代基（如硝基、羧基、羰基等）和双烯体上连有给电子取代基时，反应更容易发生。例如：

阅读材料

"白色污染"的应对之策

被形形色色塑料制品包围着的现代人恐怕很难想象，1909 年美国化学家贝克兰发明合成塑料时，人类是怎样的狂喜！塑料由于原料丰富、价格低廉、易加工成型、综合性能优良等特点，现已成为一类产量最大、应用范围十分广泛的高分子材料，其中以聚乙烯、聚丙烯、聚苯乙烯等最为重要，主要品种有聚乙烯以及以乙烯为基础的一些共聚物，如乙烯-乙酸乙烯酯共聚物、乙烯-丙烯酸或丙烯酸酯共聚物、聚 1-丁烯、聚 4-甲基-1-戊烯、环烯烃聚合物等。

塑料的应用已涉及人类生活和现代工业的方方面面，因大量使用塑料产品引起的废旧塑料"白色污染"成为社会各界关注的热点问题。所谓"白色污染"，是指城乡垃圾中或散落各处、随处可见的不可降解塑料废弃物对环境的污染，它主要包括塑料袋、塑料包装、一次性塑料餐盒、农用薄膜、包装袋、饮料瓶、包装充填物等废弃物。"白色污染"的概念，一方面源于人们对随意丢弃的废弃塑料的不良感官，另一方面源于被随意丢弃的大量一次性使用塑料制品对生态环境造成的影响。如果塑料不被当作价廉物美的一次性制品使用，尤其若使用后不被随意丢弃，"白色污染"就不会扣到塑料头上。

我们应该从科学角度，以一种紧迫感、责任感面对并解决巨量一次性塑料制品使用带来的环境问题。值得指出的是，塑料"白色污染"，既与塑料的"轻""薄"特性有关，更与人的行为规范和社会公德有关。客观地讲，无论金属材料（如青铜、锡器、铁器等）、无机材料（如混凝土、玻璃、陶瓷等）还是聚合材料（如合成塑料、合成橡胶、合成纤维等）等人造物质，在很长一段时间内都很难被自然界消纳，均会对自然界产生污染和不良影响。使用后的废旧物品/材料，如不能做到有序回收处理，都将成为污染，不是"白色污染"就是"灰色污染"或者是"黑色污染"。因此如果能真正做到严格分类回收，一次性塑料制品"白色污染"的坏名声很有可能是不存在的！

废旧塑料制品处理大致有四种方法：一是分类回收利用，通过旧料加新料共混改性生产制品，大量应用于日常生活中的桶、盒以及建材等；二是化学循环，利用化学改性、可控降解、反应加工等方法，对废旧塑料进行处理，有选择性地将其转化为相关化学品、燃料或更高价值的新材料；三是焚烧，可用于生热和发电；四是填埋，与日常生活及工业垃圾堆放在特定场所。但是这些方法同样也面临终废、技术和环境要求高、CO_2 排放、场地选择日趋困难等问题。针对上述问题，国内外科学家和产业界做出了不懈努力，取得了许多有价值的重要成果，为生态环境保护做出了重要贡献。

近年来针对"降解塑料"或"塑料降解"，无论是在一些地方法规，还是一些关于治理塑料"白色污染"的媒体报道中，出现了以下几种表述：一是"禁止使用一次性不可降解塑料制品"，二是"禁止使用不可降解一次性塑料制品"，三是甚至出现"禁塑"的提法。从专业角度讲，第一种提法不专业，需要纠正，第二种表述准确科学，第三种表述不仅不现实，还将对社会发展和人们生活造成严重影响。对于塑料制品而言，不能片面简单地追求其具有降解特性，降解是有范围和限定的，不能无限扩大。绝大多数广泛应用的塑料制品不要求降解、不需要降解，甚至要求在使用期限内也不能降解，例如飞机、汽车中的塑料部件，广泛使用的建筑管材，大量使用的塑料桶等，尤其是大部分高端设备、精密仪器和大型设备中使用的高端塑料部件，追求的恰恰是在苛刻条件下不发生分解或难以降解。

基于现实，若要逐步实施"禁止使用不可降解一次性塑料制品"，更有必要大力推动塑料使用方式和生活模式变革，减少并限制"一次性塑料制品"的生产和使用，倡导"多次使用"和"长期使用"，这对实现塑料更加绿色、更加环保的可持续应用，不失为一种科学的理念和策略。从材料科学的分子设计到工程技术角度，有些学者认为，可在塑料结构中预留（预设）一个或若干个具有"开关效应"的含有降解促进剂的结构，经多次或长期使用后，其性能劣化不能满足继续使用要求时，在一定外界条件（光、电、热、力）作用下激活结构，引发降解，达到可控降解应成为追求并实现的理想目标。

非石油基、生物基原料生产开发的目的，并非仅局限于可降解一次性塑料制品制备生产。用于制备性能优良的非一次性使用塑料制品，是可期待的具有重要科学价值和广阔市场前景的新领域。高性能多功能塑料的研发，尤其是解决若干"卡脖子"的高端塑料专用料的研发，仍然是我们新材料领域当前重中之重的任务之一。

本章小结

一、烯烃的主要化学反应

1. 烯烃的加成反应

（1）催化加氢

$$RCH=CH_2 + H_2 \xrightarrow{\text{催化剂（Ni, Pd, Pt 等）}} RCH_2CH_3$$

（2）亲电加成反应

① 加卤素

$$RCH=CH_2 + X_2 \longrightarrow \underset{\underset{X}{|}}{R}CH\underset{\underset{X}{|}}{C}H_2$$

② 加卤化氢、硫酸、HOX（Markovnikov 规则）

（3）自由基加成反应（反 Markovnikov 规则）（仅 HBr）

$$RCH{=}CH_2 + HBr \xrightarrow{\text{过氧化物}} RCH_2CH_2$$
$$\underset{Br}{}$$

2. 烯烃的氧化反应

（1）高锰酸钾氧化

（2）臭氧氧化

3. α-H 的卤化反应

二、炔烃的主要化学反应

三、共轭二烯烃的主要化学反应

1. 1,2-加成和 1,4-加成反应

$$CH_2{=}CH{-}CH{=}CH_2 \xrightarrow{HX} \underset{X}{H_2C{=}CH{-}CH{-}CH_3} + \underset{X}{CH_2CH{=}CHCH_3}$$

1,2-加成（次要产物）　　1,4-加成（主要产物）

2. Diels-Alder 反应

习题

4-1 写出下列化合物的名称和结构简式。

(1) $(CH_3CH_2)_2C=CH_2$

(2) $(CH_3)_2CHCH_2CH=C(CH_3)_2$

(3) $CH_3CH_2CH_2\underset{\overset{|}{CH_2}}{C}CH_2CH_2CH_3$

(4) $CH_3\underset{\overset{|}{C_2H_5}}{C}=CHCH\underset{\overset{|}{CH_3}}{C}H_2CH_3$

(5) $CH_3CH\underset{\overset{|}{C_2H_5}}{C}H_2C\equiv CH$

(6) $(CH_3)_2C=C\underset{\overset{|}{CH_3}}{C}H=CH_2$

(7) $H_2C=CHCH_2C\underset{\overset{|}{CH_3}}{C}HC\equiv CH$

(8) $CH_3CH=CHCH\underset{\overset{|}{CH_3}}{C}HC\equiv CH$

(9) 反-3,4-二甲基-3-己烯　(10) 1,4-己二炔　(11) 3,3-二甲基-1-己炔

(12) 2,3-二甲基-1-戊烯　(13) 3-乙基-1-戊烯-4-炔 (14) 顺-2-己烯

4-2 写出下列化合物的结构式或构型式，如命名有误，予以更正。

(1) 2,4-二甲基-2-戊烯　(2) 3-丁烯　(3) 3,3,5-三甲基-1-庚烯

(4) 2-乙基-1-戊烯　(5) 异丁烯　(6) 3,4-二甲基-4-戊烯

(7) 反-3,4-二甲基-3-己烯　(8) 2-甲基-3-丙基-2-戊烯

4-3 完成下列反应式。

(1) $CH_3CH=CH_2+H_2SO_4\longrightarrow ?\xrightarrow{H_2O}?$

(2) $CH_3CH_2\underset{\overset{|}{CH_3}}{C}=CH_2+HBr\longrightarrow ?$

(3) $CH_3CH_2CH_2C\equiv CH+（过量）HCl\longrightarrow ?$

(4) $CH_3CH_2\underset{\overset{|}{CH_3}}{C}=CH_2\xrightarrow[H^+]{KMnO_4}?$

(5) $CH_3CH_2C\equiv CCH_3\xrightarrow[H^+]{KMnO_4}?$

(6) $CH_3CH_2C\equiv CCH_3+H_2O\xrightarrow[HgSO_4]{H_2SO_4}?$

(7) $CH_2=CHCH=CH_2+CH_2=CHCHO\longrightarrow ?$

(8) $CH_2=CHCH=CH_2+CH_2=CH-CN\longrightarrow ?$

(9) $CH_2=C\underset{\overset{|}{CH_3}}{C}H=CH_2+HBr\longrightarrow ?$

(10) $CH_3CH_2C\equiv CH+HCN\longrightarrow ?$

(11) $CH_3CH_2C\equiv CH+[Ag(NH_3)_2]NO_3\longrightarrow ?$

(12) $CH_3CH=CHCH_3+H_2\xrightarrow{Ni}?$

4-4 用简单并有明显现象的化学方法鉴别下列各组化合物。

(1) 乙烷、乙烯、乙炔　　(2) 正庚烷、1,4-庚二烯、1-庚炔

(3) 1-己炔、2-己炔、2-甲基戊烷

4-5 分子式为 C_5H_{10} 的化合物 A，与 1 分子氢作用得到 C_5H_{12} 的化合物。A 在酸性溶液中与高锰酸钾作用得到一个含有 4 个碳原子的羧酸。A 经臭氧化并还原水解，得到两种不同的醛。推测 A 的可能结构，用反应式加简要说明表示推断过程。

4-6 分子式为 C_6H_{10} 的化合物 A，经催化氢化得 2-甲基戊烷。A 与硝酸银的氨溶液作用能生成灰白色沉淀。A 在汞盐催化下与水作用得到 $CH_3\underset{|}{\underset{CH_3}{C}}HCH_2\underset{\|}{\underset{O}{C}}CH_3$ 。推测 A 的结构式，并用反应式加简要说明表示推断过程。

4-7 分子式为 C_6H_{10} 的 A 及 B，均能使溴的四氯化碳溶液褪色，并且经催化氢化得到相同的产物正己烷。A 可与氯化亚铜的氨溶液作用产生红棕色沉淀，而 B 不发生这种反应。B 经臭氧化后再还原水解，得到 CH_3CHO 及 HCOCOH（乙二醛）。推断 A 及 B 的结构，并用反应式加简要说明表示推断过程。

4-8 化合物 A 的分子量为 82，1mol A 可吸收 2mol 的 H_2，当与 Cu_2Cl_2 氨溶液作用时，没有沉淀生成。A 吸收一分子 H_2 后所得烯烃 B 的破裂氧化产物，只有一种羧酸，试推断出 A 的结构式。

第5章

芳香烃

📖 学习目标 ········

　　了解芳香烃的分类和异构，掌握苯环的结构特点、表示方法和单环芳烃的命名规则，能对单环芳烃衍生物进行命名；了解单环芳烃的物理性质，掌握单环芳烃的亲电取代反应类型、反应历程及其定位规律，能用休克尔规则判断非苯芳烃的芳香性；了解重要的芳香烃化合物，包括 Fullerene 的结构特点及应用。

📋 素质目标 ········

　　了解芳烃的来源、工业制备以及芳构化等过程，了解石油化工在国民经济和社会发展中的重要地位；学习庄长恭教授致力于祖国发展，从事有机化学科学研究并做出杰出贡献的事迹，学习他严谨认真的科学态度和自律俭朴的品质，传承民族气节和爱国主义信念。

　　芳香族烃类化合物简称芳香烃或芳烃。早期的芳香族化合物是指分子结构中含苯环的具有芳香气味的一类化合物，来源于从天然的树脂、香精油中提取得到的有芳香气味的物质。随着有机化学的发展，人们发现许多具有芳香气味的化合物，其分子结构中不一定含有苯环，而结构中含苯环的化合物，也不一定具有芳香气味。因此，"芳香"一词虽仍沿用至今，但已经失去了原来的涵义。与脂肪烃相比，芳香烃具有特定环状结构和特殊化学性质。一般情况下，芳环比较容易发生取代反应，不易发生加成反应和氧化反应，这是芳香烃的化学特性——芳香性。所以，芳香烃是指具有芳香性的一类烃类化合物。

5.1 芳香烃的分类和构造异构

　　根据是否有苯环及所含苯环数目的多少，芳烃可分为单环芳烃、多环芳烃和非苯芳烃三种。

　　（1）单环芳烃　单环芳烃指分子中只含有一个苯环的芳烃，包括苯及其同系物。例如：

苯　　　　　　甲苯　　　　　　苯乙烯

（2）多环芳烃　多环芳烃指分子中含有两个或两个以上苯环的芳烃，按苯环连接的方式不同，多环芳烃又可分为联苯烃，多苯代脂肪烃及稠环芳烃。例如：

联苯烃

联苯　　　　　　　　　　　　对联三苯

多苯代脂肪烃

二苯甲烷　　　　　　　　　1,2-二苯乙烯

稠环芳烃

萘　　　　蒽　　　　菲

（3）非苯芳烃　非苯芳烃指分子中不含苯环，但其性质与苯环相似的环状烃。

䓵　　　　　　　　　　[18]轮烯

5.2　苯的结构

5.2.1　凯库勒结构式

1865 年，凯库勒根据苯的分子式（C_6H_6）以及苯的一元取代物只有一种的实验事实，提出了苯的环状结构式，即凯库勒式。

简写为

苯的凯库勒式虽然可以说明苯的分子组成以及原子的连接次序和键合情况，满足了碳为四价、氢为一价以及六个氢原子具有同等地位的实验事实，但这个式子仍存在缺点：它不能解释苯在一般条件下不能发生类似烯烃的加成反应、氧化反应的实验事实；另外，苯的邻位二元取代物应当有如下两种，然而实际上却只有一种。

凯库勒曾用两个式子来表示苯的结构，并且设想这两个式子之间的振动代表着苯的真实

结构：

由此可见，凯库勒式并不能确切地反映苯的真实结构。

5.2.2 苯分子结构的价键观点

根据 X 射线和光谱实验证明，苯分子中 6 个碳原子和 6 个氢原子均在同一平面上，每个键角都是 120°，碳碳键键长完全相同，都是 0.140nm，介于单键与双键之间。根据原子轨道杂化理论，苯分子中 6 个碳原子都以 sp^2 杂化轨道相互沿对称轴的方向重叠形成 6 个 C—C σ 键，组成 1 个正六边形。每个碳原子各以 1 个 sp^2 杂化轨道分别与氢原子 1s 轨道沿对称轴方向重叠形成 6 个 C—H σ 键 [图 5-1(a)]。由于是 sp^2 杂化，所以键角都是 120°，所有碳原子和氢原子都在同一平面上。每个碳原子上还有 1 个未参与杂化且垂直于 σ 键所在平面的 p 轨道，每个 p 轨道上有 1 个 p 电子，p 轨道都能从侧面与相邻的 p 轨道按"肩并肩"的方式重叠，形成 1 个环状的共轭大 π 键 [图 5-1(b)]。大 π 键电子云分布见图 [5-1(c)]。

(a) 键长及键角   (b) 共轭大π键的形成   (c) 大π键电子云

苯分子结构

图 5-1 苯分子的结构

正是由于苯环这种特殊的环状闭合的共轭体系，π 电子高度离域，电子云密度完全平均化，使得苯环具有特殊的稳定性和反应性能。

由此可见，苯环中并没有一般的 C—C 单键和 C ═C 双键，苯的凯库勒式虽然不能确切地反映苯的真实结构，但沿用已久，所以至今仍然在使用。此外，现代还常采用正六边形中加一个圆圈表示苯的结构，直线代表 σ 键，圆圈代表大 π 键。

5.3 单环芳香烃的命名

5.3.1 单环芳烃的命名

苯是最简单的单环芳烃，当苯环上的氢原子被烃基取代后，生成苯的取代物。对于简单的烷基苯，常采用习惯命名法，即以苯作为母体，烷基作为取代基，称为"某基苯"，"基"字可省略。例如：

甲苯　　　　乙苯　　　　　异丙苯　　　　　叔丁苯

当苯环上有两个烷基时，由于其位置不同，命名时将两个烷基的位置用数字表示，也可用"邻"（o）、"间"（m）、"对"（p）来表示。用数字表示时，若烷基不同，一般较简单的烷基所在位置编号为1。例如：

1,2-二甲苯　　　　　　1,3-二甲苯　　　　　　1,4-二甲苯

邻二甲苯（o-二甲苯）　间二甲苯（m-二甲苯）　对二甲苯（p-二甲苯）

1-甲基-4-乙基苯　　　　1-乙基-3-异丙基苯

（4-乙基甲苯）　　　　　（3-异丙基乙苯）

当苯环上有多个相同烷基时，烷基的相对位置也可用"连、均、偏"来表示。例如：

连三甲苯（1,2,3-三甲苯）　均三甲苯（1,3,5-三甲苯）　偏三甲苯（1,2,4-三甲苯）

对于复杂的烷基苯及不饱和烃基苯，可采用系统命名法命名，把苯作为取代基。例如：

苯乙烯　　　　　3-苯基丙烯　　　　　　2,3-二甲基-2-苯基丁烷

芳烃分子中去掉一个氢原子后剩余的基团叫做芳基，以 Ar— 表示。常见的芳基有：苯基，以 、C_6H_5— 或 Ph-表示；苯甲基或苄基，以 CH_2— 或 $C_6H_5CH_2$— 表示。

5.3.2　单环芳烃衍生物的命名

当苯环上连有烷基以外的官能团时，根据官能团的不同，苯环有时作为母体，有时作为取代基。

如果取代基是—NO_2、—NO、—X 或较小的烷基等，命名时通常以苯为母体，称为某基苯。例如：

NO_2 NO Br CH_3

硝基苯   亚硝基苯   溴苯   甲苯

如果取代基是—SO_3H、—$COOH$、—CHO、—OH、—NH_2 等，命名时通常把苯环作为取代基，而将这些官能团作为母体。例如：

NH_2 OH SO_3H CHO $COOH$

苯胺   苯酚   苯磺酸   苯甲醛   苯甲酸

当苯环上有两个或多个不同取代基时，首先确定母体官能团，然后将其他基团作为取代基依次编号。常见母体官能团的优先顺序如下。在这个顺序表中，排在前面的作为取代基，排在后面的作为母体。

—NO_2、—NO、—X、—R、—NH_2、—OH、—COR、—CHO、—SO_3H、—$COOH$

例如：

OH NO_2 CHO NO_2 $COOH$

邻硝基苯酚   间溴苯甲醛   间硝基苯磺酸   间硝基对氯苯甲酸

（2-硝基苯酚）   （3-溴苯甲醛）   （3-硝基苯磺酸）   （3-硝基-4-氯苯甲酸）

5.4 单环芳香烃的物理性质

苯及其同系物一般为无色有芳香气味的液体，不溶于水，可溶于乙醇、乙醚、四氯化碳、石油醚等有机溶剂中，相对密度都比水小，易燃烧，火焰带有黑烟。沸点随分子量的增大而升高，每增加一个碳原子，沸点通常升高 $25 \sim 30℃$。含同数碳原子的各种异构体，其沸点相差不大，而结构对称的异构体具有更高的熔点。单环芳烃具有一定的毒性，长期吸入它们的蒸气，能损坏造血器官及神经系统。常见单环芳香烃的物理常数见表 5-1。

▫ 表 5-1 常见单环芳烃的物理常数

名称	熔点/℃	沸点/℃	相对密度(d_4^{20})
苯	5.5	80	0.879
甲苯	−95	111	0.866
乙苯	−95	136	0.867
正丙苯	−99	159	0.862
异丙苯	−96	152	0.862
苯乙烯	−31	145	0.906
邻二甲苯	−25	144	0.880
间二甲苯	−48	139	0.864
对二甲苯	13	138	0.861

5.5 单环芳香烃的化学性质

由于苯环是一个闭合的环状共轭体系，因此苯环相当稳定，其化学性质与其他不饱和烃有显著差异，通常难发生氧化反应和加成反应，而易发生环上氢原子被取代的反应。苯环的这种特殊性质称为芳香性，它是芳香族化合物共有的特性。

5.5.1 芳环上的亲电取代反应

亲电取代反应是苯环上最典型的反应。由于苯环特殊的环状闭合共轭结构，大 π 键的电子云分布在苯环平面的上方和下方，容易接受亲电试剂的进攻而发生亲电取代反应。

5.5.1.1 卤代反应

在铁粉或卤化铁等催化剂的作用下，苯与卤素作用生成卤代苯的反应称为卤代反应。例如：

$$\text{苯} + Br_2 \xrightarrow[55\sim60℃]{\text{Fe 或 FeBr}_3} \text{溴苯} + HBr$$

卤素与苯发生取代反应的活泼次序是：氟＞氯＞溴＞碘。由于氟代反应很剧烈，而碘代反应又难以进行，因此苯的卤代反应通常是指氯代反应和溴代反应。

若在较高的温度条件下，卤代苯可继续与卤素反应，生成二卤代苯，但主要是得到邻位以及对位产物。

苯与卤素的取代反应属于亲电取代反应，苯的亲电取代反应历程可用以下通式表示：

$$\text{苯} + E^+ \longrightarrow \underset{\text{σ-配合物}}{\text{σ-配合物}} \xrightarrow{-H^+} \text{取代苯}$$

亲电试剂　　σ-配合物

亲电取代反应分两步进行。第一步，亲电试剂（E^+）进攻苯环，获取一对 π 电子，与环上一个碳原子以 σ 键连接，形成碳正离子中间体（σ-配合物）。此时，与亲电试剂结合的碳原子由原来的 sp^2 杂化变为 sp^3 杂化，苯环上剩下的 4 个 π 电子离域在由 5 个碳原子组成的共轭体系中。

反应的第一步是从一个稳定的芳环结构变成不稳定的碳正离子中间体，需要的活化能大，因此反应慢，是决定整个亲电取代反应速率的一步；第二步是从不稳定的碳正离子中间体重新恢复到稳定的芳环结构，反应的活化能小，因此反应快。

下面以苯的溴代反应为例，具体介绍苯的亲电取代反应历程。

首先，溴在催化剂（$FeBr_3$）的作用下，产生溴正离子（亲电试剂）。

$$Fe + Br_2 \longrightarrow FeBr_3$$
$$Br-Br + FeBr_3 \Longleftrightarrow Br^+ + [FeBr_4]^-$$

然后，溴正离子进攻苯环，生成芳基正离子中间体（或 σ-配合物），这步反应慢，是取代反应的定速步骤。

$$\text{苯} + Br^+ \xrightarrow{\text{慢}} \left[\text{σ-配合物} \right]$$

σ-配合物

接下来，芳基正离子中间体脱去一个质子生成溴苯，恢复到稳定的芳环结构。

$$\underset{+}{\boxed{}}\overset{H}{\underset{Br}{}} + [FeBr_4]^- \xrightarrow{\text{快}} \boxed{}-Br + FeBr_3 + HBr$$

5.5.1.2　硝化反应

苯与浓硝酸和浓硫酸的混合物（俗称混酸）共热，苯环上的氢原子被硝基（—NO_2）取代生成硝基苯。

$$\boxed{} + HNO_3 \xrightarrow[50\sim60℃]{\text{浓 } H_2SO_4} \boxed{}-NO_2 + H_2O$$
硝基苯

硝基苯继续硝化比苯要困难，如果用硝化能力更强的发烟硝酸和浓硫酸的混合物，并提高反应温度，能进一步硝化得到二硝基苯，但主要是生成间位产物（间二硝基苯）。

在硝化反应中，HNO_3 在浓硫酸的作用下生成硝酰正离子（$^+NO_2$），硝酰正离子进攻苯环，发生亲电取代反应。

5.5.1.3　磺化反应

苯与浓硫酸共热，则苯环上的氢原子被磺酸基（—SO_3H）取代生成苯磺酸。

$$\boxed{} + H_2SO_4 \xrightarrow[]{75℃} \overset{SO_3H}{\boxed{}} + H_2O$$
苯磺酸

磺化反应是一个可逆反应，将磺化产物与稀硫酸共热或在磺化产物中通入过热的水蒸气，可以水解脱去磺酸基。

$$\overset{SO_3H}{\boxed{}} + H_2O \xrightarrow[]{180℃} \boxed{} + H_2SO_4$$

磺化反应的可逆性在有机合成中得到广泛的应用：先通过磺化反应把磺酸基引入芳环上的某个位置，即先用磺酸基占位，再进行其他反应，最后通过加热水解脱去磺酸基。

苯磺酸若要继续磺化非常困难，需用磺化能力更强的发烟硫酸，并提高反应温度，主要生成间位产物（间苯二磺酸）。

在磺化反应中，亲电试剂是 SO_3 分子，这是因为 SO_3 分子中硫原子是一个缺电子的原子。SO_3 进攻苯环，发生亲电取代反应。

5.5.1.4　傅瑞德尔-克拉夫茨反应

芳环上的氢原子被烷基或酰基取代的反应称为傅瑞德尔-克拉夫茨反应。此反应是 1877 年由法国化学家傅瑞德尔（C. Friedel）和美国化学家克拉夫茨（J. M. Crafts）发现的，所以称为傅瑞德尔-克拉夫茨反应（Friedel-Crafts），简称傅-克反应。

（1）傅-克烷基化反应　在芳环上引入烷基的反应称为烷基化反应。在傅-克烷基化反应中，常用的烷基化试剂为卤代烷，有时也用烯烃、醇等。例如，在无水 $AlCl_3$ 等 Lewis 酸的催化作用下，芳烃与卤代烷反应，芳环上的氢原子被烷基取代生成烷基苯。

$$\boxed{} + CH_3CH_2Cl \xrightarrow[25℃]{AlCl_3} \boxed{}-CH_2CH_3 + HCl$$
乙苯

在傅-克烷基化反应中，卤代烷在无水 $AlCl_3$ 的催化作用下生成烷基正离子（亲电试剂），烷基正离子进攻苯环发生亲电取代反应。

由于不同类型碳正离子的稳定性不同，因此，当参与反应的卤代烷超过二个碳时，常伴有异构化现象发生，且异构化的产物往往成为主要产物。例如：

异丙苯（65%）　丙苯（35%）

由于烷基是致活基，烷基化反应的产物烷基苯比苯更容易发生亲电取代反应，因此烷基化反应往往得到多元取代的烷基苯。为了得到一元取代物，必须使用过量的芳烃。

（2）傅-克酰基化反应　在芳环上引入酰基的反应称为酰基化反应。在傅-克酰基化反应中，常用的酰基化试剂为酰卤、酸酐等。例如，在无水 AlCl$_3$ 等 Lewis 酸的催化作用下，芳烃与酰卤、酸酐反应，芳环上的氢原子被酰基取代生成芳酮。

苯乙酮

酰基化反应的历程与烷基化反应类似，酰基正离子是亲电试剂，进攻苯环发生亲电取代反应。

由于酰基是致钝基，因此，酰基化反应不生成多取代产物。另外，酰基化反应与烷基化反应不同，不发生异构化。

需要强调的是，当苯环上连有硝基、羰基、磺酸基、氰基等强吸电子基团时，苯环活性大大降低，傅-克烷基化反应和酰基化反应通常都难以发生。

5.5.1.5　氯甲基化反应

苯与甲醛、氯化氢在无水氯化锌的作用下反应生成氯化苄，此反应称为氯甲基化反应。在反应中生成亲电的中间体（$^+CH_2OH$），它与苯发生亲电取代生成苯甲醇，苯甲醇再与氯化氢作用得到氯化苄。

氯化苄

取代苯也可以进行氯甲基化反应。同样，当苯环上有第一类取代基时，反应容易进行；有第二类取代基和卤素时反应难以进行。

5.5.2　芳环的加成反应

与普通的不饱和烃不同，芳烃是特殊的闭合共轭体系，通常难以发生加成反应。只有在特定条件下才能发生加成反应，表现出一定的不饱和性。

5.5.2.1　催化加氢

在高温、高压和催化剂（金属镍、钯等）存在下，苯可以和氢气发生加成反应生成环己烷。

$$\text{（苯环）} + 3H_2 \xrightarrow[180\sim250\text{℃}]{\text{Ni 加压}} \text{（环己烷）}$$

环己烷

这是工业生产环己烷的方法，产品纯度高。

5.5.2.2 加卤素

在日光或紫外线照射下，苯也可以和卤素发生加成反应，生成六卤代环己烷。例如：

$$\text{（苯环）} + 3Cl_2 \xrightarrow[\text{或紫外线}]{\text{光}} \text{（六氯环己烷）}$$

六氯环己烷

六氯环己烷俗称六六六，它是 20 世纪 70 年代以前应用最广泛的一种杀虫剂，但因毒性大，在自然环境下不易分解，残留期很长，施用后污染环境，已经被禁止使用。

与不饱和烃的亲电加成反应历程不同，苯环上加氢、加卤素的加成反应属于自由基型的加成反应。

5.5.3 芳环的氧化反应

由于苯环特殊的稳定结构，所以在一般条件下苯环不能被氧化，但在特殊的条件下，比如以 V_2O_5 作为催化剂，在高温下苯环能被氧化成顺丁烯二酸酐。

$$\text{（苯环）} + O_2 \xrightarrow[400\sim450\text{℃}]{V_2O_5} \text{（顺丁烯二酸酐）}$$

顺丁烯二酸酐

5.5.4 芳环侧链上的反应

5.5.4.1 侧链 α-氢的卤代反应

在光照或加热的条件下，烷基苯可与卤素作用，但反应不是发生在苯环上，而是侧链烷基上的氢原子被卤素取代，类似于烷烃的卤代。例如：

$$\text{（甲苯）} + Cl_2 \xrightarrow[\text{或高温}]{\text{光照}} \text{（氯化苄）}$$

氯化苄

当苯环上连有比甲基大的烷基时，卤代反应主要发生在 α-碳原子上，即 α-氢原子优先被卤代，这是因为 α-氢原子受苯环的影响而变得比较活泼。例如：

$$\text{（乙苯）} + Cl_2 \xrightarrow[\text{或高温}]{\text{光}} \text{（}\alpha\text{-氯代乙苯）（91\%）} + \text{（}\beta\text{-氯代乙苯）（9\%）}$$

α-氯代乙苯（91%）　　β-氯代乙苯（9%）

与烷烃的卤代反应一样，芳烃侧链的卤代反应也属于自由基取代反应。

5.5.4.2 侧链 α-氢的氧化反应

苯环很稳定，在一般条件下不易被氧化，而苯环上的侧链却容易被氧化，氧化反应总是

发生在 α-碳原子上，而且不论侧链长短，α-碳原子都是被氧化成羧基。但是，如果侧链的 α-碳原子上没有氢原子，侧链则不能被氧化。常用的氧化剂有高锰酸钾、重铬酸钾、稀硝酸等。例如：

苯甲酸

邻苯二甲酸

对叔丁基苯甲酸

5.6 芳环上亲电取代反应的定位规律

5.6.1 两类定位基

当一元取代苯再进行取代反应时，新引入的取代基可以进入原取代基的邻位、间位和对位，得到二元取代苯的邻位产物、间位产物以及对位产物三种不同的异构体。那么，哪一种产物是主产物？其取代反应比苯容易些还是困难些？实验结果表明，这与苯环上原有的取代基有关。例如，烷基苯比苯更容易发生亲电取代反应，而且新引入的取代基主要进入烷基的邻位以及对位；硝基苯比苯更难发生亲电取代反应，而新引入的取代基主要进入硝基的间位。不难看出，第二个取代基进入苯环的位置以及难易程度受到苯环上原有取代基的影响，这种现象称为苯环取代基的定位作用或定位效应。苯环上原有的取代基被称为定位基。根据大量的实验事实，可将苯环上的取代基分为两类。

第一类为邻、对位定位基　这类定位基能使第二个取代基主要进入其邻位以及对位，一般都能使苯环活化（卤素除外），故又称为致活基。常见的邻、对位定位基（定位作用由强到弱排列）有：—O$^-$、—N（CH$_3$）$_2$、—NH$_2$、—OH、—OCH$_3$、—NHCOCH$_3$、—OCOCH$_3$、—CH$_3$、—X 等。

此类定位基的结构特征是定位基中与苯环相连的原子一般只具有单键，通常具有孤对电子或带有负电荷，是供电子基，因此具有使苯环电子云密度增加的作用。

第二类为间位定位基　这类定位基能使第二个取代基主要进入其间位，一般都能使苯环钝化，故又称为致钝基。常见的间位定位基（定位作用由强到弱排列）有：—N$^+$（CH$_3$）$_3$、—NO$_2$、—CN、—SO$_3$H、—CHO、—COCH$_3$、—COOH、—COOCH$_3$、—CONH$_2$ 等。

此类定位基与苯环相连的原子一般具有不饱和键或带有正电荷，是吸电子基，因此具有使苯环电子云密度降低的作用。

5.6.2 芳环上亲电取代定位规律的理论解释

取代苯的定位作用是定位基和苯环相互影响的结果。苯环是一个特殊的环状闭合共轭体系，π 电子高度离域，环上电子云密度完全平均化。但当苯环上有了取代基以后，取代基通过苯环产生的诱导效应或共轭效应使苯环上电子云密度有所增加或者降低，并且由完全平均化变为不均匀分布。因此，苯环上原有的取代基会影响苯环发生亲电取代反应的难易以及新引入基团进入苯环的位置。下面分别讨论两类定位基对苯环的影响及其定位效应。

（1）邻、对位定位基的定位作用　这类定位基一般能够通过诱导效应或 p-π 共轭效应向苯环供电子，使苯环上电子云密度增大，使苯环活化，被称为致活基。因此，有利于亲电取代反应的发生（卤素除外）。下面以—CH_3，—OH 和—X 为例进行简要的分析。

① 甲基　甲苯分子中的甲基在苯环上具有供电子的诱导效应（+I），向苯环提供电子。同时，甲基的 C—H σ 键与苯环的 π 键形成 σ-π 超共轭体系，这种超共轭效应也使苯环活化。诱导效应和超共轭效应都使苯环上电子云密度增加，而且在甲基的邻位和对位上增加更为显著（如图 5-2 所示）。因此，甲苯比苯更容易发生亲电取代反应，而且反应的产物主要是邻、对位产物。

图 5-2　诱导效应（+I）和超共轭效应

② 羟基　羟基是一个较强的邻、对位定位基。羟基对苯环的影响表现在两个方面：一方面，羟基中氧的电负性较大，产生吸电子的诱导效应（-I），使苯环上电子云密度降低；另一方面，羟基氧上的未共用电子对与苯环的大 π 键形成 p-π 共轭体系，对苯环产生供电子的共轭效应（+C），使苯环上电子云密度增加。在这两种方向相反的电子效应中，供电子的共轭效应占主导地位，总的结果是羟基使苯环上电子云密度增加，并且在羟基的邻位和对位上增加更为显著（如图 5-3 所示）。因此，苯酚比苯更容易发生亲电取代反应，而且反应的产物主要是邻位以及对位产物。

图 5-3　共轭效应（+C）与诱导效应（-I）

③ 卤素　卤素的情况比较特殊，它是钝化苯环的邻、对位定位基。卤素对苯环也具有吸电子的诱导效应（-I）和供电子的 p-π 共轭效应（+C），但由于卤素的电负性大，吸电子的诱导效应（-I）占主导地位，总的结果是卤素使苯环上电子云密度降低，但卤素的邻位和对位上电子云密度相对而言高于间位，故卤代苯比苯更难发生亲电取代反应，而且反应

的产物主要是邻位以及对位产物。

（2）间位定位基　这类定位基能够通过诱导效应或 π-π 共轭效应从苯环吸电子，使苯环上电子云密度降低，使苯环钝化，被称为致钝基。因此，不利于亲电取代反应的发生。下面以—NO_2 为例进行简要的分析。

硝基中氮的电负性比碳大，因此硝基对苯环具有吸电子的诱导效应（$-I$）；同时硝基与苯环存在吸电子的 π-π 共轭效应（$-C$）。两种作用的方向一致，均使苯环上电子云密度降低（图 5-4），尤其是硝基的邻位和对位降低更多，而间位降低相对较少。因此，硝基苯比苯更难发生亲电取代反应，而且反应的产物主要是间位产物。

图 5-4　共轭效应（$-C$）与诱导效应（$-I$）

5.6.3　二元取代苯的亲电取代定位规则

当二元取代苯再进行取代反应时，第三个取代基进入苯环的位置，则由苯环上原有的两个取代基的定位效应来决定。遵循的规律是：活化基团的定位作用超过钝化基团；强定位基团的影响大于弱定位基团；取代基的定位作用具有加合性。因此，二元取代苯的亲电取代定位规则可以分为以下几种情况。

若两个取代基的定位效应一致，则其作用相互加强。

当两个取代基不同类时，第三个取代基进入苯环的位置，主要由邻、对位定位基决定。例如：

当两个取代基属于同一类时，第三个取代基进入苯环的位置，主要由其中较强的定位基决定。例如：

5.6.4 亲电取代定位规律在有机合成上的应用

（1）预测反应的主要产物　应用亲电取代定位规律，可以判断化合物进行亲电取代反应时的取代位置，预测反应的主要产物。但需要说明的是，芳烃亲电取代反应的定位效应是很复杂的，受很多因素的影响。因此，在预测反应的主要产物时，还要考虑到空间位阻、反应条件、亲电试剂的性质、催化剂的特性等因素。

（2）选择适当的合成路线　在有机合成中，亲电取代定位规律可以帮助我们选择适当的合成路线。

例如，以苯为原料合成间氯苯磺酸，由于氯是邻、对位定位基，而磺酸基是间位定位基，因此，合成路线应该是先磺化，然后氯代。

又如，以甲苯为原料：若要合成间硝基苯甲酸，合成路线应该是先氧化再硝化；若要合成对硝基苯甲酸，合成路线应该是先硝化再氧化。

5.7　单环芳香烃的重要化合物

（1）苯　苯是无色透明、有特殊芳香气味的液体，易挥发，易燃烧，不溶于水，易溶于有机溶剂中，比水轻。苯是一种很好的溶剂，但毒性较大。苯的蒸气可以通过呼吸道对人体产生损害，高浓度的苯蒸气主要作用于中枢神经，引起急性中毒，低浓度的苯蒸气长期接触损害造血器官。

苯最初是从煤焦油中分离出来的。随着石油化工的发展，现在苯的工业来源主要是石油的高温裂解或重整。苯的用途早期作为发动机的燃料，后来才主要作为化工原料。以苯为原料，常用于制备农药、染料、涂料、塑料、橡胶等。

（2）甲苯　甲苯是无色透明、有芳香气味的液体，不溶于水，可混溶于苯、醇、醚等有机溶剂。甲苯一部分来自煤焦油，大部分是通过烷烃和环烷烃的芳构化而生成的。

甲苯大量用作溶剂和汽油添加剂，也是有机化工的重要原料。甲苯主要用来制造 TNT 炸药（2,4,6-三硝基甲苯）、苯甲醛、苯甲酸等重要有机产品。

在一定条件（反应温度为 350～530℃，压力为 1～1.5MPa，以铂、钼等为催化剂）下，甲苯发生歧化反应生成苯和二甲苯。通过这个反应不仅可以得到高质量的苯，同时得到二甲苯。随着苯和二甲苯用途的扩大，这一反应已成为甲苯的主要工业用途。

（3）二甲苯　二甲苯为无色透明、有特殊气味的液体，不溶于水，可混溶于苯、醇、醚等有机溶剂。二甲苯有三个同分异构体，它们都存在于煤焦油中，大部分是从石油产品歧化而得。其工业品为三种异构体的混合物，三种异构体各有其工业用途，如邻二甲苯是合成邻苯二甲酸酐的原料；间二甲苯用于染料等工业；对二甲苯是合成涤纶的原料。

5.8　稠环芳烃

稠环芳烃是指由两个或两个以上苯环彼此共用两个相邻碳原子稠合而形成的多环芳香烃。重要的稠环芳烃有萘、蒽、菲等。

5.8.1　萘

萘是白色片状晶体，不溶于水，易溶于乙醇、乙醚、苯等有机溶剂。熔点 80℃，沸点 218℃，有特殊气味，易升华，常用作防蛀剂。萘主要来源于煤焦油和石油，它是重要的化工原料，可用来合成染料、农药等。

5.8.1.1　萘的结构和命名

萘是最简单的稠环芳烃，由两个苯环稠合而成，分子式为 $C_{10}H_8$。萘的结构与苯相似，也是平面型的分子，萘环上的碳原子都是 sp^2 杂化，未参加杂化的 p 轨道相互平行且垂直于环平面，彼此从侧面重叠形成一个闭合的共轭大 π 键。但在萘的分子中，p 轨道的重叠情况不完全相同，电子云的密度不像苯环那样完全平均化，分子中各碳碳键的键长也不完全相等。萘的结构式如下：

在萘的结构式中，环上碳原子的编号是统一的。其中 1、4、5、8 四个碳原子的位置是等同的，称为 α-位；2、3、6、7 四个碳原子的位置也是等同的，称为 β-位。萘的一元取代物有 α、β 两种异构体。例如：

α-萘胺　　　　　　　β-乙萘　　　　　　　5-甲基-2-萘磺酸

5.8.1.2　萘的化学性质

萘环具有和苯环相似的闭合共轭体系，也具有芳香性，但芳香性比苯差。萘的化学性质比苯活泼，比苯容易发生亲电取代反应、氧化反应、还原反应。

（1）亲电取代反应　由于萘环的 α-位电子云密度高于 β-位，因此亲电取代主要发生在 α-位。

① 卤代反应　在 Fe 或 $FeCl_3$ 的催化作用下，萘和氯气发生氯代反应，主产物为 α-氯萘。

α-氯萘

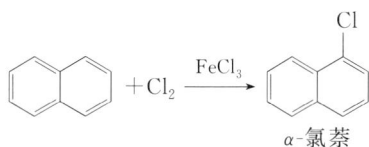

② 硝化反应　萘与混酸的硝化反应在常温下就可以进行，主产物为 α-硝基萘。

α-硝基萘

③ 磺化反应　萘与浓硫酸在较低温度下反应，主要产物为 α-萘磺酸（动力学控制产物）；在较高温度下反应，主要产物为 β-萘磺酸（热力学控制产物）。升高温度可使 α-萘磺酸转化为 β-萘磺酸。

（2）氧化反应　萘的芳香性比苯差，因此萘比苯容易被氧化。在低温下，用氧化铬为氧化剂进行氧化，产物为1,4-萘醌；在高温下，以 V_2O_5 作为催化剂，用空气进行氧化，产物为邻苯二甲酸酐。

1,4-萘醌

邻苯二甲酸酐

（3）还原反应　萘比苯容易发生加氢还原反应。用金属钠和乙醇就可以将萘还原成1,4-二氢萘、四氢萘，用催化加氢的方法还可将萘还原成十氢萘。

1,4-二氢萘　　　　十氢萘

5.8.2 蒽和菲

蒽和菲均存在于煤焦油中，都是白色片状晶体，不溶于水，易溶于苯等有机溶剂。蒽的熔点217℃，沸点340℃；菲的熔点101℃，沸点340℃。蒽和菲均由三个苯环稠合而成，两者互为同分异构体，分子式是 $C_{14}H_{10}$。在结构上它们都有闭合的共轭体系，都具有一定的芳香性，但其芳香性比萘更差。蒽和菲分子结构式及碳原子的编号如图5-5所示。

图 5-5 蒽和菲分子结构式及碳原子的编号

在蒽的结构式中，1、4、5、8四个碳原子的位置是等同的，称为α-位；2、3、6、7四个碳原子的位置是等同的，称为β-位。9、10两个碳原子的位置是等同的，称为γ-位。因此蒽的一元取代物有α、β、γ三种异构体。

在菲的结构式中，有五对相对应的位置，即1与8，2与7，3与6，4与5，9与10，因此菲的一元取代物有五种异构体。

蒽和菲都具有一定的芳香性，但其芳香性比萘更差，化学性质比较活泼，其中9、10位的电子云密度最高，容易在9、10位发生氧化反应和还原反应。例如：

氧化反应

9,10-蒽醌

9,10-菲醌

还原反应

9,10-二氢菲

9,10-二氢菲

由于蒽的芳香性差，且在9、10位比较活泼，因此蒽可作为双烯体与马来酸酐发生Diels—Alder反应。例如：

马来酸酐

5.8.3 其他稠环芳烃

除萘、蒽、菲外，还有一些其他稠环芳烃。例如：

芴　　　　　　芘　　　　　　3,4-苯并芘

煤、石油、烟草、木材等不完全燃烧会产生许多稠环芳烃，有些稠环芳烃具有致癌作用，如 3,4-苯并芘有很强的致癌性。值得注意的是，机动车排放的废气、烟熏食品以及香烟烟雾中均含有少量的致癌芳烃。

5.9 芳香性和非苯芳烃

前面讨论的芳香烃都含有苯环结构，具有较高的稳定性，在化学性质上表现为容易发生亲电取代反应，难发生氧化反应和加成反应，即它们都具有不同程度的芳香性。但是，有些不具有苯环结构的环状共轭烯烃，却有着与苯类似的稳定结构和化学性质，也具有一定的芳香性，这类化合物称为非苯芳烃。

5.9.1 Hückel 规则

如何判断某个环状化合物是否具有芳香性呢？通过对大量环状化合物的芳香性进行研究后，休克尔（E. Hückel）提出了芳香性的判别规则：①具有环状平面型的闭合离域大 π 键；②π 电子数符合 $4n+2$（其中 $n=0$，1，2，3…等正整数）。此规则称为休克尔规则。显然，前面讨论过的苯系芳烃诸如苯、萘、蒽、菲都符合休克尔规则，它们都具有芳香性。

5.9.2 非苯芳烃和芳香性的判断

对于那些不具有苯环结构的环状共轭体系，应用休克尔规则，也能成功地判断其是否具有芳香性。例如：

环丙烯	环丙烯正离子	环戊二烯	环戊二烯负离子
非共轭体系	平面型共轭环	共轭体系未闭合	平面型共轭环
2个π电子	2个π电子	4个π电子	6个π电子
无芳香性	有芳香性	无芳香性	有芳香性

环庚三烯
共轭体系未闭合
6个π电子
无芳香性

环庚三烯正离子
平面型共轭环
6个π电子
有芳香性

环辛四烯
非平面型分子
8个π电子
无芳香性

环辛四烯二价负离子
平面型共轭环
10个π电子
有芳香性

环丁二烯
平面型共轭环
4个π电子
无芳香性

薁
平面型共轭环
10个π电子
有芳香性

[10]轮烯
非平面型分子
10个π电子
无芳香性

[18]轮烯
平面型共轭环
18个π电子
有芳香性

📖 阅读材料 ....

中国现代有机化学的先驱者、有机微量分析的奠基人庄长恭

庄长恭教授 1894 生于福建泉州，1921 年毕业于美国芝加哥大学，1924 年获博士学位。1954 年和 1958 年两度当选为第一届和第二届全国人民代表大会代表，1955 年当选为中国科学院学部委员，并受命为中国科学院数理化学部副主任，及中国科学院化学研究所筹建委员会主任委员。

庄长恭教授毕生从事科学研究和高等教育工作，四十年如一日，他对有机合成特别是与甾体有关的化合物合成，以及天然有机化合物的结构研究作出了卓越贡献，在国际有机化学界享有较高声誉。他曾从事麦角甾醇结构的研究，以精湛的技巧从麦角甾烷的铬酸氧化产物中分离到失碳异胆酸，并由已知结构的异胆酸酯降解为同一物质而证明麦角甾烷的结构，并推测麦角甾醇的结构。他对甾体有关化合物和多环化合物的合成研究，推动了当时多环化合物的发展。他用多种路线合成带角甲基的多环 α-酮及其有关化合物并研究其立体化学，还探究了雌马甾酮的合成，获得去甲脱氢雌马甾酮。庄长恭教授及其团队还致力于生物碱结构的研究，他们从中药汉防己提得一种新的生物碱命名为防己诺林，证明它是脱甲防己碱。他们首次在国内建立有机微量分析，对以后国内开展这门技术起到了推动作用，例如他们首次将甾体化合物的边链完全氧化除去，即从麦角甾烷氧化为雄甾烷酮，得到其缩氨脲。

庄长恭教授不仅是一位杰出的化学家，也是一位出色的教师，听过他讲课的人都非常向往。前中央大学的一位毕业生曾对人说，庄老师讲结构理论是如此深入浅出，印象之深终生不忘。他当年的学生及共同工作者，如邢其毅、高怡生、田遇霖、黄耀曾、朱任宏等后来都是领导一个教学单位或研究单位的负责人。庄长恭教授终身关切中国化学事业的发展，远在美国求学时，曾邀集化学界同仁成立"中华化学会"并计划出版"中华化学会杂志"，惜未能实现。1932 年中国化学会成立后，他积极参加，多年来担任中国化学会会志和化学学报编辑委员会委员。庄长恭教授对于中文的有机化学名词极感兴趣，常说这是有机化学事业中重要的一环，也是化学在中国生长的先决问题，现在一些熟悉的名词，如吲哚、吡咯等杂环

名词就是他倡议的。庄长恭教授对研究和教学的态度极其严谨，处事极其认真。他诲人不倦，严于克己，生活俭朴，正直不阿，是后辈永远学习的榜样。

本章小结

单环芳烃的化学反应主要有以下三点：

1. 亲电取代反应（卤代、硝化、磺化、傅-克烷基化、傅-克酰基化、氯甲基化反应）

2. 加成反应（催化加氢、加卤素）

3. 芳环侧链的反应（卤化、氧化反应）

习 题

5-1　命名下列化合物。

5-2　写出下列化合物的结构式。

（1）邻苯二甲酸　　　　　（2）对苯基甲苯　　　　　（3）2-甲基-5-乙基萘

（4）间硝基苯磺酸　　　　（5）苄氯　　　　　　　　（6）α-萘胺

（7）2,3-二甲基-4-苯基戊烷　　　（8）邻羟基苯甲酸　　　　　（9）邻硝基苯酚

5-3　完成下列反应式（只写主要产物）。

（1）　甲苯 $+ (CH_3)_2CHCH_2Cl \xrightarrow{AlCl_3}$?

（2）　1-甲基萘 $\xrightarrow[\triangle]{HNO_3/H_2SO_4}$?

（3）　间乙基苯乙烯（$CH=CH_2$，CH_2CH_3）$\xrightarrow[\triangle]{KMnO_4/H^+}$?

（4）　苯基 $CH_2-CH=CH_2 \xrightarrow[CCl_4]{Br_2}$? $\xrightarrow[光]{Cl_2}$?

（5）　异丙苯 $CH(CH_3)_2$ $+ Br_2 \xrightarrow{Fe}$?

（6）　苯基 $CH_2CH_2CH_2\underset{\underset{Cl}{|}}{C}HCH_3 \xrightarrow{AlCl_3}$?

（7）　苯基 $CH_2CH_2CH_2\overset{\overset{O}{\|}}{C}-Cl \xrightarrow{AlCl_3}$?

（8）　萘 $\xrightarrow[浓 H_2SO_4]{浓 HNO_3}$? $\xrightarrow[Fe]{Br_2}$?

（9）　苯基环戊烷 $+ Cl_2 \xrightarrow{h\nu}$?

（10）　（CH_2CH_3，CH_3，$C(CH_3)_3$ 取代苯）$\xrightarrow{KMnO_4/H^+}$?

5-4　下列化合物哪些可发生 Friedel-Crafts 反应？哪些不能？

（1）$C_6H_5CH_3$　　　　（2）$C_6H_5NO_2$　　　　（3）$C_6H_5OCH_3$　　　　（4）$C_6H_5COCH_3$

（5）C_6H_5OH　　　　（6）C_6H_5CHO　　　　（7）$C_6H_5CCl_3$　　　　（8）$C_6H_5NHCOCH_3$

5-5　将下列各组化合物按亲电取代反应的活性由强到弱次序排列。

（1）苯、甲苯、硝基苯、氯苯

（2）甲苯、苯酚、苯甲酸、硝基苯

（3）甲苯、对二甲苯、对甲苯甲酸、苯甲酸

（4）苯甲醚、苯乙酮、苯、溴苯

5-6　指出下列化合物在发生亲电取代反应时，亲电试剂进入芳环的主要位置。

（1）1-甲基萘　　　（2）邻溴苯胺（NH_2，Br）　　　（3）间溴苯甲醛（CHO，Br）

(4) [o-nitrobenzoic acid structure: benzene ring with NO₂ and COOH] (5) [benzene ring with NO₂ and SO₃H] (6) [naphthalene with NO₂]

(7) [benzene ring with OH and NO₂] (8) HO—⟨benzene⟩—COOH

5-7 用简便化学方法鉴别下列各组化合物。

(1) 乙苯、苯乙烯、苯乙炔、乙基环己烷

(2) 苯、1，3-环己二烯、甲苯、苯乙炔

(3) 苯、环己基苯、环己烯

5-8 用指定的原料合成下列化合物（无机试剂可任选）。

(1) 以甲苯为原料合成间氯苯甲酸

(2) 以甲苯为原料合成对溴苯甲酸

(3) 以苯为原料合成间硝基氯苯

(4) 以苯为原料合成对氯苯磺酸

(5) 以甲苯为原料合成对硝基邻氯苯甲酸

(6) 以甲苯为原料合成间硝基对溴苯甲酸

(7) 以甲苯为原料合成 4-硝基-4′-甲基二苯甲烷

5-9 根据休克尔规则判断下列各化合物是否具有芳香性。

5-10 某烃 A 的分子式为 $C_{16}H_{16}$，能使溴的四氯化碳溶液褪色，用高锰酸钾酸性溶液氧化可得到苯甲酸，而经臭氧氧化后再还原水解只得到苯乙醛。试推测 A 的构造式。

5-11 某烃 A 的分子式为 C_9H_8，能与 $AgNO_3$ 的氨溶液反应生成白色沉淀。A 与 $2mol\ H_2$ 加成生成 B，B 被高锰酸钾酸性溶液氧化生成 C（$C_8H_6O_4$）。在铁粉存在下 C 与 $1mol\ Cl_2$ 反应，得到的一氯代产物只有一种。试推测 A、B、C 的构造式。

5-12 分子式均为 C_9H_{12} 的三种芳烃 A、B、C，氧化时 A 得到一元酸，B 得到二元酸，C 得到三元酸；进行硝化反应时，A 主要得到两种一硝基化合物，B 只得到两种一硝基化合物，而 C 只得到一种一硝基化合物。试推测 A、B、C 的构造式。

第6章

旋光异构

有机化学中的同分异构现象可分为构造异构和立体异构两大类。构造异构是指分子中原子的排列次序不同而产生的同分异构现象，如碳链异构、位置异构、官能团异构以及互变异构等。立体异构是指分子中原子的连接次序虽然相同，但由于在空间相互位置不同而产生的同分异构现象，如构象异构、顺反异构和旋光异构。

什么是旋光异构呢？两种立体异构体互为镜像、具有相同的理化性质，但二者对平面偏振光的作用不同，这种现象称为旋光异构现象。这些具有不同旋光性的异构体称为旋光异构体。

6.1 物质的旋光性

6.1.1 偏振光与旋光性

光是一种电磁波，其振动方向垂直于光波前进的方向，普通的光是由不同波长的光波所构成。当其通过尼科尔（Nicol）棱镜后，光强明显减弱，这是因为只有在与棱镜晶轴平行的平面上振动的光波才能通过棱镜，而其他方向上振动的光不能通过，如图 6-1 所示。这种只在一个平面上振动的光称为平面偏振光，简称偏振光。

实验发现，当偏振光通过空气、水、乙醇等物质时，仍然维持其原来的振动方向。但当

自然光　　　　　　　　　　　偏振光

偏振镜

图 6-1　偏振光的产生示意图

偏振光通过某些天然有机物（如糖、酒石酸等）的溶液时会发生了一定角度的偏转。这种能使偏振光的振动平面发生旋转的性质称为旋光性或光学活性。具有旋光性的物质称为旋光性物质或光活性物质。能使偏振光的振动方向向右旋转的（顺时针方向），称为右旋，用"＋"（d）表示；向左旋转的（逆时针方向）称为左旋，用"－"（l）表示。例如，从自然界得到的葡萄糖为右旋，或（＋）-葡萄糖；从自然界得到的果糖为左旋，或（－）-果糖；从肌肉中得到的乳酸为右旋，或（＋）-乳酸；葡萄糖发酵得到的乳酸为左旋，或（－）-乳酸。

6.1.2　旋光度

当偏振光通过旋光物质时，偏振光的振动平面被转动的角度，称为旋光度，通常用 α 表示。旋光物质的旋光度随样品管的长度、溶液的浓度、光源的波长、测定时的温度以及所用的溶剂等不同而变化。

6.1.3　比旋光度

在一定温度下用一定波长的光，通过 1dm 长盛满浓度为 $1g \cdot mL^{-1}$ 旋光性物质的盛液管时所测定的旋光度，称为比旋光度，用 $[\alpha]_{\lambda}^{t}$ 表示。公式如下：

$$[\alpha]_{\lambda}^{t} = \frac{\alpha}{\rho_{B} l}$$

式中，$[\alpha]_{\lambda}^{t}$ 为比旋光度；t 是测定时的温度；λ 是所用光源的波长；α 是旋光仪中测出的旋光度；ρ_{B} 是溶液的质量浓度（单位为 $g \cdot mL^{-1}$）；l 是盛液管的长度（单位为 dm）。光源一般是钠光，波长为 589.3nm，用 D 表示；实验温度常为 20℃ 或 25℃。所以 $[\alpha]_{\lambda}^{t}$ 通常表示成 $[\alpha]_{D}^{20}$ 或 $[\alpha]_{D}^{25}$。为了消除盛液管的长度、溶液的浓度、光源的波长、测定时的温度等因素的影响，物质的旋光性能通常用比旋光度进行表示。

值得注意的是，当被测物质为纯液体，可直接测定。但在计算比旋光度时，需将公式中的 ρ_{B} 改换成该物质的相对密度 d。当被测物质为固体时，需要将其配成溶液，溶剂的名称和溶液的浓度必须标明。

根据比旋光度的值可鉴定某未知的旋光性物质。例如某物质的水溶液浓度为 $0.05g \cdot mL^{-1}$，在 1dm 长的盛液管内，温度为 20℃，光源为钠光，用旋光仪测出其旋光度为 $-4.64°$。依据上述公式可计算出比旋光度为 $-92.8°$；根据比旋光度手册查知，果糖的比旋光度为 $-93°$，因此该物质可能为果糖。也可根据测定已知物质的旋光度和从手册查知的比旋光度，也可计算出该物质溶液的浓度或鉴定其纯度。如一葡萄糖溶液在 1dm 长的盛液管中测出其旋光度 $+3.4°$，而它的比旋光度查知为 $+52.5°$，按以上比旋光度公式即可计算出此葡萄糖溶液的浓度为 $0.0647\mathrm{g}\cdot\mathrm{mL}^{-1}$。制糖工业经常利用旋光度控制糖的浓度。

6.2 旋光性与分子结构的关系

6.2.1 手性、手性碳原子和手性分子

把任何一个物体放在镜子前都会得到一个镜像，有些物体可以与其在镜子中的镜像完全重合，有些物体则不能。例如，球同它在镜子中的镜像完全重合；而我们的手与在镜子中的镜像却不能完全重合。这种实物与其镜像不能完全重合的性质称为手性。任何不能与其镜像重合的分子称为手性分子。反之为非手性分子，即没有手性。例如：

$$
\begin{array}{c}
\mathrm{H} \\
| \\
\mathrm{CH_3-\overset{*}{C}-COOH} \\
| \\
\mathrm{OH}
\end{array}
$$

乳酸分子与其镜像不能完全重合，而二氯甲烷分子与其镜像能完全重合。因此乳酸分子是手性分子，而二氯甲烷分子是非手性分子。

有机物分子中与四个不相同的原子或基团相连的碳原子称为手性碳原子（chiral carbon），并用"*"号标出。例如，下列分子中用"*"号标记的碳原子都是与四个不同的原子或基团相连的，这些碳原子都是手性碳原子。手性碳原子是使有机物分子具有手性的最普遍的因素。

$$
\mathrm{CH_3-\overset{*}{C}H-CH_2CH_3} \qquad \mathrm{CH_3-\overset{*}{C}H-COOH} \qquad \mathrm{CH_3-\overset{*}{C}H-COOH}
$$
$$
\qquad\quad\ \mathrm{Cl} \qquad\qquad\qquad\qquad \mathrm{OH} \qquad\qquad\qquad\qquad\ \mathrm{NH_2}
$$

6.2.2 手性与对称因素的关系

分子的手性与分子的对称因素有关。如果一个分子是不对称的，它就是手性分子；反之，则是非手性分子。这里所说的对称因素主要是指对称面和对称中心。

对称面就是把一个分子剖开成互为实物和镜像的平面，如 2-溴丙烷分子中有对称面，是对称性分子，不属于手性分子，不具有旋光性；而 2-溴丁烷分子中没有对称面，属于手性分子，具有旋光性（图 6-2）。

(a) 2-溴丙烷   (b) 2-溴丁烷

图 6-2　有机物分子的对称面

图 6-3　1,3-二氟-2,4-二氯环丁烷分子的对称中心

对称中心就是指分子内的一个中心点，通过此中心点作直线，距中心点等距离的两端有相同的原子或基团。如1,3-二氟-2,4-二氯环丁烷P点是分子的对称中心，该分子必然能与它的镜像重叠，这个分子就不是手性分子，不具旋光性（图6-3）。

大量实验证明分子的手性是引起旋光性的根本原因，凡是具有手性的分子都有旋光性，非手性的分子都没有旋光性。分子的手性是引起旋光性的根本原因。

6.3 含一个手性碳原子的化合物的旋光异构

6.3.1 对映异构体

含有一个手性碳原子的化合物必定是手性的。例如，乳酸就是含一个手性碳原子的化合物。含一个手性碳原子的化合物在空间有两种排列方式，即两种构型，如乳酸分子的两种构型见图6-4。

假如使—COOH向上，把H放在远离观察者的位置，然后从—OH经—COOH到—CH$_3$的排列顺序可以有两种方式，在（a）中是逆时针方向排列的，而在（b）中是顺时针方向排列的。这两种不同的构型代表着两种不同的分子，它们彼此是实物与镜像的对映关系，这样的立体异构体称为对映异构体，简称对映体。这一对对映体都是手性分子，都具有旋光性。

图6-4　乳酸分子的两种构型

6.3.2 外消旋体

对映体的旋光度相同，旋光方向相反，如从肌肉中获得的乳酸是右旋（＋3.8°）的，由蔗糖发酵得到的乳酸是左旋（−3.8°）。如果将右旋体的乳酸和左旋体的乳酸等量混合，它们的旋光活性相互抵消，旋光性消失，这种对映体的等量混合物称为外消旋体，用符号（±）表示。与其他任意两种物质混合不同，外消旋体有固定的物理常数，如，（±）-乳酸的熔点为16.8℃。外消旋体可以采用机械或化学的方法拆分为右旋和左旋两个旋光活性的异构体，但不能用一般的物理方法进行分离，如分馏、重结晶等。

6.4 旋光异构体的构型表示式及构型标记

6.4.1 Fischer 投影式

对映异构体是一类仅在于基团在空间的排列方式不同的异构体，所以一般的平面结构式无法表示出基团在空间的相对位置，需要采用透视式来表示。这种表示方式比较直观，但书写很麻烦。所以一般采用费歇尔（Fischer E）投影式，即用一个"＋"的交点代表手性碳原子，四端与四个不同原子或基团相连。其投影规则如下：将被投影化合物的主链放在竖直方向，并把命名时编号最小的碳原子放在上端。手性碳原子置于纸面上，竖直方向与手性碳原子相连的原子或基团指向纸面的后面，即远离读者方向；水平方向与手性碳原子相连的原子或基团指向纸面的前面，即伸向读者方向。以此定位下来的立体模型投影到纸面上，便得到此化合物的投影式。例如，乳酸两种构型的透视式及对应投影式的关系表示如下：

$$\underset{\text{HO}}{\overset{\text{COOH}}{\underset{}{H-\overset{\displaystyle |}{\underset{\displaystyle |}{C}}-CH_3}}} \longrightarrow H-\overset{\displaystyle COOH}{\underset{\displaystyle CH_3}{\overset{\displaystyle |}{\underset{\displaystyle |}{C}}}}-OH \xrightarrow{\text{投影}} \begin{array}{c} COOH \\ H-\!\!\!-\!\!\!-OH \\ CH_3 \end{array}$$

(R)-乳酸透视式   (R)-乳酸投影式

$$H_3C\overset{\text{COOH}}{\underset{\text{OH}}{\overset{\displaystyle |}{\underset{\displaystyle |}{C}}}}H \longrightarrow HO-\overset{\displaystyle COOH}{\underset{\displaystyle CH_3}{\overset{\displaystyle |}{\underset{\displaystyle |}{C}}}}-H \xrightarrow{\text{投影}} \begin{array}{c} COOH \\ HO-\!\!\!-\!\!\!-H \\ CH_3 \end{array}$$

(S)-乳酸透视式   (S)-乳酸投影式

必须注意的是，投影式是以平面形式来表示分子立体结构的。在使用投影式时，只能在纸面上转动 $n \times 180°$（$n=1,2,3,4\cdots$），而不能在纸面转动 90°或 270°，也不能离开纸面翻转。

6.4.2　D/L 标记法

在 1951 年以前，研究人员无法测定对映体中与手性碳原子相连的原子或基团在空间的真实排列状况，为了方便研究，人为规定以甘油醛为标准。甘油醛有如下两种构型：

$$\begin{array}{c} CHO \\ H-\!\!\!-\!\!\!-OH \\ CH_2OH \end{array} \qquad\qquad \begin{array}{c} CHO \\ HO-\!\!\!-\!\!\!-H \\ CH_2OH \end{array}$$

（a）D-（＋)-甘油醛   （b）L-（－)-甘油醛

规定用（a）的形式表示右旋甘油醛的构型，称为 D-型，即羟基在手性碳原子的右边；用（b）的形式表示左旋甘油醛的构型，称为 L-型，即羟基在手性碳原子的左边。由于甘油醛的构型是人为规定而不是实际测出的，所以叫相对构型；由甘油醛衍生出来的化合物也是相对构型，如乳酸的构型。其他分子的 D/L 构型是通过与标准甘油醛进行各种直接或间接的方式相联系而确定。直到 1951 年，Bijvoet J. M. 利用特殊 X 射线分析技术测出右旋酒石酸铷钠的绝对构型，并由此推出人为规定的甘油醛的构型与实际构型正好相符。另外，由于Bijvoet J. M. 的工作，不仅证明（＋)-甘油醛的相对构型就是其绝对构型，而且与其已经关联起来的化合物的相对构型也是绝对构型。

D/L 构型标记法有一定的局限性，它只能标记能与甘油醛构型相关联的化合物，而对于采用其他方式转化得到的与甘油醛构型不相关联的化合物就无能为力了。为了克服 D/L 构型标记法的不足，现通常采用 R/S 标记法代替 D/L 标记法。但由于长期习惯，现在糖类和氨基酸类化合物尚沿用 D/L 构型标记法。

6.4.3　R/S 标记法

R/S 标记法可以标记化合物中任何一个手性碳原子的构型。其主要内容如下。

① 次序规则　将手性碳原子上连接的四个不同原子或基团 a、b、c、d，按优先次序进行排列，并假设它们的优先次序为 a＞b＞c＞d（"＞"表示优先于）。

② 手性碳原子构型的判断规则　在 d 与手性碳原子连线的延长线方向（远离 d 的方向）来观察其余三个原子或基团的排列情况，即以 a→b→c 的顺序，如果为顺时针，则该手性碳原子为 R 构型；如果为逆时针，则该手性碳原子为 S 构型，如图 6-5 所示。

a→b→c 顺时针 (R构型)　　　　　a→b→c 逆时针 (S构型)

图 6-5　R/S 标记法

对于一个给定的费舍尔投影式，可以按下述方法标记其构型。如果按次序规则排列在最后的原子或基团 d 位于投影式的竖线上，而其余三个原子或基团 a→b→c 为顺时针，则该投影式代表的构型为 R 构型；反之，a→b→c 为逆时针方向，则为 S 构型。如果 d 在横线上，其余三个原子或基团 a→b→c 为顺时针，则该投影式代表的构型为 S 构型；反之，a→b→c 为逆时针方向，则为 R 构型，如图 6-6 所示。

图 6-6　投影式的标记（a＞b＞c＞d）

例如：

(R)-乳酸　　　　　(S)-乳酸

R/S 标记法是基于手性碳原子的实际构型的，因此所标示的是绝对构型。

值得注意的是，D/L 构型、R/S 构型以及旋光方向之间并没有必然的相应关系。旋光化合物的完整系统命名，应该标出构型和旋光方向。例如，右旋乳酸应写作(S)-(＋)-2-羟基丙酸；左旋乳酸应写作(R)-(－)-2-羟基丙酸；外消旋体应写作(±)-2-羟基丙酸。

6.5　含两个手性碳原子的化合物的旋光异构

随着分子中手性碳原子的增多，旋光异构体的数目也会增多，且立体异构会变得更复杂。

6.5.1 含两个不相同手性碳原子化合物的对映异构

这类化合物中具有两个手性碳原子，而这两个手性碳原子所连接的四个原子或基团不完全相同。例如，2,3,4-三羟基丁醛，其分子中含两个不同的手性碳原子（C^2、C^3）。由于每个手性碳原子有两种构型，因此该化合物共有四种构型，如下所示：

$$\overset{4}{HOH_2C}-\overset{*\,3}{CH}-\overset{*\,2}{CH}-\overset{1}{CHO}$$
$$\qquad\quad |\qquad\quad |$$
$$\qquad\quad OH\quad\ OH$$

2,3,4-三羟基丁醛

<table>
<tr><td>CHO</td><td>CHO</td><td>CHO</td><td>CHO</td></tr>
<tr><td>HO—H</td><td>H—OH</td><td>HO—H</td><td>H—OH</td></tr>
<tr><td>HO—H</td><td>H—OH</td><td>H—OH</td><td>HO—H</td></tr>
<tr><td>CH₂OH</td><td>CH₂OH</td><td>CH₂OH</td><td>CH₂OH</td></tr>
<tr><td>Ⅰ</td><td>Ⅱ</td><td>Ⅲ</td><td>Ⅳ</td></tr>
</table>

(2*S*,3*S*)-2,3,4-三羟基丁醛　(2*R*,3*R*)-2,3,4-三羟基丁醛　(2*S*,3*R*)-2,3,4-三羟基丁醛　(2*R*,3*S*)-2,3,4-三羟基丁醛

由投影式可见，含 2 个不同手性碳原子的分子存在着 2 对对映体，其中Ⅰ与Ⅱ呈一对对映体，Ⅲ与Ⅳ是另一对对映体。但Ⅰ与Ⅲ、Ⅰ与Ⅳ或Ⅱ与Ⅲ、Ⅱ与Ⅳ尽管呈立体异构，但并不是对映体，这种不呈镜像对映关系的立体异构体，称为非对映异构体，简称非对映体。非对映体之间除了旋光性不同外，理化性质也有一定的差异。

有机化合物中，随着手性碳原子数目的增多，其立体异构体的数目也增多。当分子中含有 n 个不同的手性碳原子时，就可以有 2^n 个对映异构体，组成 2^{n-1} 对对映体。

6.5.2 含两个相同手性碳原子的化合物的对映异构

这类化合物中具有两个手性碳原子，而这两个手性碳原子连接完全相同的四个不同基团。例 2,3-二羟基丁二酸（酒石酸），分子中具有两个手性碳原子，C^2 与 C^3 连接的四个基团都是—OH、—COOH、—CH(OH)COOH 和—H，所以酒石酸是含有两个相同手性碳原子的化合物，其只有三种构型，费歇尔投影式如下：

$$\overset{1}{HOOC}-\overset{*\,2}{CH}-\overset{*\,3}{CH}-\overset{4}{COOH}$$
$$\qquad\quad |\qquad\quad |$$
$$\qquad\quad OH\quad\ OH$$

2,3-二羟基丁二酸

<table>
<tr><td>COOH</td><td>COOH</td><td>COOH</td><td>COOH</td></tr>
<tr><td>H—OH</td><td>HO—H</td><td>H—OH</td><td>HO—H</td></tr>
<tr><td>HO—H</td><td>H—OH</td><td>H—OH</td><td>HO—H</td></tr>
<tr><td>COOH</td><td>COOH</td><td>COOH</td><td>COOH</td></tr>
<tr><td>Ⅰ</td><td>Ⅱ</td><td>Ⅲ</td><td>Ⅳ</td></tr>
</table>

(2*R*,3*R*)-2,3-二羟基丁二酸　(2*S*,3*S*)-2,3-二羟基丁二酸　(2*R*,3*S*)-2,3-二羟基丁二酸　(2*S*,3*R*)-2,3-二羟基丁二酸

Ⅰ和Ⅱ均具有旋光性，互为对映体。而Ⅲ和Ⅳ是同一种化合物（Ⅲ在纸平面上旋转180°就变成了Ⅳ），在这两个构型中，由于分子中两个手性碳原子所决定的构型的旋光能力相同、

方向相反，使得它们的旋光作用正好抵消，导致整个分子没有旋光性，称为内消旋体，以"*meso*"或"*i*"表示。从结构上看，Ⅲ和Ⅳ构型存在对称平面，是非手性分子，不具有旋光性。内消旋体和左旋体或右旋体互为非对映体，所以内消旋体和左旋体或右旋体，除旋光性不同外，其他的理化性质都不同。

内消旋体和外消旋体是两个不同的概念。外消旋体是指一对对映体的等量混合物，不表现旋光性。虽然两者都不显旋光性，但前者是纯净化合物，而后者是等量对映体的混合物，外消旋体可以拆分成纯净的左旋体和右旋体，而内消旋体是不能拆分的。

6.6 不含手性碳原子的化合物的旋光异构

判断分子有无旋光性的绝对依据不是分子是否含有手性碳原子，而是分子是否具有手性。有些化合物分子虽然不含有手性碳原子，但由于它们的特殊结构使分子具有手性，也存在旋光异构现象。

6.6.1 丙二烯型化合物

丙二烯分子中，C^1 和 C^3 为 sp^2 杂化，C^2 为 sp 杂化。C^2 以它两个相互垂直的 p 轨道分别与 C^1 和 C^3 的 P 轨道形成两个相互垂直的 π 键，C^1 上的两个 C—H 所处的平面和 C^3 上的两个 C—H 所处的平面相互垂直，如图 6-7 所示。此时的丙二烯分子是不具有手性，因而也不存在旋光异构体。

图 6-7　丙二烯分子的空间构型

如果丙二烯分子中的 C^1 和 C^3 上的氢原子分别被不同的原子或基团取代，生成丙二烯型化合物分子时，此分子就具有手性，因而也存在旋光异构体。如图 6-8 所示的丙二烯型化合物的对映异构体。

图 6-8　丙二烯型化合物的对映异构体

6.6.2 联苯型化合物

联苯是非手性分子，本身不具有旋光异构体。而当联苯分子中的 2 和 2′ 及 6 和 6′ 碳上的氢被体积较大的不同取代基取代后，由于空间位阻作用，连接两个苯环的 σ 键的旋转受到阻碍，导致两个苯环不能处在同一个平面内，因而分子具有手性，产生旋光异构体。如图 6-9 所示的联苯型化合物 2,2′-二氯-6,6′-二溴联苯的对映异构体。

图 6-9　2,2′-二氯-6,6′-二溴联苯的对映异构体

6.7　亲电加成反应的立体化学

第 4 章已介绍烯烃与卤素的反应就属于亲电加成反应。例如，2-丁烯加溴生成 2,3-二溴丁烷，由于在 2,3-二溴丁烷分子中有两个相同的手性碳原子，所以 2,3-二溴丁烷分子只可能有三种构型，即一个内消旋体和一对对映体。2-丁烯加溴到底生成何种构型的产物，这取决于 2-丁烯的构型。由实验可知，顺-2-丁烯与溴反应只能生成外消旋体的 2,3-二溴丁烷；而反-2-丁烯与溴反应只能生成内消旋体的 2,3-二溴丁烷。这种现象可以运用立体化学的原理予以解释。

亲电加成反应分为两步：第一步，溴正离子进攻 π 键，生成溴𨦼正离子中间体；第二步，溴负离子从背面进攻溴𨦼正离子中间体中两个碳原子的任何一个，生成两种产物。顺-2-丁烯与溴反应生成产物（A）和产物（B），反-2-丁烯与溴反应生成产物（D）和产物（E）。显然，产物（A）和产物（B）是一对对映体，且二者在混合物中的比例相同，所以顺-2-丁烯与溴反应生成的产物为外消旋体。而产物（D）和产物（E）是同一种化合物，为内消旋体（如图 6-10 所示）。

图 6-10　2-丁烯加溴的立体化学

凡互为立体异构体的反应物，在相同条件下同相同试剂反应，分别生成不同的立体异构体的产物，这种反应称为立体专一性反应。例如，顺-2-丁烯和反-2-丁烯互为立体异构体，在相同条件下分别与溴反应，前者生成的产物是外消旋体，而后者生成的产物是内消旋体。又如在生物体内，由于酶催化的专一性，使得许多生物化学反应都是立体专一反应。在有机化学反应中，如果有产生几种非对映异构体的可能性时，但只产生其中一种为主的立体异构体，这种反应称为立体选择性反应。例如，5-癸炔在液氨中用 Na 还原，产物以反式烯烃为主（占到 80%～90%）

$$CH_3(CH_2)_3-C\equiv C-(CH_2)_3CH_3 \xrightarrow[-33℃]{Na，液 NH_3}$$

（结构图：顺式烯烃，CH₃(CH₂)₃ 与 H 在上，H 与 (CH₂)₃CH₃ 在下，中间 C=C 双键）

立体专一性反应都是立体选择性反应，但立体选择性反应不一定是立体专一性反应。

阅读材料

中国科学院院士、有机化学家冯小明

冯小明院士从事的是不对称合成方法学及手性医药、农药和具有生理活性化合物的合成研究，其核心问题是高效高选择性手性催化剂的设计与合成。冯小明突破传统，原创性地发展了一类新型优势手性催化剂，使手性医药、农药以及化妆品、食品添加剂等的合成更精准、更高效、更绿色、更容易，为重要手性化合物的合成提供了核心技术。对于冯小明团队而言，自 1999 年开始此项研究，直到 2007 年成果初现，这八年其实很艰难。做研究是把未知变成已知，途中充满不确定性，每时每刻都在经历着"坚持还是放弃"的选择，因为大家明白，做科研不可能没有困难。虽然突破很难，但是一旦有了突破，就会打开一扇新的大门，引发一系列后续进展。

在课题组成员的共同努力下，冯小明团队终于实现了从 0 到 1 的突破。他们运用自主开发的手性催化剂（例如：手性双氮氧配体及其配合物）和催化策略，在温和条件下实现了五十多类重要的不对称催化反应，包括十多类不对称催化新反应和以前无法实现的挑战性反应，其中之一被 Elsevier 出版社有机人名反应专著冠名为"Roskamp-Feng"反应，这是首个中国科学家在中国本土所做的工作被国际人名反应专著冠以中国人名的有机化学反应，纠正了美国通用有机化学教材中"不能制备手性中心位于两个羰基之间光学活性 β-酮酸酯"的结论。开发的催化剂被称为"冯氏催化剂"，现已成为商品化试剂，被国内外多个课题组和公司成功应用，是最为经济、绿色、适用范围最广的一种不对称手性催化剂。

对于冯小明来说，1978 年是对他影响深刻的一年。当年 1 月，徐迟一篇名为《哥德巴赫猜想》的报告发表在《人民文学》，文章讲述了我国著名数学家陈景润如何面对困难攀登数学高峰的事，在全国引起了强烈反响，这篇文章也在 15 岁的冯小明心中埋下了一个志向："要做陈景润一样的科学家"。正是在老一辈科学家精神的激励下，1981 年冯小明如愿考上了兰州大学。到了大学，冯小明便开始埋头苦读，每天重复着教室、自习室、寝室三点一线的生活，风雨无阻，寒来暑往。经过四年的寒窗苦读，他如愿以偿地考上了研究生。在老师眼中，冯小明始终是最勤奋、最优秀的学生之一。参加工作后，冯小明一头扎进科研里，26 岁被破格晋升为副教授，成为了全国最年轻的副教授之一。之后他到中国科学院化学所有机化学专业攻读博士学位，又到美国科罗拉多州立大学化学系进行博士后研究。"也正是这一段不断求学的经历，才为我后来的科研工作打下了坚实的基础。"冯小明说。

1999 年冯小明从美国返回祖国，回到中科院成都有机化学研究所工作，2000 年他来到四川大学化学学院，在这个具有百年文化传承的地方潜心研究基础科学。在冯小明看来，基础研究才是科学进步和产业转型升级的根，他说"只有坚持源头创新，坚定开展原创性研究，才能实现高水平科技自强自立"。在手性催化这一基础领域，冯小明一做就是 20 年。"设计合成催化剂是现代化学化工中最核心最关键的技术之一，手性催化剂不但要促进化学分子的断键重组，同时它还要控制过程中分子的空间构型。"冯小明解释道。过去很长一段

时间里，"配体或者催化剂的骨架具有刚性是"优势手性催化剂"的重要条件，许多配体或催化剂一般只适用于个别反应和部分底物，不具通用性"，冯小明说，这曾是国际化学界的共识。

从组建课题组开始，冯小明和团队成员每天就是做大量实验，在实验室里，日复一日，合成了成百上千的化合物。冯小明说，做基础研究，其实起初并不知道未来会怎样，这是个全新的领域，不知道结果，甚至不知道该怎样着手。"那种探索人类未知的欲望，会让你心甘情愿地静下心来挖掘，并且甘之如饴。"成功了这就是全新的成果，失败了也无妨，那种探索的欲望始终会把你推着往前走。随着研究的成功，各种荣誉也纷沓而至：未来科学大奖、何梁何利基金科学与技术进步奖……可是冯小明很淡然，依然大部分时间"泡"在实验室。他说："我只是发现了那个'好的催化剂'，但是还需要知道它为什么好，它的极限在哪，有没有边界……"

谈到未来，冯小明说："我想我会一如既往地坚持原创性的基础研究，实现更多从 0 到 1 的突破，产生原创性的技术，用原创性研究引领创新人才培养，为社会进步、国家富强、民族复兴作出我们的努力和贡献。"

本章小结

1. 物质的旋光性。
2. 旋光性与分子结构的关系。
3. 旋光异构体的构型表示式及构型标记。
4. 含手性碳原子以及不含手性碳原子的旋光异构。
5. 亲电加成反应的立体化学。

习题

6-1　单项选择题

（1）属于对映异构体的是（　　　）。

A. 构型异构　　　　B. 构造异构　　　　C. 旋光异构　　　　D. 顺反异构

（2）在手性分子中，必然有（　　　）。

A. 手性碳原子　　B. 对称轴　　　　C. 对称面　　　　D. 镜像，并且实物与镜像不能完全重合

（3）用绝对构型标记对映体的方法是（　　　）。

A. 楔形式　　　　　B. 费歇尔投影式　　　C. D/L　　　　　D. R/S

（4）属于费舍尔投影式构型特点的是（　　　）。

A. 楔形线表示伸向纸面前方　　　　B. 横后竖前碳纸面

C. 立体式　　　　　　　　　　　　D. 最小编号的碳原子在上端

（5）3-羟基-3-羧基戊二酸无旋光性的原因是（　　　）。

A. 没有手性碳原子　　B. 没有对称面　　　C. 没有对称中心　　　D. 无对称轴

6-2　问答题

（1）什么叫手性碳原子？下列化合物中有无手性碳原子？如果有手性碳原子，试用"＊"标出。

$$C_2H_5CH\!=\!CHCHCH\!=\!CHC_2H_5 \qquad CH_3CH_2CH_2CHCH_2CH_3$$
$$\underset{\displaystyle CH_3}{|} \qquad\qquad\qquad\qquad \underset{\displaystyle CH_3}{|}$$

（2）如何判断分子有无对称因素？下列化合物中哪些具有对称因素？哪些是手性分子？

A. CH_2Cl_2 B. $CHBr\!=\!CHBr$

C. $CH_3CHBrCOOH$ D. $CH_3CHBrCH_2CH_3$

6-3 标记命名下列化合物（R/S 标记）

(1)
$$
\begin{array}{c}
\mathrm{Cl} \\
\mathrm{H}\!-\!\!\!-\!\!\!-\!\mathrm{Br} \\
\mathrm{CH_3}
\end{array}
$$

(2)
$$
\begin{array}{c}
\mathrm{H} \\
\mathrm{CH_2}\!=\!\mathrm{CH}\!-\!\!\!-\!\!\!-\!\mathrm{C_2H_5} \\
\mathrm{Br}
\end{array}
$$

(3)
$$
\begin{array}{c}
\mathrm{CH_3} \\
\mathrm{H}\!-\!\!\!-\!\!\!-\!\mathrm{Cl} \\
\mathrm{H}\!-\!\!\!-\!\!\!-\!\mathrm{Cl} \\
\mathrm{CH_2CH_3}
\end{array}
$$

(4)
$$
\begin{array}{c}
\mathrm{CH_3} \\
\mathrm{Br}\!-\!\!\!-\!\!\!-\!\mathrm{H} \\
\mathrm{H}\!-\!\!\!-\!\!\!-\!\mathrm{Cl} \\
\mathrm{CH_2CH_3}
\end{array}
$$

6-4 将麦芽糖的溶液转入 10cm 长的盛液管中，用钠光作为光源，测得其旋光度为 $+42.3°$，求这种溶液的浓度（麦芽糖的比旋光度为 $+130.8°$）。

6-5 旋光化合物 A（C_6H_{10}），能与硝酸银氨溶液生成白色沉淀 B（C_6H_9Ag）。将 A 催化加氢生成 C（C_6H_{14}），C 没有旋光性。写出 A、B、C 的构造式。

6-6 化合物 A 的分子式为 C_6H_{12}，能使溴水褪色，没有旋光性。A 在酸性条件下加 1mol H_2O 可得到一个有旋光性的醇 B，B 的分子式 $C_6H_{14}O$；若 A 在碱性条件被 $KMnO_4$ 氧化，得到一个内消旋的二元醇 C，分子式为 $C_6H_{14}O_2$。推测 A、B、C 的结构式。

第7章

卤代烃

学习目标

掌握卤代烃的分类和命名，熟悉卤代烃的制备方法及化学性质；掌握伯、仲、叔卤代烃进行亲核取代和消除反应的特点，以及鉴别它们的方法；了解金属有机化合物的涵义，掌握 Grignard 试剂的制备、反应和应用；掌握亲核取代和消除反应的机理及其影响因素；了解卤代烯烃、卤代芳烃和隔离型卤代烃的结构和化学性质，了解重要卤代烃化合物的结构和应用。

素质目标

了解有机氟化物的特点以及氟氯烃的用途，正视某些化学品存在的问题（如环境污染和健康损害等），倡导绿色化学发展理念，为国家生态建设作出贡献。

烃分子中的氢原子被卤原子（F、Cl、Br、I）取代的化合物称为卤代烃（alkyl halides），其结构可表示为：(Ar)R—X，X 可看作是卤代烃的官能团。氟代烃的性质和制法比较特殊，故一般单独讨论。

由于 C—X 键是极性共价键，容易发生断裂，使得卤代烃的性质比烃活泼得多，能发生多种化学反应而转变成其他各类化合物。所以，卤代烃在有机合成上是一类重要的中间体。自然界中极少含有卤素的卤代衍生物，绝大多数是人工合成的。

7.1 卤代烷烃的结构

卤代烃中 C—X 键是由一个 C 的 sp^3 杂化轨道和一个 X 的 p 轨道重叠而成的。在元素周期表中从 F 到 I，X 的 p 轨道的半径增大，它与 C 的 sp^3 杂化轨道的重叠以及 C—X 键的键能也都降低。例如，卤代甲烷 CH_3X 的 C—X 键的键能按这个顺序而降低，同时 C—X 键的键长增大（表7-1）。

卤甲烷	键长/Å	键能/kJ·mol⁻¹
CH_3Cl	1.784	339
CH_3Br	1.929	285
CH_3I	2.319	218

7.2　卤代烃的分类和命名

卤代烃分类方法较多。其中，按照卤代烃分子中烃基的种类不同，可将卤代烃分为饱和卤代烃、不饱和卤代烃和芳香族卤代烃。在饱和卤代烃中，按照和卤原子直接相连的碳原子的类型，可分为一级（伯）、二级（仲）、三级（叔）卤代烃。在不饱和卤代烃中，按照卤原子与不饱和键的相对位置，可分为乙烯基卤代烃、烯丙基卤代烃、孤立式卤代烃。

卤代烃分类如表 7-2 所示。

□ 表 7-2　卤代烃的类型

类型	基团	小类型	实例
饱和卤代烃	伯烃基	伯卤代烃(一级卤代烃)	$RCH_2—X$
	仲烃基	仲卤代烃(二级卤代烃)	$R_2CH—X$
	叔烃基	叔卤代烃(三级卤代烃)	$R_3C—X$
	环烃基	卤代环烷烃	▷—X
不饱和卤代烃	乙烯基	乙烯基卤代烃	$CH_2=CH—X$
	烯丙基	烯丙基卤代烃	$CH_2=CHCH_2—X$
	孤立烯基	孤立型卤代烯烃	$CH_2=CHCH_2CH_2—X$
芳香卤代烃	苄基	苄基卤代烃	$PhCH_2—X$
	芳基	卤代芳烃	$Ph—X$
	孤立芳基	孤立型卤代芳烃	$Ph(CH_2)_n—X$ $n>1$

卤代烃的命名常采用习惯命名法和系统命名法。

（1）习惯命名法　习惯命名法是以烃为母体，卤素为取代基而命名的，称为"某基卤"或"卤（代）某烷"。此法适用于简单卤代烃。例如：

CH₃Br　　　CH(CH₃)₂Cl　　　［苯环］—CH₂Cl

甲基溴　　　异丙基氯　　　苄基氯

（溴甲烷）　（氯代异丙烷）　（氯化苄）

（2）系统命名法　卤代烃的系统命名法基本要点与烃类的命名相似。

对于卤代烷烃，首先选择含有卤原子的最长碳链作为主链，称为"某烷"。然后从靠近支链（烃基或卤原子）最近的一端给主链编号。主链以外的侧链和卤原子都作为取代基，书写名称时，把取代基的位次和名称写在母体名称前，取代基的先后次序按次序规则排列。例如：

$$\underset{\underset{\substack{|\\ \text{H}_3\text{C}\quad \text{Br}}}{}}{\text{CH}_3\text{CH}_2\text{CHCHCH}_3}$$

3-甲基-2-溴戊烷

1-氯-4-溴环己烷

对于不饱和卤代烃，应选择含有重键的最长碳链作为主链，编号时使双键或三键的位次最小，卤原子作为取代基命名。例如：

$$\text{HC}\equiv\text{CCH}_2\text{Cl}$$

3-氯丙炔

$$\underset{\substack{|\\ \text{Br}}}{\text{CH}_3}\underset{\substack{|\\ \text{CH}_3}}{\text{CHCH}=\text{CCH}_3}$$

2-甲基-4-溴-2-戊烯

3-氯环己烯

芳香族卤代烃的命名有两种方法。一是卤原子连在芳环上时，把芳环当作母体，卤原子作为取代基；二是卤原子连在侧链上时，把侧链当作母体，卤原子和芳环均作为取代基。例如：

4-氯甲苯

1-溴萘（α-溴萘）

1-苯基-2-溴丙烷

7.3 卤代烷烃的物理性质

在室温下，除氯甲烷、氯乙烷、氯乙烯和溴甲烷等是气体外，一般卤代烃是具有不愉快气味的无色液体，15 个碳以上的卤代烷为固体。许多卤代烃都有毒性，特别是含偶数碳原子的氟代烃有剧毒。

卤代烃的沸点，卤素相同时，随碳原子数的增加而升高；烃基相同时，其沸点随卤素从氯到碘而升高。卤代烷的沸点高于与其有相同烃基的烷烃。在同一卤代烷的各种异构体中，与烷烃的情况类似，即直链异构体的沸点最高，支链越多，沸点越低。

卤代烷均不溶于水，但能溶于醇、醚、烃等多种有机溶剂。某些卤代烷（二氯甲烷、三氯甲烷和四氯化碳）本身就是优良的有机溶剂。一氯代烃（除氯甲烷外）的相对密度小于1，比水轻，其他卤代烃的相对密度均大于1。同系列中，卤代烷相对密度随分子量的增加而降低。这主要是卤原子在分子中质量分数逐渐减小的缘故。表 7-3 列出了常见卤代烷的主要物理参数。

▣ 表 7-3　一些卤代烷的主要物理常数

卤代烷	氯代烷		溴代烷		碘代烷	
	沸点/℃	相对密度(d_4^{20})	沸点/℃	相对密度(d_4^{20})	沸点/℃	相对密度(d_4^{20})
CH_3X	−24.2	—	3.5	—	42.4	2.279
$\text{CH}_3\text{CH}_2\text{X}$	12.3	—	38.4	1.440	72.3	1.933
$\text{CH}_3\text{CH}_2\text{CH}_2\text{X}$	46.6	0.890	71.0	1.335	102.5	1.747
$(\text{CH}_3)_2\text{CHX}$	34.8	0.859	59.4	1.310	89.5	1.705
$\text{CH}_3\text{CH}_2\text{CH}_2\text{CH}_2\text{X}$	78.4	0.884	101.6	1.276	130.5	1.617
$\text{CH}_3\text{CH}_2\text{CHXCH}_3$	68.3	0.871	91.2	1.258	120	1.595

卤代烷	氯代烷		溴代烷		碘代烷	
	沸点/℃	相对密度(d_4^{20})	沸点/℃	相对密度(d_4^{20})	沸点/℃	相对密度(d_4^{20})
$(CH_3)_2CHCH_2X$	68.8	0.875	91.4	1.261	121	1.605
$(CH_3)_3CX$	50.7	0.840	73.1	1.222	100(分解)	1.545
$CH_3(CH_2)_3CH_2X$	108	0.833	130	1.223	157	1.517
CH_2X_2	40	1.336	99	2.49	180(分解)	3.325
CHX_3	61	1.489	151	2.89	升华	4.008
CX_4	77	1.595	189.5	3.42	升华	4.320

7.4 卤代烷烃的化学性质

卤代烃分子中 C—X 键为极性共价键，碳原子带部分正电荷，易受带负电荷或孤电子对的试剂的进攻。因此，C—X 键容易异裂而发生各种化学反应。卤代烃的化学性质活泼，主要发生在 C—X 键上。

7.4.1 亲核取代反应

反应中被取代的卤原子以 X⁻ 形式离去，称为离去基团（leaving group，常用 L 表示）。由亲核试剂（nucleophile，常用 Nu 表示）的进攻而引起的取代反应称为亲核取代反应（nucleophilic substitution，常用 S_N 表示）。卤代烷在一定条件下，可被许多亲核试剂取代。其通式为：

$$R-L + :Nu \longrightarrow R-Nu + L^-$$
$$RCH_2X + OH^- \longrightarrow RCH_2-OH + X^-$$

反应物　亲核试剂　产物　　　　离去基团
（底物）进攻基团

（1）被羟基取代　卤代烷与氢氧化钠或氢氧化钾的水溶液共热，卤原子被羟基取代生成醇。此反应也称为卤代烷的水解。

$$R-X + NaOH \xrightarrow[\triangle]{H_2O} R-OH + NaX$$

（2）被烷氧基取代　卤代烷与醇钠作用，卤原子被烷氧基取代生成醚。此反应也称为卤代烷的醇解。

$$R-X + NaOR' \xrightarrow{ROH} R-OR' + NaX$$

卤代烷的醇解是制备混合醚的重要方法，称为 Williamson 合成法。

（3）被氨基取代　卤代烷与氨（胺）的水溶液或醇溶液作用，卤原子被氨基取代生成胺。此反应也称为卤代烷的氨（胺）解。

$$R-X + NH_3 \xrightarrow{ROH} R-NH_2 + HX$$

由于产物具有亲核性，除非使用过量的氨（胺），否则反应很难停留在一取代阶段。如果卤代烷过量，产物是各种取代的胺以及季铵盐。

$$RNH_2 \xrightarrow[ROH]{RX} R_2NH \xrightarrow[ROH]{RX} R_3N \xrightarrow[ROH]{RX} R_4N^+X^-$$

（4）被氰基取代　卤代烷与氰化钠或氰化钾的醇溶液共热，卤原子被氰基取代生成腈。腈在酸性介质下可发生水解反应生成羧酸。

$$R{-}X+NaCN \xrightarrow[\triangle]{ROH} R{-}CN+NaX$$

$$R{-}CN+H_2O \xrightarrow[\triangle]{H^+} R{-}COOH$$

由于产物比反应物多一个碳原子，因此该反应是有机合成中增长碳链的方法之一。

（5）被硝酸根取代　卤代烷与硝酸银的醇溶液作用，卤原子被硝酸根取代生成硝酸酯，同时产生卤化银沉淀。

$$R{-}X+AgNO_3 \xrightarrow{ROH} R{-}ONO_2+AgX\downarrow$$

除了乙烯型和芳香型卤代烃外，其他卤代烃均可与硝酸银的醇溶液反应产生卤化银沉淀，所以此反应是鉴定卤代烷的常用方法之一。此外，由于结构不同的卤代烃分子中卤原子的活泼性不同，可根据反应生成卤化银的速率不同来推测卤代烃的类型。

7.4.2　消除反应

卤代烷在 KOH 或 NaOH 等强碱的醇溶液中加热，分子中脱去一分子卤化氢生成烯烃。这种由分子中脱去一个简单分子（如 H_2O、HX、NH_3 等）的反应叫做消除反应（Elimination，常用 E 表示）。

$$RCH{-}CH_2 + KOH \xrightarrow[\triangle]{C_2H_5OH} RCH{=}CH_2 + KX + H_2O$$
$$\underset{\text{H \quad X}}{\underline{\vert \qquad \vert}}$$

卤代烷与氢氧化钠（或 KOH）的醇溶液作用时，卤素常与 β-C 上的氢原子脱去一分子卤化氢而生成烯烃。这种形式的消除反应称 β-消除或 1,2-消除。

消除反应的活性次序：叔卤代烷＞仲卤代烷＞伯卤代烷。当含有两个以上 β-C 的卤代烷发生消除反应时，将按不同方式脱去卤化氢，生成不同产物。大量实验事实证明，其主要产物是脱去含氢较少的 β-C 上的氢，生成双键碳原子上连有最多烃基的烯烃。这个规律称为扎依采夫（A. M. Saytzeff）规律。例如：

$$\underset{\underset{\text{H}}{\vert}}{\overset{\beta}{C}H_3CH}{-}\underset{\underset{\text{Br}}{\vert}}{\overset{\alpha}{C}H}{-}\underset{\underset{\text{H}}{\vert}}{\overset{\beta}{C}H_3} \xrightarrow[\triangle]{NaOH\text{-}C_2H_5OH} \underset{81\%}{CH_3CH{=}CHCH_3} + \underset{19\%}{CH_3CH_2CH{=}CH_2}$$

7.4.3　与金属的反应

卤代烷能与多种金属如 Mg、Li、Al 等反应生成金属有机化合物，金属有机化合物是重要的有机合成试剂，使用较多的是格林纳（Grignard）试剂，简称格氏试剂。格氏试剂可通过一卤代烷在无水乙醚中与金属镁作用制得。

$$R{-}X+Mg \xrightarrow{无水乙醚} R{-}Mg{-}X$$

格氏试剂中的 C—Mg 键极性很强，格氏试剂的性质非常活泼，能与多种含活泼氢的化合物，如水、醇、酸以及端基炔烃分解为烃，还能与 CO_2 作用生成羧酸。

因此，在制备格氏试剂时，必须用无水试剂和干燥的反应器，必须防止水气、酸、醇、二氧化碳等物质。

格式试剂可以与许多物质反应，生成其他有机化合物或其他金属有机化合物，是有机合成中非常有用的试剂。Grignard 由于发现了格式试剂而获得了 1912 年诺贝尔化学奖。

7.5　亲核取代反应和消除反应机理

7.5.1　亲核取代反应机理

对于卤代烃的亲核取代反应：$RX + Nu^- \longrightarrow RNu + X^-$

RX 如何变为产物 RNu 的，从亲核试剂 Nu^- 进攻与离去基团 X^- 离去的先后顺序看，反应可能通过两种途径之一进行：离去基团 X^- 先离去，形成 R^+，然后 R^+ 与 Nu^- 结合形成 RNu，这个过程叫单分子历程，用 S_N1 表示；Nu^- 进攻 RX，X^- 的离去与 Nu^- 同带正电性的碳原子结合同时进行，这个过程叫双分子历程，用 S_N2 表示。

事实证明，卤代烃的亲核取代反应确有这两种历程。一个反应到底经过哪种历程，与化合物结构、进攻试剂性质、溶剂性质等因素有关，其中最基本的是结构因素。

7.5.1.1　单分子亲核取代（S_N1）反应历程

实验证明，溴代叔丁烷在碱性溶液中的水解反应速率仅与叔丁基溴的浓度成正比，与亲核试剂 OH^- 的浓度无关，在动力学上属于一级反应，称为 S_N1 反应。

$$v = k\left[(CH_3)_3CBr\right]$$

（1）S_N1 历程　S_N1 反应分两步完成。第一步是碳溴键断裂生成碳正离子，此步较慢，为决速步骤；第二步是由碳正离子与试剂 OH^- 或水结合生成水解产物。

反应的能量变化如图 7-1 所示。

图 7-1 S_N1 反应历程中的能量变化

既然 S_N1 反应速率由第一步决定，因此在这步中生成的碳正离子中间体越稳定，反应越容易进行，反应速率越快。所以不同类型卤代烷按 S_N1 历程反应的活性次序为：

$$R_3C—X > R_2CH—X > RCH_2—X > CH_3—X$$

反应按 S_N1 机理反应进行时，有如下特点：

① 反应速率仅与 RX 浓度有关，与亲核试剂的浓度无关；

② 反应分两步进行；

③ 存在碳正离子中间体过程；

④ 碳正离子可以发生重排。

（2）S_N1 中的立体化学　在 S_N1 反应历程中，第一步，中心 C 解离为 C^+，C 由 sp^3 转变为 sp^2 杂化态。第二步，中心 C 又由 sp^2 转变为 sp^3 杂化态。形成的 C^+ 呈 sp^2 态，具有平面构型，如图 7-2 所示。

图 7-2　碳正离子的结构

亲核试剂向平面的正反两面进攻的概率是相等的，因此生成的产物按理是外消旋化产物，是非光学活性的。这个反应进程称为外消旋化（图 7-3）。

图 7-3　外消旋化

在有些 S_N1 反应情况下，实验结果的确如此，但在多数情况下，结果并不那么简单。在外消旋化的同时，还再现了一部分构型的转化，从而使产物具有不同程度的旋光性。

例如，2-卤代辛烷，按 S_N1 反应水解时，得到 34% 外消旋物质和 66% 构型转化的旋光物质。

7.5.1.2 双分子亲核取代（S_N2）反应历程

溴甲烷在氢氧化钠水溶液中的水解反应是按 S_N2 历程进行的，反应速率既与溴甲烷的浓度成正比，也与亲核试剂 OH^- 的浓度成正比，在动力学上属于二级反应，称为 S_N2 反应。

$$v = k[CH_3Br][OH^-]$$

（1）S_N2 历程 S_N2 反应是通过形成过渡态一步完成的（图 7-4）。

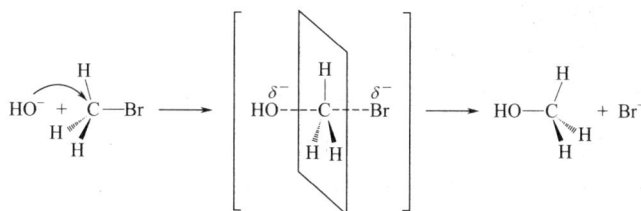

图 7-4 S_N2 反应历程

反应的能量变化如图 7-5 所示。

图 7-5 S_N2 反应历程中的能量变化

在 S_N2 反应中，亲核试剂从卤原子的背面进攻 α-C，α-C 周围的空间阻碍将影响亲核试剂的进攻。所以 α-C 上的烃基越多，进攻的空间阻碍越大，反应速率越慢。另一方面，烷基具有斥电子性，α-C 上的烷基越多，该碳原子上的电子云密度也越大，越不利于亲核试剂的进攻。所以不同类型卤代烷按 S_N2 历程反应的活性次序为：

$$CH_3—X > RCH_2—X > R_2CH—X > R_3C—X$$

反应按 S_N2 机理进行时的特点如下：

① 反应速率不仅与 RX 浓度有关，与亲核试剂浓度也有关。

② 反应中新键的形成和旧键的断裂同时进行。

③ 产物构型翻转，发生瓦尔登转化。

另外，卤原子对亲核取代反应速率也有影响。当卤代烷分子中的烷基相同而卤原子不同时，其反应活性次序为：

$$R-I > R-Br > R-Cl$$

（2）S_N2 中的立体化学 杂化轨道理论认为，在 S_N2 反应的过渡态中，中心 C 从原来的 sp^3 转变为 sp^2 杂化态，所以 C—H 键的键角为 $120°$，三个 C—H 键同在一个平面上。未参与杂化的一个 p 轨道则与 OH^- 和 Br^- 结合。过渡态时 sp^2 杂化状态如图 7-6 所示。旧键断裂后，中心 C 原子又从过渡态的 sp^2 转变为 sp^3 杂化态产物。反应前后，中心 C 原子构型发生翻转，发生瓦尔登转化。

图 7-6 过渡态时 sp^2 杂化状态

7.5.1.3 S_N1 与 S_N2 反应的竞争

S_N1 和 S_N2 是卤代烷发生亲核取代反应的两种典型历程，往往同时存在，只是在不同的反应物和不同的反应条件下哪种历程占优势。如果单从卤代烷分子中的烷基结构的影响考虑，当中心 C 所连的烷基数目增多，空间位阻就会增大，亲核试剂向卤代烷中心 C 靠近就较困难，因而不利过渡态形成，较难按 S_N2 进行。相反，由于烷基的斥电性作用使中心 C 上的电子云密度增大，有利于卤原子以负离子形式离去而形成 C^+，易于按 S_N1 历程进行。同理，如果中心 C 上的烷基越少，则有利于按 S_N2 而不利于按 S_N1 历程进行。

综上所述，一般来说，叔卤代烷是以 S_N1 反应为主，而伯卤代烷、卤甲烷是以 S_N2 反应为主，仲卤代烷则可以同时按 S_N1 和 S_N2 历程进行。即：

$$\xrightarrow{\hspace{8cm}} S_N1$$

$$\text{CH}_3\text{X} \qquad \text{RCH}_2\text{X} \qquad \text{R}_2\text{CHX} \qquad \text{R}_3\text{CX}$$

$$S_N2 \xleftarrow{\hspace{8cm}}$$

此外，亲核试剂的性质、不同的卤原子、溶剂等因素对亲核取代反应也是有影响的。如增加溶剂的极性，有利于按 S_N1 历程进行。例如，$C_6H_5CH_2$—Cl 的水解反应，在水中按 S_N1 历程进行，而在极性较小的丙酮中则按 S_N2 历程进行。

$$C_6H_5CH_2Cl \longrightarrow \begin{cases} \xrightarrow[\;S_N1\;]{H_2O} C_6H_5CH_2OH \\ \xrightarrow[\;S_N2\;]{CH_3COCH_3} C_6H_5CH_2OH \end{cases}$$

7.5.2 消除反应机理

所谓消除反应，除非特别说明，一般是指 β-消除反应。在一个分子中，被消除的两个原子（原子团），就离开的先后顺序来讲，可以两个同时离开，也可以不同时离开。在不同时离开的情况下，可以是其中的任何一个先离开。因此卤代烷的消除反应和亲核取代反应类似，存在单分子和双分子两个反应历程。消除反应用 E 表示，E1 和 E2 分别代表单分子消除反应和双分子消除反应。

7.5.2.1 单分子消除（E1）反应历程

在 E1 消除反应中，第一步是卤代烷在溶剂中先解离为 C^+，然后这个 C^+ 在碱性试剂作用下失去一个 β-H 而成烯烃，反应是分两步完成的。

$$(CH_3)_3CBr \xrightarrow{\text{慢}} (CH_3)_3C^+ + Br^-$$

$$v = k[(CH_3)_3CBr]$$

整个反应的速率取决于第一步中叔丁基溴的浓度，与试剂 OH^- 的浓度无关，故称为单分子消除反应历程，用 E1 表示。

与 S_N1 反应历程不同，E1 历程的第二步中 OH^- 不是进攻碳正离子生成醇，而是夺取碳正离子的 β-H 生成烯烃。显然，E1 和 S_N1 这两种反应历程是相互竞争、相互伴随发生的。例如，在 25℃ 时，叔丁基溴在乙醇溶液中反应得到 81% 的取代产物和 19% 的消除产物。

$$(CH_3)_3CBr + C_2H_5OH \xrightarrow{25℃} (CH_3)_3COC_2H_5 + (CH_3)_2C=CH_2$$
$$\qquad\qquad\qquad\qquad\qquad\qquad 81\% \qquad\qquad 19\%$$

从 E1 反应历程可以看出，不同卤代烷的反应活性次序和 S_N1 相同，与 C^+ 稳定性有关，即活性次序为：

$$R_3C-X > R_2CH-X > RCH_2-X$$

7.5.2.2 双分子消除（E2）反应历程

E2 和 S_N2 也很相似，旧键的断裂和新键的形成同时进行，整个反应经过一个过渡态。

$$v = k[CH_3CH_2CH_2Br][OH^-]$$

整个反应速率既与卤代烷的浓度成正比，也与碱的浓度成正比，故称为双分子消除反应历程，用 E2 表示。

与 S_N2 反应历程不同，E2 历程中 OH^- 不是进攻 α-C 生成醇，而是夺取 β-H 生成烯烃。显然，E2 与 S_N2 这两种反应历程也是相互竞争、相互伴随发生的。例如：

$$\qquad\qquad\qquad\qquad\qquad\qquad 60\% \qquad\qquad\qquad 40\%$$

E2 反应的过渡态类似烯烃，而双键碳上连接的烷基越多，则烯烃越稳定。因此，叔卤代烷所形成的类似烯烃的过渡态更稳定，更容易生成。此外，叔卤代烷的 β-H 数目更多，更有利于碱的进攻。故卤代烷进行消除反应时，无论是按 E1 还是按 E2 机理进行，卤代烷的活性次序是：

$$R_3C-X > R_2CH-X > RCH_2-X$$

7.5.2.3 消除反应中的立体化学

从立体化学角度考虑，β-H 消除可能有两种不同的方式。将离去基团 X 与被脱去的 β-H 放在同一平面上，若 X 与 β-H 在 σ 键同侧被消除，称为顺式消除；若 X 与 β-H 在 σ 键两侧

（异侧）被消除，称为反式消除。

实验表明，按 E2 机理进行的消除反应，反式消除活化能较低。例如，蓝基氯（氯蓝烷）与强碱作用，生成唯一产物 2-蓝烯。利用蓝基氯的构象式可以看出，蓝基氯脱 HCl 按照反式消除反应进行。

蓝基氯   2-蓝烯

再例如，1,2-二苯基-1-溴丙烷有如下四种旋光异构体：

（I）   （II）   （III）   （IV）

它们在进行 E2 反应时，（I）和（II）只能生成反式烯烃，（III）和（IV）则只能生成顺式烯烃。其反应的立体化学过程如下：

（II）   (E)-1,2-二苯丙烯

（IV）   (Z)-1,2-二苯丙烯

7.5.3 亲核取代反应和消除反应的竞争

卤代烷在 NaOH 作用下，可以发生 S_N 反应和 E 反应，其历程相似，有单分子历程和双分子历程。E 和 S_N 同时存在于一个反应体系中。在这两历程中，反应物和进攻试剂相同，彼此互相竞争。如果进攻试剂有利进攻反应物 α-C 则发生取代反应，而有利进攻 β-H 发生消除反应。

因此，卤代烷水解时，不可避免地会有脱 HX 的副反应发生；同样脱 HX 时有时也会有卤代烷的取代产物生成。那么，对于一个特定条件下的反应，竞争的结果将会主要得到是取代产物还是消除产物？大量的研究发现，消除产物和取代产物的比例常受到反应物结构，试剂的碱性及亲核性，溶剂极性及反应温度的影响。

（1）卤代烷的结构　一般说来，一级卤代烷的 S_N2 反应快，E2 反应较慢，但随着 α-C 上的支链增多，S_N2 反应速率减慢，E2 反应速率加快。

消除反应速率增加

$$双分子历程 \quad 1°RX \quad 2°RX \quad 3°RX \quad 单分子历程$$

亲核取代反应速率降低

因为 β-C 上支链增多，进攻试剂进攻 α-C 时的空间位阻增大，故有利于 E，不利于亲核取代反应。如叔卤代烷是单分子历程，有利于消除反应。

下面是三种伯溴代烃在 $NaOC_2H_5$ 作用下进行 S_N2 和 E2 竞争反应的情况，见表 7-4。

表 7-4　几种溴代烃进行 S_N2 和 E2 竞争反应产率

溴代烷	反应条件	S_N2 产物/%	E2 产物/%
$CH_3CH_2CH_2CH_2CH_2Br$		90.2	9.8
$(CH_3)_2CHCH_2Br$	$\xrightarrow[C_2H_5OH]{C_2H_5ONa}$	40.5	59.5
$PhCH_2CH_2Br$		4.4	94.6

（2）试剂的碱性　进攻试剂的碱性越强，浓度越大，将有利于 E2 反应；试剂的亲核性越强，则有利于 S_N2 反应。以下负离子都是亲核试剂，其碱性由强至弱的次序为：

$$NH_2^- > RO^- > OH^- > CHCOO^- > I^-$$

例如，当伯、仲卤代烷用 NaOH 进行水解时，除了发生取代外还伴随消除反应的产物——烯烃产生，因 OH^- 既是亲核试剂又是强碱。但当 CH_3COO^- 或 I^- 作为进攻试剂时，则往往只发生 S_N2 反应没有消除反应，因为 CH_3COO^- 和 I^- 的碱性比 OH^- 弱，能进攻 α-C 而不进攻 β-H。另外，进攻试剂的体积越大，越不易于接近 α-C，而容易进攻 β-H，有利于 E2 反应的进行。

（3）溶剂的极性　一般来说，增加溶剂的极性有利于亲核取代反应，不利于消除反应。所以常用 KOH 加 H_2O 从卤代烷制醇，而用 KOH 加 EtOH 制烯烃。溶剂对反应的影响可以从 S_N2 和 E2 的过渡态电荷分散情况得到解释。

由于 S_N2 的过渡态电荷比较集中（仅分散在三个原子上），溶剂化作用能较大幅度地分散电荷，E2 过渡态电荷比较分散（电荷分散在五个原子上），使反应的活化能降低程度较大，因此溶剂极性的增加对 S_N2 有利。极性溶剂有利于电荷集中而不是分散，所以增加溶剂极性对 E2 过渡态不利。溶剂对单分子历程也有类似的影响。即溶剂极性的增加，对 S_N1 有利。

（4）温度　由于消除反应在活化过程中，需要拉长 C—H 键，而在亲核取代反应中，则没有这种情况，故消除反应的活化能比取代反应大。因此，增加温度可提高消除反应产物的比例。

综上所述，要促进消除反应：宜采用高浓度的强碱性试剂；使用极性小的溶剂；选择较高的温度进行反应。

7.6 卤代烯烃和卤代芳烃的化学性质

三种类型的卤代烯烃和卤代芳烃分子中都具有两个官能团，除具有烯烃或芳烃的通性外，由于卤原子对双键或芳环的影响及影响程度不同，又表现出各自的反应活性。

7.6.1 乙烯型和苯基型卤代烃的化学性质

这类卤代烃的结构特点是卤原子直接与不饱和碳原子相连，分子中存在 p-π 共轭体系。例如氯乙烯和氯苯分子中存在如图 7-7 所示的 p-π 共轭体系。

(a) 氯乙烯的p-π共轭体系　　　　　　(b) 氯苯的p-π共轭体系

图 7-7　乙烯基型和芳基型卤代烃的 p-π 共轭体系

共轭效应使 C—Cl 键的键长缩短，键能增大，C—Cl 键难以断裂，卤原子的反应活性显著降低。因此卤原子的活性比相应的卤代烷弱，在通常情况下不与 NaOH、C_2H_5ONa、NaCN 等亲核试剂发生取代反应，甚至与硝酸银的醇溶液共热也不生成卤化银沉淀。

另外在乙烯基型卤代烃分子中，由于卤原子的诱导效应较强，C＝C 双键上的电子云密度有所下降，所以在进行亲电加成反应时速率较乙烯慢。

7.6.2 烯丙型和苄基型卤代烃的化学性质

这类卤代烃的结构特点是卤原子与不饱和碳原子之间相隔一个饱和碳原子，无论是按 S_N1 还是按 S_N2 历程进行取代反应，由于共轭效应使 S_N1 的碳正离子中间体或 S_N2 的过渡态（图 7-8）势能降低而稳定，使反应易于进行。所以烯丙基型和苄基型卤代烃的卤原子反应活性比相应的卤代烷要高，室温下能与硝酸银的醇溶液作用生成卤化银沉淀。

(a) 烯丙基碳正离子的p-π共轭体系　　　(b) 烯丙基卤代烃的S_N2反应过渡态

图 7-8　烯丙基型卤代烃的碳正离子和 S_N2 反应过渡态

7.6.3 孤立型卤代烃的化学性质

隔离型卤代烯烃和卤代芳烃分子中的卤原子与碳碳双键或芳环相隔较远，彼此相互影响很小，化学性质与相应的烯烃或卤代烷相似。加热条件下可与硝酸银的醇溶液作用产生卤化银沉淀。

综上所述，三类不饱和卤代烃的亲核取代反应活性次序可归纳如下：

7.7 卤代烃的重要化合物

7.7.1 三氯甲烷

三氯甲烷俗名氯仿，为无色具有甜味的液体，沸点 61℃，不能燃烧，也不溶于水。工业上用作溶剂，在医药上也曾用作全身麻醉剂，因毒性较大，现已很少使用。三氯甲烷在光的作用下，易被空气中的氧分解，生成剧毒的光气。

所以三氯甲烷通常应保存在棕色瓶中，加满后封闭起来以隔绝空气。医药用三氯甲烷需加入 1% 乙醇，使可能生成的光气转化为无毒的碳酸二乙酯。

7.7.2 有机氟化物

一氟代烷在常温时很不稳定，容易失去 HF 而变成烯烃。

当同一碳原子上有两个氟原子时，性质就很稳定，不易起化学反应。如 CH_3CHF_2，$CH_3CF_2CH_3$。全氟化烃的性质极其稳定，它们有很高的耐热性和耐腐蚀性。

氟代烃的用途较多，如 $ClBrCHCF_3$ 可作麻醉药，不易燃烧，比环丙烷，乙醚安全。CCl_2F_2，CCl_3F，$F_2ClC—CClF_2$ 是很多喷雾剂（杀虫剂，清洁剂）的推进剂。CCl_2F_2（F-12）、$HCClF_2$（F-22）俗名氟利昂，是电冰箱和空调的制冷剂。作喷雾剂、推进剂或制冷剂的氯氟烃对地球周围的臭氧有破坏作用。有些国家已开始禁止使用含氯氟烃作为推进剂的喷雾剂。（F-XXX 代号表示，F 表示它是一个氟代烃。F 右边的数字，个位为氟原子个数，十位为氢原子个数加一，百位为碳原子个数减一）。

7.7.3 血防 846

血防 846（ ），即六氯对二甲苯，是白色有光泽的结晶性粉末，熔点 107～112℃，无异味，不溶于水，易溶于氯仿，可溶于乙醇和植物油。它是一种广谱性抗寄生虫药，对血吸虫、阿米巴原虫、绦虫、钩虫、蛔虫等都有杀灭作用。

探索氟利昂替代品：绿色制冷新纪元

氟利昂是一种早期空调常用的制冷剂，常见的有 R22、R32、R134a 等，一般在常温常压下均为气体，略有芳香味，在低温加压情况下呈透明状液体，能与卤代烃、一元醇或其他有机溶剂以任何比例混溶。氟制冷剂之间也能互溶，大致分为氯氟烃、氢氯氟烃和氢氟烃三类。由于氟利昂具有较强的化学稳定性、热稳定性、表面张力小、汽液两相变化容易、无毒、亲油、价廉等特点，已广泛应用于制冷、发泡、电子元件清洗等行业中。

氯氟烃类产品，简称 CFC，主要包括 R11、R12、R13、R14、R15、R500、R502 等，该类产品对臭氧层有破坏作用，被《蒙特利尔议定书》列为一类受控物质；氢氯氟烃类产品，简称 HCFC，主要包括 R22、R123、R141、R142 等，臭氧层破坏系数仅仅是 R11 的百分之几，目前被视为 CFC 类物质的最重要过渡性替代物质，在《蒙特利尔议定书》中 R22 被限定 2020 年淘汰，R123 被限定 2030 年淘汰；氢氟烃类产品，简称 HFC，主要包括 R134a（R12 的替代制冷剂）、R125、R32、R407C、R410A（R22 的替代制冷剂）、R152 等，臭氧层破坏系数为 0，但气候变暖潜能值很高，在《蒙特利尔议定书》没有规定使用期限，在《联合国气候变化框架公约》京都协议书中定性为温室气体。

在臭氧层破坏、气候变化异常、酸雨三大地球环境危机中，臭氧层破坏、气候变化异常这两大危机直接与氟利昂的排放有关，尤其是 CFC 类型。

氟利昂排放到大气中会导致臭氧含量下降。臭氧是一种淡蓝色的气体，具有强氧化性。臭氧对太阳紫外辐射有强烈的吸收作用，能吸收到达地球的太阳辐射中 99% 的紫外线，使地球上生物免遭强烈的紫外线辐射伤害，强紫外辐射有足够的能量使包括 DNA 在内的重要生物分子分解，增加患皮肤癌、白内障和免疫缺损症的发生率，并能危害农作物和水生生态系统，因此臭氧层是地球芸芸众生的保护伞。氟利昂也是非常重要的温室气体，虽然氟利昂在大气中的浓度显著低于其他温室气体，但其温室效应是二氧化碳的 3400～15000 倍，大量排放对大气的垂直温度结构和大气的辐射平衡产生重要影响，从而导致气候变化异常，并严重威胁地球的生态安全。

解决氟利昂产生的环境污染问题有三条途径：①限制与禁用；②替代品开发；③氟利昂的无害化。

国际社会以缔结国际公约的形式来限制、禁止氟利昂的生产与使用是目前最有效也最成功的方法。联合国环境规划署（UNEP）自 1976 年陆续召开了各种国际会议，通过了一系列保护臭氧层的协议，1985 年在奥地利召开会议，通过了《维也纳保护臭氧层协定》，1987 年，46 个国家在加拿大蒙特利尔签署了《蒙特利尔议定书》，开始采取保护臭氧层的具体行动。1990、1992 和 1995 年，在伦敦、哥本哈根和维也纳召开的议定书缔约国会议上，又做了 3 次修改形成了 3 个修正案，扩大了受控物质范围。我国在 2007 年 7 月 1 日实施了最后一个 CFC 淘汰计划，较之前的承诺提前了两年半，为保护臭氧层做出了极大贡献。

类别	制冷剂类别	代表产品	对环境影响	使用现状
第一代	氯氟烃类	R11、R12 等	含氯物质，对臭氧层破坏大	全球已淘汰
第二代	氢氯氟烃	R22、R123 等	含氯物质，因其含有氢对臭氧层破坏较小	欧美国家已淘汰，发展中国家 2040 年后禁用，国内应用广泛，淘汰中

类别	制冷剂类别	代表产品	对环境影响	使用现状
第三代	氢氟烃类	R407C、R410A 等	含氢不含氯,对臭氧层无破坏,但对气候的暖效应较大	国外应用较广,处于淘汰期
第四代	碳氢氟类	HFO-1234yf 等	环保无污染	尚未规模化使用

　　氟利昂的替代品应满足:符合环境保护要求,即替代物的臭氧消耗潜值(ODP)和全球变暖潜值(GWP)值都要小,一般应低于 0.1;符合使用性能要求,即替代物的热力学性质和应用物性等,能符合制冷、发泡、清洗等各行业对它们性能的要求;满足实际可行性要求,包括替代物生产工艺、设备的匹配以及安全性、经济性等。目前研究对 CFC 的替代主要集中在氟利昂家族中含氟不含氯的物质(HFC)、非完全卤化物质(HCFC)以及碳氢类物质(HC)上。Eui Jin Kim 等人研究的植物油基生物表面活性剂,有望代替 CFC 成为比较理想的工业清洗剂。

　　尽管氟利昂的生产与应用已经受到了严格限制,替代品的开发也加快了步伐,但是世界上还有 200 多万吨氟利昂存在废旧设备中,这些氟利昂不加以回收任之排放到大气中,那之前的努力将毁于一旦。处理这部分氟利昂,将之分解为无害物质或转化为有用物质是环境工程技术开发的迫切任务之一。日本从 1990 年投入开发 CFC 处理技术,成功利用高频等离子降解 CFC 并使之无害化,欧美国家利用 Cr-Al 等金属或金属氧化物催化剂催化降解 CFC,我国通过利用微波等离子技术成功降解了 CFC,复旦大学高滋研究组对催化降解 CFC 做了大量的基础性研究工作。

　　随着人们保护环境的意识越来越高,科学家们长期致力于发展更环保的制冷剂。第四代制冷剂 HFOs 拥有零 ODP 和极低的 GWP 值,被认为是未来可替代第三代制冷剂 HFCs 的新一代制冷剂之一。

　　习近平总书记强调:"绿水青山既是自然财富、生态财富,又是社会财富、经济财富"。生态环境保护和经济发展不是矛盾对立的关系,而是辩证统一的关系。只有把绿色发展的底色铺好,才会有今后发展的高歌猛进。

本章小结

卤代烃的化学反应主要有以下。

1. 亲核取代反应(被羟基、烷氧基、氨基、氰基、硝酸根取代)

$$
\begin{array}{c}
\text{NaCl} + \text{R}-\text{CN} \xleftarrow[\text{R'OH}]{\text{NaCN}} \\
\\
\text{AgCl}\downarrow + \text{R}-\text{ONO}_2 \xleftarrow[\quad]{\text{AgNO}_3}
\end{array}
\quad
\text{R}-\text{X}
\quad
\begin{array}{c}
\xrightarrow[\triangle]{\text{NaOH(aq)}} \text{R}-\text{OH} + \text{NaX} \\
\\
\xrightarrow[\text{R'OH}]{\text{R'ONa}} \text{R}-\text{OR'} + \text{NaX} \\
\\
\xrightarrow[\text{R'OH}]{\text{NH}_3} \text{R}-\text{NH}_2 + \text{HX}
\end{array}
$$

2. 消除反应:遵循 Saytzeff 规律

$$
\underset{\substack{|\quad\ |\\ \text{H}\quad\text{X}}}{\text{RCH}-\text{CH}_2} + \text{KOH} \xrightarrow[\triangle]{\text{C}_2\text{H}_5\text{OH}} \text{RCH}\!=\!\text{CH}_2 + \text{KX} + \text{H}_2\text{O}
$$

3. 与金属反应：生成 Grignard 试剂

$$R—X+Mg \xrightarrow{\text{无水乙醚}} R—Mg—X$$

$$RMgX+O=C=O \longrightarrow RCOMgX \xrightarrow{H_2O} RCOH + Mg\begin{matrix}OH\\X\end{matrix}$$

习题

7-1 用系统命名法命名下列各化合物。

(1) $CH_3CH_2CH_2\underset{\underset{Cl}{|}}{C}H\underset{\underset{CH_2CH_3}{|}}{C}HCH_3$

(2) 结构式

(3) 结构式

(4) 结构式

(5) 结构式

(6) 结构式

(7) 结构式

(8) 结构式

(9) 结构式

(10) 结构式

7-2 写出下列化合物的构造式。

(1) 烯丙基氯   (2) 苄基溴   (3) 碘仿
(4) 异丙基溴化镁   (5) 间溴甲苯   (6) (E)-3-苯基-1-溴-2-丁烯

7-3 完成下列反应式。

(1) $C_2H_5CH=CH_2 \xrightarrow{Br_2} ? \xrightarrow[\triangle]{KOH/醇} ? \xrightarrow[HgSO_4，H_2SO_4]{H_2O} ?$

(2) 苯基-$CH_2\underset{\underset{Br}{|}}{C}HCH_2CH_3 \xrightarrow[\triangle]{KOH/醇} ?$

(3) 苯基-CH_2Cl + 苯基-$C(CH_3)_3 \xrightarrow{AlCl_3} ?$

(4) $C_6H_5CH=CH_2 \xrightarrow{HBr} ? \xrightarrow[\text{无水乙醚}]{Mg} ? \xrightarrow[(2)\ H_3O^+]{(1)\ CO_2} ?$

(5) $CH_2=CHCH_3 \xrightarrow{NBS} ? \xrightarrow{NaCN} ? \xrightarrow[H^+]{H_2O} ?$

(6) $ClCH=CHCH_2Cl \xrightarrow[ROH]{AgNO_3} ?$

(7) 苯基-$CH_3 \xrightarrow[h\nu]{Cl_2} ? \xrightarrow[H_2O]{NaOH} ?$

7-4 判断下列各反应的活性次序。

(1) 氯化苄、对氯甲苯、1-苯基-2-氯乙烷与 $AgNO_3$ 乙醇溶液反应

(2) 1-溴环戊烯、3-溴环戊烯、4-溴环戊烯与 $AgNO_3$ 乙醇溶液反应

7-5 比较下列各组化合物按 S_N1 机理水解时的反应速率。

(1) ①1-苯基-1-氯丙烷　　②1-苯基-2-氯丙烷　　③1-苯基-3-氯丙烷

(2) ① $CH_3CH_2C(CH_3)_2$　② $CH_3CH_2CHCH_3$　③ $CH_3CH_2CH_2CH_2Br$
　　　　　　　|　　　　　　　　　　　　　|
　　　　　　Br　　　　　　　　　　　　Br

7-6 试判断在下列各种情况下卤代烷水解是属于 S_N2 机理还是 S_N1 机理。

(1) 产物的构型完全转化　　　　(2) 反应分两步进行

(3) 碱的浓度增大,反应速率加快　(4) 叔卤代烷水解

7-7 某烃 A 的分子式为 C_5H_{10},不能使 Br_2-CCl_4 溶液褪色,在紫外光照射下与溴作用只得到一种一溴取代物 B (C_5H_9Br)。将化合物 B 与 KOH 的醇溶液作用得到 C (C_5H_8),化合物 C 经臭氧化并在 Zn 粉存在下水解得到戊二醛 ($OCHCH_2CH_2CH_2CHO$)。请推测 A、B、C 的结构式。

7-8 化合物 A 和 B,分子式为 $C_6H_{11}Cl$,A 脱氯化氢生成 C,C 经酸性高锰酸钾氧化生成 HOOC (CH_2)$_4$COOH；B 脱氯化氢生成 D,D 用酸性高锰酸钾氧化生成 $CH_3COCH_2CH_2CH_2COOH$,写出 A、B、C、D 的构造式。

7-9 某烃 A (C_3H_6) 在低温时与氯作用生成 B ($C_3H_6Cl_2$),在高温时则生成 C (C_3H_5Cl)。使 C 与乙基碘化镁反应得 D (C_5H_{10}),后者与 NBS 作用生成 E (C_5H_9Br)。使 E 与氢氧化钾的乙醇溶液共热,主要生成 F (C_5H_8),后者又可与顺丁烯二酸酐反应得 G。写出 A 至 G 的结构式。

第 8 章

醇、酚和醚

📖 学习目标 ···

　　掌握醇、酚和醚的结构特点、分类和命名方法，了解醇、酚和醚的物理性质及其重要化合物；掌握醇
与金属、与氢卤酸的反应，以及生成酯、脱水和氧化反应，掌握酚的酸性与成盐反应、酚醚的生成、与三
氯化铁显色反应和苯环上亲电取代反应；了解酚类化合物的氧化反应，了解醚的弱碱性以及过氧化合物的
生成和检验方法，掌握醚键的断裂规律。

📝 素质目标 ···

　　了解酒驾的危害，提高安全意识，培养社会责任感；通过讲述酚的还原性在材料中的应用，培养敢于
创新的品质，学会用发展的眼光观察、认识和改造世界。

　　醇、酚和醚都是重要的烃的含氧衍生物。醇和酚都是含有羟基（—OH）官能团的化合
物，羟基直接与脂肪烃基相连的是醇类化合物，直接与芳基相连的是酚类化合物。例如：

$$CH_3CH_2OH$$
乙醇

苯甲醇

苯酚

萘酚

　　醚的官能团是醚键（—O—），醚是醚键直接与两个烃基相连的化合物。例如：

$$CH_3-O-CH_3$$
二甲醚

苯甲醚

二苯醚

8.1 醇

8.1.1 醇的结构

　　醇可以看成是脂肪烃基、脂环烃基以及芳环侧链与羟基（—OH）相连的化合物。

—OH 是醇的官能团，称为醇羟基。

甲醇分子中，氧原子是以 sp³ 形式杂化的。羟基氧原子以一个 sp³ 杂化轨道与甲基上碳原子的 sp³ 杂化轨道重叠形成一个 C—Oσ 键，以另一个 sp³ 杂化轨道与一个氢原子的 1s 轨道重叠形成一个 O—Hσ 键。其余两个 sp³ 杂化轨道分别被一对未共用电子对占据。甲醇结构如图 8-1 所示。

乙醇分子结构

图 8-1　甲醇结构示意图

8.1.2　醇的分类和命名

8.1.2.1　醇的分类

醇可根据分子中烃基的结构不同分为脂肪醇、脂环醇和芳香醇，也可根据烃基结构中是否含有重键分为饱和醇和不饱和醇。例如：

脂肪醇

CH_3OH　　　CH_3CH_2OH　　　　　$CH_2=CHCH_2OH$
　　　饱和醇　　　　　　　　　　　不饱和醇

脂环醇

　　　饱和醇　　　　　　　不饱和醇

芳香醇

醇还可根据与羟基直接相连的烃基碳的类型不同分为伯、仲和叔醇（1°、2°和 3°醇）。例如：

$RCH_2—OH$　　　　　$R_2CH—OH$　　　　　$R_3C—OH$
伯（1°）醇　　　　　仲醇（2°）　　　　　叔醇（3°）

根据醇分子中所含羟基数目的多少可分为一元醇、二元醇和多元醇等。例如：

$CH_3—OH$　　　　　$HO—CH_2CH_2—OH$　　　　　　$HO—CH_2—CH(OH)—CH_2—OH$
　　一元醇　　　　　　　　二元醇　　　　　　　　　　　　　三元醇

8.1.2.2　醇的命名

（1）普通命名法　普通命名法适用于结构简单的醇。在"醇"字前加上烃基的名称，"基"字一般可以省去。例如：

異丙醇   環戊醇   烯丙醇   苄醇

（2）系统命名法   系统命名法适用于结构复杂的醇。首先选择连有羟基的最长碳链为主链，从离羟基最近的一端给主链编号，按主链所含碳原子的数目称为"某醇"，将取代基的位次、数目、名称以及羟基的位次分别标明于母体名称前。例如：

$$\overset{5}{C}H_3\overset{4}{C}H\overset{3}{C}H_2\overset{2}{C}H\overset{1}{C}H_3$$

4-甲基-2-戊醇   (S)-3,3-二甲基-2-丁醇

不饱和醇的命名，应选择同时连有羟基和不饱和键的最长碳链为主链，按主链所含碳原子的数目称为"某烯醇"或"某炔醇"，其他原则与饱和醇相同。例如：

$$\overset{4}{C}H_2=\overset{3}{C}H\overset{2}{C}H\overset{1}{C}H_2OH$$

2-甲基-3-丁烯-1-醇   (Z)-3,4-二甲基-3-己烯-2-醇

芳香醇的命名，将芳环作为取代基，然后按脂肪醇来命名。例如：

2-苯基-1-丙醇   3-苯基-2-丙烯醇(肉桂醇)

多元醇的命名，主链应连有尽可能多的羟基，按主链所含碳原子和羟基的数目称为"某二醇"、"某三醇"等。例如：

2,3-二甲基-2,3-丁二醇   1,2,4-丁三醇

8.1.3 醇的物理性质

直链饱和一元醇中，$C_1 \sim C_4$ 的醇为具有酒味的流动液体，$C_5 \sim C_{11}$ 为具有不愉快气味的油状液体，C_{12} 以上的醇为无臭无味的蜡状固体。二元醇和多元醇都具有甜味，故乙二醇有时称为甘醇。

醇含有羟基，分子间可以形成氢键，所以醇的沸点比分子量相近的烃或卤代烃都要高。随着分子量的增加，醇的沸点有规律地升高，每增加一个 CH_2，沸点升高约 $18 \sim 20 \, ℃$。碳原子数相同的醇，支链越多沸点越低。醇分子中羟基数目增多，分子间能形成更多的氢键，沸点也就更高。

醇中的羟基能与水形成氢键，是亲水基团，而烃基是疏水基团，所以在分子中引入羟基能增加化合物的水溶性。$C_1 \sim C_3$ 的一元醇，由于羟基在分子中所占的比例较大，可与水任意混溶；$C_4 \sim C_9$ 的一元醇，由于疏水基团所占比例越来越大，在水中的溶解度迅速降低；

C_{10} 以上的一元醇则难溶于水。一些常见醇的物理常数见表 8-1。

□ 表 8-1　一些醇的物理常数

名称	结构式	熔点/℃	沸点/℃	相对密度(d_4^{20})	溶解度（100g 水中）/g	折射率(n)
甲醇	CH_3OH	−97.8	65	0.7914	∞	1.3288
乙醇	CH_3CH_2OH	−117.3	78.5	0.7893	∞	1.3611
正丙醇	$CH_3CH_2CH_2OH$	−126.5	97.4	0.8035	∞	1.3850
异丙醇	$CH_3CH(OH)CH_3$	−89.5	82.4	0.7855	∞	1.3776
正丁醇	$CH_3(CH_2)_3OH$	−89.5	117.2	0.8098	7.9	1.3993
异丁醇	$(CH_3)_2CHCH_2OH$	−108	108	0.8018	8.5	1.3968
仲丁醇	$CH_3CH(OH)CH_2CH_3$	−115	99.5	0.8063	12.5	1.3978
叔丁醇	$(CH_3)_3COH$	25.5	82.3	0.7887	∞	1.3878
正戊醇	$CH_3(CH_2)_4OH$	−79	137.3	0.8144	2.7	1.4101
正己醇	$CH_3(CH_2)_5OH$	−52	158	0.8136	0.59	1.4641
环己醇	⬡—OH	25.1	161.1	0.9624	3.6	1.4650
烯丙醇	$CH_2{=}CHCH_2OH$	−129	97.1	0.8540	∞	1.4135
苄醇	⬡—CH_2OH	−15.3	205.3	1.0419(24)	~4	1.5396
乙二醇	$HOCH_2CH_2OH$	−11.5	198	1.1088	∞	1.4318

醇也能溶于强酸（如 H_2SO_4、HCl），这是由于醇能和酸中质子结合成锌盐 $\left[\begin{smallmatrix}R-\overset{+}{O}-H\\ |\\ H\end{smallmatrix}\right] X^-$ 的缘故。正因为醇能和质子形成锌盐，故醇在强酸水溶液中溶解度要比在纯水中大，如正丁醇在水中溶解度只有 8%，但能和浓盐酸混溶。醇还能溶于浓硫酸，这个性质在有机分析中很重要，常被用来区别醇和烷烃，因为烷烃不溶于强酸。

低级醇能和一些无机盐类（如 $MgCl_2$、$CaCl_2$、$CuSO_4$ 等）形成结晶状的分子化合物，称为结晶醇，如 $MgCl_2 \cdot 6CH_3OH$、$CaCl_2 \cdot 4C_2H_5OH$、$CaCl_2 \cdot 4CH_3OH$ 等。结晶醇不溶于有机溶剂而溶于水。利用这一性质可使醇与其他有机物分离或从反应物中除去醇类，如乙醚中的少量乙醇，加入 $CaCl_2$ 便可将其除去。

8.1.4　醇的化学性质

醇的化学性质由羟基决定，醇的大部分反应都涉及 O—H 键和 C—O 键的断裂。此外，由于羟基的吸电子诱导效应，α-H 和 β-H 有一定的活泼性，醇还能发生氧化及消除等反应。

$$\underset{\beta H}{\overset{|}{-}}\overset{|}{C}-\underset{\alpha H}{\overset{|}{C}}\overset{\delta^+}{-}\overset{\delta^-}{O}-H$$

8.1.4.1　与金属钠的反应

与水一样，醇羟基中的 H 可与活泼金属作用，生成醇的金属化合物，同时放出氢气。

但由于醇分子中，烷基的供电子诱导效应降低了氧氢键的极性，使得醇羟基的氢原子的活性要比水分子的氢弱，因此乙醇与金属钠的反应比水与金属钠的反应缓和得多。生成的醇钠遇水迅速水解。

$$2CH_3CH_2OH + Na \longrightarrow 2CH_3CH_2ONa + H_2\uparrow$$

$$CH_3CH_2ONa + H_2O \longrightarrow CH_3CH_2OH + NaOH$$

乙醇钠是一种化学性质活泼的白色固体，其碱性非常强，不稳定，遇水迅速水解成醇和氢氧化钠，在有机合成中常作为强碱和乙氧基化剂使用。

受烷基诱导效应的影响，不同类型的醇与金属钠反应时，他们的反应活性次序是：

$$甲醇 > 伯醇 > 仲醇 > 叔醇$$

与活泼金属发生置换反应的难易可以反映出物质的酸性强弱，因此醇的酸性比水要弱；而其共轭碱的碱性比 NaOH 还要强。

$$酸性：ROH < H_2O \qquad 碱性：RONa > NaOH$$

其他活泼金属如钾、镁、铝等也可与醇反应。例如：

$$6\,(CH_3)_2CHOH + 2Al \xrightarrow{HgCl_2} 2[(CH_3)_2CHO]_3Al + 3H_2\uparrow$$
$$\qquad 异丙醇 \qquad\qquad\qquad\qquad 异丙醇铝$$

8.1.4.2 与氢卤酸的反应

醇与氢卤酸反应，生成卤代烃和水。这是制备卤代烃的重要方法。

$$ROH + HX \rightleftharpoons RX + H_2O \qquad X = Cl, Br, I$$

反应速率取决于醇的结构和酸的性质。不同的醇与相同的卤代酸反应，其活性顺序为：

$$烯丙醇、苄醇 > 叔醇 > 仲醇 > 伯醇$$

不同的卤代酸与相同的醇反应，其活性顺序为：

$$HI > HBr > HCl$$

其中一般醇与盐酸的反应须用无水氯化锌做催化剂才能进行。由浓盐酸与无水氯化锌配成的溶液称为卢卡斯（Lucas）试剂。含 6 个碳以下的低级醇可溶于卢卡斯试剂，反应后生成的氯代烃不溶于该试剂而出现浑浊或产生分层现象。在室温下，叔醇反应很快，立即浑浊；仲醇则需放置片刻才会出现浑浊或产生分层现象；伯醇在室温下数小时无浑浊或分层现象产生，只有在加热时才会发生相应反应。例如：

$$(CH_3)_3COH + HCl \xrightarrow[\text{Lucas 试剂}]{ZnCl_2} (CH_3)_3CCl + H_2O$$

$$CH_3CH_2CH_2CH_2OH + HCl \xrightarrow[\text{Lucas 试剂}]{ZnCl_2} CH_3CH_2CH_2CH_2Cl + H_2O$$
$$\qquad\qquad\qquad\qquad\qquad\qquad\qquad 数小时不出现浑浊$$

因此，可用卢卡斯试剂来区别含 6 个碳以下的伯、仲、叔醇。另外，烯丙醇和苄醇可以直接和浓盐酸在室温下反应。

$$\text{⬡—CH}_2\text{OH} + HCl \longrightarrow \text{⬡—CH}_2\text{Cl} + H_2O$$

8.1.4.3 生成酯的反应

醇与羧酸或无机含氧酸生成酯的反应，称为酯化反应。

（1）与羧酸的酯化反应　醇和有机酸在酸性条件下，分子间脱去水生成酯。

$$RCOOH + R'OH \xrightleftharpoons{H^+} RCOOR' + H_2O$$

该反应是可逆的，为提高酯的产率，可以减少产物的浓度或增加反应物的浓度，以促使平衡向生成酯的方向移动。

（2）与无机含氧酸的酯化反应　常见的无机含氧酸有硫酸、硝酸、磷酸，反应生成无机酸酯。例如：

$$CH_3OH + HOSO_2OH \rightleftharpoons CH_3OSO_2OH + H_2O$$

$$硫酸氢甲酯$$

$$2CH_3OSO_2OH \longrightarrow CH_3OSO_2OCH_3 + H_2O$$

$$硫酸二甲酯$$

$$\begin{matrix} H_2C-OH \\ | \\ HC-OH \\ | \\ H_2C-OH \end{matrix} + 3HNO_3 \longrightarrow \begin{matrix} H_2C-ONO_2 \\ | \\ HC-ONO_2 \\ | \\ H_2C-ONO_2 \end{matrix} + 3H_2O$$

$$三硝酸甘油酯（硝化甘油）$$

磷酸的酸性较硫酸、硝酸弱，一般不易直接与醇酯化。

低级醇的硫酸酯是常用的烷基化试剂，如硫酸二甲酯和硫酸二乙酯，在合成中经常使用，但毒性较大，使用时要注意安全。硝酸酯受热易爆炸，亚硝酸酯也易分解，它们中的一些化合物可作为扩张心血管、缓解心绞痛的药物使用。某些磷酸酯，如葡萄糖、果糖等的磷酸酯是生物体内代谢过程中的重要中间产物，有的磷酸酯则是优良的杀虫剂、除草剂。

8.1.4.4　脱水反应

醇在脱水剂如浓硫酸、氧化铝等存在下加热可发生脱水反应。脱水反应有两种方式，即分子内脱水生成烯烃和分子间脱水生成醚。以哪种脱水方式为主，与醇的结构及反应的条件有关。

（1）分子内脱水　将乙醇和浓硫酸加热到170℃或将乙醇的蒸气在360℃下通过氧化铝，乙醇可经分子内脱水（消除）生成乙烯。

$$CH_3CH_2OH \xrightarrow[\triangle]{H_2SO_4} H_2C{=}CH_2 + H_2O$$

仲醇和叔醇分子内脱水时，遵循扎依采夫规则，即脱去含氢较少 β-C 上的氢，生成双键上带有较多烃基的烯烃。例如：

$$\underset{\underset{OH}{|}}{CH_3CHCH_2CH_3} \xrightarrow[\triangle]{H_2SO_4} \underset{主要产物}{CH_3CH{=}CHCH_3} + \underset{次要产物}{CH_2{=}CHCH_2CH_3}$$

不同结构的醇，发生分子内脱水反应的难易程度是不同的，其反应活性顺序为：

$$叔醇 > 仲醇 > 伯醇$$

（2）分子间脱水　乙醇在硫酸存在下加热到140℃或将乙醇的蒸气在260℃下通过氧化铝，分子间脱水形成乙醚。

$$2CH_3CH_2OH \xrightarrow[\triangle]{H_2SO_4} CH_3CH_2OCH_2CH_3 + H_2O$$

从上面反应可以看出：相同的反应物、相同的催化剂和较高的温度有利于分子内脱水，发生消除反应生成烯烃；而相对较低的温度则有利于分子间脱水而生成醚。

8.1.4.5　氧化反应

由于羟基的影响，醇分子中 α-C 的 C—H 键极性增强，容易发生断裂，可以被氧化或在催化剂存在条件下脱氢。

伯醇首先被氧化成醛，醛被继续氧化成羧酸（醛比醇更容易被氧化）；仲醇则被氧化成相应的酮。叔醇没有 α-H，难以被氧化。

$$RCH_2OH \xrightarrow{[O]} RCHO \xrightarrow{[O]} RCOOH$$

$$\text{伯醇} \qquad\qquad \text{醛} \qquad\qquad \text{羧酸}$$

$$\underset{\underset{OH}{|}}{RCHR'} \xrightarrow{[O]} \underset{\underset{O}{\|}}{RCR'}$$

$$\underset{\underset{OH}{|}}{\overset{\overset{R}{|}}{R-C-R}} \xrightarrow{[O]} \times$$

$$\text{叔醇}$$

常用的氧化剂是重铬酸钾的硫酸溶液。例如：

$$CH_3CH_2OH + K_2Cr_2O_7 + H_2SO_4 \longrightarrow CH_3COOH + Cr_2(SO_4)_3 + K_2SO_4 + H_2O$$

$$\underset{\underset{OH}{|}}{CH_3CH_2CHCH_3} + K_2Cr_2O_7 + H_2SO_4 \longrightarrow \underset{\underset{O}{\|}}{CH_3CH_2CCH_3} + Cr_2(SO_4)_3 + K_2SO_4 + H_2O$$

伯醇、仲醇分别被氧化，而 $Cr_2O_7^{2-}$ （橙红色）被还原为 Cr^{3+} （绿色）。叔醇则无此反应。因此利用该反应可将叔醇与伯醇、仲醇区别开来。

检查司机是否酒后驾车的"呼吸分析仪"就是根据酒中所含乙醇被 $K_2Cr_2O_7$ 氧化后，溶液变色的原理设计的。

叔醇一般条件下不易被氧化，但在强氧化剂的作用下能发生 C—C 键断裂，生成较小分子的产物。

此外，伯醇或仲醇的蒸气在高温下通过活性铜或银等催化剂，可直接发生脱氢反应分别生成醛和酮，这是醇的催化脱氢反应。叔醇分子中没有 α-H，不发生脱氢反应。

$$\underset{\underset{OH}{|}}{RCH_2} \xrightarrow[\triangle]{Cu} \underset{\underset{O}{\|}}{RC-H} + H_2\uparrow$$

$$\text{伯醇} \qquad\qquad \text{醛}$$

$$\underset{\underset{OH}{|}}{RCHR'} \xrightarrow[\triangle]{Cu} \underset{\underset{O}{\|}}{RC-R'} + H_2\uparrow$$

$$\text{仲醇} \qquad\qquad \text{酮}$$

8.1.5 醇的重要化合物

（1）甲醇（CH_3OH） 俗称木精或木醇，为具有酒味的无色透明液体，沸点 64.7℃。甲醇最初是从木材的干馏液里分离提纯获得。现在工业上可用 CO 和 H_2 在高压下经催化反应制得。甲醇能与水和大多数有机溶剂混溶，是实验室常用的溶剂，也是一种重要的化工原料。甲醇有毒，服用少量（约 10mL）可使人失明，稍多量（约 30mL）可致死。工业酒精因含有较多甲醇，绝不可用来勾兑成饮用酒。甲醇还用做无公害燃料，如 20% 的甲醇和汽油的混合液是一种优良的发动机燃料。

（2）乙醇（CH_3CH_2OH） 是酒的主要成分，因而俗称酒精，为无色透明液体，沸点 78.3℃，可以与水任意混溶。普通酒精的浓度为 0.955，其中含有 0.045 的水，为共沸溶液（沸点 78.2℃），故不能用普通蒸馏法制得纯乙醇。实验室制备无水乙醇，是在普通酒精中加入生石灰进行加热回流，水与生石灰作用生成氢氧化钙，再经蒸馏得到含有微量水（浓度约 0.002）的乙醇，最后用钠干燥可得浓度为 0.9995～1 的无水乙醇。工业上制备无水乙醇是将普通酒精蒸气通过生石灰吸收塔，经过精馏后制得无水乙醇；还可以在普通酒精中加入苯或正己烷，再通过分馏获得无水乙醇。此外，将普通酒精通过干燥的阳离子交换树脂也可以得到无水乙醇。

酒精可通过淀粉或糖类物质的发酵而制得。发酵法酿酒起源于我国古代，后传到欧洲，至今仍是制取酒类饮料的主要方法。

乙醇用途广泛。实验室常用乙醇作溶剂。75%乙醇溶液为消毒酒精，具有杀菌作用，用于皮肤和器械的消毒。

(3) 丙三醇（$CH_2OH—CHOH—CH_2OH$）　俗称甘油，是一种黏稠且略带甜味的高沸点液体，沸点 290℃，能以任意比例与水混溶。甘油吸湿性很强，对皮肤有刺激性，不得直接供药用。稀释的甘油溶液能润滑皮肤，在化妆品中作为润湿剂。临床上用 50%甘油溶液灌肠，以治疗便秘。

(4) 苯甲醇（$C_6H_5CH_2OH$）　又名苄醇，为具有芳香气味的无色液体，沸点 205℃，难溶于水，可溶于乙醇和乙醚中。由于苯甲醇具有防腐作用和弱的局部麻醉作用；医疗上制备针剂时，常加入少量苯甲醇至注射用水中制成无痛水，可减轻注射时肌肉的疼痛感。

8.2　酚

8.2.1　酚的结构

酚是羟基直接与苯环相连的芳香族化合物。羟基是酚的官能团，该羟基也称为酚羟基。

苯酚分子中，羟基氧原子以 sp^2 形式杂化。羟基上氧原子以两个 sp^2 杂化轨道分别与 1 个碳原子的 sp^2 杂化轨道和 1 个氢原子的 s 轨道形成 1 个 C—Oσ 键和 1 个 O—Hσ 键，余下的 1 个 sp^2 杂化轨道和 1 个 p 轨道则分别被一对未共用电子对占据。羟基中未杂化的 p 轨道与苯环上的大 π 键平行重叠，形成 p-π 共轭体系。如图 8-2 所示。

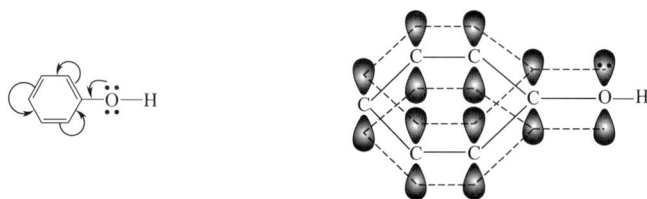

图 8-2　苯酚结构示意图

由于 p-π 共轭效应，导致羟基氧原子上的电子云密度降低，从而使得 O—H 键的极性大大增强。与醇比较，酚羟基上的氢原子更易以质子的形式解离，所以酚具有一定的酸性；同时由于 p-π 共轭效应的影响，苯环上的电子云密度增加，使苯环上的亲电取代反应比苯更容易进行。

8.2.2　酚的分类和命名

8.2.2.1　酚的分类

根据分子中含有酚羟基的数目，酚可以分为一元酚、二元酚和三元酚等。分子中只含有一个酚羟基的酚为一元酚，含有两个或两个以上酚羟基的酚为多元酚。按芳香烃基的不同，酚又可以分为苯酚、萘酚等。

8.2.2.2 酚的命名

酚的命名一般是在酚字前面加上芳环的名称作为母体名称。母体前再冠以取代基的位次、数目和名称。例如：

苯酚　　　　邻甲苯酚　　　　2，5-二甲基苯酚　　　　间硝基苯酚

α-萘酚　　　　　　　　β-萘酚
（1-萘酚）　　　　　　（2-萘酚）

命名多元酚时，要标明羟基的数目和相对位置，称为某二酚、某三酚等。例如：

1,4-苯二酚　　　1,3,5-苯三酚　　　1,2,3-苯三酚　　　1,2,4-苯三酚
（对苯二酚）　　（均苯三酚）　　　（连苯三酚）　　　（偏苯三酚）

对于苯环上连有其他官能团的酚类也可把羟基作为取代基来命名。例如：

对羟基苯甲酸　　　　2,4-二羟基苯磺酸

8.2.3 酚的物理性质

常温下，大多数酚一般多为结晶固体，只有少数烷基酚（如：间甲基酚等）为液体。纯的酚是无色的，由于易氧化往往带有红色或褐色。由于酚分子间能形成氢键，所以酚的沸点和熔点比相应的芳烃高。酚与水分子间也能形成氢键，所以酚在水中也有一定的溶解度。一般酚类物质能溶于乙醇、乙醚、苯等有机溶剂。

常见酚的物理常数见表 8-2。

▫ 表 8-2　一些常见酚的物理常数

名称	熔点/℃	沸点/℃	溶解度（100g 水中）/g	pK_a
苯酚	43	181	9.3	9.98
邻甲苯酚	30	191	2.5	10.2
间甲苯酚	11	201	2.6	10.8
对甲苯酚	35.5	202	2.3	10.14

名称	熔点/℃	沸点/℃	溶解度(100g 水中)/g	pK_a
邻硝基苯酚	45	217	0.2	7.23
间硝基苯酚	96	分解(194)	1.4	8.40
对硝基苯酚	114	分解(279)	1.7	7.15
邻苯二酚	105	245	45.1	9.48
间苯二酚	110	281	111	9.44
对苯二酚	170	286	8	9.96
α-萘酚	94	279	难	9.31
β-萘酚	123	286	0.1	9.55

8.2.4 酚的化学性质

8.2.4.1 酸性与成盐反应

酚类具有弱酸性。例如，苯酚可以溶于氢氧化钠水溶液中，生成酚钠盐。

从 pK_a 值可以知道，苯酚的酸性比水和醇强，但比碳酸弱。

	H_2CO_3	C_6H_5OH	H_2O	ROH
pK_a	6.35	10.0	15.7	16～19

其他一元酚的酸性与苯酚接近，因此有下列酸性顺序：碳酸＞酚＞水＞醇

当苯环上连有吸电子基时，可使酸性增强。例如，2，4，6-三硝基苯酚的酸性（pK_a＝0.38）接近于无机强酸。而当苯环上连有供电子基时，可使酸性减弱，烷基酚的酸性一般比苯酚弱。

由于酚的酸性较碳酸弱，因此向酚钠的水溶液通入二氧化碳，苯酚可重新游离出来。

显然，难溶于水的酚同样不溶于碳酸氢钠溶液。利用这一性质，可以区分酚和比碳酸酸性强的其他有机化合物。

大多数酚类化合物不溶或微溶于水，但能溶于碱溶液，又能被酸从他们的碱溶液中分离出来。可以利用这一性质分离和提纯酚类化合物。例如：

8.2.4.2 酚醚的生成

因为 p-π 共轭，酚羟基的 C—O 键很牢固，一般不能通过酚分子间脱水成醚，通常采用酚钠与卤代烷或硫酸酯等烷基化试剂制备酚醚。例如：

$$\text{C}_6\text{H}_5\text{ONa} + \text{CH}_3\text{I} \longrightarrow \text{C}_6\text{H}_5\text{OCH}_3 + \text{NaI}$$

$$\text{C}_6\text{H}_5\text{ONa} + (\text{CH}_3)_2\text{SO}_4 \longrightarrow \text{C}_6\text{H}_5\text{OCH}_3 + \text{CH}_3\text{OSO}_3\text{Na}$$

酚在碱性条件下与卤代烃、硫酸酯反应生成醚，这个方法称为 Williamson 合成法。

8.2.4.3 酚酯的生成

酚与醇不同，酚不能与酸直接酯化成酯，而是用酸酐或酰氯等酰基化试剂与酚作用制备酚酯。例如：

$$\text{C}_6\text{H}_5\text{OH} + (\text{CH}_3\text{CO})_2\text{O} \longrightarrow \text{C}_6\text{H}_5\text{OCOCH}_3 + \text{CH}_3\text{COOH}$$

$$\text{C}_6\text{H}_5\text{OH} + \text{H}_3\text{C}-\overset{\text{O}}{\underset{}{\text{C}}}-\text{Cl} \longrightarrow \text{C}_6\text{H}_5\text{OCOCH}_3 + \text{HCl}$$

8.2.4.4 与三氯化铁的显色反应

大多数酚类都能和三氯化铁溶液发生显色反应。例如，苯酚、间苯二酚、1,3,5-苯三酚显紫色；甲苯酚显蓝色；邻苯二酚、对苯二酚显绿色；1,2,3-苯三酚显红色。显色作用的机理尚不十分清楚，一般认为是生成了有色的配合物。可用下列反应式表示。

$$6\text{ArOH} + \text{Fe}^{3+} \Longrightarrow \text{Fe}(\text{ArO})_6^{3-} + 6\text{H}^+$$

这类显色反应可用于酚的定性鉴别。需要指出的是，具有烯醇式结构的化合物一般都能和三氯化铁显色，实际上酚也具有烯醇式结构。

$$-\overset{|}{\text{C}}=\overset{|}{\text{C}}-\text{OH}$$

烯醇式结构　　　　　　苯酚的烯醇式结构

8.2.4.5 苯环上的亲电取代反应

酚羟基对苯环既产生吸电子的诱导效应（$-I$），又产生给电子的共轭效应（$+C$），两者综合作用的结果使苯环上的电子云密度增加，使苯环上羟基的邻、对位活化，更容易发生苯环上的亲电取代反应。

（1）卤化　酚类容易卤化，苯酚与溴水在常温下即可作用，生成白色的三溴苯酚沉淀。

$$\text{C}_6\text{H}_5\text{OH} + 3\text{Br}_2(\text{H}_2\text{O}) \longrightarrow \text{2,4,6-三溴苯酚} \downarrow + 3\text{HBr}$$

2,4,6-三溴苯酚（白色）

苯酚与溴水的反应灵敏度高，一般溶液中苯酚含量达 10mg·kg^{-1} 即可检出，且反应是定量的，所以常用于苯酚的定性和定量分析及饮用水的监测。

（2）硝化　在低温下，稀硝酸与苯酚作用可得到邻、对硝基苯酚。

苯酚与浓硝酸作用，可生成 2,4,6-三硝基苯酚，俗名苦味酸，是一种烈性炸药。

2,4,6-三硝基苯酚（苦味酸）

（3）磺化　在常温下，苯酚与浓硫酸发生磺化反应，生成邻羟基苯磺酸；在 100℃ 进行磺化，则主要产物是对羟基苯磺酸。这是由于磺基位阻大，温度升高时，邻位的位阻效应显著，所以取代反应主要在对位上进行。

8.2.4.6　氧化反应

酚类化合物很容易被氧化。无色的苯酚在空气中能逐渐被氧化而显粉红色、红色或暗红色，产物很复杂。苯酚若用重铬酸钾的硫酸溶液或高锰酸钾溶液氧化，则生成对苯醌。

多元酚更容易被氧化，产物也是醌类。例如：

邻苯醌

对苯二酚作为显影剂，就是因为它可以将曝光活化了的溴化银还原成金属银的性质。利用酚类化合物易被氧化的特性，人们常将许多酚作为抗氧剂使用。

8.2.5 酚的重要化合物

(1) **苯酚**（C_6H_5OH） 俗称石炭酸，是一种有特殊气味的无色晶体，熔点 43℃，沸点 181℃。苯酚存在于煤焦油中，具有弱酸性。苯酚常温下稍溶于水，易溶于乙醇、乙醚、苯和氯仿等有机溶剂。

苯酚能凝固蛋白质，在医药上用作消毒剂。在苯酚固体中加入 10% 的水，即是临床所用的液化苯酚（又称液体酚）。3%～5% 的苯酚水溶液可以消毒外科手术器械。苯酚易氧化，平时应贮藏于棕色瓶内，密闭避光保存。苯酚对皮肤有强烈腐蚀性，使用时应特别注意。有研究结果表明，在酚的苯环上引入烷基、苯基、氯等取代基，能增加其杀菌能力。

(2) **苯甲酚** 简称甲酚，因来源于煤焦油，所以俗称煤酚。从煤焦油中提炼出的甲酚含有邻、间、对甲苯酚三种异构体。它们的沸点接近（分别为 191℃、202.2℃、201.8℃），难以分离，实际上直接使用它们的混合物。煤酚的杀菌力比苯酚强，因难溶于水，故利用酚类化合物的弱酸性，配成 47%～53% 的肥皂溶液，称为煤酚皂溶液，俗称"来苏儿"，临用时加水稀释，用于消毒皮肤、器具及病人的排泄物。

(3) **苯二酚** 有邻、间、对三种异构体。三种异构体均有俗名：邻苯二酚俗名儿茶酚、间苯二酚俗名雷琐辛、对苯二酚俗名氢醌。其中邻苯二酚和对苯二酚易被氧化，故常用作还原剂和抗氧剂。

邻苯二酚的衍生物存在于生物体内。例如，人体代谢中间体 3,4-二羟基苯丙氨酸［又称多巴(DOPA)］和医学上常用的具有升压和平喘作用的肾上腺素均含有儿茶酚的结构。

DOPA   肾上腺素

苯二酚具有杀灭细菌和真菌的能力，在医药上曾用于治疗皮肤病如湿疹和癣症等。

8.3 醚

8.3.1 醚的结构

醚可以看成水分子中的两个氢原子被烃基取代生成的化合物，也可看成醇或酚分子中羟基上的氢被烃基取代的产物，通式表示为：R—O—R′、R—O—Ar、Ar—O—Ar′，其中—O—称为醚键，是醚的官能团。

醚分子中的氧原子为 sp^3 杂化，醚键的键角接近 109.5°（见图 8-3）。例如，甲醚分子中醚键的键角约为 112°。

图 8-3 醚的结构示意图

乙醚分子结构

8.3.2 醚的分类和命名

8.3.2.1 醚的分类

根据分子中烃基的结构，醚可分为脂肪醚和芳香醚。两个烃基相同的醚叫做简单醚，不相同的叫做混合醚。具有环状结构的醚，称为环醚。例如：

$CH_3OCH_2CH_3$ $CH_3CH_2OCH_2CH_3$ 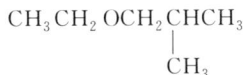

混合醚   简单醚   环醚

8.3.2.2 醚的命名

结构简单的醚一般采用普通命名法命名，即在烃基的名称后面加上"醚"字，烃基的"基"字可省略。两个烃基相同时，"二"字也可省略，例如：

CH_3OCH_3 $CH_3\underset{CH_3}{\overset{}{C}H}OCH CH_3$

（二）甲（基）醚   （二）异丙（基）醚   （二）苯（基）醚

两个烃基不相同时，脂肪醚命名时将小的烃基放在前面，芳香醚命名时则把芳基放在前面，例如：

$CH_3OCH_2CH_3$ $CH_3CH_2OCH_2\underset{CH_3}{\overset{}{C}H}CH_3$ $CH_3CH_2OCH_2{=\!=}CH_2$

甲乙醚   乙基异丁基醚   乙基乙烯基醚

苯甲醚 β-萘乙醚

结构复杂的醚可采用系统命名法命名，即选择较长的烃基为母体，有不饱和烃基时，选择不饱和度较大的烃基为母体，将较小的烃基与氧原子一起看作取代基，叫做烷氧基（RO—）。例如：

$CH_3CH_2\underset{\underset{OCH_3}{\overset{|}{}}}{\overset{}{C}H}{-}\underset{\underset{CH_3}{\overset{|}{}}}{\overset{}{C}H}CH_3$ $CH_3CH_2\underset{\underset{CH_3}{\overset{|}{}}}{\overset{}{C}H}{-}\underset{\underset{OCH_3}{\overset{|}{}}}{\overset{}{C}H}CH{=\!=}CH_2$

2-甲基-3-甲氧基戊烷   4-甲基-3-甲氧基-1-己烯

        $CH_3OCH_2CH_2OCH_3$

                  1，2-二甲氧基乙烷

对乙氧基苯甲醇

命名三、四元环的环醚时，标出氧原子所在母体的序号，以"环氧某烷"来命名。例如：

$\underset{\underset{O}{\diagdown\diagup}}{H_2C{-}CHCH_3}$ $\underset{\underset{O}{\diagdown\diagup}}{CH_2CH_2CH_2}$

1,2-环氧丙烷   1,3-环氧丙烷

$\underset{\underset{O}{\diagdown\diagup}}{H_3CHC{-}CHCH_3}$

2,3-环氧丁烷   2-甲基-1,3-环氧丁烷

更大的环醚一般按杂环化合物来命名。

1,4-环氧丁烷 (四氢呋喃)　　　　1,4-二氧六环

8.3.3 醚的物理性质

常温下，除甲醚、甲乙醚为气体外，大多数醚为无色、有香味、易挥发、易燃烧的液体。

醚的沸点比相应分子量的醇低得多（正丁醇沸点 117.3℃，乙醚沸点 34.5℃），与分子量相近的烷烃相当。其原因是醚分子中氧原子的两边均为烃基，没有活泼氢原子，醚分子之间不能形成氢键。乙醚蒸气与空气混合达到一定比例遇火即爆炸，爆炸极限为 1.85%～36.5%。

醚也是一类良好的溶剂，乙醚就是常用的有机溶剂和萃取剂，在医药上还是常用的麻醉剂。

醚分子与水分子间能形成氢键，故醚在水中的溶解度与相同碳原子的醇相近。

一些常见醚的物理常数见表 8-3。

▫ 表 8-3　常见醚的物理常数

名称	熔点/℃	沸点/℃	溶解度（100g 水中）/g	相对密度（20℃）
甲醚	−138.5	−24	∞	0.661
乙醚	−116.2	34.5	7.5	0.714
正丙醚	−112	90.5	微溶	0.752
正丁醚	−97.9	142	<0.05	0.769
苯甲醚	−37.5	155	不溶	0.994
二苯醚	26.9	258.3	微溶	1.074
环氧乙烷	−111.3	10.7	∞	0.897
四氢呋喃	−65	67	∞	0.889
1,4-二氧六环	11	101	∞	1.034

8.3.4 醚的化学性质

8.3.4.1 锌盐的生成

醚都能溶解于冷的强酸中。由于醚键上的氧原子具有未共用电子对，能接受强酸中的 H^+ 而生成锌盐，一旦生成即溶于冷的浓酸溶液中。而烷烃不与冷的浓酸反应也不溶于其中。所以用此反应可区别烷烃和醚。

$$R-\ddot{O}-R + HCl \longrightarrow \begin{array}{c} R-\overset{+}{O}-R \\ | \\ H \end{array} + Cl^-$$

$$R-\ddot{O}-R + H_2SO_4 \longrightarrow \begin{array}{c} R-\overset{+}{O}-R \\ | \\ H \end{array} + HSO_4^-$$

锌盐在浓酸中稳定，但在水中水解。故锌盐加水稀释时醚可重新分出。利用此性质可将

醚从烷烃或卤代烃中分离出来。如正戊烷和乙醚几乎具有相同沸点，醚溶于冷浓硫酸中，正戊烷不溶于浓硫酸。把正戊烷和乙醚的混合液与冷浓硫酸混合，可得到两个明显的液层。

醚的氧原子带有未共用电子对，所以醚是一种 Lewis 碱，能与三氟化硼等 Lewis 酸配位生成配合物。Lewis 酸是一个电子接受体，如 BF_3 分子中 B 有空轨道，可与多电子的碱性物质结合形成配合物。

$$\underset{Et}{\overset{Et}{>}}O + BF_3 \longrightarrow \underset{Et}{\overset{Et}{>}}O:B\underset{F}{\overset{F}{-}}F$$

BF_3 是一种常用的催化剂。虽然起催化作用的是 BF_3，但由于它是气体（b.p. $-101℃$），直接使用有困难，故常将它配成乙醚溶液使用。

8.3.4.2 醚键的断裂

在较高温度下，强酸能使醚键断裂，使醚键断裂最有效的试剂是浓 HI 或 HBr。烷基醚断裂后生成卤代烷和醇，而醇又可以进一步与过量的 HX 作用形成卤代烷。

$$R-O-R' + HX \longrightarrow RX + R'OH$$
$$\quad\quad\quad\quad\quad\quad\quad\quad\quad \overset{HX}{\longrightarrow} R'X + H_2O$$

混醚与 HI 反应时，一般是较小的烷基生成卤代烷，较大的烷基生成醇。

$$CH_3-O-CH_2CH_3 + HI \longrightarrow CH_3I + CH_3CH_2OH$$

芳基醚与 HI 反应时，通常生成卤代烷和酚。

$$\text{〇}-O-CH_3 + HI \longrightarrow CH_3I + \text{〇}-OH$$

8.3.4.3 过氧化物的生成

低级醚在长期放置过程中，因为与空气接触，会慢慢地被氧化成过氧化物。

$$CH_3CH_2-O-CH_2CH_3 + O_2 \longrightarrow CH_3CH_2-O-\underset{\underset{O-OH}{|}}{CHCH_3}$$

过氧化物极不稳定，遇热容易分解，发生强烈爆炸，故在实验室蒸馏醚时注意不要蒸干，以免发生爆炸事故。除去过氧化物的方法是在蒸馏以前，加入适量还原剂如 5% 的 $FeSO_4$ 于醚中，使过氧化物分解。为了防止过氧化物的形成，市售绝对乙醚中常加有 $0.05ppm$（$1ppm=mg\cdot L^{-1}$）二乙基氨基二硫代甲酸钠作抗氧化剂。

检验醚中是否有过氧化物的方法，是将淀粉碘化钾溶液加入少量醚中，震荡，若有碘游离出来（I^- 与过氧化物反应生成 I_2），溶液显紫色或棕红色，就表明有过氧化物存在。或用硫酸亚铁和硫氰化钾（KSCN）混合物与醚振荡，如有过氧化物存在，会显红色。

$$过氧化物 + Fe^{2+} \longrightarrow Fe^{3+} \overset{SCN^-}{\longrightarrow} \underset{红色}{Fe(SCN)_6^{3-}}$$

8.3.5 醚的重要化合物

（1）乙醚　乙醚是最常见和常用的醚。乙醚是具有特殊气味的无色透明液体，沸点 $34.5℃$，微溶于水，极易挥发和着火，空气中乙醚的量达到一定限度时，遇火即会引起爆炸，故使用时要格外小心，避免接近火种。乙醚化学性质稳定，能够溶解很多有机物，是常用的有机溶剂和萃取剂。在提取中草药中的有效成分时，常用乙醚作溶剂。乙醚有麻醉作用，临床上曾用作麻醉剂。由于乙醚可引起恶心和呕吐等副作用，目前临床上已逐渐用性质更稳定的药物如安氟醚和异氟醚等代替。

（2）冠醚　冠醚是近三十年来新发展起来一类化合物，是分子中具有多个（OCH_2CH_2）结构单位的环状多醚，因分子的形状像王冠而称为冠醚。

冠醚的合成一般用 Williamson 成醚反应。例如，18-冠-6 就是用二缩三乙二醇（三甘醇）和相应的二氯代物，在氢氧化钾的正丁醇溶液中回流反应制备。

18-冠-6(熔点39～40℃)

冠醚分子中由于有多个醚键而有特殊的配位能力。因为分子中空穴的大小随冠醚结构的差异而不同，所以它的配位作用有较高的选择性。例如，12-冠-4、15-冠-5、18-冠-6 中的空穴直径分别与 Li^+、Na^+、K^+ 的直径相近，故可分别形成稳定的配合物。利用这一性质，可以分离某些金属离子，也可以用作相转移催化剂。

冠醚易溶于有机溶剂如苯、氯仿等中，在水中的溶解度较小。当它和金属离子配合后，在水中的溶解度增大，同时又可将与金属离子结合的负离子部分一起带进有机相。因此，一些在有机相中不溶的无机盐，在冠醚的作用下，溶入了有机相中，从而使某些非均相反应变成了均相反应，而冠醚又可从有机相进入水相，继续"搬运"反应物，起到"相转移"作用。例如，用高锰酸钾氧化环己烯，因为高锰酸钾不溶于环己烯，反应难进行，收率低。加入冠醚后，冠醚与 K^+ 结合形成配合物，并将 MnO_4^- 带进有机相，反应顺利进行，收率明显提高。

📖 阅读材料 ···

珍爱生命，拒绝酒驾

白酒是以粮谷为主要原料，经蒸煮、糖化、发酵、蒸馏、陈酿和勾调而成，其中涉及的化学变化过程有糖化、发酵和陈酿。糖化过程是指粮食中的淀粉（$C_6H_{10}O_5$）在糖化剂（如淀粉酶、酒曲等）的作用下，水解成为可发酵的糖类如葡萄糖（$C_6H_{12}O_6$）等。发酵就是将可发酵性糖类，在酒化酶作用下分解为酒精，酒精是白酒的主要成分，学名乙醇，分子结构式为 CH_3CH_2OH。

白酒的度数通常是指 20℃ 时酒中所含乙醇的体积分数，用"％vol"标注在酒瓶上。比如 50°白酒意味着在 20℃ 时 100mL 酒中含有约 50mL 乙醇。水和乙醇是白酒的主要成分，二者含量约占 98％，另外 2％ 含有数百种物质，统称为微量成分。微量成分主要包括醇、醛、酮、羧酸和酯等五类化学物质，其中醇主要来源于糖发酵生成乙醇的副反应，有正丙醇、正戊醇和异丁醇等，副反应产物中还包括一定量的醛和酮，而羧酸和酯类化合物则来源于酿酒时的陈酿过程。所谓陈酿，就是指新酿出来酒的陈化，也称为"酒的老熟"。由于新酿酒中醇和醛类化合物含量高，入口时刺激感较强、口感欠佳并且带有其他杂味，因此白酒需要在容器中贮存一段时间，在这期间杂质挥发，刺激性物质减少，风味成分增加，最终得到口感绵软柔和、回味悠长的白酒。所以如果不经过糖化和发酵这两个过程，是酿不出酒来的，而如果不进行陈酿，酒是不会香的。

各种酒类饮料中都含有酒精，如白酒的酒精含量为 $50\%\sim60\%$，黄酒为 $16\%\sim20\%$。喝酒饮入的酒精有 80% 在十二指肠吸收，其余在胃中吸收；空腹饮酒时，酒精可迅速被吸收进入血液，1 小时内可吸收 60%，1.5 小时可吸收 90%，2.5 小时可全部吸收。饮酒时吃些脂肪类食物可减慢吸收。

一次饮酒后，血中酒精含量在 $1\sim2$ 小时内达到最高峰，随后逐渐下降，但不习惯饮酒者血液中酒精最高含量常经数小时仍不消退。酒精中毒量个体差异很大，有饮酒习惯者与无饮酒习惯者可相差 $2\sim10$ 倍。酒精中毒取决于血液中酒精含量，当血液中酒精浓度在 $0.05\sim0.15g/100mL$，即可出现轻微中毒症状，当血液中的酒精浓度达到 $0.4\sim0.5g/100mL$ 时可致死。酒精与神经细胞的结合力非常强，所以酒精中毒后首先侵犯脑组织，麻痹中枢神经系统，使中枢神经系统的功能紊乱，失去控制，此时人会处于兴奋状态，出现飘飘然的快感，自觉心情愉快，毫无顾虑，呈现出酩酊状态、判断力减弱和动作失调等，此时驾驶车辆或操作机器最容易出事，从而滋生事端甚至酿成灾祸。

宿醉是怎么引起的呢？饮酒时酒中的乙醇经胃和肠迅速被血液吸收，首先送到肝脏。多数乙醇在肝脏被氧化分解，产生乙醛、丙酮酸和乳酸。乙醛随呼吸和尿液排出，出现醉酒特有的气味。如果慢慢饮酒，乙醛会进一步氧化变成乙酸，最后变成二氧化碳和水排出体外；如果大量乙醇短时间被吸收，肝脏只能把乙醇氧化到半路，乙醛进入血液中走遍全身。由此引起的症状是头痛眩晕、恶心呕吐、脱水口渴等异常现象。这种症状一般睡一觉，次日早晨即可恢复。可是如果饮酒过多到翌日早晨还不能恢复，这就是宿醉。

适当饮酒会适度刺激胃黏膜，促使胃液分泌增多，食欲增强。例如在盛夏季节没有食欲时，喝一杯凉啤酒会激发食欲。胃肠不好的人以增强食欲和解除压力为目的，可以少量饮用酒精浓度为 10% 以下的啤酒和葡萄酒。适量饮酒具有扩张血管、促进血液循环的作用，并且能减少精神压力。故饮酒应讲科学，千万不可狂饮或滥饮，若无节制地饮酒则会使食欲下降，严重时还会造成肝硬化，增加患高血压、中风等危险，还会导致事故及暴力的增加，对个人健康、家庭和社会安定都带来危害。

交警使用的酒驾测试仪，可以根据司机饮酒量的多少，呼出气体中的乙醇将负载在硅胶中的 $Cr(Ⅵ)$ 还原成 $Cr(Ⅲ)$，因此硅胶颜色发生变化。酒后驾车，特别是醉酒后驾车，对道路交通安全的危害十分严重。"喝酒不开车，开车不喝酒"，这不仅仅是一个口号，更是我们行车安全的保障。大约 $50\%\sim60\%$ 的交通事故与酒后驾驶有关，酒后驾驶已经被列为车祸致死的主要原因，其危害触目惊心，已成为交通事故的第一大"杀手"。

十一届全国人大常委会第二十次会议 2011 年 4 月表决通过了关于修改《中华人民共和国道路交通安全法》的决定，修改后的法律规定，醉酒驾驶机动车辆将一律吊销驾照，五年内不得重新取得，依法追究刑事责任。

本章小结

一、醇的主要化学反应

1. 与活泼金属的反应

$$R—OH+Na \longrightarrow R—ONa+H_2\uparrow$$

2. 与氢卤酸的反应

$$ROH + HX \rightleftharpoons RX + H_2O$$

3. 生成酯的反应

$$H_2O + RONO_2 \xleftarrow{HNO_3} ROH \begin{array}{c} \xrightarrow[H^+]{R'COOH} R'COOR + H_2O \\ \xrightarrow[H_2SO_4]{} ROSO_2OH + H_2O \end{array}$$

4. 脱水反应

5. 氧化反应

$$\underset{\underset{OH}{|}}{RCHR'} \xrightarrow{[O]} \underset{\underset{O}{\|}}{R-C-R'}$$

二、酚的主要化学反应

三、醚的主要化学反应

1. 与 HX 反应

2. 自动氧化反应

$$CH_3CH_2-O-CH_2CH_3 + O_2 \longrightarrow \underset{\underset{O-OH}{|}}{CH_3CH_2-O-CHCH_3}$$

习 题 ···

8-1 写出下列化合物的名称。

(1) $(CH_3)_3CCH_2CH_2OH$ (2) $HC{\equiv}CCH_2\underset{\underset{\displaystyle CH_3}{|}}{C}HOH$ (3) $CH_3CH_2CH_2-\underset{\underset{\displaystyle CHCH_3}{\|}}{C}-CH_2OH$

(4) $\underset{\underset{\displaystyle CH_2CH_3}{|}}{\overset{\overset{\displaystyle CH_3}{|}}{\underset{H}{\overset{H}{\text{—C—OH}}}}}$
 H—C—OH

(5)

(6)

(7)

(8)

(9)

(10)

(11) $CH_2{=}CH-O-CH_2CH_3$ (12)

8-2 写出下列化合物的结构式。

(1)（Z）-3-甲基-3-戊烯-2-醇   (2) 邻硝基苯乙醚   (3) 环氧乙烷

(4) 2-甲基环己醇   (5) 2，4-二甲基苯酚   (6) 间甲氧基苯甲醇

8-3 将下列化合物按酸性由大到小的次序排列。

(1) A. CH_3OH B. CH_3CH_2OH C. $ClCH_2CH_2OH$ D. F_3CCH_2OH

(2) A.   B.   C.   D.   E.

8-4 写出下列反应的主要产物。

(1) $H_3C-\underset{\underset{\displaystyle OH}{|}}{C}H-CH_3 + HBr \longrightarrow ? \xrightarrow[\text{乙醚}]{Mg} ?$

(2) $+ PBr_3 \longrightarrow ?$

(3) $H_3C-\underset{\underset{\displaystyle CH_2CH_3}{|}}{C}H-CH_2OH + SOCl_2 \longrightarrow ?$

(4) $\xrightarrow[\triangle]{H_2SO_4} ?$

(5) $H_3C-\underset{\underset{\displaystyle OH}{|}}{C}H-CH_2CH_2CH_3 \xrightarrow[H^+]{KMnO_4} ?$

(6) $+ H_3C-\underset{\underset{\displaystyle Br}{|}}{C}H-CH_3 \longrightarrow ?$

(7)

一个间甲基苯乙醚 $+HI \longrightarrow ? + ?$

(8)

2,6-二甲基苯酚 $+HNO_3$（稀）$\longrightarrow ?$

8-5 用简单的化学方法鉴别下列各组化合物。

(1) 环己烷、环己烯、环己醇

(2) 3-丁烯-2-醇、3-丁烯-1-醇、正丁醇、2-丁醇

(3) 苯甲醚、苯酚、甲苯、1-苯基乙醇

8-6 如何除去环己烷中含有的少量乙醚杂质？如何分离苯、苯甲醚和苯酚的混合物？

8-7 完成下列转化。

(1) $CH_3CH_2CH \!=\! CH_2 \longrightarrow CH_3CH_2CH_2CH_2OH$

(2) $CH_3CH_2CH_2OH \longrightarrow CH_3COCH_3$

(3) $CH_3CH_2CH_2OH \longrightarrow CH_3COOCHCH_2CH_3$
$\qquad\qquad\qquad\qquad\qquad\qquad\quad |$
$\qquad\qquad\qquad\qquad\qquad\qquad\ CH_3$

8-8 某芳香族化合物 A 的分子式为 C_7H_8O，A 与金属钠不发生反应，与浓的氢碘酸反应后生成两个化合物 B 和 C。B 能溶于氢氧化钠溶液中，并与三氯化铁显色。C 与硝酸银的醇溶液作用，生成黄色的碘化银。试写出 A、B、C 的结构式，并写出各步反应方程式。

8-9 有一化合物（A）$C_5H_{11}Br$ 和 NaOH 水溶液共热后生成 $C_5H_{12}O$（B）。B 具有旋光性，能和金属钠反应放出氢气，和浓 H_2SO_4 共热生成 C_5H_{10}（C）。C 经臭氧氧化并在还原剂存在下水解，生成丙酮和乙醛，试推测 A、B、C 的结构。

第9章

醛、酮和醌

📖 **学习目标** ....

　　了解醛和酮的物理性质，掌握醛和酮的分类、结构、命名、同分异构现象、制备方法和化学性质（亲核加成、氧化与还原、缩合和 α-氢原子的反应等）；了解代表性的醛、酮和醌类化合物，了解醌的结构、命名以及醌的化学反应。

📋 **素质目标** ....

　　了解黄鸣龙改良 "沃尔夫-凯惜纳（Wolff-Kishner）还原法"的过程，汲取黄鸣龙先生心系祖国和人民福祉的爱国主义精神，将个人命运与祖国发展融为一体，勇于创新，求真务实，勤奋钻研，永攀科学高峰，在为祖国贡献力量的同时实现个人的人生价值。

　　醛、酮、醌的分子结构中都含有羰基（ $\diagdown C{=}O$ ）官能团，它们都是羰基化合物。羰基碳上连有一个烃基和一个氢原子的化合物叫做醛，其通式为 RCHO（甲醛 HCHO 除外），—CHO 作为取代基时被称为甲酰基，作为官能团时称为醛基；羰基碳上连有两个烃基时称为酮，其通式为 RCOR′，酮中的羰基作为取代基时称为氧代或氧亚基，作为官能团时称为酮基；而醌是一类特殊的不饱和环状二酮。

9.1　醛和酮的结构

　　醛、酮分子中的羰基是由碳和氧以双键结合形成的官能团。羰基中的碳原子和氧原子均为 sp^2 杂化状态。成键时，碳原子的一个 sp^2 杂化轨道与氧原子的一个 sp^2 杂化轨道交盖形成一个 σ 键，另外两个 sp^2 杂化轨道分别与氢原子的 1s 轨道（或碳原子的 sp^3 化轨道）形成 σ 键，这三个 σ 键在同一平面上，键角接近 $120°$。羰基碳原子未参与杂化的 2p 轨道和氧原子的一个 2p 轨道从侧面交盖形成一个 π 键（图 9-1）。氧原子上余下的两对未共用电子对则处于另外两个 sp^2 杂化轨道中。

　　由于氧原子的电负性大，吸引电子的能力强，碳氧双键是极化的。氧原子上带有部分负电荷，碳原子上带有部分正电荷。

图 9-1 羰基中碳氧双键的成键情况

9.2 醛和酮的分类和命名

9.2.1 醛和酮的分类

根据羰基所连烃基的结构，可把醛、酮分为脂肪族、脂环族和芳香族醛、酮等几类。例如：

| 脂肪醛 | 脂肪酮 | 脂环酮 | 芳香醛 | 芳香酮 |

根据羰基所连烃基是否有不饱和键，可把醛、酮分为饱和与不饱和醛、酮。例如：

| 饱和醛 | 不饱和醛 | 不饱和酮 | 不饱和酮 |

根据分子中羰基的数目，可把醛、酮分为一元、二元和多元醛、酮等。例如：

| 二元醛 | 二元酮 | 多元酮 |

9.2.2 醛和酮的命名

（1）习惯命名法　醛类按分子中碳原子数称某醛（与醇相似）。例如：

| 乙醛 | 丙烯醛 | α-氯丙醛 |

酮类按羰基所连的两个烃基来命名。例如：

| 甲基乙基酮 | 甲基乙烯基酮 | 二苯基甲酮 |

（2）系统命名法　选含羰基的最长碳链为主链，从靠近羰基一端给主链编号。醛基因处

在链端，不用标明它的位置。酮羰基的位置要标出（个别例外）。

2-甲基丙醛	丁酮	2-甲基-3-戊酮

不饱和醛酮的命名是从靠近羰基一端给主链编号。例如：

6-甲基-5-庚烯-2-酮

羰基在环内的脂环酮，称为环某酮；若羰基在环外，则将环作为取代基。例如：

4-甲基环己酮	2-甲基环己基乙酮

芳香族醛命名时，通常采用芳烃名称与醛名称直接加合在一起的命名方式；芳香族酮则将芳基作为取代基命名。例如：

苯甲醛	1-苯基-1-丙酮

此外，某些醛常用俗名。例如：

苦杏仁油（苯甲醛）	水杨醛（2-羟基苯甲醛）	肉桂醛（3-苯基丙烯醛）

9.3 醛和酮的物理性质

室温下除甲醛是气体外，十二个碳原子以下的醛、酮一般是液体，高级醛、酮是固体。低级的醛有强烈刺激气味，含有 C_9、C_{10} 的醛具有果香味。由于羰基具有极性，因此醛、酮的沸点比和它分子量相当的烃及醚高。但由于羰基本身不能形成氢键，因此沸点比相应的醇低。

常见一元醛、酮的物理常数见表 9-1。

▫ 表 9-1　常见一元醛、酮的物理常数

名称	构造式	熔点/℃	沸点/℃	相对密度(d_4^{20})	折射率(n)
甲醛	HCHO	−92	−21	0.815(−20℃)	—
乙醛	CH_3CHO	−121	20.8	0.7834(18℃)	1.3316
丙醛	CH_3CH_2CHO	−81	48.8	0.8058	1.3636

名称	构造式	熔点/℃	沸点/℃	相对密度(d_4^{20})	折射率(n)
丙烯醛	CH_2=CHCHO	−87	52	0.8410	1.4017
丁醛	$CH_3CH_2CH_2CHO$	−99	75.7	0.8170	1.3843
2-丁烯醛	CH_3CH=CHCHO	−74	104	0.8495	1.4366
苯甲醛	C_6H_5CHO	−26	178.1	1.0415(10℃)	1.5463
丙酮	CH_3COCH_3	−95	56	0.7899	1.3588
丁酮	$CH_3COCH_2CH_3$	−86	80	0.8054	1.3788
2-戊酮	$CH_3COCH_2CH_2CH_3$	−77.8	102	0.8089	1.3922
环己酮	(环己酮结构式)=O	−45	155.7	0.9478	1.4507
苯乙酮	$C_6H_5COCH_3$	20.5	202	1.026	—

低级的醛、酮在水中有一定的溶解度，因为它们与水能形成氢键。随着醛、酮碳原子数的增加，大多数化合物微溶或不溶于水，但易溶于有机溶剂。

9.4 醛和酮的化学性质

醛、酮分子中的羰基是极性的，碳原子带部分正电荷，氧原子带部分负电荷。由于氧容纳负电荷能力较强，所以带部分正电荷的碳原子容易受到亲核试剂的进攻，发生亲核加成反应。

9.4.1 加成反应

9.4.1.1 与氢氰酸加成

醛、酮能与氢氰酸发生加成反应，生成 α-羟基腈（即 α-氰醇）。

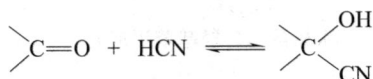

$$\text{C=O} + HCN \rightleftharpoons \text{C}\begin{matrix}OH\\CN\end{matrix}$$

反应可以被碱催化，加酸则对反应不利。这是因为 HCN 是一个弱酸，它不易解离成 H^+ 和 CN^-，加碱可使平衡向右移动，CN^- 的浓度增加。与羰基加成的亲核试剂是 CN^-。

$$HCN \underset{H^+}{\overset{OH^-}{\rightleftharpoons}} CN^-$$

醛、脂肪族甲基酮（CH_3COR）和含 8 个碳原子以下的环酮都可以与氢氰酸发生加成反应，芳香酮（ArCOR）反应产率低，二芳香酮（ArCOAr）则很难反应。

用无水的液体氢氰酸制备氰醇能得到满意的结果，但是它的挥发性大，有剧毒，使用不便。在实验室中，常将醛、酮与氰化钠或氰化钾的溶液混合，再加入无机酸。

醛、酮和氢氰酸加成所得的羟基腈是一类活泼的化合物，便于转化为其他化合物，在有机合成上很有用处，是增长碳链的一种方法。如 α-羟基腈在酸性水溶液中水解，即可得到羟基酸。

$$RCHO \xrightarrow{HCN} R-\overset{OH}{\underset{|}{C}H-CN} \xrightarrow{H_2O,\ H^+} R-\overset{OH}{\underset{|}{C}H-COOH}$$

9.4.1.2 与亚硫酸氢钠加成

醛、脂肪族甲基酮和低级环酮（C_8 以下）都能与过量的亚硫酸氢钠饱和溶液（40%）发生加成反应，生成结晶的亚硫酸氢钠加成物：α-羟基磺酸钠。其他的酮（包括芳香族甲基酮）很难发生反应。

$$R-\overset{O}{\underset{H(CH_3)}{C}} + NaHSO_3 \longrightarrow R-\overset{OH}{\underset{H(CH_3)}{C}}-SO_3Na$$

α-羟基磺酸钠为白色结晶，易溶于水，但不溶于饱和的亚硫酸氢钠溶液，呈结晶析出，容易分离出来。如果把加成产物与稀酸或稀碱共热，加成产物会分解为原来的醛或酮。因此，可以利用这些性质来鉴别、分离和提纯醛、脂族甲基酮和 C_8 以下的环酮。

$$R-\overset{OH}{\underset{H(CH_3)}{C}}-SO_3Na \begin{cases} \xrightarrow{H^+,H_2O} R-\overset{O}{\underset{H(CH_3)}{C}} + SO_2\uparrow + H_2O + Na^+ \\ \xrightarrow{OH^-} R-\overset{O}{\underset{H(CH_3)}{C}} + H_2O + Na^+ + SO_3^{2-} \end{cases}$$

将 α-羟基磺酸钠与氰化钠或氰化钾水溶液反应，也可生成 α-羟基腈，这样可避免使用易挥发的氢氰酸。例如：

$$R-CHO \xrightarrow[H_2O]{NaHSO_3} R-\overset{OH}{\underset{}{C}H}-SO_3Na \xrightarrow[H_2O]{NaCN} R-\overset{OH}{\underset{}{C}H}-CN + Na_2SO_3$$

9.4.1.3 与醇加成

在干燥氯化氢气体或其他无水强酸催化下，醛（酮）能与一分子醇发生加成反应生成半缩醛（酮），半缩醛（酮）一般不稳定，可以进一步与一分子醇作用，得到较稳定的缩醛（酮）产物。

反应第一步质子化非常重要，它使羰基碳原子的正电性增强，有利于较弱的醇亲核进攻。整个反应的决速步骤是第二步亲核加成。

酮和一元醇的反应比醛难得多，通常用二元醇（如乙二醇）在无水酸催化下与酮反应生成环状缩酮。

$$\overset{R}{\underset{R^1}{C}}=O + \begin{matrix} HO-CH_2 \\ HO-CH_2 \end{matrix} \xrightleftharpoons{H^+} \overset{R}{\underset{R^1}{C}}\begin{matrix} O-CH_2 \\ O-CH_2 \end{matrix} + H_2O$$

缩醛和缩酮的结构与醚相似，对碱、氧化剂、还原剂是稳定的，但在酸催化下可以分解得到原来的醛或酮。利用这一特性，在有机合成反应中，常用醇与醛、酮的反应来保护羰基。例如：

$$CH_2=CHCHO \xrightarrow[\text{干 HCl}]{2C_2H_5OH} CH_2=CHCH\begin{matrix} OC_2H_5 \\ OC_2H_5 \end{matrix} \xrightarrow{[O]}$$

$$\underset{\underset{OH}{|}}{CH_2}-\underset{\underset{OH}{|}}{CHCH}\begin{matrix} OC_2H_5 \\ OC_2H_5 \end{matrix} \xrightarrow[\triangle]{H^+,H_2O} \underset{\underset{OH}{|}}{CH_2}-\underset{\underset{OH}{|}}{CHCHO}$$

9.4.1.4 与格氏试剂加成

格氏试剂是较强的亲核试剂，很容易与醛、酮进行亲核加成，加成的产物经酸水解得到碳原子比原料多的醇，是制备 1°、2°、3°醇和增碳合成常用的反应。例如：

$$\langle\!\langle\rangle\!\rangle\text{—Br} \xrightarrow[\text{醚}]{Mg} \langle\!\langle\rangle\!\rangle\text{—MgBr} \xrightarrow[\text{醚}]{CH_3COCH_2CH_3} \xrightarrow[H_2O]{H^+} \langle\!\langle\rangle\!\rangle\overset{OH}{\underset{CH_3}{\overset{|}{\underset{|}{C}}}}CH_2CH_3$$

9.4.1.5 与氨衍生物的加成-缩合反应

氨的某些衍生物如伯胺、羟胺、肼、苯肼、2,4-二硝基苯肼以及氨基脲等都是含氮的亲核试剂，可以与醛、酮的羰基发生加成，反应并不停留于加成一步，而是相继发生分子内失水反应形成碳氮双键，分别得到席夫碱、肟、腙、苯腙、缩氨脲等。

$$\rangle C=O + H_2N-Z \longrightarrow \left[-\underset{\underset{OH}{|}}{C}-\underset{\underset{H}{|}}{N}-Z\right] \xrightarrow{-H_2O} \rangle C=N-Z$$

$$Z=-R，-OH，-NH_2，-NH-\langle\!\langle\rangle\!\rangle，-NH-\langle\!\langle\rangle\!\rangle\!\!\!\!\!\!\!\!\!\!\!\!\!\!\!\!\overset{NO_2}{\underset{O_2N}{}}-NO_2，-NHC-NH_2$$

醛、酮与氨衍生物反应的产物列于表 9-2。

□ **表 9-2 醛、酮与氨衍生物反应的产物**

氨的衍生物	产物	氨的衍生物	产物
H_2N-OH 羟胺	$\underset{(R')H}{R}C=N-OH$ 肟	$H_2N-\underset{}{NH}-\langle\!\langle\rangle\!\rangle\overset{NO_2}{\underset{NO_2}{}}$ 2,4-二硝基苯肼	$\underset{(R')H}{R}C=N-NH-\langle\!\langle\rangle\!\rangle\overset{NO_2}{\underset{NO_2}{}}$ 2,4-二硝基苯腙
H_2N-NH_2 肼	$\underset{(R')H}{R}C=N-NH_2$ 腙		
$H_2N-NH-C_6H_5$ 苯肼	$\underset{(R')H}{R}C=N-NHC_6H_5$ 苯腙	$H_2N-\underset{H}{\overset{}{N}}-\underset{\underset{O}{\|}}{C}-NH_2$ 氨基脲	$\underset{(R')H}{R}C=N-\underset{H}{\overset{}{N}}-\underset{\underset{O}{\|}}{C}-NH_2$ 缩氨脲

羰基化合物与羟胺、2,4-二硝基苯肼以及氨基脲的加成缩合产物，都是具有一定熔点的固体结晶，利用此性质，可用来鉴别醛、酮的结构。反应产物又能在稀酸条件下分解，得到原来的醛、酮化合物，此反应又可用来分离和提纯醛、酮类化合物。

醛、酮与伯胺（RNH_2）作用，得到不稳定的亚胺，这类化合物称为席夫碱（Schiff base）。

$$R_2C{=}O + R^1NH_2 \rightleftharpoons R_2C{=}N{-}R^1 + H_2O$$

若 R 或 R^1 有一个为芳基，则所得亚胺较为稳定。例如：

$$C_6H_5CHO + C_6H_5NH_2 \longrightarrow C_6H_5{-}CH{=}NC_6H_5$$
$$84\% \sim 87\%$$

9.4.2 α-氢原子的反应

9.4.2.1 α-氢原子的酸性

醛、酮分子中 α-C 上的氢原子由于受羰基的影响而表现出一定程度的酸性。从 pK_a 值可以判断醛、酮 α-H 的相对酸性强度。例如：

化合物	$CH_3CH{=}CH_2$	乙炔	丙酮
pK_a	~38	25	20

由于 α-H 的弱酸性，α-H 解离时 α-C 上带有一定的负电荷。因此，有 α-H 的醛、酮是良好的亲核试剂，易于发生羟醛缩合等反应。

9.4.2.2 羟醛缩合反应

在稀碱或稀酸催化下，含 α-H 的醛/酮发生分子间的加成反应，即一分子醛/酮以其 α-C 与另一分子醛/酮的羰基发生亲核加成，生成 β-羟基醛/酮。这个反应叫做羟醛缩合（aldol condensation）反应。通过羟醛缩合，在分子中形成了新的碳碳键，增长了碳链。例如：

$$CH_3{-}\overset{O}{\overset{\|}{C}}{-}H + CH_2{-}\overset{O}{\overset{\|}{C}}{-}H \xrightarrow[5℃]{10\% NaOH} CH_3{-}\overset{OH}{\overset{|}{CH}}{-}CH_2{-}\overset{O}{\overset{\|}{C}}{-}H$$
$$50\%$$

羟醛缩合反应的历程如下：

$$OH^- + H{-}CH_2{-}\overset{O}{\overset{\|}{C}}{-}H \rightleftharpoons H_2O + H{-}\overset{-}{\underset{H}{C}}{-}\overset{O}{\overset{\|}{C}}{-}H$$

$$CH_3{-}\overset{O}{\overset{\|}{C}}{-}H + H{-}\overset{-}{\underset{H}{C}}{-}\overset{O}{\overset{\|}{C}}{-}H \rightleftharpoons CH_3{-}\overset{O^-}{\overset{|}{CH}}{-}CH_2{-}\overset{O}{\overset{\|}{C}}{-}H$$

$$CH_3{-}\overset{O^-}{\overset{|}{CH}}{-}CH_2{-}\overset{O}{\overset{\|}{C}}{-}H + H_2O \rightleftharpoons CH_3{-}\overset{OH}{\overset{|}{CH}}{-}CH_2{-}\overset{O}{\overset{\|}{C}}{-}H + OH^-$$

凡 α-C 上有氢原子的 β-羟基醛一般不稳定，在酸或碱溶液中加热，容易发生分子内脱水而生成 α,β-不饱和醛。这是因为 α-H 比较活泼，并且失水后的生成物具有共轭双键，因而比较稳定。

含有 α-H 的酮进行缩合时，由于电子效应和空间效应的影响，在同样的条件下，得到的缩合产物产率较低。如果使产物在生成后，立即脱离平衡体系，则可使酮大部分转化为

β-羟基酮。例如：

$$CH_3\overset{CH_3}{\underset{CH_3}{C}}=O + H-CH_2-\overset{O}{C}CH_3 \rightleftharpoons CH_3-\overset{OHH}{\underset{CH_3}{C}}-\overset{H}{C}H-\overset{O}{C}CH_3 \xrightarrow{蒸馏} CH_3-\overset{}{\underset{CH_3}{C}}=CH-\overset{O}{C}-CH_3$$
$$70\%\sim80\%$$

采用两种不同的含 α-H 的羰基化合物进行羟醛缩合反应（称为交叉羟醛缩合），将得到四种不同结构化合物的混合物，这种交叉羟醛缩合在合成上没有太大意义。如果参与反应的羰基化合物之一不含有 α-H（如甲醛、2,2-二甲基丙醛），则产物种类减少，可以得到有合成价值的产物。例如：

$$CH_3-\overset{CH_3}{\underset{}{C}}HCHO + HCHO \xrightarrow{OH^-} CH_3-\overset{CH_3}{\underset{CHO}{C}}-CH_2OH$$
$$90\%$$

$$C_6H_5CHO + CH_3CHO \xrightarrow[50℃]{NaOH, H_2O} C_6H_5CH=CHCHO$$
$$(E)\ 90\%$$

9.4.2.3　卤代及卤仿反应

醛、酮分子中的 α-H 在酸性或碱性条件下容易被卤素取代，生成 α-卤代醛、酮。例如：

$$R-CH_2-CHO + Cl_2 \longrightarrow R-\overset{Cl}{\underset{}{C}}H-CHO + HCl$$

$$R-\overset{O}{C}-CH_3 + Cl_2 \longrightarrow R-\overset{O}{C}-CH_2Cl + HCl$$

醛、酮在酸催化下反应，往往只能得到一取代产物。

$$CH_3\overset{O}{C}CH_3 \underset{快}{\overset{H^+}{\rightleftharpoons}} CH_3\overset{\overset{+}{O}H}{C}CH_3 \underset{慢}{\overset{-H^+}{\rightleftharpoons}} CH_3\overset{OH}{C}=CH_2 \underset{快}{\overset{Br-Br}{\rightleftharpoons}} CH_3\overset{\overset{+}{O}H}{C}-CH_2Br + Br^-$$

$$\Big\updownarrow 快$$

$$CH_3\overset{O}{C}-CH_2Br$$

醛、酮在碱催化下反应，可以得到多取代产物。这是由于 α-H 被卤原子取代后，卤原子的吸电子诱导效应使得同一碳上其他 α-H 更活泼，更容易被取代。如果 α-C 为甲基，如乙醛或甲基酮，则三个氢原子都可被卤原子取代，得到三卤代羰基化合物。三卤代的醛、酮在碱性溶液中很易分解成三卤甲烷和羧酸盐，这一反应称为卤仿反应。例如：

$$(CH_3)_3CCOCH_3 + Cl_2 + NaOH \longrightarrow (CH_3)_3CCOONa + CHCl_3$$

具有 CH_3CHOH— 结构的醇类化合物，遇卤素的碱溶液（亦即次卤酸盐溶液）都能首先被氧化成含 CH_3CO— 结构的化合物，然后发生卤代和裂解，最后生成卤仿和羧酸盐。例如：

$$CH_3CH_2OH \xrightarrow{NaOX} CH_3CHO \xrightarrow{NaOX} HCOONa + HCX_3$$

碘仿为黄色晶体，难溶于水，并有特殊气味。可利用生成碘仿的反应来鉴别乙醛、甲基酮以及含有 $CH_3CH(OH)$— 结构的醇。

9.4.3 氧化和还原反应

9.4.3.1 氧化反应

醛羰基上连有氢原子，因此很容易被氧化为相应的羧酸。酮则不易氧化，只有在剧烈条件下氧化，才发生碳链的断裂。因此，可以选择较弱的氧化剂来区别醛和酮，如托伦（Tollens）试剂（硝酸银的氨溶液）和斐林（Fehling）试剂（酒石酸钾钠的碱性硫酸铜溶液）。

$$RCHO+2Cu(OH)_2+NaOH \xrightarrow{\triangle} RCOONa+Cu_2O\downarrow+3H_2O$$
$$\text{蓝绿色} \qquad\qquad\qquad\qquad \text{红色}$$
$$RCHO+2Ag(NH_3)_2OH \xrightarrow{\triangle} RCOONH_4+2Ag\downarrow+3NH_3+H_2O$$
$$\text{无色} \qquad\qquad\qquad\qquad \text{银镜}$$

Fehling 试剂和 Tollens 试剂都只氧化醛基不氧化双键，在有机合成中可用于选择性氧化。例如：

$$R-CH=CH-CHO \xrightarrow{Ag(NH_3)_2OH} R-CH=CH-COOH$$

但是，Fehling 试剂不能氧化芳香醛，利用这一性质可以区别脂肪醛和芳香醛。

9.4.3.2 还原反应

（1）催化加氢　醛、酮在金属催化剂 Pt、Pd、Ni 等作用下与氢气反应，可以在羰基上加氢，生成醇。例如：

$$CH_3(CH_2)_4CHO+H_2 \xrightarrow{Ni} CH_3(CH_2)_4CH_2OH$$
$$100\%$$

$$(CH_3)_2CHCH_2\overset{O}{\overset{\|}{C}}CH_3 + H_2 \xrightarrow{Ni} (CH_3)_2CHCH_2\overset{OH}{\overset{|}{C}}HCH_3$$
$$95\%$$

催化氢化法的优点是操作比较简单，产量高，副反应少，几乎能得到定量的还原产物。缺点是一般情况下进行催化氢化，往往无选择性，在还原羰基的同时也将影响碳碳重键、硝基、氰基等。例如：

（2）用化学还原剂还原　醛、酮也可用化学还原剂还原成相应的醇。在化学还原剂中，选择性高和还原效果好的有氢化铝锂（LiAlH$_4$）、硼氢化钠（NaBH$_4$）、异丙醇铝｛Al［OCH（CH$_3$）$_2$］$_3$｝等，硼氢化钠和异丙醇铝只对羰基起还原作用，而不影响分子中的其他不饱和基团，例如：

$$(CH_3)_2C=CHC\overset{O}{\overset{\|}{C}}CH_3 \xrightarrow{NaBH_4} (CH_3)_2C=CHC\overset{OH}{\overset{|}{H}}CH_3$$

$$C_6H_5CH=CHCHO \xrightarrow{NaBH_4} C_6H_5CH=CHCH_2OH$$

氢化铝锂对碳碳双键和碳碳三键也没有还原作用，但它的还原性较异丙醇铝、硼氢化钠强，除能还原醛酮外，还能还原—COOH、—COOR、—NO$_2$、—CN 等不饱和基团，且产率很高。

（3）克莱门森反应　将醛、酮和锌汞齐-浓盐酸一起加热回流，可将羰基还原成亚甲基，这个反应叫克莱门森（Clemmensen）反应。

$$\text{C}_6\text{H}_5-\overset{\displaystyle O}{\overset{\displaystyle \|}{C}}-\text{CH}_2\text{CH}_2\text{CH}_3 \xrightarrow[\text{浓 HCl}]{\text{Zn (Hg)}} \text{C}_6\text{H}_5-\text{CH}_2\text{CH}_2\text{CH}_2\text{CH}_3$$

克莱门森反应适用于在酸性条件下稳定的有机物。

该反应的特点如下：底物分子中有羧酸、酯、酰胺等羰基存在时，反应不受影响；还原不饱和酮时，分子中的孤立双键可不受影响；与羰基共轭的双键被还原；与酯羰基共轭的双键，则仅仅双键被还原。

（4）沃尔夫-凯惜纳-黄鸣龙反应　醛、酮与无水肼反应生成腙，腙在碱性条件下受热发生分解，放出氮气，并生成烃。这种方法称为沃尔夫-凯惜纳（Wolff-Kishner）还原法。

$$\underset{(H)R}{\overset{R^1}{\diagdown}}C=O \xrightarrow{\text{H}_2\text{N}-\text{NH}_2} \underset{(H)R}{\overset{R^1}{\diagdown}}C=N-\text{NH}_2 \xrightarrow{\text{KOH 或 C}_2\text{H}_5\text{ONa}} \underset{(H)R}{\overset{R^1}{\diagdown}}\text{CH}_2 + \text{N}_2\uparrow$$

我国有机化学家黄鸣龙改进了这个方法。黄鸣龙将酮或醛、氢氧化钠、肼的水溶液和高沸点的二甘醇溶剂于常压下加热回流。当腙生成后，蒸出水和过量的肼，然后继续加热回流，使腙完全分解而得到烃。改进后的方法称为沃尔夫-凯惜纳-黄鸣龙反应。通过这种改进方法，该反应可在常压下进行，不需要使用昂贵的无水肼和高压设备，反应时间由原来的几十小时缩短为几小时，适合工业生产，而且副反应少，收率也好。例如：

$$\text{C}_6\text{H}_5-\text{COCH}_2\text{CH}_3 \xrightarrow[\text{(HOCH}_2\text{CH}_2)_2\text{O}, \triangle]{\text{H}_2\text{N}-\text{NH}_2, \text{NaOH}} \underset{82\%}{\text{C}_6\text{H}_5-\text{CH}_2\text{CH}_2\text{CH}_3}$$

这种还原方法是在碱性条件下进行的，可用来还原对酸敏感的醛或酮，因此可以和Clemmensen还原法互相补充。

9.4.3.3　康尼查罗歧化反应

在浓碱存在下，不含 α-H 的醛发生歧化作用，一分子醛被氧化为羧酸，另一分子醛被还原成醇，这种反应叫康尼查罗（Cannizzaro）反应。例如：

$$2\text{HCHO} + \text{NaOH} \xrightarrow{\triangle} \text{HCOONa} + \text{CH}_3\text{OH}$$

$$2\ \text{C}_6\text{H}_5-\text{CHO} + \text{NaOH} \xrightarrow{\triangle} \text{C}_6\text{H}_5-\text{COONa} + \text{C}_6\text{H}_5-\text{CH}_2\text{OH}$$

两种不同的不含 α-H 的醛进行交叉的康尼查罗反应，产物复杂。但是，如果其中一种是甲醛，由于甲醛的还原性强，反应结果总是另一种醛被还原成醇而甲醛被氧化成酸。这样，有甲醛参与的交叉康尼查罗反应在合成上是有意义的。例如，工业上用甲醛和乙醛制备季戊四醇就是应用了交叉羟醛缩合和交叉康尼查罗反应。

$$3\ \text{HCHO} + \text{CH}_3\text{CHO} \xrightarrow{\text{Ca(OH)}_2} \text{HOCH}_2-\overset{\displaystyle \text{CH}_2\text{OH}}{\underset{\displaystyle \text{CH}_2\text{OH}}{C}}-\text{CHO}$$

$$\text{HOCH}_2-\overset{\displaystyle \text{CH}_2\text{OH}}{\underset{\displaystyle \text{CH}_2\text{OH}}{C}}-\text{CHO} + \text{H}-\overset{\displaystyle O}{\overset{\displaystyle \|}{C}}-\text{H} \xrightarrow{\text{Ca(OH)}_2} \text{HOCH}_2-\overset{\displaystyle \text{CH}_2\text{OH}}{\underset{\displaystyle \text{CH}_2\text{OH}}{C}}-\text{CH}_2\text{OH}$$

季戊四醇的熔点是 261～262℃，它是生产涂料、炸药和表面活性剂的原料。

9.5　醛和酮的重要化合物

（1）甲醛　甲醛（HCHO）俗称蚁醛，在常温下是无色的有特殊刺激性气味的气体，沸点 -21℃，易溶于水。含 8% 甲醇的 40% 的甲醛水溶液俗称"福尔马林"（formalin），常用作消毒剂和防腐剂。甲醛性质活泼，容易氧化，极易聚合。在常温下，甲醛气体能自动聚合为三聚甲醛。

$$3\ HCHO \Longrightarrow \begin{array}{c} CH_2 \\ O \qquad O \\ H_2C \qquad CH_2 \\ O \end{array}$$

三聚甲醛为白色晶体，熔点 62℃，沸点 112℃。在中性或碱性条件下相当稳定，但在酸性环境中加热，容易解聚重新生成甲醛。

甲醛是重要的有机合成的原料，大量用于制备酚醛树脂、脲醛树脂、合成纤维（维尼纶）及季戊四醇等。在有催化剂存在时，高纯度的甲醛可以聚合成聚合度很大的高聚物——聚甲醛。聚甲醛是具有一定的优异性能的工程塑料。

（2）乙醛　乙醛为无色具有刺激性气味的液体，沸点为 20.8℃，可溶于水、乙醇及乙醚，易氧化、易聚合。在少量硫酸存在下，室温时能聚合成环状三聚乙醛。三聚乙醛是液体，是贮存乙醛的最好形态，在硫酸存在下加热，即发生解聚。

乙醛也是重要的有机合成原料，可用于合成乙酸、乙酸酐、乙酸乙酯、丁醇和季戊四醇等化工产品。

（3）丙酮　丙酮（CH_3COCH_3）是无色易挥发的具有清香气味的液体，沸点 56℃，易溶于水及乙醇、乙醚、氯仿等有机溶剂，并能溶解多种有机物。

丙酮具有典型的酮的化学性质，是重要的有机化工原料，可用来制造环氧树脂、有机玻璃、氯仿等。

9.6　醌的结构和命名

醌是一类特殊的 α,β-不饱和环状共轭二酮。醌型结构只有邻位和对位两种。醌环不是芳环，醌没有芳香性。其化学性质与 α,β-不饱和酮相似。在醌分子中，由于两个羰基共同存在于一个不饱和的共轭环上，使得醌类化合物的热稳定性很差。醌主要可分为苯醌、萘醌、蒽醌和菲醌四大类。醌一般由芳香烃衍生物转变而来，命名时在"醌"字前加上芳基的名称，并标出羰基的位置。例如：

对苯醌　　邻苯醌　　1,4-萘醌　　9,10-蒽醌　　9,10-菲醌

9.7 醌的化学性质

9.7.1 加成反应

苯醌分子中具有两个羰基和两个碳碳双键，既可发生碳碳双键加成，也可发生羰基加成反应。

9.7.1.1 碳碳双键加成

苯醌可和溴发生加成反应，生成二溴化物和四溴化物。

9.7.1.2 羰基加成

对苯醌能与一分子羟胺或二分子羟胺生成单肟或双肟，这是羰基化合物醛、酮的典型反应。

9.7.1.3 狄尔斯-阿尔德反应

醌与 1,3-丁二烯可发生狄尔斯-阿尔德反应，如 1,4-苯醌与 1,3-丁二烯通过双烯合成可以得到二羟基二氢萘。

二羟基二氢萘氧化可得 1,4-萘醌。1,4-萘醌是挥发性黄色固体，熔点 125℃，有特殊气味。

9.7.2 氧化还原平衡

对苯醌容易被还原为对苯二酚（或称氢醌），这是对苯二酚氧化的逆反应。在电化学上，利用两者之间的氧化还原反应可以制成醌-氢醌电极，用来测定 H^+ 的浓度。

这一反应在生物化学过程中有重要的意义。生物体内进行的氧化还原作用常是以脱氢或加氢的方式进行的，在这一过程中，某些物质在酶的控制下所进行的氢的传递工作可通过酚醌氧化还原体系来实现。

阅读材料

中国有机化学先驱、中国甾体激素药物工业的奠基人黄鸣龙

黄鸣龙（1898—1979），江苏扬州人，有机化学家，1918 年毕业于浙江医药专科学校（现浙江医科大学），毕业后曾在上海同德医专教化学，1919 年赴欧洲留学，先后在瑞士苏黎世大学和德国柏林大学攻读化学，1924 年获哲学博士学位。中国科学院学部委员（院士），中国科学院上海有机化学研究所研究员。

黄鸣龙教授一生一直从事有机化学研究，他所研究的范围包括基础研究、应用基础研究和应用研究等多个方面，共发表论文近 80 篇，综述和专著近 40 种，其主要科学成就有：

关于生物碱，尤其是延胡索乙素结构的研究。黄鸣龙教授早年研究中药延胡索和细辛中有效成分，确定了若干成分的化学结构，其中延胡索乙素具有较强的镇静和止痛作用，在临床上得到广泛使用。

关于山道年一类物质立体化学的研究。1938 年黄鸣龙教授转到甾体化学方面的研究，发现胆甾双烯酮用醋酐及微量浓硫酸处理，几乎可以得到理论量的 A 环芳香化合物，发现了甾族的双烯酮酚反应，并应用于山道年及其类似物的立体化学研究。他发现的山道年 4 个类似物在酸/碱作用下可以"成圈"地转变，由此推断出其相对构型，为世界各国解决山道年及其类似物的绝对构型和全合成提供了理论依据。

改良了沃尔夫-凯惜纳（Wolff-Kishner）还原法。醛/酮与肼反应生成腙，腙在碱性条件下受热发生分解，放出氮气并生成烃，原本 Wolff-Kishner 的方法是将醛/酮与肼和金属 Na 或 K 在高温（约 200℃）下加热反应，需要在封管或高压釜中进行，操作不方便。黄鸣龙改进了这个方法，将酮/醛、NaOH、肼的水溶液和高沸点的二甘醇溶剂于常压下加热回流，当腙生成后蒸出水和过量的肼，然后继续加热回流，使腙完全分解而得到烃。改进后的方法称为沃尔夫-凯惜纳-黄鸣龙反应，这是第一个以中国人名字命名的有机化学反应。通过这种改进方法，反应可在常压下进行，不需要使用昂贵的无水肼和高压设备，反应时间由原来的几十小时缩短为几小时，适合工业化生产，且副反应少，收率高。

甾体激素的合成和有关反应的研究。黄鸣龙教授回国后一直关注有疗效的甾体化合物的工业生产。首先在植物性甾体化合物方面调研甾体皂素，以获得较好的甾体药物的半合成原料。在化学方面则偏重于甾体激素的合成，目的在于寻求更经济的合成方法及疗效更高的化合物。黄鸣龙教授于 1958 年利用薯蓣皂素为原料，七步合成了可的松并投入生产，这不但填补了我国甾体工业的空白，而且使我国的可的松合成跨进了世界先进行列，当时国外最好的方法从薯蓣皂素变为可的松需十四步化学反应。有了合成可的松的工业基础，许多重要的甾体激素如黄体酮、睾丸素、可的唑、强的松等都先后投产，还研制了中国首创口服避孕药甲地孕酮和其他几种主要甾族计划生育药物。

黄鸣龙教授一生为科学事业艰苦奋斗，数十年如一日，专心致志从事科学研究。他还是一位正直坚强、热情豪爽的爱国者，他放弃了美国的高薪、良好的工作条件和优厚舒适的物质生活，毅然回国，为发展祖国的科学事业贡献力量，还争取国外的多名科学家回国工作。

让我们永远怀念黄鸣龙教授！

一、醛酮的主要化学反应

1. 羰基的加成反应（与 HCN、NaHSO$_3$、醇、格氏试剂、氨衍生物的加成）

2. α-H 的反应

（1）羟醛缩合反应

（2）卤仿反应

3. 氧化和还原反应

（1）氧化反应

（2）还原反应

4. 康尼查罗（Cannizzaro）歧化反应

二、醌的主要化学反应

1. 碳碳双键加成

2. 狄尔斯-阿尔德反应

习题

9-1 命名下列各化合物。

（1）$(CH_3)_2CHCH(CH_3)CHO$　　　（2）$CH_3COCH_2CH(CH_3)_2$

（3）$CH_3COCH_2COCH_3$　　　（4）$(CH_3)_2C=CHCHO$

（5）　　　（6）

（7）　　　（8）

（9）

9-2 写出下列化合物的构造式。

（1）异戊醛　　（2）3-甲基-2-戊酮　　（3）环己基乙酮　　（4）5-苯基-3-庚酮

（5）丁二醛　　（6）乙醛缩乙二醇　　（7）α-溴代丙醛

9-3 写出下列各反应的主要产物。

（1）

（2）

（3）

(4) $CH_3-\underset{\underset{CH_3}{|}}{CH}-\overset{\overset{O}{\|}}{C}-CH_3$ +NaHSO$_3$ ⟶ ?

(5) 间硝基苯甲醛 +H$_2$NOH ⟶ ?

(6) $CH_3-CH_2-CHO \xrightarrow{\text{NaOH（稀）}}$?

(7) $CH_3-\underset{\underset{CH_3}{|}}{\overset{\overset{CH_3}{|}}{C}}-CHO \xrightarrow{\text{NaOH（浓）}}$? + ?

(8) $CH_3-\underset{\underset{\text{(苯基)}}{|}}{CH}-\overset{\overset{O}{\|}}{C}-CH_3 \xrightarrow[\text{HCl}]{\text{Zn（Hg）}}$?

(9) $CH_3CH_2-\overset{\overset{O}{\|}}{C}-CH=CH_2 \xrightarrow[\text{(2) H}_3\text{O}^+]{\text{(1) NaBH}_4}$?

(10) $\xrightarrow[\text{H}^+]{\text{KMnO}_4}$?

(11) (苯基)$-CH_2-\overset{\overset{O}{\|}}{C}-CH_3$ +I$_2$+NaOH ⟶ ?

(12) $HO-CH_2CH_2CH_2CH_2CHO \xrightarrow{\text{HCl（干）}}$? $\xrightarrow[\text{CH}_3\text{OH}]{\text{HCl（干）}}$?

9-4 把下列各组化合物按羰基亲核加成反应的活性大小排序。

(1) $(CH_3)_3C\overset{\overset{O}{\|}}{C}C(CH_3)_3$ 　　 $CH_3\overset{\overset{O}{\|}}{C}CH_3$ 　　 $CH_3\overset{\overset{O}{\|}}{C}H$ 　　 $CH_3\overset{\overset{O}{\|}}{C}CH_2CH_3$

(2) $CH_3\overset{\overset{O}{\|}}{C}CH_2CH_3$ 　　 $CCl_3\overset{\overset{O}{\|}}{C}CH_2CH_3$

9-5 用化学方法区别下列各组化合物。

(1) 甲醛、乙醛和丙酮

(2) 戊醛、2-戊酮、环戊酮和苯甲醛

(3) 丙醛、丙酮、丙醇、异丙醇

(4) 苯甲醇、苯甲醛、苯酚、苯乙酮

9-6 比较下列化合物中羰基对氢氰酸加成反应的活性大小。

(1) 二苯甲酮、乙醛、一氯乙醛、三氯乙醛、苯乙酮

(2) 乙醛、三氯乙醛、丙酮、甲醛

9-7 下列化合物哪些能发生碘仿反应？写出其反应产物。

(1) 丁酮　　　　　(2) 2-丁醇　　　　　(3) 1-丁醇

（4）3-戊酮　　　（5）2-甲基环戊酮　　　（6）环戊基乙酮

9-8　请设计一个分离 1-戊醇、戊醛和 3-戊酮的化学方法，并写出有关的反应式。

9-9　完成下列转化，并写出反应式。

（1）$CH_3CH_2CHO \longrightarrow CH_3CH_2\underset{\underset{OH}{|}}{C}HCH_3$

（2）$BrCH_2CH_2CHO \longrightarrow CH_3\underset{\underset{OH}{|}}{C}HCH_2CH_2CHO$

（3）$CH_3\overset{\overset{O}{\|}}{C}CH_3 \longrightarrow CH_3\underset{\underset{CH_3}{|}}{C}=CHCOOH$

（4）$CH_3CH_2CHO \longrightarrow CH_3CH_2COOCH_2CH_2CH_3$

（5）$CH_3CH_2OH \longrightarrow CH_3\overset{\overset{O}{\|}}{C}CH_2CH_3$

9-10　用给定的原料合成下列化合物（其他无机及有机试剂可任选）。

（1）

（2）$CH_2=CH_2 \longrightarrow CH_3CH_2CH_2CH_2OH$

9-11　用反应机理解释下面的反应。

9-12　试解释亲核加成反应中，$ArCH_2COR$ 的反应活性为何优于 $ArCOR$？

9-13　某化合物分子式为 $C_5H_{12}O$（A），氧化后得分子式为 $C_5H_{10}O$ 的化合物（B）。B 能和 2,4-二硝基苯肼反应得黄色结晶，并能发生碘仿反应。（A）和浓硫酸共热后经酸性高锰酸钾氧化得到丙酮和乙酸。试推出 A 的构造式，并用反应式表明推导过程。

9-14　有一化合物 A 分子式是 $C_8H_{14}O$，可以使溴水很快褪色，也可与苯肼反应。A 氧化后生成 1 分子丙酮及另一化合物 B。B 具有酸性，与 NaOCl 溶液作用生成 1 分子氯仿及 1 分子丁二酸。试推出 A 的可能构造式，并写出有关反应式。

9-15　某化合物 A 分子式为 $C_{10}H_{12}O_2$，不溶于氢氧化钠溶液，能与羟氨作用生成白色沉淀，但不与吐伦试剂反应。A 经 $LiAlH_4$ 还原得到 B，分子式为 $C_{10}H_{14}O_2$。A 与 B 都能发生碘仿反应。A 与浓 HI 酸共热生成 C，分子式为 $C_9H_{10}O_2$。C 能溶于氢氧化钠，经克莱门森还原生成化合物 D，分子式为 $C_9H_{12}O$。A 经高锰酸钾氧化生成对甲氧基苯甲酸。试写出 A、B、C、D 的构造式和有关反应式。

第 10 章

羧酸、羧酸衍生物和取代酸

学习目标

了解羧酸及其衍生物的物理性质，掌握羧酸及其衍生物的结构、分类、命名和化学性质（水解、醇解、氨解和酯缩合反应等）；理解有机酸碱理论，掌握电子效应和共轭效应对羧酸酸性的影响；了解羧酸及其衍生物的制备方法和应用。

素质目标

通过乳酸及聚乳酸的合成和应用，将专业知识与高分子绿色制造的发展趋势及绿色发展观相结合，培养践行绿色发展新理念的意识；同时，强化知识的实际应用，增强专业认同感和自豪感。了解钱三强和何泽慧先生热爱祖国、奉献科研的精神，提升对"科学没有国界，但科学家有祖国"的理解。

羧酸也称"有机酸"，官能团是羧基（—COOH）。从结构上看，除甲酸和乙二酸外，羧酸都可以看作是烃分子中的氢原子被羧基取代后的衍生物，羧酸也可以看作水分子中的一个氢原子被酰基取代后得到的物质。羧酸分子中羧基上的羟基被某些原子或原子团取代后的产物称为羧酸衍生物。取代酸是羧酸分子中烃基上的氢原子被其他原子或原子团取代后的产物。

羧酸、某些羧酸衍生物和取代酸广泛存在于自然界，其中许多是生物体内代谢的重要物质，也是有些农药、医药以及合成化工产品的重要原料。

10.1 羧酸

10.1.1 羧酸的结构

羧酸的结构由烃基和羧基两部分组成。羧酸中的羧基碳是 sp^2 轨道杂化，它的三个 sp^2 杂化轨道分别同碳原子和两个氧原子形成三个共平面的 σ 键，三个键之间的夹角约为 $120°$。羧基碳上未参与杂化的 p 轨道和氧原子 p 轨道上的电子组成一个 π 键。

从形式上看，羧基是由羰基和羟基相连而成，似乎羧酸应具有醛、酮和醇的典型性质

（如图 10-1 所示）。但是，有机化合物的基团之间是会产生相互影响和相互制约的。正是由于羰基和羟基的相互影响和制约，所以羧酸的性质并不是羰基和羟基性质的简单加合。

那么，羰基和羟基之间会产生怎样的影响和制约呢？根据 X 射线晶体衍射，甲酸分子所有的原子均在一个平面内，∠HCO 为 124°，∠HCO（H）为 111°。C═O 键长 0.123nm，C—O 键长 0.136nm，两类碳氧键明显不同。但是当羧基上的氢解离后，氧上带有一个负电荷，它很容易和羰基上的 π 电子发生共轭交盖作用，O—C—O 三个原子上的三个 p 轨道具有相互交盖的四个 p 电子，在这样的体系中，氧上的负电荷并不集中在某一个氧原子上而是分散到两个氧原子上，即所谓 p-π 共轭。甲酸钠中两个 C—O 键长完全相等，均为 0.127nm，并无差别。

图 10-1　羧基的结构

10.1.2　羧酸的分类和命名

10.1.2.1　羧酸的分类

根据烃基种类不同，羧酸可分为脂肪酸、芳香酸；在脂肪酸中，根据烃基饱和程度又分饱和羧酸和不饱和羧酸；根据羧基数目的多少可分为一元酸、二元酸和多元酸。例如：

$$CH_3COOH \qquad\qquad CH_2═CHCOOH$$

脂肪酸（饱和酸）　　　　　　　脂肪酸（不饱和酸）

 CH_2COOH 　　　　　　$HOOCCOOH$

芳香酸　　　　　　　　　　二元酸

10.1.2.2　羧酸的命名

羧酸常用的命名法有两种：系统命名法和俗名。

羧酸的系统命名法是选取含有羧基的最长碳链为主链，根据主链的碳原子数目称其为某酸，编号自羧基开始，用阿拉伯数字来表示链上取代基所在的位次，位次也可用希腊字母 α、β、γ、δ、ω 来表示，但此时编号须从羧基的邻位碳开始。

$$\overset{\delta}{\underset{5}{}}\ \overset{\gamma}{\underset{4}{}}\ \overset{\beta}{\underset{3}{}}\ \overset{\alpha}{\underset{2}{}}\ \underset{1}{}$$
$$CH_3—CH_2—CH—CH_2—COOH \qquad\qquad 3\text{-甲基戊酸 或 } \beta\text{-甲基戊酸}$$
$$\underset{CH_3}{|}$$

不饱和脂肪酸的命名，要选取含有不饱键和羧基的最长碳链作主链，称为某烯酸或某炔酸。例如：

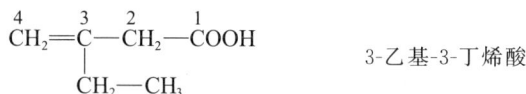

$$\overset{4}{CH_2}═\overset{3}{C}—\overset{2}{CH_2}—\overset{1}{COOH} \qquad\qquad 3\text{-乙基-3-丁烯酸}$$
$$\underset{CH_2—CH_3}{|}$$

脂肪族二元酸的命名，要选取含有两个羧基的最长碳链为主链，按主链上碳原子的数目称为某二酸。例如：

$$\underset{\text{甲基丙二酸}}{\underset{\underset{CH_3}{|}}{HOOC-CH-COOH}}$$

$$\underset{\text{2-甲基丁二酸}}{\underset{\underset{CH_3}{|}}{HOOC-CH_2-CH_2-COOH}}$$

脂环族、芳香族酸的命名，常把脂环或芳香环看作相应脂肪酸的取代基。例如：

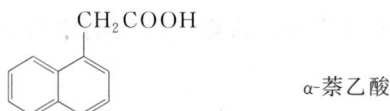

环己基甲酸

苯甲酸

α-萘乙酸

许多羧酸最初是从天然产物中得到的，因此常根据其最初来源给予相应的俗名，如甲酸又称蚁酸，因为甲酸最初是蒸馏蚂蚁得到的；乙酸最初发现于食醋，因此，乙酸又称醋酸；丁酸俗称酪酸，奶酪的特殊臭味就有丁酸味。苹果酸、柠檬酸、酒石酸各来自于苹果、柠檬和酿制葡萄酒时所形成的酒石。软脂酸、硬脂酸和油酸则是从油脂水解得到并根据它们的性状而分别加以命名。

10.1.3 羧酸的物理性质

常温下，十个碳原子以下的饱和一元羧酸是具有刺激性或腥臭味的液体。十个碳以上的饱和一元羧酸为蜡状固体，二元羧酸和芳香族羧酸都是结晶固体。

从羧酸的结构可以看出，羧酸分子具有极性，而且和醇一样能够形成氢键，在两个羧酸分子之间可以形成两对氢键，这种由两对氢键形成的双分子缔合还具有较高的稳定性，故在固态、液态和中等压力的气态下，羧酸主要以二缔合体的形式存在，O—H⋯O 键长约 0.27nm。二缔合体还使羧酸的极性降低，如乙酸还可以溶于非极性的苯就与此有关。因为羧酸分子通过氢键形成二聚体，其沸点比分子量相近的醇高。

羧酸与水形成的氢键　　　羧酸分子之间的缔合

直链饱和一元酸和二元酸的熔点随分子中碳原子数的增加呈锯齿形变化，即具有偶数碳原子羧酸的熔点明显比它相邻的前后两个同系物熔点高。这是由于在含偶数碳原子的羧酸中，链端甲基和羧基（在二元酸中是两个羧基）分布在碳链异侧，而含奇数碳原子的羧酸链端甲基和羧基分布在碳链的同侧，前者的分子在晶体中排列比较紧密，分子间的作用力比较大，需要较高温度才能使它们彼此分开，故熔点较高。

己酸(熔点-4℃)　　　　　　　庚酸(熔点-7.5℃)

链端甲基和羧基分布在碳链异侧　　　链端甲基和羧基分布在碳链同侧

此外还有一个现象，即其熔点随分子量增加先降低后升高，五个碳原子的羧酸熔点最低，这也可能与分子间缔合程度有关，羧基间的缔合受到一定的阻碍，二聚体的稳定性降低导致熔点下降。乙酸的熔点只有 16.6℃，故秋冬季节实验室里的乙酸凝固为冰状物结晶。因此，乙酸又称为冰乙酸、冰醋酸。

对长链羧酸 X 射线衍射的工作研究证明，两个羧酸分子间的羧基以氢键缔合。缔合的双分子有规则地一层层排列，层中间是相互缔合的羧基，层之间相接触的是烃基。烃基之间的分子间作用力较小，故层间容易滑动，因此高级脂肪酸也具有一定的润滑性。

羧酸的水溶性比相应的醇要大。$C_5 \sim C_{11}$ 部分溶解，C_{12} 及以上的高级羧酸几乎不溶于水而溶于醚、醇、苯等有机溶剂；芳香族羧酸在水中的溶解度也不大，有许多还可以从水中进行重结晶。

表 10-1 列出了一些常见羧酸的物理常数。

▣ **表 10-1 常见羧酸的主要物理性质**

名称	俗名	熔点/℃	沸点/℃	溶解度/g·(100g 水)$^{-1}$	pK_a（25℃）
甲酸	蚁酸	8.4	100.7	混溶	3.77
乙酸	醋酸	16.6	117.9	混溶	4.75
丙酸	初油酸	−20.8	141	混溶	4.87
丁酸	酪酸	−4.3	163.5	混溶	4.61
戊酸	缬草酸	−33.8	186	5	4.82
己酸	羊油酸	−2	205	0.96	4.83
庚酸	毒水芹酸	−7.5	223.0	$0.25^{15℃}$	4.89
辛酸	羊脂酸	16	239	$0.25^{15℃}$	4.89
壬酸	天竺葵酸	12.5	255.6	微溶	4.95
癸酸	羊蜡酸	31.4	268.7	不溶	—
十六碳酸	软脂酸	62.8	$271.5^{13.3kPa}$	不溶	—
十八碳酸	硬脂酸	69.6	$291^{14.6kPa}$	不溶	—
乙二酸	草酸	189	—	8.6	1.27
苯甲酸	安息香酸	122.4	249	0.34	4.20

10.1.4 羧酸的化学性质

羧酸的化学性质与其分子结构紧密相关。从羧酸的结构可以看出：羧基中羰基与羟基中氧原子相连，因此羟基中的 O 原子与 C＝O 之间存在 p-π 共轭效应，使得 COO 可作为一个整体脱去；由于 p-π 共轭作用，导致 O—H 键极性增大，而呈现酸性；C—O 键为极性键，故—OH 可被其他基团取代而生成羧酸衍生物；由于羧基为吸电子基，故导致烃基上 α-H 具有一定活泼性，可被其他基团取代而生成取代酸。

从羧酸的结构看，其化学性质可归纳为如下几种反应。如图 10-2 所示。

图 10-2 羧酸的构性关系示意图

10.1.4.1 酸性和成盐反应

（1）酸性 羧酸在水溶液中能解离成氢离子和羧酸根离子，所以其水溶液呈酸性。羧酸的酸性大于酚，但比无机酸的酸性弱。

$$R-\underset{\underset{O}{\parallel}}{C}-OH \rightleftharpoons R-\underset{\underset{O}{\parallel}}{C}-O^- + H^+$$

大多数饱和一元羧酸 pK_a 值为 4~5，比碳酸稍强。

$$2RCOOH + Na_2CO_3 \longrightarrow 2RCOONa + CO_2\uparrow + H_2O$$

羧酸酸性强弱与烃基结构有关。虽然影响因素较为复杂，但一般来说也有下列一些规律可循：

① 当羧酸 α 位是供电子基或连有供电子基时，其酸性减弱。基团供电子能力越强，酸性越弱。例如：

	HCOOH	CH_3COOH	$(CH_3)_2CHCOOH$	$(CH_3)_3CCOOH$
pK_a	3.75	4.76	4.85	5.03

② 当羧酸 α 位是吸电子基或连有吸电子基时，其酸性增强。基团吸电子能力越强，酸性越强。例如：

	CH_3COOH	$ClCH_2COOH$	$Cl_2CHCOOH$	Cl_3CCOOH
pK_a	4.75	2.86	1.26	0.64

芳香环上的取代基对芳香酸的酸性影响与脂肪酸相似。例如：

	O_2N-⬡$-COOH$	⬡$-COOH$	H_3C-⬡$-COOH$
pK_a	3.43	4.17	4.39

③ 当供电子基或吸电子基离羧基越远时，其影响越小。例如：

	$CH_3CH_2CHCl-COOH$	$CH_3CHCl-CH_2COOH$	$CH_2Cl-CH_2CH_2COOH$
pK_a	2.86	4.41	4.70

④ 一般情况下，二元羧酸的酸性大于相应的一元羧酸。例如，乙酸的 pK_a 为 4.75，乙二酸的 pK_{a1} 为 1.27。丙酸的 pK_a 为 4.87，丙二酸的 pK_{a1} 为 2.83。

（2）成盐反应　羧酸具有酸的一般性质，能与强碱、碳酸盐（或碳酸氢盐）、金属氧化物反应。生成羧酸盐和水。例如：

$$CH_3COOH + NaOH \longrightarrow CH_3COONa + H_2O$$

$$CH_3COOH + NaHCO_3 \longrightarrow CH_3COONa + H_2O + CO_2\uparrow$$

$$2CH_3COOH + CaO \longrightarrow (CH_3COO)_2Ca + H_2O$$

羧酸的钾、钠盐溶于水，与无机酸相遇时又得到羧酸。因此，科研和生产上常利用这一性质来分离、提纯或鉴别羧酸。例如，在苯甲酸和苯酚的混合物中加入碳酸氢钠的饱和溶液，振荡后分离，不溶性固体为苯酚；苯甲酸转变成苯甲酸钠而进入水层，酸化水层得到苯甲酸。这种性质也常用于农药的配制上，例如，植物生长调节剂 α-萘乙酸不溶于水，为便于使用，可加入适量的碳酸钠使其变成钠盐而溶解。再如，土壤中施入有机质肥料后，常产生一些低级有机酸（如甲酸、乙酸、丙酸等）对作物有害，生产上施用石灰使之成盐，可中和其酸性。

10.1.4.2　羧酸衍生物的生成

在一定条件下，羧酸分子里羧基中的羟基被卤素（—X）、酰氧基、烃氧基（—OR'）、氨基（—NH$_2$）取代，分别得到酰卤、酸酐、酯、酰胺等羧酸衍生物。由于它们都含有酰基，所以又被称为酰基化合物。

（1）酰卤的生成　最常见的酰卤是酰氯，它是由羧酸与三氯化磷、五氯化磷或亚硫酰氯等氯化剂作用而得。

$$3RC\overset{O}{\underset{|}{}}OH + PCl_3 \xrightarrow{\triangle} 3RC\overset{O}{\underset{|}{}}Cl + H_3PO_3$$

$$RC\overset{O}{\underset{|}{}}OH + PCl_5 \xrightarrow{\triangle} RC\overset{O}{\underset{|}{}}Cl + POCl_3 + HCl\uparrow$$

$$RC\overset{O}{\underset{|}{}}OH + SOCl_2 \xrightarrow{\triangle} RC\overset{O}{\underset{|}{}}Cl + SO_2\uparrow + HCl\uparrow$$

亚硫酰氯是较理想的氯化剂，因为反应副产物都是气体，得到的酰氯容易提纯。

（2）酸酐的生成 羧酸在脱水剂（如五氧化二磷）的作用下加热失水，生成酸酐。例如：

$$2CH_3C\overset{O}{\underset{|}{}}OH \xrightarrow{P_2O_5} CH_3C\overset{O}{\underset{|}{}}O\overset{O}{\underset{|}{}}CCH_3 + H_2O$$

（3）酯的生成 在无机酸催化下，羧酸与醇作用生成酯，这种反应叫酯化反应。

$$RC\overset{O}{\underset{|}{}}OH + HO\text{—}R' \underset{\triangle}{\overset{H_2SO_4}{\rightleftharpoons}} RC\overset{O}{\underset{|}{}}OR' + H_2O$$

酯化反应是一个可逆反应，其逆反应称为水解反应，酯化反应速率极为缓慢，须在催化剂和加热条件下才能进行。通常使用的催化剂是浓硫酸、氯化氢或三氟化硼等。目前，工业上已逐渐使用阳离子交换树脂代替上述催化剂。由于酯化反应是可逆的，为了提高酯的产率，一般采用增加反应物（酸或醇）的浓度或不断除去生成的酯或水，使平衡向右移动。

酯化反应时，有如下两种可能的脱水方式：

$$R\text{—}C\overset{O}{\underset{|}{}}\boxed{OH + H}\text{—}O\text{—}R' \qquad R\text{—}C\overset{O}{\underset{|}{}}O\boxed{H + H\text{—}O}\text{—}R'$$

羧酸的酰氧键断裂　　　　　　醇的烷氧键断裂

研究表明，大多数酯化反应为酰氧键断裂，酸催化酯化反应的历程可表示如下：

$$RC\overset{O}{\underset{|}{}}OH \underset{}{\overset{H^+}{\rightleftharpoons}} RC\overset{\overset{+}{O}H}{\underset{|}{}}OH \overset{R'\text{—}O\text{—}H}{\rightleftharpoons} \underset{\underset{+}{H\text{—}OR'}}{RC\overset{OH}{\underset{|}{}}OH} \rightleftharpoons RC\overset{OH}{\underset{\underset{OR'}{|}}{}}O^+H_2$$

$$\overset{-H_2O}{\rightleftharpoons} RC^+\overset{OH}{\underset{|}{}}OR' \overset{-H^+}{\rightleftharpoons} RC\overset{O}{\underset{|}{}}OR'$$

（4）酰胺的生成 羧酸与氨或碳酸铵作用得到羧酸的铵盐，将铵盐加强热失水，生成酰胺。

$$RC\overset{O}{\underset{|}{}}OH + NH_3 \longrightarrow RC\overset{O}{\underset{|}{}}ONH_4 \xrightarrow[-H_2O]{\triangle} RC\overset{O}{\underset{|}{}}NH_2$$

10.1.4.3 羧酸的还原反应

羧酸比较稳定，不被一般的还原剂所还原，但可被强还原剂氢化铝锂（$LiAlH_4$）还原生成伯醇。

$$RCOOH \xrightarrow{LiAlH_4} RCH_2OH$$

10.1.4.4 脱羧反应

羧酸分子脱去—COOH，放出 CO_2 的反应称为脱羧反应。羧酸的羧基通常比较稳定，只有在特殊条件下才发生脱羧反应，而且不同的羧酸脱羧生成不同的产物。

饱和一元羧酸的碱金属盐与碱石灰共熔，发生脱羧，生成少一个碳原子的烷烃。

$$CH_3COOH \xrightarrow[\triangle]{NaOH, Ca(OH)_2} CH_4$$

当羧酸 α-C 连有吸电子基时，脱羧反应更易进行。例如：

$$CH_3\overset{O}{\overset{\|}{C}}CH_2COOH \xrightarrow{\triangle} CH_3\overset{O}{\overset{\|}{C}}CH_3 + CO_2\uparrow$$

$$CCl_3—COOH \xrightarrow{\triangle} CHCl_3 + CO_2\uparrow$$

由于羧基具有吸电子的诱导效应，所以某些二元羧酸在加热情况下较易发生脱羧。例如：

$$HOOCCOOH \xrightarrow{\triangle} HCOOH + CO_2\uparrow$$

$$HOOCCH_2COOH \xrightarrow{\triangle} CH_3COOH + CO_2\uparrow$$

脱羧反应在动植物体内普遍存在，是物质代谢的重要反应之一。不过，脱羧反应是在酶的催化下进行的。植物体内存在的烃多数是奇数碳原子的直链烃，研究认为就是植物体中含偶数碳原子的直链羧酸脱羧后生成的。例如：

$$CH_3COOH \xrightarrow{酶} CH_4\uparrow + CO_2\uparrow$$

此反应也是沼气（甲烷）的生成反应。

10.1.4.5 α-氢的卤代反应

羧酸分子中的 α-H 在羧基的影响下，比烃基中其他氢原子活泼，在 P、S、或 I_2 的催化下可被 Cl 或 Br 逐步取代。由于一元取代产物的 α-H 更加活泼，因此取代反应可继续发生下去，生成二元、三元取代产物。

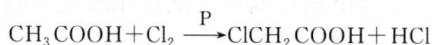

$$CH_3COOH + Cl_2 \xrightarrow{P} ClCH_2COOH + HCl$$

α-卤代酸中的卤原子与卤代烃中的卤原子具有相似的性质。卤代酸是合成农药、药物等重要的工业原料。某些卤代酸如 2,2-二氯丙酸（又称达拉明）是一种有效的除草剂，能杀死多年生杂草。

10.1.5 羧酸的重要化合物

（1）甲酸　甲酸俗名蚁酸，为无色、有刺激性气味的液体，沸点 100.5℃，熔点 8.4℃，能与水、乙醇、乙醚混溶。甲酸的结构比较特殊，甲酸分子中的羧基和氢原子相连。因此，它既有羧基的结构，又有醛基的结构。甲酸的特殊结构决定了它具有一些特殊的性质，如甲酸具有还原性，能和吐伦试剂和斐林试剂发生反应，能使高锰酸钾溶液褪色，它本身被氧化成二氧化碳和水。

$$H—\overset{O}{\overset{\|}{C}}—OH \longrightarrow HO—\overset{O}{\overset{\|}{C}}—OH \longrightarrow CO_2\uparrow + H_2O$$

甲酸的酸性是饱和一元羧酸中最强的。它的腐蚀性较小，有挥发性，常用作防腐剂、酸性还原剂、橡胶凝聚剂及基本化工原料，能替代无机酸使用。它与浓硫酸等脱水剂反应，分解生成纯度很高的一氧化碳。

甲酸与浓硫酸共热，即分解为一氧化碳和水。

$$HCOOH \xrightarrow[60 \sim 80 ℃]{浓\ H_2SO_4} CO\uparrow + H_2O$$

（2）乙酸　乙酸又称醋酸。发酵法制得的食醋含 2% 左右的乙酸，许多微生物具有将有机物转变为乙酸的能力，这也是人类最早使用的有机酸。乙酸是一个很重要的基本有机化工原料，可用来合成乙酸酐、乙酸乙酯、乙酸乙烯酯和乙酸纤维素酯等化合物，并可以进一步转化为许多精细化工产品，用途非常广泛。乙酸不易被氧化，故还常用作一些氧化反应的溶剂。

（3）乙二酸　乙二酸又称草酸，它常以钙盐和钾盐的形式存在于植物的细胞膜中。纯净的乙二酸为无色晶体，常含两分子结晶水，加热至 100℃ 即可失水得到无水乙二酸，熔点为 187℃（分解），易溶于水，难溶于乙醚等非极性溶剂。

乙二酸是酸性最强的二元羧酸，其钙盐溶解度极小，故常用这一性质检验 Ca^{2+} 或乙二酸。草酸容易被氧化，产物为二氧化碳和水，在定量分析中常用它来标定高锰酸钾溶液。乙二酸本身在酸和受热的条件下也易分解出甲酸和二氧化碳。

$$5HO-\overset{\overset{O}{\|}}{C}-\overset{\overset{O}{\|}}{C}-OH + 2KMnO_4 + 3H_2SO_4 \longrightarrow 2MnSO_4 + K_2SO_4 + 10CO_2\uparrow + 8H_2O$$

草酸还有很强的配位能力，能同许多金属离子形成可溶性配离子配合物，因此草酸可以作为清洗剂除去铁锈和墨水等污迹，同时也常用来抽提稀有元素。在工业上，草酸用作媒染剂和漂白剂。

$$Fe^{3+} + 3H_2C_2O_4 \Longleftarrow [Fe(C_2O_4)_3]^{3-} + 6H^+$$

（4）丁烯二酸　丁烯二酸有顺式和反式两种立体异构体，二者均为无色晶体，化学性质基本相同，但物理性质和生理生化作用差别很大。顺式异构体又称马来酸，熔点低、酸性强，水溶性和偶极矩都较大，容易失水成酐，在生物体内不能转化为糖，且具有一定的毒性。反式异构体又称富马酸，广泛存在于动植物体内，是糖类代谢的一种中间产物，热稳定性高，难以失水成酐。顺式异构体燃烧热比反式异构体要高 $25 kJ \cdot mol^{-1}$，故反式是相对稳定的异构体。在高温、酸、碱、硫脲催化或光照下两种丁烯二酸可以相互转化，而顺式更易变成反式。

顺丁烯二酸（马来酸）　　　　　反丁烯二酸（富马酸）

顺式丁烯二酸易形成顺式丁烯二酸酐，后者在工业上是由苯催化氧化制得的，这是一种合成不饱和聚酯的重要原料。

（5）苯甲酸　苯甲酸又称安息香酸，因为它最初是从安息香树胶中制得，安息香树胶中含有苯甲酸苄酯。苯甲酸是白色晶体，熔点 122.4℃，难溶于冷水，易溶于沸水、乙醇、氯仿和乙醚。苯甲酸易升华，在水中的溶解度随温度的不同而有很大的差异，故可以用来结晶纯化，也能用水蒸气蒸馏纯化。苯甲酸有抑制霉菌的作用，故苯甲酸及其钠盐常用作食物和某些药物制剂的防腐剂，但现在逐渐被山梨酸钾替代。

苯甲酸的某些衍生物在农业上用作除草剂及植物生长调节剂。如 2,3,5-三碘代苯甲酸能刺激番茄生长和结实，也能使马铃薯增产。

（6）邻苯二甲酸　邻苯二甲酸为白色晶体，易溶于乙醇，微溶于水和乙醚。加热至200～300℃失水，生成邻苯二甲酸酐。邻苯二甲酸及其酸酐是制造染料、合成树脂和增塑剂的原料，其二甲酯和二丁酯还可用作避蚊油。

（7）α-萘乙酸　简称 NAA，白色晶体，熔点 133℃，难溶于水，但其钠盐和钾盐易溶于水，它是一种常用的植物生长调节剂。低浓度时可以刺激植物生长，防止落花落果；高浓度时，能抑制植物生长，并杀除杂草，防止马铃薯贮藏时发芽等。

10.2　羧酸衍生物

羧酸分子中羧基上的羟基被其他原子或原子团取代后的生成物称为羧酸衍生物。重要的羧酸衍生物有酰卤、酸酐、酯和酰胺四大类。

10.2.1　羧酸衍生物的命名

酰卤、酸酐一般由相应的羧酸来命名，通常将羧酸分子中去掉羟基后所剩下的部分称为酰基。

酰卤的命名是把酰基和卤原子的名称合起来叫"某酰卤"。例如：

乙酰氯　　　　　2-甲基丙酰溴　　　　　　对甲基苯甲酰氯

酸酐的命名是根据相应的酸叫"某酸酐"或"某酐"。例如：

乙酸酐(乙酐)　　　乙酸丙酸酐(乙丙酐)　　　邻苯二甲酸酐

酯的命名是根据形成它的酸和醇叫"某酸某酯"。例如：

乙酸甲酯　　　　　　　　　　　对甲基苯甲酸甲酯

酰胺的命名与酰卤相似，也是根据它们所含的酰基命名。例如：

乙酰胺　　　　N,N-二甲基甲酰胺　　　　　　乙酰苯胺

10.2.2　羧酸衍生物的物理性质

酰氯和酸酐一般都是对黏膜有刺激性的无色液体或固体。低级羧酸酯是具有花果香味的无色液体，如乙酸异戊酯有香蕉香味（俗称香蕉水），正戊酸异戊酯有苹果香味，甲酸苯乙

酯有野玫瑰香味，丁酸甲酯有菠萝香味等，因此酯多用于香料工业。高级羧酸酯是液体或固体。

酰卤、酸酐和酯由于分子间不能通过氢键缔合，所以它们的沸点比分子量相近的羧酸低得多。酰胺分子间能形成氢键，且缔合程度较大，故酰胺的沸点比相应的羧酸要高。大多数酯的相对密度小于1，而酰氯、酸酐和酰胺的密度几乎都大于1。羧酸衍生物一般都难溶于水而易溶于乙醚、氯仿、丙酮、苯等有机溶剂。一些常见羧酸衍生物的物理常数见表10-2。

▣ 表 10-2　羧酸衍生物的物理常数

名称	熔点/℃	沸点/℃	相对密度(d_4^{20})
乙酰氯	−112	51	1.105
苯甲酰氯	−1	197	1.212
乙酸酐	−73	140.0	1.081
丙酸酐	−45	169	1.012
丁二酸酐	119.6	261	1.104
顺丁烯二酸酐	53	202	0.934
邻苯二甲酸酐	132	284.5	$1.527^{4℃}$
甲酸乙酯	−80	54	0.923
乙酸甲酯	−98.7	57.3	0.933
乙酸乙酯	−83.6	77.2	0.901
苯甲酸乙酯	−34.7	212.4	1.051
N,N-二甲基甲酰胺	−61	153	0.9445
乙酰胺	81	221.2	1.159
乙酰苯胺	113~114	305	$1.21^{4℃}$
苯甲酰胺	130	290	1.341
邻苯二甲酰亚胺	238	升华	—

10.2.3　羧酸衍生物的化学性质

10.2.3.1　酰基上的亲核取代反应

羧酸衍生物分别与水、醇、氨等发生水解、醇解、氨解等反应。反应的结果是在水、醇、氨分子中引入酰基，故称为酰基化反应。它们的反应活性顺序为：酰卤＞酸酐＞酯＞酰胺。

（1）水解反应　酰卤、酸酐、酯和酰胺水解反应的主要产物是相应的羧酸。例如：

$$RC\overset{\displaystyle O}{\|}{-}Cl + H{-}OH \longrightarrow RC\overset{\displaystyle O}{\|}{-}OH + HCl$$

$$RC\overset{\displaystyle O}{\|}{-}O{-}CR'\overset{\displaystyle O}{\|} + H{-}OH \longrightarrow RC\overset{\displaystyle O}{\|}{-}OH + R'C\overset{\displaystyle O}{\|}{-}OH$$

$$RC\overset{\displaystyle O}{\|}{-}OR' + H{-}OH \xrightarrow[\triangle]{H^+ 或 OH^-} RC\overset{\displaystyle O}{\|}{-}OH + R'OH$$

$$RC\overset{\displaystyle O}{\|}{-}NH_2 + H{-}OH \xrightarrow[\triangle]{H^+ 或 OH^-} RC\overset{\displaystyle O}{\|}{-}OH + NH_3$$

酰卤、酸酐、酯和酰胺的结构不同，所以它们水解的难易程度不同。酰氯极易水解，且反应剧烈；酸酐一般需要加热才能水解；酯和酰胺水解需要长时间加热回流且需加入无机酸（或碱）作催化剂。

（2）醇解反应　酰卤、酸酐、酯都可发生醇解反应生成酯，酰胺难以发生醇解，它们发生醇解的速率与水解相同。

$$
\underset{O}{RC}-Cl + H-OR' \longrightarrow \underset{O}{RC}-OR' + HCl
$$

$$
\underset{O}{RC}-O-\underset{O}{CR'} + H-OR'' \xrightarrow{\triangle} \underset{O}{RC}-OR'' + R'\underset{O}{C}-OH
$$

$$
\underset{O}{RC}-OR' + H-OR'' \xrightarrow[加热回流]{H_2SO_4} \underset{O}{RC}-OR'' + R'OH
$$

酯的醇解又称为酯交换反应，即酯分子中的烷氧基被另一种醇的烷氧基所取代，结果生成了新的酯和新的醇。酯交换反应不但需要催化剂，而且反应是可逆的。工业上生产涤纶的原料对苯二甲酸二乙二醇酯就是通过酯交换合成的。

$$
CH_3O-\underset{O}{C}-\underset{}{\bigcirc}-\underset{O}{C}-OCH_3 + 2HOCH_2CH_2OH \underset{190℃}{\overset{催化剂}{\rightleftharpoons}}
$$

$$
HOCH_2CH_2O-\underset{O}{C}-\underset{}{\bigcirc}-\underset{O}{C}-OCH_2CH_2OH + 2CH_3OH
$$

（3）氨解反应　酰卤、酸酐和酯可发生氨解反应，生成酰胺。例如：

$$
\underset{O}{RC}-Cl + 2NH_3 \longrightarrow \underset{O}{RC}-NH_2 + NH_4Cl
$$

$$
\underset{O}{RC}-O-\underset{O}{CR'} + 2NH_3 \longrightarrow \underset{O}{RC}-NH_2 + R'\underset{O}{C}-ONH_4
$$

$$
\underset{O}{RC}-OR' + NH_3 \longrightarrow \underset{O}{RC}-NH_2 + R'OH
$$

10.2.3.2　还原反应

酰基化合物的羰基比羧酸易还原，酰基化合物可用催化加氢方法将酰基还原成醛或醇。

（1）酰氯的还原　酰氯在一定条件下可被还原成醛或醇。

$$
\underset{O}{RC}-Cl \xrightarrow{H_2}{Ni} \underset{O}{RC}-H \xrightarrow{H_2}{Ni} RCH_2OH
$$

（2）酯的还原　酯比羧酸易还原，通常用 $Na + CH_3CH_2OH$、$LiAlH_4$ 即可将酯还原成醇。

$$
\underset{O}{RC}-OR' \xrightarrow[\triangle]{Na+C_2H_5OH} RCH_2OH + R'OH
$$

10.2.3.3　Hofmann 降解反应

酰胺同次溴酸钠或次氯酸钠的碱性溶液反应，失去羰基，生成比原料酰胺少一个碳原子的伯胺，此反应称为 Hofmann 降解反应。例如：

$$RC\overset{\overset{\displaystyle O}{\|}}{-}NH_2 + NaOBr \xrightarrow{NaOH} RNH_2 + NaBr + Na_2CO_3 + H_2O$$

酰胺   伯胺

10.2.4 羧酸衍生物的代表化合物

10.2.4.1 乙酰乙酸乙酯

乙酰乙酸乙酯是乙酸乙酯在乙醇钠的作用下发生克莱森（Claisen L.）酯缩合反应制得的：

$$CH_3\overset{\overset{\displaystyle O}{\|}}{-}C-OC_2H_5 + H-CH_2-\overset{\overset{\displaystyle O}{\|}}{C}-OC_2H_5 \xrightarrow{C_2H_5ONa}$$

$$CH_3\overset{\overset{\displaystyle O}{\|}}{-}C-CH_2-\overset{\overset{\displaystyle O}{\|}}{C}-OC_2H_5 + C_2H_5OH$$

乙酰乙酸乙酯比乙酰乙酸稳定得多。在常温下是无色液体，有愉快的香味，微溶于水，易溶于乙醇、乙醚等有机溶剂。乙酰乙酸乙酯具有特殊的化学性质，能发生多种反应，是一种十分重要的有机合成原料。

（1）互变异构现象 乙酰乙酸乙酯是 β-酮酸酯，它除了具有酮和酯的典型反应外，还具有酮和酯所没有的特殊性质。例如，能使溴的四氯化碳溶液褪色，说明分子中含有不饱和的碳碳键；能同金属钠反应放出氢气，说明分子中含有活泼氢；能与三氯化铁发生颜色反应，说明分子中含有烯醇式结构。乙酰乙酸乙酯的上述性质是由它的特殊结构所决定的。通过物理和化学方法证明，乙酰乙酸乙酯是由酮式和烯醇式两种异构体组成的平衡混合物。

$$CH_3\overset{\overset{\displaystyle O}{\|}}{-}C-CH_2-\overset{\overset{\displaystyle O}{\|}}{C}-OC_2H_5 \underset{室温}{\rightleftharpoons} CH_3\overset{\overset{\displaystyle OH}{|}}{-}C=CH-\overset{\overset{\displaystyle O}{\|}}{C}-OC_2H_5$$

酮式（92.5%）   烯醇式（7.5%）

乙酰乙酸乙酯的酮式与烯醇式是一种互变异构关系，它们是两个化合物，均是实际存在的，互为构造异构体。由于室温下两种异构体互变速率极快，所以不能将它们分开。在溶液中，两种同分异构体能相互转化，并以动态平衡状态存在的现象叫互变异构现象。两种能相互转变的同分异构体叫互变异构体。上述由酮式和烯醇式异构体组成的互变异构叫酮-烯醇互变异构。

酮式和烯醇式两种异构体在室温下的相互转化，可以用实验加以证明。在乙酰乙酸乙酯溶液中加入几滴三氯化铁溶液，即出现紫红色，这说明其烯醇式与三氯化铁生成了配合物；如再向紫红色溶液中加入溴，紫红色消失，说明溴与烯醇式中的双键发生了加成，烯醇式异构体被消耗掉了。但过一段时间后，又会慢慢出现紫红色，这是由于酮-烯醇平衡向生成烯醇式的方向发生了移动，重新建立了新的平衡体系。

一般的烯醇式是不稳定的，而乙酰乙酸乙酯的烯醇式结构之所以比较稳定，原因有三：一是在酮式中，羰基和酯基的共同影响，亚甲基上的氢变得很活泼，从而容易生成烯醇式异构体；二是在烯醇式异构体中，碳碳双键与酯基的大 π 键形成了 π-π 共轭体系，降低了体系的能量；三是烯醇式羟基上的氢与酯基上的氧形成了分子内氢键，使体系的能量进一步降低。

（2）乙酰乙酸乙酯的分解反应

① 酮式分解（成酮分解）　在稀碱或稀酸作用下，乙酰乙酸乙酯发生水解，生成 β-丁酮酸，后者继续发生脱羧反应生成酮，此分解过程称酮式分解。

$$CH_3COCH_2COOC_2H_5 \xrightarrow[-C_2H_5OH]{\text{稀酸或稀碱}} CH_3COCH_2-\overset{O}{\overset{\|}{C}}-OH \xrightarrow{\underset{\text{脱羧}}{\triangle}} CH_3-\overset{O}{\overset{\|}{C}}-CH_3 + CO_2\uparrow$$

② 酸式分解（成酸分解）　在浓碱的作用下，乙酰乙酸乙酯的 α-碳原子与 β-碳原子间的碳-碳键断裂，生成两分子羧酸，此分解过程称酸式分解。

$$CH_3COCH_2COOC_2H_5 \xrightarrow[\triangle]{\text{浓碱}} 2CH_3COOH + C_2H_5OH$$

除乙酰乙酸乙酯外，其他 β-酮酸酯也能发生类似的反应。油脂代谢或酸败中产生的小分子酮和羧就是由 β-酮酸酯产生的。

③ 乙酰乙酸乙酯在合成上的应用　乙酰乙酸乙酯可用来合成甲基酮、一元羧酸。例如：

$$CH_3-\overset{O}{\overset{\|}{C}}-CH_2-\overset{O}{\overset{\|}{C}}-OC_2H_5 \xrightarrow{C_2H_5ONa} [CH_3-\overset{O}{\overset{\|}{C}}-\overset{-}{C}H-\overset{O}{\overset{\|}{C}}-OC_2H_5]Na^+ \xrightarrow{R-X} CH_3-\overset{O}{\overset{\|}{C}}-\overset{R}{\overset{|}{C}}H-\overset{O}{\overset{\|}{C}}-OC_2H_5$$

$$\xrightarrow[\text{酮式分解}]{\text{稀NaOH}} CH_3-\overset{O}{\overset{\|}{C}}-CH_2-R$$

$$\xrightarrow[\text{酸式分解}]{\text{浓NaOH}} R-CH_2-\overset{O}{\overset{\|}{C}}-ONa \xrightarrow{H^+} RCH_2COOH$$

在上面的反应中，如果卤代烃过量，亚甲基上的两个氢原子都可以被烃基取代生成二取代物。这些取代的乙酰乙酸乙酯都可以发生相应的酮式分解和酸式分解，以制取不同结构的酮、羧酸等。

10.2.4.2　丙二酸二乙酯

丙二酸二乙酯 $[CH_2(COOC_2H_5)_2]$ 为无色液体，有芳香气味，沸点 199.3℃，不溶于水，易溶于乙醇、乙醚等有机溶剂。丙二酸二乙酯是以氯乙酸为原料，经过氰解、酯化后得到的二元羧酸酯。

$$\underset{\underset{Cl}{|}}{CH_2COOH} \xrightarrow[NaOH]{NaCN} \underset{\underset{CN}{|}}{CH_2COONa} \xrightarrow{C_2H_5OH/H^+} H_2C\overset{COOC_2H_5}{\underset{COOC_2H_5}{<}}$$

丙二酸二乙酯由于分子中含有一个活泼亚甲基，因此在理论和合成上都有重要意义。丙二酸二乙酯在醇钠等强碱催化下，能产生一个碳负离子，它可以和卤代烃发生亲核取代反应，产物经水解和脱羧后生成羧酸。用这种方法可合成 RCH_2COOH 和 $RR'CHCOOH$ 型的羧酸，如用适当的二卤代烷作为烃化试剂，也可以合成脂环族羧酸。例如：

$$CH_2(COOC_2H_5)_2 + R-X \xrightarrow[C_2H_5OH]{C_2H_5ONa} RCH(COOC_2H_5)_2 \xrightarrow[(2)\ \triangle, H^+]{(1)\ NaOH} RCH_2COOH$$

$$CH_2(COOC_2H_5)_2 + BrCH_2CH_2CH_2Br \xrightarrow[C_2H_5OH]{C_2H_5ONa} \underset{\underset{CH_2-CH_2}{|\quad\ \ |}}{CH_2-C(COOC_2H_5)_2} \xrightarrow[(2)\ \triangle, H^+]{(1)\ NaOH} \underset{\underset{CH_2-CH_2}{|\quad\ \ |}}{CH_2-CH-COOH}$$

环丁基甲酸

10.2.4.3 氨基甲酸酯类化合物

氨基甲酸酯类化合物可以看作是碳酸分子中两个羟基分别被氨基（或取代的氨基）和烃氧基取代后生成的化合物。

$$
\underset{\text{碳酸}}{HO-\overset{\displaystyle O}{\overset{\|}{C}}-OH} \qquad \underset{\text{氨基甲酸酯}}{H_2N-\overset{\displaystyle O}{\overset{\|}{C}}-OR} \qquad \underset{N\text{-烃基氨基甲酸酯}}{RHN-\overset{\displaystyle O}{\overset{\|}{C}}-OR}
$$

氨基甲酸酯类化合物是一类高效低毒的农药，可用作杀虫剂、杀菌剂和除草剂，被称为有机氮农药。例如：

西维因（N-甲基氨基甲酸萘酯）　　　　　灭草灵（N-甲基氨基甲酸-2，4-二氯苯酯）

西维因是应用较早的氨基甲酸酯杀虫剂，白色晶体，熔点 142℃，难溶于水和乙醇，对光、热、酸稳定，在碱性条件下易水解。

10.3 取代酸

羧酸分子烃基上的氢原子被其他原子或原子团取代后的生成物称为取代酸。常见的取代酸有卤代酸、羟基酸、醛酸、酮酸和氨基酸。卤代酸的性质与卤代烃及羧酸相似，不再讨论，氨基酸将在第十五章讨论。本节主要学习羟基酸、醛酸和酮酸。

10.3.1 取代酸的命名

羟基酸、醛酸和酮酸的系统命名法与羧酸相同，以羧酸为母体，选择含—OH（C＝O）和—COOH 的最长碳链为主链。

$$
\underset{\text{α-羟基丙酸}}{CH_3-\underset{\overset{|}{OH}}{CH}-COOH} \qquad \underset{\text{β-羟基丙酸}}{CH_2-CH_2-COOH \atop \underset{OH}{|}} \qquad \underset{\text{γ-羟基丁酸}}{CH_2CH_2CH_2COOH \atop \underset{OH}{|}}
$$

$$
\underset{\text{丙醛酸}}{H-\overset{\displaystyle O}{\overset{\|}{C}}-CH_2-COOH} \qquad \underset{\text{3-丁酮酸}}{CH_3-\overset{\displaystyle O}{\overset{\|}{C}}-CH_2-COOH}
$$

许多羟基酸来自于动植物，常用俗名来表示。例如，α-羟基丙酸又称乳酸，2-羟基丁二酸又称苹果酸。

$$
\underset{\text{乳酸}}{CH_3-\overset{\overset{\displaystyle OH}{|}}{CH}-COOH} \qquad \underset{\text{2-羟基丁二酸（苹果酸）}}{HOOC-\overset{\overset{\displaystyle OH}{|}}{CH}CH_2-COOH}
$$

$$
\underset{\text{2-羰基琥珀酸}}{HOOC-\overset{\displaystyle O}{\overset{\|}{C}}-CH_2-COOH} \qquad \underset{\text{α-酮戊二酸}}{HOOC-\overset{\displaystyle O}{\overset{\|}{C}}-CH_2-CH_2-COOH}
$$

10.3.2 取代酸的化学性质

10.3.2.1 羟基酸的化学性质

从结构上看，羟基酸分子中既有羟基又有羧基，因此，羟基酸具有醇和羧酸的一切化学性质。但由于羟基和羧基共存于一个分子中，故它又有一些特殊性质，这些性质常因羟基和羧基的相对位置不同而有差异。

(1) 酸性　因为羟基是吸电子基团，具有吸电子的诱导效应（$-I$ 效应），故醇酸的酸性大于相应的羧酸。对于结构不同的羟基酸，其酸性随—OH 与—COOH 距离的增大而减弱。例如，丁酸的 pK_a 为 4.83，α-羟基丁酸的 pK_a 为 3.65，β-羟基丁酸的 pK_a 为 4.41。

(2) 醇酸的脱水反应　醇酸受热容易发生脱水反应，其脱水产物随—OH 与—COOH 的相对位置不同而异。α-羟基酸脱水形成交酯，β-羟基酸脱水生成 α,β-不饱和酸，$\gamma(\delta)$-羟基酸脱水生成内酯。

乙交酯

2-丁烯酸

δ-戊内酯

许多天然产物中也含有五元或六元内酯环结构，如维生素 C 和山道年的分子结构中都含有五元内酯环。交酯、内酯和其他酯类一样，在中性溶液中稳定，在酸性或碱性溶液中则水解生成原来的羟基酸或盐。

(3) 醇酸的氧化反应　由于 α-羟基酸中的羟基受羧基的影响，故 α-羟基酸中的羟基比醇中的羟基容易氧化，它甚至可以被弱氧化剂如吐伦试剂氧化，产物为酮酸。

(4) α-醇酸的分解反应　α-醇酸与稀硫酸共热，羧基和 α-碳原子之间的键断裂，分解生成醛或酮和甲酸。这是 α-醇酸特有的反应。例如：

(5) 酚酸的脱羧反应 酚酸具有酚的特征反应，可与三氯化铁呈紫色，邻羟基苯甲酸（水杨酸）也可与溴水反应生成白色沉淀，可作为水杨酸的定性鉴定方法，酚酸也可发生脱羧反应生成酚，例如邻羟基苯甲酸脱羧后生成苯酚。

$$\underset{\text{OH}}{\underset{|}{\text{COOH}}}\ \xrightarrow{200\sim300℃}\ \text{OH} \quad +CO_2\uparrow$$

10.3.2.2 醛酸和酮酸的化学性质

醛酸和酮酸除了具有羰基化合物和羧酸的典型性质外，还具有一些特殊的性质，因为醛酸较少见，下面主要讨论酮酸的某些特殊性质。

(1) 酸性 因为羰基为吸电子基团，故酮酸的酸性大于同碳羧酸；又由于羰基吸电子能力大于羟基，故其酸性大于相应的羟基酸；结构不同的羰基酸，其分子中羰基距羧基越近，酸性越强。例如，下列酮酸的酸性强弱次序为：

$$\underset{\text{O}}{\overset{\parallel}{CH_3-C}}-COOH > \underset{\text{O}}{\overset{\parallel}{CH_3-C}}-CH_2COOH > \underset{\text{O}}{\overset{\parallel}{CH_3-C}}-CH_2CH_2COOH$$

(2) 脱羧反应 在稀酸或稀碱作用下，α-酮酸可发生脱羧反应生成醛。

$$\underset{\text{O}}{\overset{\parallel}{CH_3-C}}-COOH \xrightarrow[\triangle]{\text{稀硫酸}} \underset{\text{O}}{\overset{\parallel}{CH_3-C}}-H \ +CO_2\uparrow$$

β-酮酸比 α-酮酸更易脱羧，如乙酰乙酸室温下就能发生脱羧反应，生成丙酮。

$$\underset{\text{O}}{\overset{\parallel}{CH_3-C}}-CH_2COOH \longrightarrow \underset{\text{O}}{\overset{\parallel}{CH_3-C}}-CH_3 \ +CO_2\uparrow$$

(3) 氧化和还原反应 酮和羧酸都不易被氧化，但丙酮酸却极易被氧化，弱氧化剂如吐伦试剂、斐林试剂就能把它氧化，生成乙酸。α-酮酸加氢还原生成羟基酸。

$$\underset{\text{O}}{\overset{\parallel}{CH_3-C}}-COOH \xrightarrow{\text{Tollens}} \underset{\text{O}}{\overset{\parallel}{CH_3-C}}-OH \ +CO_2\uparrow$$

$$\underset{\text{O}}{\overset{\parallel}{CH_3-C}}-COOH \xrightarrow[\text{[O]}]{\text{[H]}} \underset{\text{OH}}{\overset{|}{CH_3-CH}}-COOH$$

10.3.3 取代酸的重要化合物

10.3.3.1 乳酸（α-羟基丙酸）

α-羟基丙酸最初是从酸牛奶中得到的，故称为乳酸。乳酸广泛存在于自然界，许多水果中都含有乳酸。存在于人的血液和肌肉中的乳酸，是葡萄糖经缺氧代谢得到的氧化产物。牛奶中的乳糖受微生物的作用，发酵产生乳酸。

乳酸分子中有一个手性碳原子，所以它存在旋光异构现象。葡萄糖（或蔗糖）发酵得到的乳酸是左旋体（熔点 52.8℃）；肌肉中得到的乳酸是右旋体（熔点 52.8℃）；酸牛奶中的乳酸是外消旋体，为无色液体。

乳酸的吸湿性很强，通常为无色或微黄色的糖浆状液体，溶于乙醇、乙醚及甘油，不溶于氯仿等极性小的有机溶剂。乳酸的钙盐不溶于水，故工业上常用乳酸作除钙剂，乳酸在印染上常用作媒染剂，医药上乳酸钙用以治疗佝偻病等缺钙症。

10.3.3.2 酒石酸（2，3-二羟基丁二酸）

$$\underset{\quad\ \ \ \ \ |\ \ \ \ \ \ |}{\underset{\text{OH\ \ OH}}{\text{HOOCCH—CHCOOH}}}$$

酒石酸常以酸性钾盐的形式存在于植物中，尤以葡萄中居多。酒石酸的这种酸性钾盐难溶于水和乙醇，所以在葡萄发酵酿酒过程中，由于乙醇浓度的增高而析出的沉淀"酒石"即为酒石酸氢钾。

酒石酸分子中有两个手性碳原子，有一对对映体和一个内消旋体，天然产生的酒石酸为右旋体。酒石酸是无色透明结晶或粉末，无臭，味酸，易溶于水，难溶于有机溶剂。酒石酸钾钠用于配制斐林试剂，酒石酸锑钾俗称"吐酒石"，可用作催吐剂和治疗血吸虫病的药物。

10.3.3.3 苹果酸（羟基丁二酸）

苹果酸因最初从苹果中得到而得名。它多存在于未成熟的果实中，也存在于一些植物的叶子中，是糖代谢的中间产物。苹果酸也是植物中最重要的有机酸之一。

苹果酸有两种旋光异构体，二者都是无色晶体，易溶于水和乙醇。天然苹果酸是左旋体，为无色晶体，工业上常用于制药和作调味品。

10.3.3.4 柠檬酸（3-羟基-3-羧基戊二酸）

柠檬酸又称枸橼酸，无色晶体，无水柠檬酸熔点为135℃，易溶于水和乙醇。柠檬酸广泛存在于各种果实中，以柠檬和柑橘类的果实中含量较多。如未成熟的柠檬中含量可达6%。另外，烟草中也含有大量的柠檬酸，是提取柠檬酸的重要原料。

将柠檬酸加热到150℃，可发生分子内脱水生成顺乌头酸，顺乌头酸加水又可生成柠檬酸或异柠檬酸两种异构体：

柠檬酸　　　　　　　　顺乌头酸　　　　　　　异柠檬酸

上述相互转化过程是生物体内糖、脂肪及蛋白质代谢过程中的重要生化反应，而柠檬酸、异柠檬酸和顺乌头酸是生物体内进行三羧酸循环的中间产物。

柠檬酸具有强酸性，在食品工业中用作果糖及清凉饮料的调味剂。在医药上也有多种用处，如钠盐用作抗凝剂，镁盐用作缓泻剂，钾盐用作祛痰剂和利尿剂，柠檬酸铁铵用作补血剂。在化学实验中常用柠檬酸及其盐作为缓冲溶液。

10.3.3.5 水杨酸（邻羟基苯甲酸）

水杨酸又名柳酸，以柳树皮中含量最丰。纯品是无色针状晶体，易升华，熔点为159℃，易溶于沸水、乙醇、乙醚、氯仿中，微溶于冷水。水杨酸具有酚和酸的特性，如与三氯化铁溶液显紫红色。

水杨酸及其衍生物具有杀菌、防腐、镇痛解热和抗风湿作用，乙酰水杨酸就是熟知的解热镇痛药阿司匹林。水杨酸的酒精溶液可以治疗由霉菌引起的皮肤病，其钠盐可用作食品的防腐剂。水杨酸甲酯是冬青油的主要成分，有特殊的香味，工业中用于配制牙膏、糖果等的香精，同时可用作扭伤时的外敷药。

10.3.3.6 丙酮酸

丙酮酸是无色、有刺激性气味的液体，沸点165℃，易溶于水。丙酮酸是动植物体内糖代谢的中间产物之一，能转变成氨基酸，在生理生化上有重要的意义。

阅读材料

我国原子能事业的创始人和开拓者钱三强、何泽慧

钱三强、何泽慧先生是世界知名的核物理学家，我国原子能事业的创始人和开拓者。他们为我国的核武器研制做出了重要贡献。当年，他们毅然舍弃国外优厚的待遇、优越的工作和生活条件，回到了满目疮痍的祖国，源于他们对祖国的无限热爱。他们深知："虽然科学没有国界，科学家却是有祖国的。正因为祖国贫穷落后，才更需要科学工作者努力去改变她的面貌，使原子核这门新兴科学在祖国的土地上生根、开花、结果。"

1948年的北平研究院原子学研究所的研究人员只有钱三强、何泽慧和杨光中，再加上技工和事务员全所总共5人。实验室空空荡荡，仪器设备奇缺。钱三强向中央申请经费，购买研究必需的仪器设备和图书资料。当时北京刚刚解放，百废待举，可中央却拨给了他5万美元，这件事让钱三强感受到党和政府对科学研究的重视，也看到了我国原子能事业的希望。在周恩来总理的关怀下，经过钱三强几年的艰苦努力，研究所的科研力量不断壮大，人员由5人发展到上百人，一批优秀的科技人才汇聚到所里，其中包括邓稼先、王淦昌、彭桓武、王承书、朱洪元、戴传曾、梅镇岳、张文裕、郑林生、金星南等一批优秀的科学家。1950年研究所确定了以原子核物理、放射化学、宇宙射线和理论物理为四大主要领域的科研方向，1952年又确定了"以原子核物理研究工作为中心，充分发展放射化学，为原子能应用准备条件"办所方向。到1956年上述四个方面都取得了可喜的成绩。加速器、核探测器、核电子学、放射化学、理论物理等方面初具规模，为我国原子能事业的进一步发展打下了良好的基础。

1955年毛泽东主席主持召开了中共中央书记处扩大会议，听取了李四光和钱三强等关于铀矿资源和原子能科学研究基本情况的汇报，钱三强还用盖革计数管做了测量铀矿放射性的演示。在这次会上，党中央、毛主席做出了发展原子能事业的重大决策。作为主管原子能工业的二机部副部长和原子能所所长，钱三强在中央决策中起到了科学顾问的作用。钱三强认为发展我国的核武器首先需要的是人才。周恩来总理重视和关怀下，我国采取了多种措施培养原子能方面的人才，并通过国内工作、送到苏联"热工实验室"、杜布纳联合所实习等方式对现有人员进行专业培养。1958年在苏联的援助下，我国第一座重水反应堆和第一台回旋加速器建成，钱三强、何泽慧指导和带领科研人员在这"一堆一器"上建立了物理测量装置，为裂变物理、中子物理研究和相关核数据测量创造了实验条件。

钱三强高瞻远瞩，知人善任，将一批优秀的人才推荐到重要岗位上。1958年九局成立，在钱三强推荐下，邓稼先首先投身于原子弹、氢弹的研制；1959年，他推荐朱光亚参与并领导了原子弹和氢弹的研制、试验，为"两弹"技术突破及其武器化做出了重大贡献；1960年钱三强又将彭桓武和王淦昌推荐给了九所，他们隐姓埋名，为我国核武器研制做出了突出贡献；钱三强还亲自和邓稼先一起努力，把周光召调到了九所，周光召在原子弹理论突破上做出了重大贡献。

为加强攻关力量，1964年黄祖洽、于敏等31人从原子能所调到九所；1965年于敏等人突破了氢弹原理；1966年12月氢弹原理试验成功；1967年6月，我国第一颗氢弹爆炸成功，时间距第一颗原子弹爆炸成功只有两年零八个月。我国成为世界上从原子弹到氢弹发展

速度最快的国家。

　　钱三强还亲自组织领导了一些攻关工作。原子弹起爆需要的点火中子源是在原子能所研制的,钱三强和何泽慧亲自指导了这一工作。1962 年底研制出符合核武器要求的中子源装料,在解决了高精度的包装外壳、中子源原料的均匀包装和均匀性检验等问题后,在核武器研究所进行了试验,性能达到要求,点火中子源研制成功。钱三强亲自指导攻关的项目还有扩散分离膜的研制。扩散分离膜是扩散机的关键部件,是用扩散法生产^{235}U 的最机密部分。经 3 年多的艰苦探索和反复试验,于 1963 年底研制成功。我国成为继美国、苏联、法国之后,第四个能生产分离膜的国家。何泽慧对核武器研制的贡献,除了上面提到的点火中子源的研制外,还在人才培养、核数据测量和核爆测试方法研究等方面做出了重要贡献。

　　钱三强在"两弹"攻关过程中,起到了独特的、无人能替代的作用。1999 年党和国家授予他"两弹一星功勋奖章"。

　　钱三强和何泽慧是我国原子能事业的创始人和开拓者,对我国原子弹、氢弹的研制做出了卓越贡献。他们的功绩将永载史册,历史将永远记住他们!

本章小结

一、羧酸的主要化学性质

1. 酸性和成盐反应

$$R—COOH \rightleftharpoons RCOO^- + H^+$$
$$R—COOH + NaOH \longrightarrow RCOONa + H_2O$$

2. 生成羧酸衍生物的反应

$$ZY = SOCl_2, PCl_3, PBr_3, RCOOH, ROH, NH_3 \text{ 等}$$
$$Y = Cl, Br, RCOO, RO, NH_2 \text{ 等}$$

3. 还原反应

4. 脱羧反应

当羧基的 α 位连有吸电子基时,羧基容易发生脱羧反应。

二、羧酸衍生物的主要化学性质

　　羧酸的衍生物包括酰卤、酸酐、酯和酰胺。它们的主要化学性质是水解、醇解和氨解。化学反应的活性顺序是:酰卤>酸酐>酯≥酰胺。

三、取代酸的主要化学性质

羟基酸的化学性质主要有酸性、脱水反应及氧化反应；醛酸和酮酸的化学性质主要有酸性、脱羧反应、氧化反应和还原反应。

习题

10-1　用系统命名法命名下列化合物。

(1)　$\diagup\!\!\diagdown\!\!\diagup\!\!\diagdown$COOH

(2)　$\begin{array}{cc} & C_2H_5 \quad\quad CH_3 \\ CH_3CHCH_2CH_2CHCOOH \end{array}$

(3)　HO—〇—COOH

(4)　Cl—〇(Cl)—OCH_2COOH

(5)　〇(COOH)(O—C(=O)—CH_3)

(6)　〇—O—C(=O)—NHCH_3

(7)　CH_2COOH 连萘环, OH

(8)　$\begin{array}{c} CH_3 \\ CH_2CHCH_2COOH \\ \text{环己基} \end{array}$

10-2　写出下列化合物的结构式。

(1) 对甲氧基苯甲酸苄酯　(2) 对溴苯甲酰氯　(3) 2,3-二甲基戊酸　(4) 水杨酸

(5) 己二酸单酰胺　(6) 异丁酸丙酯　(7) 邻苯二甲酸酐　(8)（S）-α-羟基丙酸

10-3　将下列各组化合物按酸性由弱至强次序排列。

(1) 乙酸、苯酚、氯乙酸、二氯乙酸

(2) 2-氯丙酸、3-氯丙酸、丙酸、2,2-二氯丙酸

(3) 甲酸、苯甲酸、环己醇、水

10-4　用化学方法区别下列各组化合物。

(1) 甲酸、乙酸、乙二酸、乙醛

(2) 苯酚、苯甲酸、水杨酸、苯甲酰胺

(3) 乙酰氯、乙酸酐、乙酸乙酯

10-5　写出下列反应的主要产物。

(1) $CH_3COOC_2H_5 + CH_3COOC_2H_5 \xrightarrow{C_2H_5ONa} ?$

(2) $CH_3-\overset{O}{\overset{\|}{C}}-COOH \xrightarrow[\triangle]{\text{稀 } H_2SO_4} ?$

(3) $CH_3CH(OH)COOH \xrightarrow{\triangle} ?$

(4) $CH_3CH(OH)CH_2COOH \xrightarrow{\triangle} ?$

(5) $CH_3CH_2-\overset{O}{\overset{\|}{C}}-Cl \xrightarrow{NH_3} ?$

(6) 结构式 + $H_3C-\overset{O}{\overset{\|}{C}}-O-\overset{O}{\overset{\|}{C}}-CH_3 \xrightarrow{\triangle}$?

10-6 用化学方法分离苯酚、苯甲酸、苯甲醇的混合物。

10-7 完成下列转化。

(1) $CH_2=CH_2 \longrightarrow CH_3-\overset{O}{\overset{\|}{C}}-COOH$

(2)

10-8 化合物 A 的分子式为 $C_5H_{12}O$，氧化后得到 B，分子式为 $C_5H_{10}O$，B 能与 2,4-二硝基苯肼反应，B 也能发生碘仿反应，A 与浓硫酸共热后得到 C，分子式为 C_5H_{10}，C 经氧化后得到丙酮和乙酸，试推出 A、B、C 的结构式。

10-9 一个有机酸 A，分子式为 $C_5H_6O_4$，无旋光性，当加 1mol H_2 时，被还原为具有旋光性的 B，分子式为 $C_5H_8O_4$。A 加热容易失去 1mol H_2O 变为分子式为 $C_5H_4O_3$ 的 C，而 C 与乙醇作用得到两个互为异构体的化合物。试写出 A、B、C 的结构。

10-10 化合物 A 的分子式为 $C_7H_{12}O_3$，能与苯肼反应生成苯腙，能与金属钠作用放出氢气，与三氯化铁溶液发生呈色反应，能使溴的四氯化碳溶液褪色。将 A 与氢氧化钠溶液共热并酸化后得到 B 和异丙醇。B 的分子式为 $C_4H_6O_3$，B 容易发生脱羧反应，脱羧的产物 C 能发生碘仿反应。试写出 A、B、C 的结构式。

10-11 有一含碳、氢、氧三种元素的有机化合物 A，经试验有以下性质：A 呈中性，且在酸性溶液中水解得到化合物 B 和 C；将 B 在稀硫酸中加热得到丁酮；化合物 C 是甲乙醚的同分异构体，并且能发生碘仿反应。试推导化合物 A 的结构。

第11章

含氮有机化合物

学习目标

了解常见的含氮有机化合物，掌握硝基和胺类化合物的结构、分类、命名和化学性质（还原、成盐、烃基化、酰基化和磺酰化反应等）；掌握芳胺的特性、亲电取代和重氮化反应及其应用；了解季铵盐和季铵碱的结构和性质，了解重要有机含氮化合物。

素质目标

了解氨基甲酸酯类化合物在生产和生活中的用途，尤其是在农药杀虫剂中的广泛应用，提倡科学合理使用农药；引导学生在学习和研究过程中要抓住机遇，善于发现问题，勇于追求真理。

含氮有机化合物通常是指分子中含有氮元素或含有 C—N 键的有机化合物，它们可以看作是烃分子中的氢原子被含氮官能团所取代的衍生物。含氮有机化合物广泛存在于自然界，且许多含氮有机化合物均具有生物活性，是生命活动中不可或缺的重要物质。常见的含氮有机化合物如表 11-1 所示。本章主要讨论硝基化合物、胺、季铵盐和季铵碱这几类含氮有机化合物。

▫ 表 11-1　常见的含氮有机化合物

化合物	结构	官能团及名称	
硝基化合物	$R-NO_2$	$-NO_2$	硝基
亚硝基化合物	$R-NO$	$-NO$	亚硝基
硝酸酯	$R-ONO_2$	$-ONO_2$	硝酸基
亚硝酸酯	$R-ONO$	$-ONO$	亚硝酸基
	$R-NH_2$	$-NH_2$	氨基
	$\begin{matrix} R \\ \diagdown \\ NH \\ \diagup \\ R \end{matrix}$	$\diagdown NH$	亚氨基

化合物	结构	官能团及名称	
胺	$\overset{\displaystyle R}{\underset{\displaystyle R}{R-N}}$	$>N-$	叔氨基
	$\overset{\displaystyle R}{\underset{\displaystyle R}{R-\overset{+}{N}-R}}$	$-\overset{+}{N}-$	季铵基
酰胺	$R-\overset{\displaystyle O}{\overset{\|}{C}}-NH_2$	$-\overset{\displaystyle O}{\overset{\|}{C}}-NH_2$	酰胺基
肼	$R-NH-NH_2$	$-NH-NH_2$	肼基
肟	$R-CH=N-OH$	$-CH=N-OH$	肟基
腈	$R-C\equiv N$	$-C\equiv N$	氰基
异腈	$R-N=C$	$-N=C$	异氰基
偶氮化合物	$R-N=N-R$	$-N=N-$	偶氮基
重氮化合物	$R-N\equiv N^+ X^-$	$-N\equiv N^+$	重氮基

11.1 硝基化合物

硝酸和亚硝酸可以衍生出四类含氮有机化合物，即硝酸酯、亚硝酸酯、硝基化合物和亚硝基化合物。在酯分子中，与碳原子相连的是氧原子，而在硝基或亚硝基化合物中，与碳原子相连的是氮原子。

$$H-O-NO_2 \qquad R-O-NO_2 \qquad R-NO_2$$
$$\text{硝酸} \qquad\qquad \text{硝酸酯} \qquad\qquad \text{硝基化合物}$$
$$H-O-NO \qquad R-O-NO \qquad R-NO$$
$$\text{亚硝酸} \qquad\qquad \text{亚硝酸酯} \qquad\qquad \text{亚硝基化合物}$$

硝酸酯或亚硝酸酯的命名与有机酸酯的命名相同。例如：

$$CH_3CH_2OOCCH_3 \qquad CH_3ONO_2 \qquad CH_3CH_2ONO$$
$$\text{乙酸乙酯} \qquad\qquad \text{硝酸甲酯} \qquad\qquad \text{亚硝酸乙酯}$$

硝酸酯和芳香族多硝基化合物具有爆炸性，常被用作炸药。例如：

三硝酸甘油酯 　　　　　　TNT

亚硝酸酯容易水解而放出亚硝酸，可用亚硝酸酯作为亚硝化试剂。亚硝酸酯与相应的硝基化合物互为同分异构体。

11.1.1 硝基化合物的结构

实验证实，硝基化合物分子中的氧、氮、氧三个原子处于同一平面，形成 p-π 共轭体系，其中两个 N—O 键的键长完全相等，氮原子带一个正电荷，而两个氧原子各带 1/2 负电荷，因而分子具有较大的极性。

11.1.2　硝基化合物的分类和命名

按照分子中烃基结构的不同，硝基化合物可分为脂肪族硝基化合物和芳香族硝基化合物。其命名与卤代烃相似，一般将硝基看成取代基，再在相应物质名称前面加上"硝基"。例如：

2-硝基丁烷　　　　　　邻硝基苯酚　　　　　对硝基甲苯

11.1.3　硝基化合物的物理性质

由于硝基结构上具有正负电荷分离的特点，硝基化合物分子具有较大的极性，分子间相互作用力强，因此硝基化合物的沸点比相应的卤代烃高。通常情况下，脂肪族硝基化合物是接近无色的高沸点液体，芳香族硝基化合物一般为结晶的无色或黄色固体，不溶于水，易溶于有机溶剂。有的硝基化合物具有强烈气味。例如，硝基苯有浓厚的杏仁味，叔丁基苯的多硝基化合物有类似天然麝香的气味。

在使用硝基化合物时应注意安全，因为许多芳香族硝基化合物具有一定毒性，它们能使血红蛋白变性而引起中毒，较多地吸入它们的蒸气或粉尘，或者长期与皮肤接触都能引起人体中毒。例如，二甲苯麝香、酮麝香等已被限制使用。

11.1.4　硝基化合物的化学性质

11.1.4.1　还原反应

硝基可以被还原，特别是芳香族硝基化合物的还原具有很大的实用价值。在不同介质中使用不同的还原剂还原芳香族硝基化合物，可以得到一系列不同的还原产物。使用强还原剂还原的最终产物是伯胺。例如，工业上生产苯胺的方法之一，即在酸性介质中以铁粉还原硝基苯而得到苯胺。

11.1.4.2　互变异构与酸性

由于硝基强烈的吸电子诱导效应，使得脂肪族硝基化合物中的 α-H 显弱酸性，这与羰基化合物中的 α-H 显弱酸性类似，因而具有如下硝基式和假酸式的互变异构平衡：

所以，α-C 上有氢原子的硝基化合物如 RCH_2NO_2、R_2CHNO_2 等可以与碱作用生成碳负离子，并溶于碱中。

$$R—CH_2—NO_2 + NaOH \longrightarrow [R—CH—NO_2]^- Na^+ + H_2O$$

11.2 胺

胺是一类重要的含氮有机化合物，广泛存在于自然界中。胺类化合物可以看作是氨分子（NH_3）中的氢被烃基取代后的衍生物，季铵盐或季铵碱则可看作是铵根离子（NH_4^+）中的四个氢都被烃基取代后的衍生物。

11.2.1 胺的结构

在脂肪族胺分子中，中心氮原子以不等性 sp^3 杂化方式成键。其中三个未成对电子各占据一个 sp^3 杂化轨道，并与氢原子的 1s 轨道或者碳原子的 sp^3 杂化轨道重叠形成 σ 键，第四个 sp^3 杂化轨道则为孤对电子所占据，因而胺分子呈三角锥形结构。由于孤对电子的静电斥力，使得氮原子形成的三个 σ 键的键角略小于 109.5°。如图 11-1 所示，三甲胺分子中 C—N—C 的键角为 108°。

甲烷　　　　氨　　　　三甲胺　　　　四甲铵离子

三甲胺分子结构

图 11-1　甲烷、氨、三甲胺分子和四甲铵离子的空间结构

脂肪族胺与氨的结构相似，如果胺中的氮原子上连接有三个不相同的基团，理论上应该存在一对对映异构体（Ⅰ）和（Ⅱ），但是实际上从未分离得到过这样的异构体。这是由于氮原子的 sp^3 杂化轨道中有一对未共用电子对，它不能像一个基团那样使得分子的构型固定下来，导致（Ⅰ）和（Ⅱ）在室温下即可迅速翻转而无法分离（$\Delta E = 25 kJ \cdot mol^{-1}$）；对于季铵类化合物而言，氮原子的四个 sp^3 杂化轨道都被烃基占据，如果四个烃基不同，则确实存在对映异构体。

（Ⅰ）　　　　　（Ⅱ）

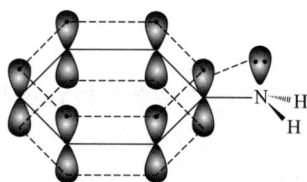

图 11-2　苯胺分子的空间结构

在芳香族胺分子中，氮原子上孤对电子和苯环上的 π电子存在一定程度的 p-π 共轭效应，氮原子的杂化状态介于 sp^2 与 sp^3 杂化之间，孤对电子所处的轨道比氨有更多的 p 成分。如图 11-2 所示，在苯胺分子中，H—N—H 的键角为 113.9°，H—N—H 平面与苯环平面的夹角为 39.4°。

11.2.2 胺的分类和命名

根据氨分子中氢被烃基取代数目的多少，可将胺类化合物分为伯胺、仲胺、叔胺和季铵。

$$
\begin{array}{cccc}
\overset{H}{\underset{}{R-N-H}} & \overset{R^1}{\underset{}{R-N-H}} & \overset{R^1}{\underset{}{R-N-R^2}} & \overset{R^1}{\underset{R^3}{R-\overset{+}{N}-R^2}} \\
\end{array}
$$

$$
\begin{array}{cccc}
1°胺 & 2°胺 & 3°胺 & 4°胺
\end{array}
$$

式中，R、R^1、R^2 和 R^3 可以是相同的基团，也可以是不同的基团。若氮原子与脂肪烃基相连，称为脂肪族胺；若氮原子与芳基相连，则称为芳香族胺。

$$(CH_3)_3C-NH_2$$

叔丁基胺

二苯基胺

根据分子中所含氨基数目不同，可将胺类化合物分为一元胺、二元胺和多元胺。

$$CH_3CH_2NH_2 \qquad H_2NCH_2CH_2NH_2 \qquad H_2NCH_2CH_2NHCH_2CH_2NH_2$$

乙胺　　　　　　　　　乙二胺　　　　　　　　二乙烯三胺或二亚乙基三胺

需要注意的是：伯、仲、叔胺的区别与伯、仲、叔醇（或卤代烃）的区别是不同的。醇或卤代烃是根据与官能团相连的碳原子的级数决定的，而对于胺，则是按照氮原子上所连接碳原子的数目决定的。例如，叔丁醇为三级醇，叔丁胺为一级胺：

$$
CH_3-\overset{CH_3}{\underset{CH_3}{\overset{|}{\underset{|}{C}}}}-OH
$$

$$
CH_3-\overset{CH_3}{\underset{CH_3}{\overset{|}{\underset{|}{C}}}}-NH_2
$$

3°醇　　　　　　　　　　　　　　1°胺

简单的脂肪族胺是用烃基名称后面加上"胺"字来命名；相同的烃基用"二"或"三"表明其数目；不同的烃基则按次序规则，"较优"的基团后列出；"基"字一般可以省略。

环己胺

苄胺

$$
(CH_3)_2NCH\underset{\underset{CH_3}{|}}{CH_2CH_3} \qquad H_2NCH_2CH_2CH_2CH_2CH_2CH_2NH_2
$$

二甲(基)仲丁(基)胺　　　　　　　1,6-己二胺

较复杂的脂肪族胺通常是以烃基为母体，氨基作为取代基来命名。例如：

$$
\underset{\underset{NH_2}{|}}{CH_2CH_2CHCH_2CH_3} \qquad CH_3CH_2NH\underset{\underset{CH_2CH_3}{|}}{CHCH_2CH_2CH_2CH_3}
$$

1-苯基-3-氨基戊烷　　　　　　　　　　3-乙氨基辛烷

$$
CH_3CH_2CH_2CH\underset{\underset{CH_3}{|}}{\overset{\overset{CH_3}{|}}{N}}CH_3
$$

2-二甲氨基戊烷

芳香族胺的命名与脂肪族胺类似，当芳环上连接有其他取代基时，需指明取代基与氨基

的相对位次，同时应遵守多官能团化合物的命名规则；当氮原子上同时连接有芳基和烃基时，通常以芳胺为母体，烃基为取代基，并用字母"N"表明烃基的位置。例如：

N-甲基-N-乙基苯胺　　　N,N-二甲基-4-亚硝基苯胺　　　4,4′-二硝基二苯胺

季铵类化合物的命名与无机铵类化合物（$H_4N^+X^-$、$H_4N^+OH^-$）相似，并在前面加上负离子名称。例如：

氯化苯铵　　　　　　溴化三甲基苄铵　　　　　氢氧化三甲乙铵

11.2.3　胺的物理性质

在常温下，低级和中级脂肪胺为无色气体或液体，高级脂肪胺为固体。低级脂肪胺通常有难闻的臭味，如二甲胺和三甲胺有鱼腥味，肉和尸体腐烂后产生的1,4-丁二胺（腐肉胺）和1,5-戊二胺（尸胺）有恶臭；芳香胺一般为高沸点的液体或低熔点的固体，具有特殊气味，且毒性较大，与皮肤接触或吸入其蒸气都会引起人体中毒，如食入0.25mL苯胺就可能引起严重中毒，联苯胺和β-萘胺具有强致癌作用等。

胺是极性分子，伯胺和仲胺能形成分子间氢键，其沸点比分子量相近的非极性化合物要高，但比相应的醇或羧酸的沸点低，这是由氨基形成氢键的能力所决定的。伯、仲、叔胺都能与水形成氢键，所以低级脂肪胺可溶于水。随着烃基在分子中的比例增大，形成氢键的能力减弱，故中、高级脂肪胺以及芳香胺微溶或难溶于水，而易溶于有机溶剂。表11-2列出了一些常见胺的物理常数。

□ **表11-2　某些胺的物理常数**

名　称	结构式	熔点/℃	沸点/℃	pK_b
甲胺	CH_3NH_2	−92.5	−6.7	3.38
二甲胺	CH_3NHCH_3	−92.2	6.9	3.23
三甲胺	$(CH_3)_3N$	−117.1	9.9	4.22
乙胺	$CH_3CH_2NH_2$	−80.6	16.6	3.37
二乙胺	$CH_3CH_2NHCH_2CH_3$	−50.0	55.5	3.05
三乙胺	$(CH_3CH_2)_3N$	−114.7	89.4	3.28
正丙胺	$CH_3CH_2CH_2NH_2$	−83.0	49.5	3.29
正丁胺	$CH_3CH_2CH_2CH_2NH_2$	−49.5	77.8	3.23
正戊胺	$CH_3CH_2CH_2CH_2CH_2NH_2$	−55.1	104.0	
乙二胺	$H_2NCH_2CH_2NH_2$	8.5	116.5	4.07
丁二胺	$H_2N(CH_2)_4NH_2$	27.2	158.0	
己二胺	$H_2N(CH_2)_6NH_2$	41.5	196°	
苯胺	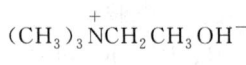	−6.2	184	9.28

名　称	结构式	熔点/℃	沸点/℃	pK_b
N-甲基苯胺	⬡—NH—CH₃	−57.0	196	9.15
N,N-二甲基苯胺	⬡—N(CH₃)₂	3.1	194	8.94
二苯胺	⬡—NH—⬡	54	302	13.2

11.2.4 胺的化学性质

11.2.4.1 碱性与成盐反应

与氨相似，胺类化合物氮原子上存在一对未共用电子对，能接受质子而显碱性，是典型的有机碱。

$$NH_3 + H^+ \rightleftharpoons NH_4^+ \qquad R—\ddot{N}H_2 + H^+ \rightleftharpoons \left[\begin{array}{c} H \\ R—N—H \\ H \end{array} \right]^+$$

胺的碱性以碱性解离平衡常数 K_b 或其负对数 pK_b 表示，K_b 越大或 pK_b 越小，碱性越强。氨中的氢原子被一个烷基取代衍生得到伯胺，由于烷基给电子的诱导效应，使氮原子上电子云密度增高，故 RNH_2 接受质子能力比 NH_3 强。例如，NH_3 的 pK_b=4.75，而甲胺的 pK_b=3.38。若氨中的两个氢原子被两个烷基取代，则衍生得到仲胺 R_2NH，其碱性应比伯胺强，如二甲胺的 pK_b=3.23。但是不能由此推断叔胺 R_3N 的碱性比仲胺更强，如表 11-2 所列前六个脂肪胺中，叔胺的碱性反而比仲胺弱。原因之一是由于烷基数目的增加，虽然增加了氮原子上的电子云密度，但同时也占据了氮原子外围更多的空间，即空间位阻增大使得质子难于接近氮原子，故碱性反而降低。

一般情况下，脂肪族的伯、仲、叔胺在气态和非极性溶剂中的碱性强弱顺序是：

叔胺＞仲胺＞伯胺

而在水溶液中碱性强弱的顺序是：

仲胺＞伯胺＞叔胺

芳香胺的碱性比氨弱，这是因为氮原子上的未共用电子对与苯环形成 p-π 共轭体系，而使得氮原子上电子密度降低；另一方面，苯基是吸电子基，不利于分散 $Ar-NH_3^+$ 中的正电荷，使它没有 NH_4^+ 稳定。芳香胺不能使红色石蕊试纸变蓝，而脂肪胺能使红色石蕊试纸变蓝。芳香胺的碱性强弱顺序是：

伯胺＞仲胺＞叔胺

$$⬡—\ddot{N}H_2 + H^+ \rightleftharpoons ⬡—\overset{H}{\underset{H}{N^+}}—H$$

胺类物质能和酸反应形成铵盐。铵盐都是结晶固体，易溶于水和乙醇，遇强碱分解出游离胺。利用此性质可以将胺与其他不溶于酸的有机物分离和提纯。

季铵碱的碱性与苛性碱相当，某些性质也与苛性碱相似。例如，有强的吸湿性，能吸收空气中的水分和二氧化碳，其浓溶液对玻璃有腐蚀性。

季铵碱与酸中和生成季铵盐，季铵盐与氢氧化银作用可得到季铵碱。

$$R_4N^+OH^- + HCl \longrightarrow R_4N^+Cl^- + H_2O$$
$$\downarrow AgOH$$
$$\longrightarrow R_4N^+OH^- + AgCl\downarrow$$

11.2.4.2 烃基化反应

在卤代烃章节中已经介绍伯卤代烷可以与氨作用生成伯胺盐，伯胺盐在过量 NH_3 作用下可以得到部分伯胺。

$$CH_3CH_2I + NH_3 \longrightarrow CH_3CH_2NH_3^+ I^- \xrightarrow{NH_3} CH_3CH_2NH_2 + NH_4I$$

伯胺是与 NH_3 一样的亲核试剂，因此在反应体系中，可以继续与卤代烷作用，伯胺氮原子上的氢被烷基取代得到仲胺，生成的仲胺仍可与卤代烷反应生成叔胺，叔胺再与卤代烷作用得到季铵盐。

$$CH_3CH_2NH_2 \xrightarrow{CH_3CH_2I} (CH_3CH_2)_2NH \xrightarrow{CH_3CH_2I} (CH_3CH_2)_3N \xrightarrow{CH_3CH_2I} (CH_3CH_2)_4N^+I^-$$

由此可见，卤代烷与氨作用得到的是伯、仲、叔胺和季铵盐的混合物，所以这不是制备胺类化合物的好方法。

11.2.4.3 酰基化反应

脂肪族或芳香族伯胺和仲胺，能与酰卤或酸酐等酰基化试剂反应，生成 N-取代或 N,N-二取代酰胺。叔胺氮上没有氢原子，不发生酰基化反应。绝大部分酰胺是具有一定熔点的固体，因此可通过酰基化反应分离和鉴定伯、仲、叔胺。例如：

酰基化反应也是合成中常用来保护氨基的方法。例如，制备对硝基苯胺时，为防止硝酸将苯胺氧化，往往先将氨基乙酰化进行保护，然后进行硝化，最后再脱乙酰基得产物，合成路线如下所示。

11.2.4.4 磺酰化反应

与酰基化反应类似，伯胺或仲胺氮原子上的氢在碱液中可以被磺酰基取代，生成相应的磺酰胺（多为黄色油状物或固体）。常用的磺酰化试剂是苯磺酰氯或对甲苯磺酰氯，可用来分离和鉴定伯、仲、叔胺，该反应称为 Hinsberg 反应。

RNH2 + [benzene]—SO2Cl → RHNO2S—[benzene] →(NaOH(c)) R⁻NO2S—[benzene] Na⁺
不溶于NaOH

R2NH
R3N

→ R2NO2S—[benzene]

→ [benzene]—SO2N⁺R3Cl⁻
↓ NaOH
R3N + [benzene]—SO3Na + NaCl

伯胺衍生得到的苯磺酰胺，由于磺酰基较强的吸电子效应，其磺酰胺氮上的氢原子具有一定的酸性，能溶解于浓氢氧化钠生成钠盐。仲胺衍生得到的苯磺酰胺，其磺酰胺氮上没有氢原子，不能与碱作用成盐，因而不溶于碱的水溶液。叔胺氮上没有氢原子，与磺酰氯作用生成的产物不稳定，在碱性条件下很快水解又重新回到叔胺。

11.2.4.5 与亚硝酸反应

亚硝酸不稳定，通常由无机酸如盐酸、硫酸与亚硝酸钠作用产生。胺与亚硝酸的反应产物取决于胺的结构。

伯胺与亚硝酸反应生成重氮盐。脂肪族重氮盐极不稳定，即使在低温下也会自动分解，放出氮气而生成碳正离子。产生的碳正离子可以发生多种反应得到醇、烯和卤代烃等混合物，在合成上没有实用价值，但放出的氮气是定量的，因此可用于—NH2 的定量测定。芳香族重氮盐在低温下比脂肪族重氮盐稳定，可以发生许多反应，在合成上用途广泛（如重氮基可被多种原子或原子团取代得到各种芳香族化合物）。

$RNH_2 \xrightarrow{NaNO_2, HCl} RN\equiv NCl^- \longrightarrow R^+ + N_2$
→ 醇、烯烃和卤代烃的混合物

[aniline]—NH2 $\xrightarrow[0\sim5℃]{NaNO_2, HCl}$ [benzene]—N2⁺Cl⁻

→(H2O, △) [benzene]—OH

→(H3PO2) [benzene]

→(CuX) [benzene]—X (X=Cl,Br)

→(CuCN) [benzene]—CN

仲胺与亚硝酸作用，得到 N-亚硝基胺。N-亚硝基胺为黄色物质，具有致癌作用，与稀酸共热后分解为原来的胺，可利用此反应分离和提纯仲胺。

$R_2NH + HNO_2 \longrightarrow R_2N—N=O + H_2O$

脂肪族叔胺与亚硝酸作用只能形成不稳定的盐。芳香族叔胺与亚硝酸反应，可在芳环上引入亚硝基。

$R_3N + HNO_2 \longrightarrow R_3N^+ HNO_2^-$

[N,N-dimethylaniline] $\xrightarrow{HNO_2}$ [N,N-dimethyl-4-nitrosoaniline]—NO

由于三种胺与亚硝酸的反应各不相同，所以也可以通过与亚硝酸的反应区别三种胺，但不如 Hinsberg 反应明显。

11.2.5 芳胺的特性

11.2.5.1 苯胺的亲电取代反应

氨基是活化苯环的邻对位定位基，所以苯胺很容易进行亲电取代反应。例如，苯胺与溴水作用，立即产生 2,4,6-三溴苯胺的白色沉淀，反应很难停留在一元取代阶段。此反应可用于苯胺的定性和定量分析。

若要制取一溴苯胺，需先将苯胺转化为乙酰苯胺，以降低氨基的致活作用，且乙酰氨基体积较大，溴化时主要得到对位取代产物，然后再水解除去酰基。

芳胺也可以进行硝化反应，如前所述，硝化时必须先保护氨基。

芳胺发生磺化反应时，首先生成盐，在加热下失水并重排为对氨基苯磺酸。由于对氨基苯磺酸分子中既有碱性的氨基，又有酸性的磺酸基，所以分子以内盐形式存在。

11.2.5.2 氧化反应

苯胺很容易被氧化，在贮藏中就逐渐被空气中的氧气所氧化，颜色变深。例如新的纯的苯胺是无颜色的，但暴露在空气中很快就变成黄色至红棕色。用氧化剂处理苯胺，会生成复杂的混合物。例如，用二氧化锰/硫酸或重铬酸钾/硫酸氧化苯胺，主要产物是对苯醌。

芳胺的盐较难氧化，因此在实际中常常将芳胺变成盐（一般转化为盐酸盐）后贮存。

11.2.5.3 重氮盐的反应及其在有机合成中的应用

芳香族重氮盐性质活泼，能发生许多反应，在合成上用途十分广泛。其反应一般可分为两类：失去 N_2 基团的反应和保留 N_2 基团的反应。

（1）失去 N_2 基团的反应 重氮盐在一定条件下分解，重氮基可以被—OH、—H、—X、—CN 等基团取代得到各种芳香族化合物（如前所述）。该反应适用于用其他方法不易或不能得到的化合物。例如，1,3,5-三溴苯的制备。

（图）

（2）保留 N_2 基团的反应

① 重氮基被还原　芳基重氮盐与 $SnCl_2/HCl$、$NaHSO_3$、Na_2SO_3、SO_2 等还原剂作用，被还原成芳肼。

（图）

② 偶合反应　芳基重氮盐与某些芳环上连有强给电子基团的芳香族化合物（如酚、芳胺等）发生亲电取代反应，生成分子中含有偶氮基（—N＝N—）的偶氮化合物。由于重氮盐的亲电能力较弱，所以它只能与芳环上电子云密度较大的酚或芳胺反应，且反应一般发生在电子云密度较高的对位和邻位上。如果对位已被其他取代基占据，则发生在其邻位。

重氮盐与酚的偶合，通常在弱碱性（pH＝8～10）溶液中进行。因为碱能将—OH 变成—O⁻，后者是更强的第一类定位基，利于反应进行。但碱性不能太强，否则强碱会使重氮盐转变为重氮酸或重氮酸盐，而后两者不能发生偶合反应。

（图）

$$Ar—N_2^+ Cl^- \xrightarrow[pH>10]{NaOH} Ar—N＝N—OH \xrightarrow[pH>10]{NaOH} Ar—N＝N—O^- Na^+$$

重氮盐与芳胺的偶合，通常在弱酸性（pH＝5～7）溶液中进行，因此时重氮正离子浓度较大，有利于偶合反应；其次，弱酸性条件下，一部分胺转变为铵盐，也增加了胺的溶解度，随着反应的进行，铵盐又逐渐转变回胺进行反应；但是酸性不能太强，否则芳胺全部都转变为铵盐，而铵基是吸电子基，使偶联反应不能进行。

（图）

许多芳胺的重氮盐与酚类或芳胺偶合后的化合物，通常都有颜色，可用作染料或指示剂。因为分子中含有偶氮基，故称为偶氮染料。据统计，世界偶氮染料的用量占所有合成染料的 60% 左右，所以偶合反应最主要的用途是合成偶氮染料。

11.3　季铵盐和季铵碱

季铵盐是氨彻底烃基化的产物。季铵盐的结构和性质与胺有很大差别，大多数季铵盐是白色晶体，熔点较高，具有盐的性质，能溶于水，烃基较大的季铵盐也溶于非极性或弱极性溶剂。

（1）季铵盐与强碱作用　得到含有季铵碱的平衡混合物。

$$R_4N^+X^- + KOH \rightleftharpoons R_4N^+OH^- + KX$$

若用湿的 Ag_2O 代替 KOH，则由于生成的 AgX 难溶于水，反应得以顺利进行。滤除卤化银沉淀，减压蒸发滤液，可得到结晶的季铵碱。例如：

$$2(CH_3)_4N^+I^- + Ag_2O \longrightarrow 2(CH_3)_4N^+OH^- + 2AgI\downarrow$$

季铵碱是强碱，强度与 NaOH 或 KOH 相当，具有强碱的一般性质，能吸收空气中的 CO_2，易潮解，易溶于水等。

（2）季铵碱受热发生分解反应

① 对于不含有 β-H 的季铵碱分解时，发生 S_N2 反应，生成叔胺和醇。

$$(CH_3)_3\overset{+}{N}\text{—}CH_3 \quad OH^- \longrightarrow (CH_3)_3N + CH_3OH$$

② 对于含有 β-H 的季铵碱分解时，发生消除反应，生成烯烃和叔胺。

$$(CH_3)_3N\text{—}CH_2\text{—}\overset{H}{CH_2} \quad OH^- \longrightarrow (CH_3)_3N + CH_2\text{=}CH_2 + H_2O$$

当季铵碱分子中有两种或两种以上不同的 β-H 可被消除时，反应主要从含氢较多的 β-C 上消除氢原子，即主要生成双键碳上烷基取代较少的烯烃，这称为 Hofmann 规则。例如：

$$\underset{\underset{\overset{+}{N}(CH_3)_3}{|}}{CH_3\overset{H_a}{C}H\text{—}CH\text{—}\overset{H_b}{C}H_2} OH^- \xrightarrow{\triangle} \underset{95\%}{CH_3CH_2CH\text{=}CH_2} + \underset{5\%}{CH_3CH\text{=}CHCH_3} + N(CH_3)_3 + H_2O$$

由于季铵碱受热消除转变成烯烃的反应具有一定的取向，通过测定生成烯烃的结构，可推测原来胺的结构。具体操作如下：用足够量的碘甲烷与胺作用，使胺彻底甲基化转化为甲基季铵盐，继而用湿的氧化银处理得到相应的季铵碱，然后热分解得到叔胺和烯烃。根据所得产品的结构及有关实验结果，可推测该含氮杂环的分子结构。例如：

11.4　有机含氮的重要化合物

11.4.1　甲胺、二甲胺、三甲胺

这三种脂肪胺在常温下都是气体，易溶于水，它们都是重要的有机合成原料，广泛应用于农药、医药、染料和离子交换树脂等方面，一般都用它们的水溶液或盐酸盐固体。例如，以三甲胺为原料制备的植物生长调节剂矮壮素，可以防止高秆作物的疯长与倒伏，使枝叶粗壮、肥厚。

$$[(CH_3)_3N^+CH_2CH_2Cl]Cl^-$$
矮壮素

11.4.2　苯胺

苯胺存在于煤焦油中，又称阿尼林，为油状液体，熔点 -6.2℃，沸点 184℃，微溶于

水，易溶于乙醇、乙醚等有机溶剂，有毒。新蒸馏的苯胺为无色透明液体，放置后因氧化而变为黄、红或棕色。苯胺是染料工业中最重要的中间体之一，可用于制造酸性墨水蓝 G、酸性媒介 BS、酸性嫩黄、直接橙 S、直接桃红、靛蓝、分散黄棕、阳离子桃红 FG 和活性艳红 X-SB 等；在有机颜料方面可用于制造金光红、大红粉、酚菁红、油溶黑等；在印染工业中用于染料苯胺黑；在农药工业中用于生产杀虫剂、杀菌剂如 DDV、除草醚、毒草胺等；苯胺还是橡胶助剂的重要原料，用于制造防老剂、硫化促进剂等；也可作为医药磺胺药的原料，同时也是生产香料、塑料、清漆、胶片等的中间体，并可作为炸药中的稳定剂、汽油中的防爆剂以及用作溶剂等。

11.4.3　己二胺

己二胺是比较重要的二元胺，片状结晶，熔点 42℃，沸点 204℃，易溶于水，毒性较大，可引起神经系统、血管张力和造血功能的改变。己二胺主要用于生产聚酰胺，如尼龙-66 等，也用于合成二异氰酸酯，以及用作脲醛树脂、环氧树脂等的固化剂、有机交联剂等。

$$+NH-(CH_2)_6-NH-\underset{O}{\overset{O}{C}}-(CH_2)_4-\underset{O}{\overset{O}{C}}+_n$$

尼龙-66

11.4.4　胆碱

胆碱（choline）是一种季铵碱，广泛分布于动植物体内，在动物的卵和脑髓中含量较高。因为最初是在胆汁中发现的，所以称为胆碱。胆碱为无色、吸湿性强的结晶，易溶于水和乙醇，不溶于乙醚和氯仿。胆碱是 B 族维生素之一，能调节肝脏中脂肪的代谢，具有抗脂肪肝的作用，如具有药用价值的氯化胆碱，可用于治疗脂肪肝和肝硬化，也作为禽畜饲料添加剂，能刺激卵巢多产蛋、产仔及禽畜、鱼类等增重。胆碱衍生物，如乙酰胆碱是相邻神经细胞间通过神经节传导神经刺激的重要物质。

$$[(CH_3)_3N^+CH_2CH_2OH]Cl^-$$

氯化胆碱

$$[(CH_3)_3N^+CH_2CH_2O-\overset{O}{\overset{\|}{C}}-CH_3]OH^-$$

乙酰胆碱

11.4.5　多巴胺

多巴胺（dopamine）是重要的中枢神经传导介质，也是肾上腺素及去甲肾上腺素的前身，经由二羟基苯丙氨酸（多巴，dopa）在多巴脱羧酶的作用下产生。一些中老年人患有帕金森症，其原因之一就是由于中枢神经系统中缺少多巴胺。

$$HO-\langle\rangle-CH_2CHCOOH \xrightarrow{\text{多巴脱羧酶}} HO-\langle\rangle-CH_2CH_2NH_2$$

肾上腺素（adrenaline）是肾上腺髓质的主要激素，以（R）-（－）异构体存在于动物及人体中，为无色结晶，熔点 211℃，味苦，微溶于水及乙醇，不溶于乙醚和氯仿，在中性或碱性溶液中不稳定，遇光即分解。肾上腺素对交感神经有兴奋作用，有加速心脏跳动、收缩血管、增高血压、血糖升高等功能，一般用于支气管哮喘、过敏性休克的急救。肾上腺素、去甲肾上腺素（noradrenaline）以及多巴胺等胺类化合物都是维持正常生命活动的重要物质。

R=CH$_3$,肾上腺素
R=H,去甲肾上腺素

阅读材料

氨基甲酸酯类杀虫剂：科学使用，保障粮食安全

1864 年，人们发现在西非生长的一种蔓生豆科植物毒扁豆的咖啡色小豆中，存在一种剧毒物质，后来将此毒物命名为毒扁豆碱，这是首次发现天然存在的氨基甲酸酯类化合物。

毒扁豆碱能引起强烈的神经反应，阿托品可使其解毒（还可作为箭毒的解毒剂）。在医药方面，它能使瞳孔收缩、降低眼压、治疗青光眼，还可用于解除肌肉无力等症状。毒扁豆碱是胆碱酯酶的一种强抑制剂，对毒扁豆碱的这些研究成果，引起后来许多氨基甲酸酯类似物的合成和作为杀虫剂的应用。

氨基甲酸酯杀虫剂的结构通式：

与酯基对应的羟基化合物 R^{1}OH 往往是弱酸性的，R^2 是甲基，R^3 是氢或一个易于被化学或生物方法断裂的基团。作为杀虫剂的氨基甲酸酯结构上的变化主要在酯基上，一般要求酯基的对应羟基化合物具有弱酸性，如烯醇、酚、羟肟等；结构的另一个可变部分是氮原子上的取代基，氮原子上的氢可被一个甲基取代，或被两个甲基取代，或被一个甲基或一个酰基取代。根据结构的变化，可以将氨基甲酸酯杀虫剂分为四个类型：一是 N,N-二甲基氨基甲酸酯，这类化合物曾经在欧洲用作杀虫剂，它们都是杂环或碳环的二甲氨基甲酸酯衍生物，在酯基中都有烯醇结构单元，氮原子上的两个氢均被甲基所取代，如地麦威；二是 N-甲基氨基甲酸芳基酯，这是商品化品种最多的一类。氮原子上的一个氢被甲基取代，芳酯基可以是一、二、三取代的苯基、萘基以及杂环并苯基等，如西维因；三是 N-甲氨基甲酸肟酯，这类化合物发展较晚，由于肟酯基的引入使大多数化合物变得高效高毒，烷硫基是酯基中的重要结构单元，如涕灭威等；四是 N-酰基（或烃硫基）-N-甲基氨基甲酸酯，这类化合物是围绕第二、第三类化合物的改进，使之低毒化的结果。在结构上，氮原子上的余下的一个氢原子被酰基、磷酰基、烃硫基、烃亚磺酰基等取代，造成在昆虫及哺乳动物中不同的代谢降解途径，以提高选择毒性的可能性，达到降低毒性而不减少杀虫活性的目的。目前商品化的很少，还处于试验阶段。

氨基甲酸酯杀虫剂由于具有作用迅速、选择性高，有些还有内吸活性、没有残留毒性等优点，到 20 世纪 70 年代已发展成杀虫剂中的一个重要方面。目前为止，全世界已有近 40 个商品化品种，在害虫防治上起着不可忽视的作用。

我国每年氨基甲酸酯类杀虫剂的需求量（商品量）近 5 万吨，折百量 0.6 万吨。农药的使用不可避免会产生"3R"问题，即抗性、残留和再猖獗，我们只有科学使用农药，发扬其优点，规避其缺点，才能保证农业生产增产增收，保障粮食安全。

氨基甲酸酯类化合物除了在农药方面用作杀虫剂外，在制药工业中也可用作药物中间体（如氨基甲酸三氯乙酯、毒扁豆碱等）；另外，氨基甲酸酯特别是二氨基甲酸酯是制备有机二异氰酸酯的重要前体，而有机二异氰酸酯［如甲苯二异氰酸酯（TDI）、二苯甲烷二异氰酸酯（MDI）］则是合成聚氨酯的主要原料。

本章小结

一、硝基化合物的主要化学反应

1. 还原反应

2. 硝基化合物的酸性（Henry 反应）

二、胺的主要化学反应

1. （烃基化、酰基化、Hinsberg 反应、重氮化反应、缩合反应）

2. 芳胺的特征反应（芳环上的亲电取代、氧化反应）

三、季铵碱

Hofmann 消除反应（生成双键碳上烷基取代较少的烯烃）

习题

11-1 命名下列化合物。

(1) $CH_3CH_2NO_2$

(2) $H_2NCH_2(CH_2)_5CH_2NH_2$

(3) $(CH_3CH_2)_2N-NO$

(4) $C_6H_5N^+H_3Cl^-$

(5)

(邻溴苯胺的乙酰胺，结构为苯环上2位Br，1位NHCOCH₃)

(6) O_2N—苯环—$NHNH_2$

(7)

(N-甲基哌啶)

(8)

(丁二酰亚胺，NH)

(9) $\left[C_6H_5H_2C-\overset{\overset{\displaystyle CH_3}{|}}{\underset{\underset{\displaystyle CH_2CH_3}{|}}{N}}-C_{12}H_{25} \right]^+ Br^-$

(10) Cl—苯环—$\overset{\overset{\displaystyle CH_3}{|}}{N}\underset{\displaystyle CH_2CH_3}{}$

(11)

(N-甲基-2-吡咯烷酮)

11-2 将下列各组化合物按碱性由强至弱顺序排列。

(1) 甲胺、氨、二甲胺、乙酰胺

(2) 苯胺、对甲氧基苯胺、环己胺

(3) 苯胺、乙酰苯胺、戊胺、甲乙胺

(4) 甲酰胺、甲胺、氢氧化四甲铵、邻苯二甲酰亚胺、尿素

11-3 完成下列反应式。

(1) $(CH_3)_3N + CH_3\underset{\underset{\displaystyle Br}{|}}{C}HCH_3 \longrightarrow ?$

(2) $CH_3CH_2COCl + CH_3$—苯环—$NHCH_3 \longrightarrow ?$

(3)

$+ HNO_2 \longrightarrow ?$
(N,N-二乙基苯胺)

(4)

(苯胺) $+ NaNO_2 + HCl$ —

$\xrightarrow[\ ]{0\sim5℃} ?$ $\xrightarrow[CH_3COONa]{N,N-二甲基苯胺} ?$

$\xrightarrow[\ ]{>5℃} ?$

(5)

$\xrightarrow{HNO_3/H_2SO_4} ? \xrightarrow{Fe/HCl} ? \xrightarrow[NaOH]{苯-SO_2Cl} ?$

(6)

—$CONH_2 \xrightarrow{Br_2,NaOH} ? \xrightarrow[0\sim5℃]{NaNO_2,HCl} ? \xrightarrow{CuCN,KCN} ? \xrightarrow{H_2O,H^+} ?$

(7) $(CH_3)_2NCH_2CH_3 + CH_3CH_2I \longrightarrow ? \xrightarrow{AgOH} ? \xrightarrow{\triangle} ?$

11-4 用化学方法鉴别下列各组化合物。

(1) 正丁胺、二乙胺、二甲乙胺

(2) 邻甲基苯胺、N-甲基苯胺、N,N-二甲基苯胺

(3) 乙醇、乙醛、乙酸、乙胺

11-5 由指定的原料合成目标产物，其他无机试剂任选。

(1) $CH_3CH_2CH_2CH_2Br \longrightarrow CH_3CH_2\underset{\underset{NH_2}{|}}{CH}CH_3$

(2)

(3)

11-6 化合物 A 的分子式为 $C_6H_{15}N$，能溶于稀盐酸溶液，在室温下与 HNO_2 反应放出 N_2，得到化合物 B。B 能发生碘仿反应，与浓硫酸共热得到化合物 C，C 的分子式为 C_6H_{12}。C 经臭氧化并经锌粉还原水解得到乙醛和异丁醛。请推测 A、B、C 的结构式。

第12章

含硫和含磷有机物

📖 **学习目标** ·····

　　了解含硫和含磷有机化合物的分类、结构、命名和物理性质，掌握含硫、含磷有机试剂在有机合成中的应用；了解重要的含硫化合物（硫醇、硫酚和硫醚等），了解有机磷农药的毒性以及芳磺酰胺在合成药物上的应用。

📋 **素质目标** ·····

　　了解有机磷农药的优点和缺点，以及国家对剧毒或高毒农药的禁用政策，树立正确的价值观和社会责任感，培养环保意识和辩证唯物主义认识论，正确认识科技是一把双刃剑。

　　含硫、含磷的有机化合物在自然界中广泛存在。硫和磷是组成生物体内有机化合物的常见元素，很多生物化学反应都与含硫和含磷的有机物密切相关。有些含硫和含磷的有机物是蛋白质、核酸或磷脂等物质的重要组成成分，它们在生理上起着重要作用。另外，含硫和含磷的有机化合物在农药和医药方面也有着重要意义。

　　在元素周期表中，氧和硫、氮和磷分别是同一主族元素，价电子层结构类似，所以含硫有机化合物和含氧有机化合物、含磷有机化合物和含氮有机化合物在结构和性质方面都有很多相似之处。它们不仅能形成相似的无机化合物（如 H_2O 与 H_2S、NH_3 与 PH_3 等），还能形成一系列结构相似的有机化合物（如 R—OH 与 R—SH，C_6H_5OH 与 C_6H_5SH，R—O—R 与 R—S—R，R—NH_2 与 R—PH_2 等）。但由于它们在元素周期表中所处的周期不同，故各类化合物的结构和性质又存在着明显的差异，如硫有高价态的有机化合物，而氧没有；磷有磷酸酯类化合物，而氮则没有。

12.1 含硫有机物

12.1.1 含硫有机物的分类和命名

　　硫和氧是同族元素，它们的原子核外电子排布式分别为

$$\text{氧：} 1s^2 2s^2 2p^4 \qquad\qquad \text{硫：} 1s^2 2s^2 2p^6 3s^2 3p^4 3d^0$$

硫和磷的最外层价电子构型相同，均为 $s^2 p^4$，故它们都能形成两价的化合物；如果将含氧有机化合物看作是水的烃基衍生物，则两价含硫有机化合物可看作是硫化氢的衍生物。

HOH	水	HSH	硫化氢
ROH	醇	RSH	硫醇
ArOH	酚	ArSH	硫酚
ROR′	醚	RSR′	硫醚
ROOR′	过氧化物	RSSR′	二硫化物

酮或醛　　　　　　　　　　　硫酮或硫醛

羧酸　　　　　　　　　　　硫代羧酸

由于硫位于第三周期，最外电子层还有 3d 空轨道。3s，3p，3d 轨道的能量差较小，故 3s 或 3p 轨道的电子受激后可以进入 3d 轨道，因而硫原子还可以形成四价或六价的高价化合物。

磺酸　　　　　亚磺酸　　　　　砜　　　　　亚砜

含硫化合物中，二硫化物、亚磺酸和磺酸是硫醇的氧化产物，而亚砜和砜是硫醚的氧化产物。

硫化物的命名只需在相应的含氧有机化合物的名称前加"硫"字。例如：

CH_3CH_2SH　　　　　$CH_3CH_2CH_2SH$　　　　　$CH_3CH_2CH_2CH_2SH$

乙硫醇　　　　　　　1-丙硫醇　　　　　　　1-丁硫醇

苄硫醇　　　　　　　　苯硫醇

环硫乙烷　　　　$CH_3CH_2SCH_2CH_3$　　　　1,4-二硫杂环己烷

乙硫醚

在复杂的硫化物中—SH（巯基），—SR（烃硫基）可作为取代基。例如：

2-巯基苯甲酸　　　　2,3-二巯基丁二酸　　　　$CH_3SCH_2CH_2SCH_3$

1,2-二甲硫基乙烷

12.1.2 硫醇和硫酚

硫醇、硫酚的官能团是巯基（—SH），—SH 在结构上类似于—OH，所以硫醇和硫酚能发生一些类似于醇和酚的反应。例如，它们能与酰氯或酸酐反应，生成相应的硫代羧酸酯类等化合物。但由于巯基和羟基是两类不同的官能团，故它们同醇和酚在化学性质上又存在

着显著的区别。

12.1.2.1 物理性质

硫醇是具有特殊臭味的化合物,如正丙硫醇的气味类似新切碎的葱头发出的气味,烯丙硫醇的气味和大蒜相近,空气中有 $10^{-11} \text{g} \cdot \text{L}^{-1}$ 的乙硫醇时即能为人所察觉。因此硫醇是一种臭味剂,将它加入煤气中以便检查管道是否漏气。美洲臭鼬用作防御武器的分泌液中含有多种硫醇,其主要成分为 (E)-2-丁烯-1-硫醇。硫醇的臭味随着分子量的增加而逐渐减弱。硫酚与硫醇近似,气味也很难闻。

硫醇和硫酚的分子量比含同碳数的醇或酚高,但沸点却比相应的醇或酚低。例如,乙硫醇的沸点 35.1℃,乙醇的沸点 78℃;苯硫酚的沸点 168℃,苯酚的沸点 181℃。这是因为硫的电负性比氧小,又由于外层电子距核较远,所以硫醇和硫酚的巯基之间相互作用弱,难形成氢键。同时也难与水分子形成氢键。并且在水中的溶解度也低,如乙醇能与水以任何比例混溶,而乙硫醇在 100g 水中的溶解度仅为 1.5g。

12.1.2.2 化学性质

(1) 酸性和成盐反应 硫醇和硫酚都显酸性,硫醇的酸性比相应的醇强。例如,乙醇的 $\text{p}K_a$ 为 17,乙硫醇的 $\text{p}K_a$ 为 9.5。故硫醇可与强碱反应。

$$\text{RSH} + \text{NaOH} \longrightarrow \text{RSNa} + \text{H}_2\text{O}$$

苯酚的 $\text{p}K_a$ 为 9.96,苯硫酚的 $\text{p}K_a$ 为 7.8,苯硫酚的酸性比苯酚强,可以溶于碳酸氢钠溶液中。

$$\text{ArSH} + \text{NaHCO}_3 \longrightarrow \text{ArSNa} + \text{H}_2\text{O} + \text{CO}_2 \uparrow$$

在水中硫醇钠比醇钠稳定,石油工业上就利用此性质,用碱水来洗去石油中的硫醇,以达到除硫的目的。

硫醇和硫酚都能同铅、汞、铜、银等重金属的氧化物作用,生成难溶化合物。

$$2\text{RSH} + \text{HgO} \longrightarrow (\text{RS})_2\text{Hg} \downarrow + \text{H}_2\text{O}$$

$$2\text{CH}_3\text{CH}_2\text{SH} + (\text{CH}_3\text{COO})_2\text{Pb} \longrightarrow \text{Pb}(\text{SCH}_2\text{CH}_3)_2 \downarrow + 2\text{CH}_3\text{COOH}$$

许多重金属盐能引起人畜中毒,其原因是重金属离子与体内蛋白质和某些酶中的巯基结合,使蛋白质的结构发生破坏,使酶失去活性而显示中毒症状。临床上常用的一种汞、铅中毒的解毒剂通常为含巯基的有机物,如二巯基丙醇(俗称 BAL),它可以与重金属离子形成稳定的配合物,从尿中排出,从而解除重金属对体内蛋白质和酶的破坏作用。

汞离子因被螯合而由尿中排出体外,故能解毒。

(2) 氧化反应 硫氢键易断裂,因此硫醇远比醇易被氧化,氧化反应发生在硫原子上。在低温下空气即可将其氧化成二硫化合物(含二硫键:—S—S—)。例如:

$$2\text{RSH} + \frac{1}{2}\text{O}_2 \longrightarrow \text{RSSR} + \text{H}_2\text{O}$$

实验室中常用碘作氧化剂,将硫醇氧化成二硫化合物。

$$2\text{RSH} + \text{I}_2 \xrightarrow[25℃]{\text{C}_2\text{H}_5\text{OH}/\text{H}_2\text{O}} \text{RSSR} + 2\text{HI}$$

这种在温和条件下把硫醇氧化成二硫化物的反应在蛋白质化学中很重要,一些多肽本身含有巯基,它可以通过体内氧化形成含二硫键的蛋白质。

硫醇和硫酚在高锰酸钾或硝酸等强氧化剂作用下生成磺酸，例如：

$$R-SH \xrightarrow{\text{浓 HNO}_3} R-SO_3H$$

$$\text{(苯环)}-SH \xrightarrow{\text{浓 HNO}_3} \text{(苯环)}-SO_3H$$

12.1.3 硫醚

通常状态下硫醚为不溶于水具有不愉快臭味的液体，其沸点比相应的醚高，如甲硫醚的沸点为 37.6℃，而甲醚的沸点是 −23.6℃。硫醚可溶于醇和醚中。硫醚具有不同于醚的化学性质。

12.1.3.1 亲核反应

由于硫的原子半径比氧原子的大，价电子层离核较远，受核的束缚力小，极化度较大，因此硫醚中硫原子给电子的能力比醚中的氧原子强，也就是说，硫醚有较强的亲核性。例如，硫醚可与卤代烷形成相当稳定的锍盐，而醚的锌盐则不够稳定。

$$RSR + RX \longrightarrow \begin{bmatrix} & R & \\ R- & S- & R \end{bmatrix}^+ X^-$$

12.1.3.2 氧化反应

硫原子具有空 d 轨道，能接受外界电子，因此，硫醚能被氧化剂氧化，生成亚砜或砜。如在室温下，硫醚可以被硝酸、三氧化铬或过氧化氢等氧化剂氧化成亚砜。

$$RSR \xrightarrow{[O]} R-\overset{\overset{\displaystyle O}{\|}}{S}-R$$

在高温下，用发烟硝酸或高锰酸钾等强氧化剂，则硫醚被氧化成砜。

$$RSR \xrightarrow{[O]} R-\overset{\overset{\displaystyle O}{\|}}{\underset{\underset{\displaystyle O}{\|}}{S}}-R$$

亚砜与砜多为无色固体，本身都较稳定。但二甲亚砜（简称 DMSO）是一种无色的液体，沸点 189℃（分解）。亚砜与砜是一种极有用的溶剂，既能溶解有机物，又能溶解无机物，而且还具有较强的穿透能力。当药物溶于 DMSO 中，可促进药物渗入皮肤，因此在透皮吸收药物中，常被用作促渗剂。

12.1.4 磺酸

磺酸可以看作是硫酸分子中的一个羟基被烃基取代后的产物，硫原子直接与烃基的碳原子相连。

12.1.4.1 物理性质

磺酸是强酸性固体，吸湿性很强，易溶于水，难溶于极性小的有机溶剂。磺酸的钠盐和钙盐在饱和食盐水中的溶解度较低，通常它们都以钠盐和钙盐的形式分离纯化。烷基化的苯磺酸钠是常用合成洗涤剂的主要成分，如十二烷基苯磺酸钠。各种磺胺类药物也是磺酸的衍生物。

12.1.4.2 化学性质

（1）羟基的取代反应 磺酸中的羟基可以被卤素、氨基、烷氧基等取代，生成磺酰卤、磺酰胺及磺酸酯类化合物。例如：

$$C_6H_5SO_2OH+PCl_5 \xrightarrow{170\sim180℃} C_6H_5SO_2Cl+POCl_3+HCl$$
苯磺酰氯

$$C_6H_5SO_2Cl+2NH_3 \longrightarrow C_6H_5SO_2NH_2+NH_4Cl$$
苯磺酰胺

$$C_6H_5SO_2Cl+HOC_2H_5 \longrightarrow C_6H_5SO_2OC_2H_5+NaCl$$
苯磺酸乙酯

（2）磺酸基的取代反应　磺酸基是较好的离去基团，可以被—H，—OH，—CN，—SH，—NH$_2$等多种基团取代。工业上利用苯磺酸与氢氧化钠熔融制造苯酚的反应就是用羟基取代磺酸基。磺酸基在有机合成上常用来占位（见 5.5.1.3）。

12.1.5　磺胺类药物

磺胺类药物是指对氨基苯磺酰胺（又称磺胺）及其衍生物，磺胺类药物对链球菌和葡萄球菌具有强烈的抑制作用。

磺胺为白色晶体，难溶于水。其分子中有两个性质各异的氨基：磺酰氨基和苯环上的氨基。磺酰氨基由于受苯磺酰基的影响，氨基上的氢呈酸性，可与碱反应生成盐。

苯环上的氨基仍呈碱性，可与酸反应生成相应的盐。

因此磺胺是两性化合物。

磺胺类药物虽然种类繁多，但疗效好、副作用较小的只有少数几个品种。随着抗生素类药物的问世，磺胺类药物的产量逐渐减少，目前常用的磺胺类药物有以下几种。

磺胺脒（SG），治疗肠炎、细菌性痢疾　　　　磺胺嘧啶(SD)治疗脑膜炎，肺炎

磺胺甲基异恶唑(SMZ),商品名新诺明,治疗各种炎症

农业上，对氨基苯磺酸钠（敌锈钠）、对氨基苯磺酸钙用于防治小麦条锈病。

12.1.6　有机硫杀菌剂

12.1.6.1　大蒜素

大蒜素（garlicin）又名蒜素，存在于大蒜、韭菜、葱等植物中。纯品是无色的油状液体，具有大蒜的异臭，微溶于水，溶于乙醇等有机溶剂，对热和碱不稳定，对酸稳定，对皮肤有刺激性，对许多革兰氏阳性和阴性细菌以及某些真菌具有很强的抑制作用，可用于医药上。在农业上用作杀虫剂、杀菌剂。大蒜素的结构为：

近年已用人工合成方法制得大蒜素的类似物，例如乙蒜素。纯粹的乙蒜素是无色油状液体，易挥发，具有大蒜味。含 10% 乙蒜素的醋酸溶液称为"抗生素 401"，可防治马铃薯腐烂病、棉花枯萎病和小麦锈病等。乙蒜素的结构为：

$$CH_3CH_2-S-S-CH_2CH_3$$
$$\underset{O}{\parallel}$$

乙蒜素氧化生成相应的硫代磺酸酯，商品名称为"抗生素 402"，其结构如下：

$$C_2H_5-S-\underset{\underset{O}{\parallel}}{\overset{\overset{O}{\parallel}}{S}}-C_2H_5$$

"抗生素 402"与乙蒜素具有相同的杀菌作用，商业上常制成 70% 的乳油出售。

12.1.6.2 代森类杀菌剂

代森（dithane）类（1,2-亚乙基双二硫代氨基甲酸盐类）杀菌剂是应用较多的广谱性杀菌剂。它对麦类的各种锈病、霉病，瓜果类霜霉病，薯类的软腐病等皆有极强的抑制作用。常用的有代森铵、代森锌等。它们的结构如下：

代森铵   代森锌

代森铵的纯品为无色结晶，熔点 72.5～72.8℃，易溶于水，化学性质稳定，是一种具有保护和治疗作用的杀菌剂。代森锌为白色粉末，难溶于水，能溶于吡啶，遇热、碱性物质易分解。

12.1.6.3 福美双类杀菌剂

福美双（thiram）类杀菌剂也属于二硫代氨基甲酸类杀菌剂，其纯品为白色无味结晶（工业品有鱼腥味），熔点 155～156℃，微溶于水，溶于氯仿、丙酮、乙醇中，遇酸易分解。它是一种有保护作用的广谱性杀菌剂，主要用于处理种子和土壤，防治禾谷类黑穗病及一些作物的立枯病，也用于防治果树和蔬菜的一些病害。

12.2 含磷有机化合物

含磷有机化合物广泛存在于动植物体内，其中有些化合物是核酸和磷脂的重要组成部分，是维持生命和生物体遗传不可缺少的物质。某些含磷化合物在工业上用作增塑剂、聚氯乙烯的稳定剂和稀有金属的萃取剂等。农业上，许多含磷有机化合物用作杀虫剂、杀菌剂及植物生长调节剂等，是一类极为重要的农药。

12.2.1 含磷有机化合物的分类和命名

磷和氮的关系如同硫和氧一样，它们也可以形成结构相似的化合物。磷和氮具有相同的外层价电子构型（s^2p^3），都能形成三价化合物。

NH_3	RNH_2	R_2NH	R_3N	$R_4N^+X^-$
氨	伯胺	仲胺	叔胺	季铵盐
PH_3	RPH_2	R_2PH	R_3P	$R_4P^+X^-$
膦	伯膦	仲膦	叔膦	季𬭩盐
（三氢化磷）	（一烃基膦）	（二烃基膦）	（三烃基膦）	（卤化四烃基 𬭩）

另外，由于磷位于第三周期，最外电子层存在 3d 空轨道，所以磷原子还有利用 3d 空轨道的成键能力，形成五价磷的化合物。例如：

磷酸	膦酸	次磷酸	亚磷酸

磷酸一烃基酯	磷酸二烃基酯	磷酸三烃基酯

膦酸可看作是磷酸分子的羟基被烃基取代后的产物。磷酸酯是磷酸和醇的酯化产物，分子中不含 C—P 键。含磷化合物的命名方法如下。

① 膦和膦酸的命名是在相应的类名前加上烃基的名称。例如：

$$CH_3PH_2 \qquad (C_6H_5)_3P \qquad C_6H_5PO(OH)_2$$

甲膦酸　　　　三苯基膦　　　　苯基膦酸

② 磷酸酯类或膦酸酯类，凡含氧酯基都用前缀"*O*-烃基"表示。例如：

O,O-二乙基磷酸酯　　　　　　　　*O,O*-二乙基苯基膦酸酯

由于有机磷农药的名称十分冗长，使用起来很不方便，故习惯上常使用商品名称。

12.2.2 有机磷农药简介

12.2.2.1 乙烯利

乙烯利的化学名称为 2-氯乙基膦酸。乙烯利纯品为白色针状晶体，熔点 74～75℃，易溶于水和乙醇。目前，乙烯利是农业上广泛使用的植物生长调节剂，其生理活性主要是在植物体内分解放出乙烯产生的。在 pH＜4 的条件下，乙烯利比较稳定；在 pH＞4 时，可缓慢分解放出乙烯。

$$ClCH_2CH_2-\overset{O}{\underset{OH}{P}}-OH + H_2O \xrightarrow{pH>4} CH_2=CH_2 + HCl + H_3PO_4$$

当温度升高或 pH 增大时，水解速率会加快。一般植物细胞液的 pH 在 4 以上，故乙烯利进入植物体内，即释放乙烯。乙烯利被植物吸收后，输送到茎、叶、花、果等组织中，能促进植物叶片和果实的脱落，还能促进雌花生长和果实成熟。在香蕉催熟上普遍使用乙烯利。

12.2.2.2 敌百虫

敌百虫的化学名称为 *O,O*-二甲基-(1-羟基-2,2,2-三氯乙基)膦酸酯，结构如下：

$$CH_3O-\overset{\overset{\displaystyle O}{\|}}{\underset{\underset{\displaystyle OH}{|}}{P}}-CHCCl_3$$

敌百虫纯品为白色结晶粉末，熔点 83～84℃，可溶于水和多种有机溶剂。在中性和酸性溶液中较稳定，在碱性溶液中水解失效。

敌百虫是一种高效低毒广谱膦酸酯类杀虫剂，应用范围广泛，对昆虫有胃毒和触杀作用，常用于防治鳞翅目、双翅目、鞘翅目等害虫。因敌百虫对哺乳动物的毒性很低，故可用于防治家畜体内外的寄生虫，也可用来杀灭蚊蝇。由于它们都是酯类，因此都可以水解，在碱性条件下反应会更易进行。

12.2.2.3 久效磷

久效磷的化学名称为 O,O-二甲基-O-[1-甲基-2(甲氨基甲酰)]乙烯基磷酸酯，结构如下：

$$CH_3O-\overset{\overset{\displaystyle O}{\|}}{\underset{\underset{\displaystyle CH_3}{|}}{P}}-O-C=CH-\overset{\overset{\displaystyle O}{\|}}{C}-NHCH_3$$

久效磷纯品为无色结晶，熔点为 54～55℃，工业品为红棕色黏稠液体，易溶于水，是一种高效、广谱、内吸有机磷杀虫剂，速效性好，残效期长，可有效地防治棉花、水稻、大豆等农作物的多种害虫。

12.2.2.4 甲胺磷

甲胺磷的化学名称为 O,S-二甲基氨基硫代磷酸酯。

$$CH_3O-\overset{\overset{\displaystyle O}{\|}}{\underset{\underset{\displaystyle CH_3S}{|}}{P}}-NH_2$$

12.2.2.5 马拉硫磷（马拉松）

马拉硫磷的化学名称是 O,O-二甲基-S-(1,2-二乙氧甲酰基乙基)二硫代磷酸酯，结构式如下：

$$CH_3O-\overset{\overset{\displaystyle S}{\|}}{\underset{\underset{\displaystyle CH_3O}{|}}{P}}-S-\underset{\underset{\displaystyle CH_2COOC_2H_5}{|}}{CH}COOC_2H_5$$

马拉硫磷为无色油状液体，微溶于水，易溶于多种有机溶剂。马拉硫磷对害虫具有触杀和胃毒作用，可用于防治咀嚼式和刺吸式口器的害虫，药效高，杀虫谱广，对人、畜毒性很低，遇酸或碱易分解。金属铁、锡、铜、铅等能促进马拉硫磷的分解，因此，配药时宜用塑料或木质器具，且随配随用。

12.2.2.6 辛硫磷

辛硫磷化学名称为 O,O-二乙基-O-(α-氰基苯亚甲氨基)硫代磷酸酯，结构式如下：

$$C_2H_5O-\overset{\overset{\displaystyle S}{\|}}{\underset{\underset{\displaystyle C_2H_5O}{|}}{P}}-O-N=\overset{\overset{\displaystyle CN}{|}}{C}-C_6H_5$$

辛硫磷纯品为浅黄色油状液体，熔点 5～6℃，微溶于水，易溶于有机溶剂，在中性或酸性介质中稳定，在碱性介质中易分解，对光敏感，阳光下很快分解失效。

辛硫磷是一种广谱有机磷杀虫剂，对害虫具有胃毒和触杀作用，对人、畜低毒，对鳞翅目害虫有特效，可用于防治地下害虫、食叶害虫、仓贮害虫、卫生害虫及动物体内外的寄生虫等。

阅读材料

有机磷农药：高效与风险并存

磷是一个与生命过程关系密切的元素，其有机化合物是细胞原生质的必要组分，有机磷化合物非常重要的作用是作为生物活性物质用于农药和医药领域。含磷有机物应用最广泛的是有机磷农药，不但可作为杀虫剂、杀菌剂，而且也可作为除草剂和植物生长调节剂。

有机磷化学始于 1820 年 Lassaigne 用磷酸与醇反应制备磷酸酯的工作。经过近 100 年的发展，在第二次世界大战前后，人们发现有机磷化合物具有强烈的生物活性，才使这一领域的工作真正得到了飞速的发展，例如英国的 Saunders 合成的神经毒剂（二异丙基磷酰氟）应用于二战战场。

1944 年 Schrader 发现了对硫磷，这是农药研究上的一大成就，它开创了有机磷杀虫剂结构与活性关系的研究。虽然对硫磷有很高的毒性，但只要结构上稍作变化就可获得低毒杀虫剂，例如 1952 年发现的氯硫磷、1958 年发现的倍硫磷和 1959 年发现的杀螟松等。

有机磷农药的商品化最早源于 1950 年由美国氰胺化学公司研发的低毒杀虫剂马拉硫磷，后来相继开发近百种有机磷农药，包括磷酸盐、焦磷酸盐、硫酸酯类等，目前全世界有机磷农药的使用量已经占到全部农药用量的一半以上。在中国，2022 年农药原药产量近 250 万吨，其中有机磷杀虫剂约占 50%。常用的有机磷农药品种有对硫磷、三唑磷、甲基异柳磷、敌百虫、杀扑磷、丙溴磷、甲基对硫磷、甲胺磷、乙酰甲胺磷、马拉硫磷等。

$$\underset{R^2}{\overset{\overset{\displaystyle O(S)}{\|}}{R^1-P-A}}$$

R^1，R^2＝烷基、烷氧基、胺基；A＝酰基（酸根）

有机磷农药结构通式

有机磷农药的主要作用机理是抑制胆碱酯酶的活性。有机磷与胆碱酯酶结合，形成磷酰化胆碱酯酶，使胆碱酯酶失去催化乙酰胆碱水解作用，引起乙酰胆碱在昆虫体内蓄积，从而使昆虫神经兴奋而死亡。

有机磷农药由于具有低残留、高效和使用成本低等特点，在农业生产中被广泛使用。但同时，由于有机磷农药大量不合理的使用，使得蔬菜、粮食、瓜果等农产品甚至土壤中的有机磷农药残留严重超标。这些农药的残留不仅造成环境污染，而且直接或间接地危害人类的健康，给人类和生态环境造成了极为严重的不良后果，越来越多的农药残留及中毒事件发生。例如，2010 年初来自海南省的豇豆被检出有机磷农药水胺硫磷残留超标，引发"海南毒豇豆"事件。水胺硫磷，学名 O-甲基-O-(2-异丙氧基羧基苯基) 硫代磷酰胺，是一种高毒杀虫剂。在国家禁用和限用高毒农药名录中，水胺硫磷禁止用于果、茶、烟、菜、中草药等植物或蔬菜、水果。因普通农药不易杀死钻进豇豆里面的害虫，农户便冒险违规喷洒水胺硫磷。食用这种受污染的蔬菜，轻则头痛、恶心、呕吐，重则痉挛、昏迷乃至死亡。长期微量食用，有害物在体内积累，损害肝脏，引起贫血、脱皮，甚至白血病。

有证据表明有机磷农药具有诱变性和致畸胎性，哺乳动物的神经和免疫系统疾病大多与有机磷农药相关。这些疾病包括疯牛病、海湾战争综合征、帕金森综合征等。如何消除有机磷农药对环境和人类的危害已成为事关人类健康和国民经济发展的问题。因此，科学有效使用有机磷农药，加强有机磷农药降解方法的研究，解决有机磷等农药对环境及食物的污染问题是人类当前迫切需要解决的问题之一。

本章小结

一、硫醇的主要化学反应

二、硫醚的主要化学反应

三、磺酸的主要化学反应

习题

12-1 命名下列化合物。

（1）

（2）

（3）

（4）

(5) CH_3CH_2—S—$CHCH_3$
$\qquad\qquad\qquad$ |
$\qquad\qquad\qquad CH_3$

(6) CH_2=CH—CH—$COOH$
$\qquad\qquad\qquad$ |
$\qquad\qquad\qquad SH$

(7) C_2H_5O—P—O—〈苯环〉—NO_2, 其中 P 上有 =O 及 OC_2H_5

(8) CH_3O—P—OCH_3, 其中 P 上有 =O 及 OCH_3

12-2 写出下列化合物的结构式。

(1) 乙硫醇 　　(2) 对氨基苯磺酰胺 　　(3) 2-甲硫基戊烷 　　(4) DMSO

(5) 二丁基二硫 (6) 磷酸三乙酯 　　(7) 甲乙砜 　　(8) 辛硫磷

12-3 将下列化合物按酸性由弱到强的次序排列。

(1) $CH_3CH_2SO_2NHCH_3$、$CH_3CH_2SO_2OH$、$CH_3OSO_2OCH_3$

(2) 苯磺酸、硫酚、对甲基苯酚

12-4 将下列化合物按沸点由高到低的次序排列。

(1) 乙硫醇、甲硫醇、乙醇

(2) 正丁醇、异丁醇、异丁硫醇

12-5 完成下列方应式。

(1) $CH_3CH_2SH + NaOH \longrightarrow ?$

(2) $CH_3CH_2SH + HNO_3$ （浓） $\longrightarrow ?$

(3) $C_6H_5SH + NaHCO_3 \longrightarrow ?$

(4) Cl—〈苯环〉—CH—O—C(=O)—CH_3 ＋ NaOH $\longrightarrow ?$
其中苯环另一位有 Cl, CH 下有 CCl_3

(5) CH_3O—P(=O)(OCH_3)—O—C(CH_3)=$CHCONHCH_3$ ＋ H_2O $\xrightarrow{OH^-}$?

12-6 用化学方法区别下列化合物。

(1) 对甲硫酚、苯甲硫醚 　　　(2) 对甲基苯磺酰氯、甲基对氯苯砜

12-7 分离乙醇、乙硫醇和乙硫醚的混合物（不采用蒸馏法）。

12-8 某中性液体 A，分子式为 $C_6H_{14}O_3S$，水解后生成 B 和 C。B 是一种磺酸，其铅盐的含铅量为 48.7%；C 是一种醇，可被氧化成中性液体 D，D 可生成肟 E，E 的含氮量为 16.1%。D 不能使吐伦试剂还原。试写出 A、B、C、D、E 的结构式及有关反应式。

第13章

杂环化合物和生物碱

📖 学习目标 ┈┈┈

掌握五元和六元杂环化合物的分类、结构、命名、芳香性和典型的化学反应（硝化、磺化、傅-克烷基化和酰基化、加成和氧化反应等）；了解吡咯和吡啶的酸碱性，了解与生物体有关的杂环化合物及其衍生物；了解生物碱的一般性质、提取方法以及重要的生物碱。

📝 素质目标 ┈┈┈

了解屠呦呦研究团队锲而不舍、克服种种困难，从中药青蒿中提取到抗疟疾有效成分——萜类结构的青蒿素，最终获得诺贝尔生理学或医学奖的历程，激发学习热情和钻研精神，培养敬业奉献和勇往直前的优秀品格。

13.1 杂环化合物

环状有机化合物中，如果构成环的原子除碳原子外还含有其他原子，则这种环状化合物叫做杂环化合物。组成杂环的原子，除碳以外的都叫做杂原子，常见的杂原子有 O、S、N 等，杂环上可以有一个或多个杂原子。前面学习过的环醚、内酯、内酐和内酰胺等都含有杂原子，但它们容易开环，性质上又与开链化合物相似，所以不把它们放在杂环化合物中讨论。本章将主要讨论的是环系比较稳定、具有一定芳香性的杂环化合物，即芳杂环化合物。

杂环化合物种类繁多，在自然界中分布很广，用途广泛。具有生物活性的天然杂环化合物对生物体的生长、发育、遗传和衰亡过程都起着关键性的作用。例如，在动、植物体内起着重要生理作用的血红素、叶绿素、核酸的碱基、中草药的有效成分——生物碱等都是含氮杂环化合物；一部分维生素、抗生素、植物色素、许多人工合成的药物及合成染料也含有杂环；有些杂环化合物还是良好的溶剂。

杂环化合物的应用范围极其广泛，涉及医药、农药、染料、生物膜材料、高分子材料、超导材料、分子器件、贮能材料等，尤其在生物界，杂环化合物几乎随处可见。

13.1.1 杂环化合物的分类和命名

按照杂环的结构，杂环化合物大致可分为单杂环和稠杂环两大类。单杂环中最常见的为五元杂环和六元杂环；稠杂环中普遍存在的是苯环与单杂环稠合和杂环与杂环稠合。根据所含杂原子的种类和数目，单杂环和稠杂环又可分为多种。

常见杂环化合物的分类和名称见表 13-1。

表 13-1　常见杂环化合物的结构、分类和名称

杂环分类		碳环母核	重要的杂环化合物
单杂环	五元杂环	环戊二烯　茂	呋喃 furan 氧(杂)茂　　噻吩 thiophene 硫(杂)茂　　吡咯 pyrrole 氮(杂)茂　　噻唑 thiazole 1,3-硫氮(杂)茂　　咪唑 imidazole 1,3-二氮(杂)茂
	六元杂环	苯　芑 环己二烯	吡啶 pyridine 氮(杂)苯　　吡喃 pyran 氧(杂)芑　　哒嗪 pyridazine 1,2-二氮(杂)苯　　嘧啶 pyrimidine 1,3-二氮(杂)苯　　吡嗪 pyrazine 1,4-二氮(杂)苯
稠杂环		萘	喹啉 quinoline 1-氮(杂)萘　　异喹啉 isoquinoline 2-氮(杂)萘
		茚	吲哚 indole 氮(杂)茚　　苯并呋喃 benzofuran 氧(杂)茚　　嘌呤 purine 1,3,7,9-四氮(杂)茚
		蒽	吖啶 acridine 氮(杂)蒽

杂环化合物的名称包括杂环母环和环上取代基两方面。取代基的命名原则与前述基本一致。杂环母环的命名采用译音命名法。译音命名法是根据 IUPAC 推荐的通用名，按外文名称的译音来命名，并用带"口"旁的同音汉字来表示环状化合物。例如：

呋喃 furan　　咪唑 imidazole　　吡啶 pyridine　　嘌呤 purine　　吲哚 indole

① 杂环上有简单取代基时，以杂环为母体，将环编号以注明取代基的位次，编号一般从杂原子开始。含有两个或两个以上相同杂原子的单杂环编号时，把连有氢原子的杂原子编为 1，并使其余杂原子的位次尽可能小；如果环上有多个不同杂原子时，按氧、硫、氮的顺序编号。例如：

2,5-二甲基呋喃   4-甲基咪唑   4,5-二甲基噻唑

当只有 1 个杂原子时，也可用希腊字母编号，靠近杂原子的第一个位置是 α-位，其次为 β-位、γ-位等。例如：

α-呋喃甲醛 γ-甲基吡啶

② 当环上有复杂取代基或官能团时，常将杂环当做取代基来命名。例如：

4-吡啶甲酸   5-硝基-2-呋喃甲醛   吡咯-2-乙酮

③ 稠杂环的编号一般和稠环芳烃相同，但有少数稠杂环有特殊的编号顺序。例如：

吲哚   异喹啉   嘌呤   2,6,8-三羟基嘌呤

13.1.2 杂环化合物的结构与芳香性

13.1.2.1 呋喃、噻吩、吡咯

五元杂环化合物中最重要的是呋喃、噻吩、吡咯及它们的衍生物。

呋喃   噻吩   吡咯

这三种杂环化合物的结构上都是平面闭合的共轭体系，符合休克尔的 $4n+2$ 规则。环上四个碳原子和杂原子均为 sp^2 杂化，环上相邻的两个原子间均以 sp^2 杂化轨道相互重叠形成 σ 键，组成一个五元环状平面结构。环上的每个原子还剩下一个未参与杂化的 p 轨道，碳原子的 p 轨道各有一个 p 电子，而杂原子的 p 轨道有两个 p 电子，这五个 p 轨道都垂直于环的平面，以"肩并肩"的形式重叠形成大 π 键，组成一个含有五个原子、六个 π 电子的环状闭合共轭体系，符合休克尔规则，具有芳香性，属于芳香杂环化合物。如图 13-1 所示。

图 13-1　呋喃、吡咯、噻吩分子中 p 轨道重叠示意图

在呋喃、噻吩、吡咯分子中，由于杂原子的未共用电子对参与了共轭体系（6 个 π 电子分布在由 5 个原子组成的分子轨道中），使环上碳原子的电子云密度增加，因此环中碳原子的电子云密度相对地大于苯中碳原子的电子云密度，所以此类杂环称为富电子芳杂环或多 π 电子芳杂环。

杂原子氧、硫、氮的电负性比碳原子大，使环上电子云密度分布不像苯环那样均匀，所以呋喃、噻吩、吡咯分子中各原子间的键长并不完全相等，故芳香性比苯差。由于杂原子的电负性强弱顺序是：氧＞氮＞硫，所以芳香性强弱顺序是：苯＞噻吩＞吡咯＞呋喃。

13.1.2.2　吡啶

六元杂环化合物中最重要的是吡啶。吡啶的分子结构从形式上看与苯十分相似，可以看作是苯分子中的一个 CH 基团被 N 原子取代后的产物。根据杂化轨道理论，吡啶分子中 5 个碳原子和 1 个氮原子都是经过 sp^2 杂化而成键的，像苯分子一样，分子中所有原子都处在同一平面上。与吡咯不同的是，氮原子的三个未成对电子，两个处于 sp^2 轨道中，与相邻碳原子形成 σ 键，另一个处在 p 轨道中，与 5 个碳原子的 p 轨道平行，侧面重叠形成一个闭合的共轭体系。氮原子尚有一对未共用电子对，处在 sp^2 杂化轨道中与环共平面。如图 13-2 所示。吡啶符合休克尔规则，所以吡啶具有芳香性。

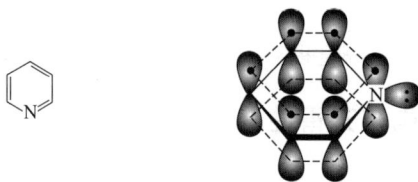

图 13-2　吡啶的结构

在吡啶分子中，由于氮原子的电负性比碳大，表现出吸电子诱导效应，使吡啶环上碳原子的电子云密度相对降低，故环中碳原子的电子云密度比苯中碳原子的电子云密度要小，所以此类杂环称为缺电子芳杂环或缺 π 电子芳杂环。富电子芳杂环与缺电子芳杂环在化学性质上有较明显的差异。

13.1.3　杂环化合物的物理性质

呋喃、吡咯、噻吩和吡啶都是无色液体，但它们的气味不同，呋喃有氯仿的气味，噻吩有苯的气味，吡咯有苯胺的气味，吡啶有特殊的臭味。呋喃、吡咯、噻吩都难溶于水，易溶于乙醇、乙醚等有机溶剂。吡啶却能与水、乙醇和乙醚等混溶，并能溶解很多有机化合物和

无机盐，故在有机合成中常用它作溶剂。

13.1.4 杂环化合物的化学性质

13.1.4.1 亲电取代反应

五元杂环属于富电子体系，亲电取代反应容易进行，一般在较温和的条件下弱的亲电试剂就可以取代环上的氢原子。而六元杂环吡啶是缺电子体系，较难发生亲电取代反应，一般要在较剧烈的条件下才能发生反应。

（1）卤代反应　五元杂环化合物可以直接发生卤代反应，卤原子主要取代 α 位上的氢。

α-溴代呋喃

α-溴代噻吩

吡咯极易卤代，例如与 I_2-KI 溶液作用，生成的不是一元取代产物，而是四碘吡咯。

2,3,4,5-四碘吡咯

吡啶的卤代反应比苯难，不但需要催化剂，而且要在较高温度下进行。

β-溴代吡啶

（2）硝化反应　五元杂环的硝化反应一般不用硝酸作硝化剂（吡咯、呋喃在酸性条件下易氧化导致环的破裂或聚合物的生成），而是用温和的硝化剂（乙酰基硝酸酯）在低温下进行，硝基主要进入 α-位。

吡啶的硝化反应需在浓酸和高温下才能进行，硝基主要进 β-位。

（3）磺化反应　由于吡咯、呋喃在酸性条件下易氧化导致环的破裂或聚合物的生成，所以不能直接用硫酸进行磺化，一般采用吡啶与三氧化硫的加合物作磺化剂。

$$\text{呋喃} + \text{吡啶}-N^+{-}\bar{S}O_3 \xrightarrow[\text{室温三天}]{C_2H_4Cl_2} \text{呋喃}-SO_3H + \text{吡啶}$$

α-呋喃磺酸

$$\text{吡咯} + \text{吡啶}-N^+{-}\bar{S}O_3 \xrightarrow[100℃]{C_2H_4Cl_2} \text{吡咯}-SO_3H + \text{吡啶}$$

α-吡咯磺酸

噻吩对酸比较稳定，在室温时能与浓硫酸发生磺化反应。

$$\text{噻吩} + H_2SO_4(浓) \rightleftharpoons \text{噻吩}-SO_3H + H_2O$$

从煤焦油中得到的苯通常含有少量噻吩，由于两者的沸点相差不大，不易用分馏的方法进行分离，可在室温下反复用硫酸提取。由于噻吩比苯容易磺化，磺化的噻吩溶于浓硫酸中，可以与苯分离，然后水解，将磺酸基去掉，可得到噻吩，常用此法除去苯中含有少量的噻吩。噻吩在浓 H_2SO_4 存在下，与靛红共热显蓝色，反应灵敏，是鉴别噻吩的定性方法。

吡啶在催化剂和加热条件下才能发生磺化反应。

$$\text{吡啶} + H_2SO_4(浓) \xrightarrow[220℃]{HgSO_4} \text{吡啶}-SO_3H + H_2O$$

（4）傅-克酰基化反应 五元杂环化合物都可以发生傅-克酰基化反应，而吡啶一般不反应。

$$\text{呋喃} + (CH_3CO)_2O \xrightarrow{BF_3} \text{呋喃}-COCH_3 + CH_3COOH$$

α-乙酰基呋喃

$$\text{噻吩} + (CH_3CO)_2O \xrightarrow{SnCl_4} \text{噻吩}-COCH_3 + CH_3COOH$$

α-乙酰基噻吩

$$\text{吡咯} + (CH_3CO)_2O \xrightarrow{200℃} \text{吡咯}-COCH_3 + CH_3COOH$$

α-乙酰基吡咯

13.1.4.2 加成反应

无论是富电子或缺电子的杂环化合物都比苯容易发生加成反应，如它们都可以进行催化氢化反应，反应温度约 200℃。

$$\text{呋喃} + 2H_2 \xrightarrow{Ni} \text{四氢呋喃}$$

$$\text{噻吩} + 2H_2 \xrightarrow{MoS_2} \text{四氢噻吩}$$

$$\text{吡咯} + 2H_2 \xrightarrow{Pd} \text{四氢吡咯（吡咯烷）}$$

$$\text{吡啶} + 3H_2 \xrightarrow{Na + C_2H_5OH} \text{六氢吡啶}$$

13.1.4.3 氧化反应

呋喃和吡咯对氧化剂很敏感,在空气中就能被氧化,环被破坏。噻吩相对要稳定些。吡啶对氧化剂相当稳定,比苯还难氧化。如吡啶的烃基衍生物在强氧化剂作用下只发生侧链氧化,生成吡啶甲酸,而不是苯甲酸。

13.1.4.4 吡咯和吡啶的酸碱性

吡咯由于其氮原子上的孤电子对参与共轭,使氮原子的电子云密度降低,N—H 键的极性增强,所以它的碱性($pK_b = 13.6$)不但比苯胺($pK_b = 9.4$)弱得多,而且显微弱的酸性($pK_a = 15$),能与氢氧化钾作用生成吡咯钾盐:

吡啶显弱碱性($pK_b = 8.64$),能与各种酸形成盐:

13.1.5 与生物有关的杂环化合物及其衍生物

13.1.5.1 呋喃及其衍生物

呋喃存在于松木焦油中,呋喃是一种无色、有特殊气味的易挥发液体,沸点 32℃,不溶于水,易溶于乙醇、乙醚等有机溶剂。呋喃可作为有机合成原料。检验呋喃存在可用盐酸浸湿的松木片,呋喃存在时显绿色,这称为呋喃的松木片反应。

(1) α-呋喃甲醛 α-呋喃甲醛最早是由米糠与稀酸共热制得的,故又称糠醛,通常利用含有多聚戊糖的农副产品如米糠、玉米芯、高粱秆、花生壳等做原料来制取。

纯净的糠醛是无色、有特殊气味的液体,暴露于空气中可被氧化,颜色逐渐变深,由黄色→棕色→黑褐色。糠醛熔点 $-87℃$,沸点 $161.7℃$,易溶于乙醇、乙醚等有机溶剂。糠醛与苯胺醋酸盐溶液作用呈鲜红色,可用于检验糠醛的存在,同时也是鉴别戊糖常用的方法。

糠醛是不含 α-H 的不饱和醛,化学性质很活泼,容易发生氧化、还原、歧化和聚合等反应,是有机合成工业的重要原料,广泛应用于涂料、树脂、医药和农药等工业。

（2）呋喃类药物　呋喃坦丁、呋喃唑酮和呋喃西林是 5-硝基呋喃甲醛的衍生物，它们都是人工合成的广谱抗菌药物，其结构式如下：

呋喃坦丁　　　　　　　　　呋喃唑酮　　　　　　　　　呋喃西林

呋喃坦丁又名呋喃妥因，鲜黄色晶体，味苦，熔点约 258℃（分解），难溶于水及有机溶剂，可溶于 N,N-二甲基甲酰胺中。由于它的分子中含有酰亚胺结构，故显弱酸性，能与碱生成盐。它主要用于抑制和杀灭大肠杆菌、金葡萄球菌、化脓性链球菌和伤寒杆菌等，常用于治疗泌尿系统的炎症。呋喃唑酮又名痢特灵，黄色粉末，熔点 254～258℃（分解），难溶于水及有机溶剂，呈弱酸性。大肠杆菌、炭疽杆菌、痢疾杆菌和伤寒杆菌等对其最为敏感，故常用于治疗肠道感染和菌痢等。呋喃西林又名呋喃新，柠檬黄色结晶粉末，难溶于水及醇。主要对葡萄球菌、痢疾杆菌和枯草杆菌等有杀灭和抑制作用。由于它的毒性较大，已很少内服，多作为外用消炎药。

13.1.5.2　吡咯及其衍生物

吡咯存在于煤焦油和骨焦油中，是无色液体，沸点 131℃，难溶于水，易溶于乙醇、乙醚、苯等有机溶剂。在空气中易被氧化逐渐变成褐色，并产生树脂状聚合物。吡咯蒸气遇到浓盐酸浸过的松木片显红色，这称为吡咯的松木片反应，可用来检验吡咯的存在。

吡咯的衍生物广泛分布在自然界中，其中最重要的是卟啉化合物。这类化合物有一个基本结构称卟吩环（见图 13-3），是由四个吡咯和四个次甲基交替相连而成的复杂大环，环上的原子都在一个平面上，形成了共轭体系，具有芳香性。含有卟吩环结构的化合物叫卟啉化合物。重要的天然色素如叶绿素、血红素等都含有卟吩环。

（1）叶绿素　叶绿素存在于植物的叶和绿色的茎中。植物在进行光合作用时，通过叶绿素将太阳能转变为化学能而贮藏在形成的有机化合物中。叶绿素是由叶绿素 a 和叶绿素 b 组成的混合物。叶绿素 a 为蓝黑色晶体，叶绿素 b 为黄绿色粉末，二者比例约为 3：1，它们的区别在于环上的 R 基团（见图 13-4）不同：R 是—CH$_3$ 时，为叶绿素 a；R 是—CHO 时，为叶绿素 b。

图 13-3　卟吩（porphine）分子结构

R=——CH$_3$ 为叶绿素 a

R=——CHO 为叶绿素 b

图 13-4　叶绿素分子结构

图 13-5　血红素分子结构

图 13-6　维生素 B_{12} 分子结构

（2）血红素　血红素（图 13-5）存在于哺乳动物的红细胞中，能与蛋白质结合形成血红蛋白，血红蛋白的功能是输送氧气，供组织进行新陈代谢。

血红蛋白可与氧气配位结合，形成鲜红色的氧合血红蛋白。血红蛋白与氧结合并不稳定，这与氧气的分压有关，因此在缺氧的地方可以放出氧气。由于这一特性，血液可在肺中吸收氧气，由动脉输送到体内各部分，在体内微血管中，氧的分压低而释放出氧，为组织吸收。一氧化碳与血红蛋白配合的能力比氧大 200 倍，因此在一氧化碳存在时，血红蛋白失去了输送氧气的能力。这就是一氧化碳使人中毒的原因之一。对血红素的研究使人们对卟吩族色素以及生命现象中最重要的呼吸作用有了进一步的了解。

（3）维生素 B_{12}　维生素 B_{12}（图 13-6）也是含有卟吩环结构的天然产物之一，又名钴铵素。维生素 B_{12} 的结构式可以分为两大部分：第一部分是以钴原子为中心的卟吩化合物；另一部分是由苯并咪唑和核糖磷酸酯结合而成的。维生素 B_{12} 有很强的生血作用，是造血过程中的生物催化剂，因此只要几微克就能对恶性贫血患者产生良好的疗效。

13.1.5.3　吡啶及其衍生物

吡啶存在于骨焦油和煤焦油中，是具有特殊臭味的无色液体，沸点 115℃，可与水、乙醇、乙醚等以任意比例混溶，本身也是良好的溶剂。

（1）维生素 PP　维生素 PP 是 B 族维生素之一，它参与生物氧化还原过程，能促进新陈代谢，降低血中胆固醇含量，存在于肉类、肝、肾、乳汁、花生、米糠和酵母中。人体缺乏维生素 PP 能引起糙皮病、口舌糜烂、皮肤红疹等症。维生素 PP 包括 β-吡啶甲酸（俗称烟酸）和 β-吡啶甲酰胺（俗称烟酰胺），二者生理作用相同，都是白色晶体，对酸、碱、热比较稳定。

β-吡啶甲酸（烟酸或尼克酸）　　　β-吡啶甲酰胺（烟酰胺或尼克酰胺）

（2）维生素 B_6　维生素 B_6 存在于蔬菜、鱼、肉、蛋类、豆类、谷物等中，为白色结晶，溶于水及乙醇。耐热，在酸和碱中较稳定，但易被光所破坏。动物机体中缺乏维生素 B_6 时，蛋白质代谢就不能正常进行。维生素 B$_6$ 又名吡哆素，包括吡哆醇、吡哆醛和吡哆胺。

吡哆醇　　　　　　吡哆醛　　　　　　　吡哆胺

13.1.5.4　嘧啶及其衍生物

嘧啶又称 1,3-二氮苯，无色晶体，熔点 22℃，沸点 124℃，易溶于水，具有弱碱性，可与强酸成盐，其碱性比吡啶弱。由于氮原子具有吸电子效应，能使另一个氮原子上的电子云密度降低，结合质子的能力减弱，所以碱性降低。嘧啶很少存在于自然界中，其衍生物在自然界中普遍存在。例如，核酸和维生素 B$_1$ 中都含有嘧啶环，组成核酸的重要碱基（胞嘧啶，Cytsine，简写 C；尿嘧啶 Uracil，简写 U；胸腺嘧啶 Thymine，简写 T）都是嘧啶的衍生物，它们都存在烯醇式和酮式的互变异构体。

　4-氨基-2-羟基嘧啶　　　4-氨基-2-氧嘧啶　　　2,4-二羟基嘧啶　　　2,4-二氧嘧啶

胞嘧啶 (C)　　　　　　　　　　　　　尿嘧啶 (U)

5-甲基-2,4-二羟基嘧啶　　　5-甲基-2,4-二氧嘧啶

胸腺嘧啶 (T)

在生物体中哪一种异构体占优势主要取决于体系的 pH 值。在生物体中嘧啶碱主要以酮式异构体存在。

维生素 B$_1$ 又名硫胺素，存在于米糠、麸皮、酵母、花生和豆类中。药用硫胺素是其盐酸盐，结构式为：

盐酸硫胺素是白色晶体，味微苦，熔点 248℃（分解），易溶于水，对酸稳定，热或碱能使其分解。维生素 B$_1$ 能维持心脏、神经和消化系统的正常功能，能促进糖类化合物代谢。缺乏维生素 B$_1$ 能导致脚气病、多发性神经炎、食欲不振和消化不良等。

13.1.5.5　嘌呤及其衍生物

嘌呤是嘧啶和咪唑稠合而成的化合物，又名 1,3,7,9-四氮茚。嘌呤有两种互变异构体：

9-氢嘌呤　　　　　　7-氢嘌呤

嘌呤为无色晶体，熔点 216℃，易溶于水，能与酸或碱生成盐，但其水溶液呈中性。嘌呤本身在自然界中尚未发现，但它的氨基及羟基衍生物广泛存在于动、植物体中。存在于生物体内组成核酸的嘌呤碱基有：腺嘌呤 A 和鸟嘌呤 G，是嘌呤的重要衍生物。它们都存在互变异构体，在生物体内，主要以右边异构体的形式存在。

| 6-氨基嘌呤 | 2-氨基-6-羟基嘌呤 | 2-氨基-6-氧嘌呤 |
| 腺嘌呤A | | 鸟嘌呤G |

13.1.5.6 吲哚及其衍生物

吲哚存在于煤焦油中，某些植物的花中也含有吲哚，蛋白质腐烂时生成吲哚和 β-甲基吲哚，粪便的恶臭就是由于它们的存在而产生。但吲哚的稀溶液很香，是化妆品常用的香料。

吲哚　　　　　　　　β-甲基吲哚

吲哚是苯环和吡咯环稠合而成的杂环化合物，具有闭合的共轭体系。它是一种无色片状结晶，熔点为 52℃，沸点 254℃，微溶于冷水而溶于有机溶剂和热水中。化学性质与吡咯相似，但稍比吡咯的化学稳定性强，与温和的氧化剂不发生作用，而高锰酸钾可以引起环系破裂。吲哚碱性极弱，在空气中颜色变深，并逐渐变成树脂状物质。它很容易发生亲电取代反应，但只得到 β-取代物。松木片反应呈红色。

吲哚的衍生物在自然界中分布很广，如 β-吲哚乙酸、色氨酸、5-羟色胺、靛蓝等。β-吲哚乙酸是一种植物生长调节剂，用来刺激植物的插枝生长及促进无子果实的形成。色氨酸是蛋白质的组分。5-羟色胺存在于人和哺乳动物的脑中，是保持思维正常活动不可缺少的物质。靛蓝是人类最早使用的天然染料之一。

β-吲哚乙酸　　　　　　　　色氨酸

5-羟色胺　　　　　　　　靛蓝

13.2　生物碱

生物碱是一类存在于植物体内，对人和动物有强烈生理效能的含氮碱性有机化合物。多数生物碱都是从植物体内取得的，由动物体内取得的数目很少，目前生物碱专指植物中的含氮的碱性物质。

一般双子叶植物中含生物碱较多，如在罂粟科、毛茛科、豆科等植物中含量较丰富。但并非双子叶植物中都含有生物碱，有些单子叶植物中也含有生物碱，一种植物中往往有多种生物碱。例如，在罂粟里就含有约 20 种不同的生物碱。同一科的植物所含的生物碱的结构通常是相似的。天然生物碱的旋光性多半是左旋的。生物碱在植物体内绝大多数是和某些有机酸或无机酸结合成盐的形式存在。植物中与生物碱结合的酸常有草酸、乙酸、苹果酸、柠檬酸、琥珀酸、硫酸、磷酸等，也有少数生物碱以游离碱、糖苷、酰胺或酯的形式存在。

生物碱对植物本身有什么作用当前还不清楚，但许多生物碱对人和动物有强烈的生理作用，如当归、甘草、贝母、黄麻、黄连等许多药物中的有效成分都是生物碱。有关生物碱的研究已有约两个世纪的历史，并从各种植物中分离提取了几千个品种，且大多数生物碱的结构已经测定，并用人工合成加以证实。目前，中草药的研究和生物碱的研究正相得益彰，既促进了中药的发展，又促进了有机合成药物的发展，为生命科学开拓了广阔的前景。

13.2.1 生物碱的一般性质

13.2.1.1 生物碱的物理性质

生物碱大多数是无色结晶固体，少数为非结晶体和液体。一般都有苦味，有些极苦而辛辣，还有些能刺激唇舌，使之有焦灼感。大多数生物碱分子中含有手性碳原子，具有旋光性，不溶或难溶于水，能溶于乙醇、乙醚、丙酮、氯仿和苯等有机溶剂中。但也有例外，如麻黄碱、烟碱、咖啡因等可溶于水。

13.2.1.2 生物碱的化学性质

（1）碱性　生物碱一般具有弱碱性，可与酸结合成盐。生物碱的盐类一般易溶于水和乙醇，难溶于其他有机溶剂。生物碱的盐类遇强碱又可重新生成游离的生物碱，利用此性质可以提取生物碱。

（2）沉淀反应　一般生物碱的中性或酸性水溶液均可与数种或某种沉淀试剂反应，生成沉淀。沉淀试剂的种类很多，大多数为重金属盐类、分子较大的复盐及一些酸性物质等。例如，碘化汞钾（K_2HgI_4）、碘化铋钾（$BiI_3 \cdot KI$）、磷钨酸（$H_3PO_4 \cdot 12WO_3 \cdot 2H_2O$）、磷钼酸（$Na_3PO_4 \cdot 12MoO_3$）、硅钨酸（$12WO_3 \cdot SiO_2 \cdot 4H_2O$）、碘-碘化钾、鞣酸、氯化汞（$HgCl_2$）、10％苦味酸、$AuCl_3$ 盐酸溶液、$PtCl_4$ 盐酸溶液等，其中最灵敏的是碘化汞钾和碘化铋钾。

利用生物碱的沉淀反应，可以检验生物碱的存在。

（3）显色反应　生物碱还可以和生物碱显色剂发生显色反应。显色剂的种类也很多，随生物碱的结构不同而有所区别。常用的显色剂有：高锰酸钾、重铬酸钾、浓硝酸、浓硫酸、钒酸铵或甲醛的浓硫酸溶液等。如重铬酸钾的浓硫酸溶液使吗啡显绿色；浓硫酸使秋水仙碱显黄色；钒酸铵的浓硫酸溶液使莨菪碱显红色，使吗啡显棕色，而使奎宁显淡橙色。

13.2.2 生物碱的一般提取方法

游离生物碱本身难溶于水，易溶于有机溶剂，而生物碱的盐易溶于水而难溶于有机溶剂，故可利用这些性质从植物体中提取、精制生物碱。

（1）加酸-碱提取法　首先将含有较丰富生物碱的植物用水清洗干净，沥干研碎，再用适量的稀盐酸或稀硫酸处理，使生物碱成为无机酸盐而溶于水中，然后往此溶液中加入适量的氢氧化钠使生物碱游离出来，最后用有机溶剂萃取游离的生物碱，蒸去有机溶剂便可得到较纯的生物碱。

（2）加碱提取法　在某些情况下，可把研碎的植物直接用氢氧化钠处理，使原来与生物碱结合的有机酸与加入的氢氧化钠作用，生物碱就会游离出来，最后用溶剂萃取。

（3）蒸馏法　有些生物碱（如烟碱）可随水蒸气挥发，则可用水蒸气蒸馏法提取。

13.2.3　重要生物碱

（1）烟碱　烟碱又称尼古丁（Nicotine），是烟草中所含十二种生物碱中最多的一种。它由一个吡啶环与一个四氢吡咯环组成，属于吡啶类生物碱，常以苹果酸盐及柠檬酸盐的形式存在于烟草中。其结构式为：

纯的烟碱是无色油状液体，沸点246℃，有苦辣味，易溶于水和乙醇。自然界中的烟碱是左旋体，它在空气中易氧化变色。烟碱的毒性很大，少量烟碱对中枢神经有兴奋作用，能增高血压；大量烟碱能抑制中枢神经系统，使心脏麻痹，以致死亡。烟草生物碱是有效的农业杀虫剂，能杀灭蚜虫、蓟马、木虱等。烟碱常以卷烟的下脚料和废弃品为原料提取得到。我国烟草中烟碱的含量约为1％～4％。

（2）麻黄碱　又名麻黄素，存在于麻黄中。麻黄碱是少数几个不含杂环的生物碱，是一种仲胺。麻黄碱分子中含有两个手性碳原子（C^*），所以应有四个旋光异构体：左旋麻黄碱、右旋麻黄碱、左旋伪麻黄碱和右旋伪麻黄碱。但在麻黄中只有左旋麻黄碱和左旋伪麻黄碱存在，其中左旋麻黄碱的生理作用较强。其结构式如下：

麻黄碱是无色晶体，熔点38.1℃，易溶于水、乙醇，可溶于氯仿、乙醚、苯和甲苯中。麻黄碱可以兴奋交感神经，增高血压，扩张气管，用于治疗支气管哮喘症。

（3）茶碱、可可碱和咖啡碱　它们存在于可可豆、茶叶及咖啡中，属于嘌呤类生物碱，是黄嘌呤的甲基衍生物，其结构式为：

茶碱　　　　　　　可可碱　　　　　　　咖啡碱
(1,3-二甲基黄嘌呤)　　(3,7-二甲基黄嘌呤)　　(1,3,7-三甲基黄嘌呤)

茶碱是白色晶体，熔点270～272℃，易溶于热水，难溶于冷水，显弱碱性，有较强的利尿作用和松弛平滑肌的作用。可可碱是白色晶体，熔点357℃，微溶于水或乙醇，有很弱的碱性，能抑制胃小管再吸收和具有利尿作用。咖啡碱又叫咖啡因，是白色针状晶体，熔点

235℃，味苦，易溶于热水，显弱碱性，其利尿作用不如茶碱和可可碱，但它有兴奋中枢神经和止痛作用，故咖啡及茶叶一直被人们当作饮料。

（4）金鸡纳碱　金鸡纳碱又称奎宁（quinine），在金鸡纳树皮中含量达 15%。分子中含有喹啉环，属喹啉族生物碱，分子结构如下：

奎宁是无色针状晶体，无水物熔点 172.8℃，味极苦，微溶于水，易溶于乙醇、乙醚等有机溶剂。奎宁可以用于治疗和预防各种疟疾并有退热作用。

（5）吗啡　吗啡碱是发现最早的生物碱之一。罂粟科植物鸦片中含有 20 多种生物碱。这些生物碱中，含量最高的是吗啡碱。吗啡碱的分子中含有一个异喹啉环。吗啡是 1803 年被提纯的第一个生物碱。吗啡的结构直至 1952 年才被确定，后由合成所证实。

吗啡是白色结晶，熔点 254℃，微溶于水，水溶液有苦味。它对中枢神经有麻痹作用，有显著的止咳、镇痛、抑制肠蠕动的作用，但连续使用成瘾。由于有毒，中毒后精神萎靡不振，瞳孔缩小，呼吸缓慢，逐渐呼吸困难而死亡，因此使用时须十分慎重。

（6）喜树碱　喜树碱存在于我国西南和中南地区的喜树中。自然界中存在的是右旋体，其结构式为：

R=—H，喜树碱

R=—OH，羟基喜树碱

R=—OCH₃，甲氧基喜树碱

喜树碱是淡黄色针尖状晶体，在紫外光照射下显蓝色荧光，熔点 264～267℃，不溶于水，溶于氯仿、甲醇、乙醇中。喜树碱对胃癌、肠癌等疗效较好，对白血病也有一定疗效，已供临床应用。因毒性大，使用时要慎重。我国及其他国家均完成了喜树碱的合成工作。

⬡ 阅读材料 ··

坚持不懈研发新药，传统中医中药大有可为

2015 年诺贝尔生理学或医学奖（Nobel Prize in Physiology or Medicine）授予中国药学家屠呦呦、爱尔兰科学家威廉·坎贝尔和日本科学家大村智，以表彰他们在寄生虫疾病治疗研究方面的成就。屠呦呦获得奖金的一半，另外两名科学家共享奖金的另一半。屠呦呦的获奖理由是"有关疟疾新疗法的发现"。这是中国科学家在中国本土进行的科学研究首次获诺贝尔奖，是中国医学界迄今为止获得的最高奖项，也是中国中医药成果获得的最高奖项。早在 2011 年屠呦呦因发现青蒿素而被授予该年度的拉斯克临床医学奖（Lasker Clinical Medi-cal Research Awards），成为该奖设立 65 年来获此奖的中国第一人。2017 年屠呦呦获国家最高科学技术奖。2018年党中央、国务院授予屠呦呦同志改革先锋称号，颁授改革先锋奖章。2019年屠呦呦入选福布斯中国科技女性榜，2020年入选《时代》周刊100位最具影响力女性人物榜。

屠呦呦，1930年12月出生于浙江宁波。1951年考入北京大学医学院药学系，毕业后分配到中国中医研究院中药研究所。现为中国中医研究院终身研究员兼首席研究员，青蒿素研究开发中心主任。屠呦呦的名字取自《诗经·小雅·鹿鸣》："呦呦鹿鸣，食野之蒿。""蒿，即青蒿也。"这或许是冥冥之中的安排，她的人生注定要与青蒿联系到一起！

青蒿素

由疟原虫引起的疟疾是一种传染性疾病，几千年来一直威胁着人类生命。世界卫生组织（WHO）数据显示，全世界大约33亿人处于罹患疟疾的危险之中，每年约发生2.5亿起疟疾病例和近100万死亡病例。疟疾不仅会引起发烧、头痛和呕吐，还会通过中断体内关键器官的血液供应而威胁生命。最早治疗疟疾的药物是奎宁，它是一种源自金鸡纳树树皮的药物。1934年科学家合成了一种治疗疟疾的药物——氯喹，但因毒副作用其应用被搁置，直到第二次世界大战期间美国科学家临床实验表明氯喹是一种非常有效的抗疟药物，该药遂于1947年又被重新引入临床实践，用于预防和治疗疟疾。20世纪50年代，WHO启动一场旨在根除疟疾的计划，通过大范围使用氯喹类药物控制了疫情。进入60年代很多地方的疟原虫对氯喹类药物产生抗药性，一度被压制的疟疾又卷土重来，研制新的抗疟疾药物刻不容缓。

屠呦呦遵循"中医药学是一个伟大的宝库，应当努力发掘加以提高"的指示，查阅了大量古代医书和民间药方，"几乎把南方的老中医都采访遍了"。青蒿就是在这时进入了她的视野。青蒿是传统中药，最早载于《五十二病方》，公元340年东晋葛洪《肘后备急方》记载："青蒿一握，以水二升渍，绞取汁，尽服之。"为何古人将青蒿"绞取汁"，而不用传统水煎熬煮中药之法呢？屠呦呦意识到可能是高温提取方法会破坏青蒿中的活性成分，于是她以低沸点溶剂乙醚来提取其有效成分，去除没有抗疟活性且有毒副作用的酸性部分，于1971年成功得到青蒿中性提取物"191号样品"。该样品对鼠疟和猴疟疟原虫的抑制率为100%。1972年分离提纯出青蒿素，为尽快确定其对人体的安全有效性，屠呦呦和她的同事们勇敢地充当了首批志愿者。进一步的临床实验表明，青蒿素抗疟效果极好。1973年屠呦呦合成出了双氢青蒿素，后来证明它比天然青蒿素的效果还要强得多。1979年中国科学技术委员会对屠呦呦科研小组的此项工作授予国家科技发明奖，以表彰她们发现青蒿素及其抗疟功效。

针对使用青蒿素后患者会产生耐药性这一情况，科研人员开发出了疗效更好的衍生物蒿甲醚。20世纪70年代后期，军事医学科学院邓蓉仙等人工合成了化学抗疟新药本芴醇，获得我国医药领域第一个国家发明一等奖；此后军事医学科学院周义清等继续攻关，从本芴醇、蒿乙醚、二氢青蒿素、蒿甲醚等抗疟药物中，筛选出蒿甲醚和本芴醇配伍，成功研制出新一代抗疟药复方蒿甲醚。1994年军事医学科学院和瑞士诺华公司合作，成功将复方蒿甲醚推向全球市场，销售超过5亿人，拯救了千百万患者生命。目前复方蒿甲醚已获得49个国家和地区发明专利，通过了 84 个国家和地区药品注册，被世卫组织列入基本药物核心目录，世界上几乎所有受疟疾危害的国家都将其列为首选用药。迄今为止，复方蒿甲醚仍是唯一被世界广泛承认的中国专利药品，是中国唯一真正走向世界的药品。国际抗疟学界于 2004 年公开宣告，复方蒿甲醚在疟疾治疗史上的里程碑地位无可匹敌。

发现青蒿素依靠的不是天才，而是平凡人通过认真的工作做出的杰出成就。非宁静无以致远，搞科研一定要能抵得住诱惑，耐得住寂寞，坐得住冷板凳。在极端艰苦的条件下，屠呦呦及其团队全身心地投入工作，是什么在支撑着他们？是为国家做贡献的理想和对中医学科学不懈追求的信念！正是这样的理想和信念，他们才能日复一日、年复一年地不断探索，在历经无数次失败后，研制出了抗疟药青蒿素。

屠呦呦在获奖感言中说："这是属于中医药集体发掘的一个成功范例，是中国科学事业、中医中药走向世界的一个荣誉"，"在青蒿素发现过程中，古代文献在研究最关键时刻给予我灵感……相信努力开发传统医药，必将给世界带来更多的治疗药物。"

本章小结

一、杂环化合物的主要化学反应

1. 五元杂环的主要化学反应

2. 六元杂环的主要化学反应

3. 杂环化合物及其衍生物

二、生物碱

1. 生物碱的化学性质

碱性、沉淀反应、显色反应

2. 生物碱提取方法

3. 重要生物碱

习题

13-1 命名下列化合物或写出结构式。

(1) 2-溴-5-甲基噻吩 (结构: CH₃—噻吩—Br)

(2) 2-羟基-4-吡啶甲酸 (结构: 吡啶环带COOH和OH)

(3) (嘌呤衍生物，带两个OH)

(4) CH₃O—咪唑

(5) 吡啶环带OH

(6) 4-溴吲哚-3-乙酸 (结构: 吲哚带Br和CH₂COOH)

(7) 1-甲基-5-溴-2-吡咯甲酸　(8) 2-甲基-4-吡啶甲酸　(9) 3-甲基糠醛　(10) 4-喹啉甲醛

13-2 从电子效应说明为什么吡啶比苯难于发生亲电取代反应，而吡咯比苯易于发生亲电取代反应？

13-3 完成下列反应。

(1) 呋喃 + (CH₃CO)₂O ⟶ ? $\xrightarrow{HNO_3}$?

(2) 吡咯 + HO₃S—⟨⟩—N₂⁺Cl⁻ ⟶ ?

(3) 吡咯 + Br₂ $\xrightarrow{C_2H_5OH}$?

(4) 呋喃 + 顺丁烯二酸酐 ⟶ ?

(5) 吡啶 + Cl₂ $\xrightarrow[100℃]{AlCl_3}$?

(6) 喹啉 $\xrightarrow[\triangle]{KMnO_4,H^+}$?

(7) 呋喃—CHO $\xrightarrow{H_2/Ni}$?

(8) 吡啶 + HCl $\xrightarrow[100℃]{AlCl_3}$?

13-4 将下列化合物按碱性由强到弱排序。

(1) 苄胺、苯胺、吡咯、吡啶、氨

(2) 吡咯、吡啶、四氢吡咯

13-5 用化学方法除去下列化合物中的杂质。

(1) 甲苯中的少量吡啶　　　(2) 苯中的少量噻吩

13-6 写出下列反应中 A、B、C、D 的结构。

呋喃—CHO $\xrightarrow[\text{稀NaOH},\triangle]{CH_3COCH_3}$ A $\xrightarrow[2)H^+]{1)NaOH,I_2}$ B $\xrightarrow{SOCl_2}$ C $\xrightarrow{C_2H_5OH}$ D

13-7 推断结构式

（1）某甲基喹啉经高锰酸钾氧化后可得三元酸，这种羧酸在脱水剂作用下发生分子内脱水能生成两种酸酐，试推测甲基喹啉的结构式。

（2）某化合物 $C_5H_4O_2$ 经氧化后生成羧酸 $C_5H_4O_3$，把此羧酸的钠盐与碱石灰作用，转变为 C_4H_4O，后者不与钠反应，也不具有醛和酮的性质，原来的 $C_5H_4O_2$ 是什么化合物？

13-8　查阅文献，写一份烟草的化学成分及吸烟的危害的综述性报告。

第14章

糖类化合物

学习目标

了解糖类化合物的分类、结构、命名和表示方法；掌握单糖的成脎、氧化、还原、成苷以及递升和降解反应等；掌握单糖的构型、变旋现象以及构型与构象表示方法；了解蔗糖、麦芽糖等二糖和淀粉、纤维素等多糖，区别还原性糖和非还原性糖。

素质目标

了解我国 CO_2 到淀粉的人工合成研究进展，激发学习和研究有机化学的内动力，培养爱国主义情怀和锐意创新、敢为人先、团队协作的科学家精神。

糖类又称碳水化合物，是自然界存在最广泛的一类有机物，主要由绿色植物通过光合作用而产生。各种植物种子的淀粉，根、茎、叶中的纤维素，动物的肝和肌肉中的糖原，蜂蜜和水果中的葡萄糖、果糖、蔗糖等都是糖类化合物。植物通过光合作用，把太阳能贮存于所生成的糖类化合物中。反应过程如下：

$$6CO_2 + 6H_2O \underset{\text{动物呼吸作用}}{\overset{\text{植物光合作用}}{\rightleftharpoons}} C_6H_{12}O_6 + 6O_2$$

糖类化合物经过一系列复杂的变化，又释放出能量，成为人类和动物所需能量的主要来源。因此，糖类化合物是一类很重要的有机物。

糖类物质由碳、氢、氧三种元素组成，由于绝大多数的糖类化合物都可以用通式 $C_n(H_2O)_n$ 表示，所以过去人们一直认为糖类是碳与水的化合物，称为碳水化合物。现在已知这种称谓并不恰当，因为有些物质中的碳、氢、氧之比符合上述通式，然而从其理化性质上看，却不属于糖类。例如，甲醛（CH_2O）、醋酸（CH_3COOH）、乳酸（$CH_3CHOHCOOH$）等，而有些糖类物质的碳、氢、氧之比却不符合上述通式，如鼠李糖（$C_6H_{12}O_5$）、脱氧核糖（$C_5H_{10}O_4$）等。只是沿用已久，仍有人称之为碳水化合物。

从分子结构和性质上讲，糖类化合物是多羟基醛或多羟基酮以及水解后生成多羟基醛或多羟基酮的一类有机化合物。根据糖类化合物的结构和性质可把它们分为三类。

（1）单糖　不能水解成更小分子的多羟基醛或多羟基酮的糖类叫单糖，如葡萄糖和果糖等。

（2）低聚糖　能水解成两个或几个单糖分子的糖类叫低聚糖或寡糖。其中最重要的是二糖，如蔗糖、麦芽糖和纤维二糖等。

（3）高聚糖　水解后能生成许多单糖分子的一类高分子化合物，也称多糖，如淀粉、纤维素等。

单糖是组成低聚糖和高聚糖的基本单位，研究单糖是研究糖类化合物的基础。因此，在本章中先讨论单糖的结构和性质，然后讨论低聚糖和高聚糖。

14.1　单糖

根据单糖分子中所含官能团的不同，可将单糖分为醛糖和酮糖两大类；根据分子中碳原子的数目不同，又可分为丙糖、丁糖、戊糖、己糖、庚糖等。通常把以上两种分类方法结合使用，如五碳醛糖称为戊醛糖、六碳酮糖称为己酮糖等。

自然界的单糖以戊醛糖、己醛糖和己酮糖分布最为普遍。例如，戊醛糖中的核糖、2-脱氧核糖和阿拉伯糖，己醛糖中的葡萄糖、半乳糖和甘露糖，己酮糖中的果糖和山梨糖，都是自然界存在的重要单糖。

14.1.1　单糖的结构

14.1.1.1　单糖的开链结构及构型

除丙酮糖（二羟基丙酮）外，所有的单糖分子中都含有手性碳原子，都具有立体构型和旋光异构现象。例如，葡萄糖有四个手性碳原子，应有 2^4 个旋光异构体。所以，确定其立体构型是单糖的重要研究内容。

单糖的构型可用 R、S 法标记，但最常用的是 D、L 标记法，是一种相对构型标记法。在相对构型标记法中，起先人为地规定左、右旋甘油醛用下式表示：

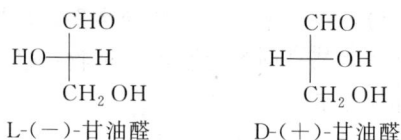

L-（－）-甘油醛　　　　　　D-（＋）-甘油醛

由 D-（＋）-甘油醛衍生的一系列化合物为 D 构型，由 L-（－）-甘油醛衍生的一系列化合物为 L 构型。甘油醛增长碳链可衍生含更多碳原子的单糖，例如：

在增长碳链的过程中，甘油醛中决定构型的羟基的位置是不变的，即由 D-甘油醛衍生的一系列单糖最大编号的手性碳原子的羟基在右边，由 L-甘油醛衍生的一系列单糖最大编号的手性碳原子的羟基在左边。因此，在使用 D、L 标记法标记单糖构型时，只考虑距羰基最远的手性碳原子的构型，此手性碳原子上的羟基处于右侧的为 D 构型的糖，处于左侧的为 L 构型的糖。

$$
\begin{array}{ccc}
\text{CHO} & \text{CHO} & \begin{array}{c}\text{CH}_2\text{OH}\\ \text{C}=\text{O}\end{array}\\
 & (\text{CHOH})_n & (\text{CHOH})_m\\
\text{H}\!-\!\!\!-\!\!\!\mid\!\!\!-\!\!\!-\text{OH} & \text{H}\!-\!\!\!-\!\!\!\mid\!\!\!-\!\!\!-\text{OH} & \text{H}\!-\!\!\!-\!\!\!\mid\!\!\!-\!\!\!-\text{OH}\\
\text{CH}_2\text{OH} & \text{CH}_2\text{OH} & \text{CH}_2\text{OH}\\
\text{D-甘油醛} & \text{D-某醛糖} & \text{D-某酮糖}
\end{array}
$$

为使人们在研究和学习中简便起见，单糖的费歇尔（Fischer）投影式可简写如下：在构型式中将所有碳原子都省掉，用"△"代表醛基（—CHO），用"○"代表末端羟甲基（—CH$_2$OH），用竖直方向的直线表示碳链，用短横线表示羟基。如 D-(＋)-葡萄糖的 Fisher 投影式可用以下三种形式表示：

$$
\begin{array}{ccc}
\text{CHO} & \text{CHO} & \triangle\\
\text{H}\!-\!\!\!-\text{OH} & -\text{OH} & \\
\text{HO}\!-\!\!\!-\text{H} & \text{HO}\!-\!\!\!- & \\
\text{H}\!-\!\!\!-\text{OH} & -\text{OH} & \\
\text{H}\!-\!\!\!-\text{OH} & -\text{OH} & \\
\text{CH}_2\text{OH} & \text{CH}_2\text{OH} & \bigcirc
\end{array}
$$

从 D-(＋)-甘油醛衍生出来的 D-型糖，可用图 14-1 表示。可以看出，单糖的旋光方向与构型没有必然的联系，旋光方向只能通过实验测定。图中各 D 型异构体都各有一个 L 型对映异构体。例如，D-(＋)-葡萄糖的对映体是 L-(—)-葡萄糖。它们的旋光度相等，旋光方向相反。因此在己醛糖的十六个旋光异构体中，有八个是 D 型的，有八个是 L 型的。其中只有 D-(＋)-葡萄糖、D-(＋)-甘露糖和 D-(＋)-半乳糖存在于自然界中，其余均为人工合成。

酮糖比含同数碳原子的醛糖少一个手性碳原子，所以旋光异构体的数目要比相应的醛糖少。己酮糖有三个手性碳原子，应有八个旋光异构体，其中四个为 D 型，四个为 L 型。D-(＋)-果糖是自然界分布最广的己酮糖。

14.1.1.2 单糖的环状结构和 Haworth 式

(1) 变旋现象　人们在研究 D-葡萄糖的性质时发现它有两种结晶形式：一种是从乙醇水溶液中结晶出来的 D-葡萄糖，$[\alpha]_D^{20}=+112.2°$，熔点 146℃；另一种是从吡啶溶液中结晶出来的 D-葡萄糖，$[\alpha]_D^{20}=+18.7°$，熔点为 148～150℃。常温下，若将这两种不同的葡萄糖晶体分别溶于水中，并立即置于旋光仪中，则可观察到它们的比旋光度都逐渐变为＋52.7°，然后维持恒定。这种比旋光度自行改变的现象叫做变旋现象。

从葡萄糖的开链式结构是无法解释变旋现象的。另外，从链状结构看，葡萄糖含有醛基，虽然它能与 HCN 和羰基试剂等发生类似醛的亲核加成反应，但在通常条件下，它不能与 NaHSO$_3$ 发生加成反应，并且只能与一分子醇发生缩醛反应。在它的红外光谱中，找不到醛基的特征吸收峰。在 ^{1}HNMR 中，没有醛基质子的吸收峰。葡萄糖的这些特殊性质是无法从它的开链结构得到解释的。X 射线结构分析说明，结晶状态的葡萄糖是以环状结构存在的，变旋现象是由于这两种葡萄糖具有不同的环状结构所致。

(2) 单糖的环状结构　葡萄糖的开链结构式中既含有醛基又含有醇羟基，根据醛和醇加成可以形成半缩醛的反应原理，葡萄糖分子内应该可以发生类似醛和醇的加成反应，形成环

图 14-1　醛糖的 D 型异构体

状半缩醛结构（图 14-2）。

图 14-2　D-（＋）-葡萄糖的环状结构及旋光异构体

　　葡萄糖分子中有五个羟基，到底哪一个羟基与醛基发生了加成呢？实验证明，一般是葡萄糖分子内 C^5 上的羟基与醛基加成形成环状的半缩醛，羟基可以从醛基所在平面的两侧向醛基进攻，故加成后 C^1 就成为一个具有两种构型的新手性碳原子，从而得到两个新的旋光异构体：一个称为 α-D-（＋）-葡萄糖，另一个称为 β-D-（＋）-葡萄糖（图 14-2）。这两种环状异构体通过开链结构相互转变而建立动态平衡。

　　两个环状结构的葡萄糖是一对非对映异构体，它们的区别仅在于 C^1 的构型不同，故也称"异头物"（也称作 C^1 差向异构体）。C^1 上新形成的半缩醛羟基（也叫苷羟基）与决定构型的碳原子，即链式结构中距醛基最远的手性碳原子，也就是 C^5 上的羟基处于同侧的称为 α 型；反之，称为 β 型。简而言之，半缩醛羟基与决定构型的羟基在同侧的为 α 式；异侧为 β

式。因此，α-D-葡萄糖的半缩醛羟基在碳链的右边，β-D-葡萄糖的半缩醛羟基在碳链的左边。

通过以上的环状半缩醛结构可知，变旋现象是由开链结构与环状的半缩醛结构互变而引起的。实验证明，从乙醇水溶液中结晶出来的葡萄糖晶体为 α-D-（＋）-葡萄糖，从吡啶溶液中结晶出来的葡萄糖晶体为 β-D-（＋）-葡萄糖。当把 α-D-（＋）-葡萄糖溶于水中，便有少量 α-D-（＋）-葡萄糖转化为开链式结构，并且 α-D-（＋）-葡萄糖与链式结构之间可以相互转化，但当链式结构转化为环状半缩醛结构时，不仅能生成 α-D-（＋）-葡萄糖，也能生成 β-D-（＋）-葡萄糖，经过一定时间以后，α 型、β 型和链式三种异构体之间达到平衡，形成一个互变平衡体系，比旋光度也达到一个平衡值而不再变化。如将 β-D-（＋）-葡萄糖溶于水，经过一段时间后，也形成如上三种异构体的互变平衡体系。

在此互变平衡体系中，α 型约占 37％，β 型约占 63％，而链式结构仅占 0.01％，虽然链式结构极少，但 α 型与 β 型之间的互变必须通过链式才能完成。在上述互变平衡体系中，根据计算结果可以得知溶液的比旋光度（$113 \times 37\% + 19 \times 63\% \approx 52.7$），所以，若将以上两种不同的葡萄糖结晶分别溶于水，并置于旋光仪中，则可观察到它们的比旋光度都逐渐变至 $+52.7°$。这样就很好地解释了变旋现象。

其他单糖如果糖、甘露糖、半乳糖、核糖和脱氧核糖等亦有环状半缩醛结构，也有变旋现象。例如，D-果糖在自然界以化合态存在时为五元环结构（呋喃型），而果糖结晶则为六元环结构（吡喃型），故果糖在水溶液中可能存在五种构型，即开链式、六元环的 α 型和 β 型、五元环的 α 型和 β 型，如图 14-3 所示。

图 14-3　D-果糖五种构型

（3）哈沃斯（Haworth）透视式　上述单糖的环状半缩醛结构是以 Fischer 投影式为基础表示的，不能形象地反映出单糖分子中各原子和基团的空间位置，而 Haworth 透视式则可以，因此常用其表示单糖的环状半缩醛结构。

下面以 D-（＋）-葡萄糖为例，说明 Haworth 透视式的书写步骤：先将碳链放成水平位置，则氢原子和羟基分别在碳链的上面或下面，如（Ⅰ）；然后将碳链在水平位置向后弯成六边形，如（Ⅱ）；将 C^5 上的原子或原子团按箭头所指进行逆时针轮换，使 C^5 上的羟基靠近 C^1 上的醛基，如（Ⅲ）；C^5 上的羟基与 C^1 上的醛基发生分子内的羟醛缩合反应，形成环状的半缩醛结构，由于羟醛缩合反应后 C^1 成为手性碳原子，C^1 上新形成的羟基（半缩醛羟基）可在环平面的下面或上面，便形成了 α 和 β 两个异构体，Ⅳ 和 Ⅴ 分别为 α-D-葡萄糖和 β-

D-葡萄糖的 Haworth 透视式，如图 14-4 所示。

图 14-4　D-葡萄糖的 Haworth 透视式

在单糖的 Haworth 式中，如何确定单糖的 D、L-构型和 α、β-构型呢？确定 D、L-构型要看环上碳原子的位次排列方式。如果是按顺时针方式排列，编号最大手性碳上的羟甲基在环平面上方的为 D-构型；反之，羟甲基在环平面下方的为 L-构型。如果是按逆时针方式排列，则与上述判别恰好相反。确定 α、β-构型是根据半缩醛羟基与编号最大手性碳上的羟甲基的相对位置。如果半缩醛羟基与编号最大手性碳上的羟甲基在环的异侧为 α-构型；反之，半缩醛羟基与羟甲基在环的同侧为 β-构型。编号最大手性碳上无羟甲基时，则与其上的氢比较，半缩醛羟基与编号最大手性碳上的氢在环的异侧为 α-构型；反之，为 β-构型。

在 Haworth 透视式中，成环的碳原子均省略了，环上其他基团的相对位置则以链式结构中的相对位置而定。如环上碳原子编号为顺时针方向，在链式结构中位于右侧的基团写在环的下方，左侧的基团写在环的上方。

D-果糖的酮基与 C^5 上羟基加成形成五元环，与 C^6 上羟基加成形成六元环，其 Haworth 透视式如图 14-5 所示。

图 14-5　D-果糖的 Haworth 透视式

在单糖的环状结构中，五元环与呋喃环相似，六元环与吡喃环相似。因此，五元环单糖又称呋喃型单糖，六元环单糖又称吡喃型单糖。其他几种单糖的 Haworth 透视式如图 14-6 所示。

β-D-(−)-核糖   β-D-(−)-2-脱氧核糖   β-D-(+)-甘露糖   β-D-(+)-半乳糖

图 14-6   其他几种单糖的 Haworth 透视式

14.1.1.3 单糖的构象

近代 X 射线分析等技术对单糖的结构研究结果表明：以五元环形式存在的糖，如果糖、核糖等，分子中成环的碳原子和氧原子都处于一个平面内；而以六元环形式存在的糖，如葡萄糖、半乳糖等，分子中成环的碳原子和氧原子不在一个平面内，其构象类似于环己烷，且椅式构象占绝对优势。在椅式构象中，又以较大基团连在 e 键上的最稳定。

在 β-D-葡萄糖中，半缩醛羟基处于 e 键上；而在 α-D-葡萄糖中，半缩醛羟基处于 a 键上。所以 β-D-葡萄糖比 α-D-葡萄糖稳定，这就是在 D-葡萄糖的变旋混合物中，β 式所占比例大于 α 式的原因。在所有己醛糖的构象中，β-D-葡萄糖是唯一的所有较大基团都处于 e 键上的糖，这可能就是葡萄糖在自然界中存在最多的原因之一。

虽然构象式能真实地反映单糖的三维空间结构，但为了书写方便，通常仍较多使用开链式和 Haworth 式来表示单糖的结构。

几种单糖的椅式构象如图 14-7 所示。

α-D-葡萄糖   β-D-葡萄糖   β-D-甘露糖   β-D-半乳糖

图 14-7   几种单糖的椅式构象

14.1.2 单糖的物理性质

单糖都是无色晶体，易溶于水，能形成糖浆，也溶于乙醇，但不溶于乙醚、丙酮、苯等有机溶剂。除丙酮糖外，所有的单糖都具有旋光性，而且有变旋现象。旋光性是鉴定糖的重要标志，几种常见糖的比旋光度如表 14-1 所示。

⊡ 表 14-1   常见糖的比旋光度

名称	纯 α 异构体	纯 β 异构体	变旋后的平衡值
D-葡萄糖	+113°	+19°	+52°
D-果糖	−21°	−113°	−91°
D-半乳糖	+151°	+53°	+84°
D-甘露糖	+30°	−17°	+14°

名称	纯 α 异构体	纯 β 异构体	变旋后的平衡值
D-乳糖	$+90°$	$+35°$	$+55°$
D-麦芽糖	$+168°$	$+112°$	$+136°$
D-纤维二糖	$+72°$	$+16°$	$+35°$

　　单糖和二糖都具有甜味，"糖"的名称由此而来。不同的糖，甜度各不相同。糖的甜度大小是以蔗糖的甜度为 100 作标准比较而得的相对甜度。果糖的相对甜度为 173，是目前已知甜度最大的糖。常见糖的相对甜度见表 14-2。

▣ 表 14-2　常见糖的相对甜度

名称	相对甜度	名称	相对甜度
蔗糖	100	木糖	40
果糖	173	麦芽糖	32
转化糖	130	半乳糖	32
葡萄糖	74	乳糖	16

14.1.3　单糖的化学性质

　　单糖的性质是由其分子结构决定的。单糖在水溶液中一般是以链状结构和环状结构的平衡混合物存在，故单糖的性质由这两种形式的结构所决定。从单糖的链状结构可以看出，单糖中有羟基和羰基两类官能团，其主要化学性质由这两类官能团决定。

　　羟基是醇的官能团，故单糖应具有醇的主要性质，如能发生酯化反应、氧化反应和脱水反应等。而羰基是醛或酮的官能团，故单糖也应具有醛或酮的主要性质，如可以发生羰基双键的亲核加成反应、还原反应、氧化反应等。但是，有机分子是一个整体，由于分子内各基团的相互影响，必然产生一些新的性质。

　　（1）差向异构化　在含有多个手性碳原子的旋光异构体中，若只有一个手性碳原子的构型不同，其他碳原子的构型完全相同，这样的旋光异构体互称为差向异构体。如 D-葡萄糖和 D-甘露糖，二者都只有第二位碳原子的构型相反，其他碳原子的构型完全相同，故称为 2-差向异构体。

　　在稀碱条件下，单糖的 2-差向异构体之间可以通过形成烯醇式中间体而相互转化，这种作用称为差向异构化。例如，用稀碱处理 D-葡萄糖时，将部分转化为 D-果糖和 D-甘露糖，成为三种物质的平衡混合物。

　　前面的章节已提到过，具有活泼的 α-H 的醛、酮在一定条件下，存在互变异构现象。单糖的 α-H 受羰基和羟基的双重影响变得更为活泼，在碱性溶液中，醛、酮可以与烯醇式结构平衡存在。在烯醇式结构中，C=C 在纸面上，实楔键连接的氢与羟基伸向纸前，虚线连接的羟基伸向纸后，由于烯醇式结构不稳定，C^1 或 C^2 上的羟基可能变回羰基而形成醛或酮。因此，从烯醇式中间体就可以转化成三种不同的糖。

　　① 当烯醇式中间体 C^1 羟基上的氢按如图 14-8（a）所示转移到 C^2 时，则 C^2 上的羟基便在右面，得到 D-葡萄糖。

　　② 当烯醇式中间体 C^1 羟基上的氢按如图 14-8（b）所示转移到 C^2 上，则 C^2 上的羟基

便在左面，得到 D-甘露糖。

③ 当烯醇式中间体 C^2 羟基上的氢按如图 14-8（c）所示转移到 C^1 上，这样得到的产物便是 D-果糖。

图 14-8　烯醇式中间体的转化

用稀碱处理 D-甘露糖或 D-果糖，也得到上述同样的平衡混合物。生物体物质代谢过程中，在异构化酶的作用下，常常发生葡萄糖和果糖的互相转变。

从上述平衡体系可知，任何一种醛糖或酮糖，在稀碱溶液中都能通过烯醇式中间体互变为对应的差向异构体。

葡萄糖可以异构化成为果糖的原理在工业上被用来制备高甜度的果葡糖浆。先利用廉价的谷物淀粉经酶水解成葡萄糖，再经过葡萄糖异构化酶的催化作用，使葡萄糖转化为甜度高的果糖，从而制得含 40％以上果糖的果葡糖浆，俗称人造蜂蜜。

（2）氧化反应　单糖可被多种氧化剂氧化，所用氧化剂的种类及介质的酸碱性不同，氧化产物也不同。

① 酸性介质中的氧化反应

a. 溴水氧化　醛糖能被溴水氧化生成糖酸，而酮糖不被溴水氧化，可由此区别醛糖与酮糖。

b. 硝酸氧化　醛糖在硝酸作用下生成糖二酸。例如，D-葡萄糖被氧化为 D-葡萄糖二酸，D-赤藓糖被氧化为内消旋酒石酸。根据氧化产物的结构和性质，可以帮助确定醛糖的结构。

D-葡萄糖　　　　　D-葡萄糖酸　　　　　D-赤藓糖　　　　　内消旋酒石酸

酮糖与强氧化剂作用，碳链断裂，生成小分子的羧酸混合物。

c. 高碘酸氧化　单糖分子中因具有邻二醇（或邻羟基醛和酮）的结构，故能与高碘酸（HIO_4）发生碳链断裂的氧化反应，碳链断裂的位置发生在连有羟基的两个邻位碳原子之间或连有羟基的碳原子和羰基碳之间。例如：

该反应可用以推测糖的结构。

苷分子中也含有邻二醇的结构，所以也能发生类似的氧化反应。例如：

甲基-α-D-葡萄糖苷　　　　　　　二醛

② 碱性介质中的氧化反应　醛能被弱氧化剂氧化，醛糖也具有醛基，同样能被弱氧化剂氧化。酮一般不被弱氧化剂氧化，但酮糖（例如果糖）在弱碱性介质中能发生差向异构化转变为醛糖，因此也能被弱氧化剂氧化。醛糖和酮糖，能被吐伦试剂、斐林试剂和本尼迪试剂所氧化，分别产生银镜或氧化亚铜的砖红色沉淀。通常，把这些糖称为还原性糖。这些反应常用作糖的鉴别和定量测定，如与本尼迪试剂的反应常用来测定果蔬、血液和尿中还原性糖的含量。

③ 生物体内的氧化反应　在生物体内的代谢过程中，有些醛糖在酶作用下发生羟甲基的氧化反应，生成糖醛酸。例如，葡萄糖和半乳糖被氧化时，分别生成葡萄糖醛酸和半乳糖醛酸。

D-葡萄糖醛酸　　　　　　　D-半乳糖醛酸

对于动物体来说，葡萄糖醛酸是很重要的，因为许多有毒物质是以葡萄糖醛酸苷的形式从尿中排泄出体外的，故有保肝和解毒作用。另外，糖醛酸是果胶质、半纤维素和黏多糖的重要组成，在土壤微生物的作用下，生成的多糖醛酸类物质是天然土壤结构的改良剂。

（3）还原反应 在催化加氢或酶的作用下，羰基可还原成羟基，糖还原生成相应的糖醇。例如，葡萄糖还原生成山梨醇，甘露糖还原后生成甘露醇。果糖还原后生成山梨醇和甘露醇的混合物，因为果糖还原时，C^2 成为手性碳原子，所以得到两种化合物。

山梨醇和甘露醇广泛存在于植物体内。李、桃、苹果、樱桃、梨等果实中含有大量的山梨醇，而甘露醇则主要存在于甘露蜜、柿、胡萝卜、葱等中。山梨醇还常用作细菌的培养基及合成维生素 C 的原料。

（4）成脎反应 羰基化合物都能与一分子苯肼作用生成苯腙，而醛糖或酮糖却能与三分子苯肼作用，生成的产物称为糖脎。单糖与苯肼作用生成糖脎，一般认为经过下述三步反应：首先羰基与一分子苯肼作用生成糖苯腙；然后糖腙经互变异构，并发生 1,4-消除反应，形成亚胺酮；最后与二分子苯肼反应生成糖脎。生成的糖脎可通过分子内的氢键形成螯环化合物，从而阻止了 C^3 上的羟基继续和苯肼反应。

酮糖   糖苯腙

在成腙反应中，无论醛糖或酮糖只有第一、第二个碳原子发生反应，如腙进一步与苯肼发生反应，就需破坏腙的稳定结构，故糖的其他碳原子不再进一步发生上述反应。所以第一、二个碳原子结构（构型或构造）不同，其他部分相同的单糖与过量苯肼作用形成相同的糖脎。如 D-葡萄糖、D-甘露糖和 D-果糖与过量苯肼作用生成同一种糖脎即 D-葡萄糖脎，只在生成的速率上有些差别。

糖脎都是不溶于水的黄色结晶，不同的糖脎结晶形状不同，在反应中生成的速率也不相同，并且各有一定的熔点，所以糖脎可用作糖的定性鉴定。

（5）成苷反应 单糖环状结构中的半缩醛羟基（苷羟基）较分子内的其他羟基活泼，故可与醇或酚等含羟基的化合物脱水形成缩醛型物质，这种物质称为糖苷，也称糖甙或配糖物。例如，α-D-葡萄糖的半缩醛羟基与甲醇在干燥的氯化氢的催化作用下脱水，生成 α-D-葡萄糖甲苷。

α-D-葡萄糖   α-D-葡萄糖甲苷

在糖苷分子中，糖的部分称为糖基，非糖部分称为配基。由 α 型单糖形成的糖苷称为 α-糖苷，由 β 型单糖形成的糖苷称为 β-糖苷。糖苷分子中没有半缩醛羟基，所以糖苷没有变旋现象，不能与 Tollens 试剂、Fehling 试剂作用，也不发生成脎反应。糖苷对碱、氧化剂、还原剂稳定，在酸或酶催化下可以水解。生物体内的酶，有的只能水解 α-糖苷，有的只能水解 β-糖苷。例如，α-D-葡萄糖甲苷被麦芽糖酶水解为甲醇和葡萄糖，而不能被苦杏仁酶水解。相反，β-D-葡萄糖甲苷能被苦杏仁酶水解，却不能被麦芽糖酶水解。

糖苷在自然界的分布很广泛，主要存在于植物的根、茎、叶、花和种子里。

（6）成酯反应　单糖环状结构中所有的羟基都可以酯化。例如，α-D-葡萄糖在氯化锌存在下，与乙酸酐作用生成五乙酸酯。

糖还可以和磷酸形成糖的磷酸酯。生物体内广泛存在着己糖磷酸酯和丙糖磷酸酯，它们的结构式如下：

磷酸二羟丙酮　　3-磷酸甘油醛　　α-D-6-磷酸葡萄糖　　α-D-1-磷酸葡萄糖

α-D-6-磷酸果糖　　　　　α-D-2,6-二磷酸果糖

这些糖的磷酸酯都是糖代谢过程中的重要中间产物。作物要施磷肥的原因之一，就是为作物提供合成磷酸酯所需的磷。如果缺磷，作物就难以合成磷酸酯，以致作物的光合作用和呼吸作用都不能正常地进行。

（7）脱水和显色反应　在浓酸（如浓盐酸）作用下，单糖可以发生分子内脱水而形成糠醛或糠醛的衍生物。糖的某些显色反应，就是基于这一前提。例如：

戊糖 → 糠醛 + 3 H₂O

己糖 → α-羟甲基糠醛 + 3 H₂O

糖类能与某些酚类化合物发生显色反应，就是因为它们在酸的作用下首先生成糠醛或羟甲基糠醛，这些产物继续同酚类化合物发生反应，结果生成了有色的物质。

① α-萘酚反应　在糖的水溶液中加入 α-萘酚的乙醇溶液（Molisch 试剂），然后沿试管壁小心地注入浓硫酸，不要振动试管，则在两层液面之间就能形成一个紫色环。所有的糖（包括单糖、低聚糖及高聚糖）都具有这种颜色反应，这是鉴别糖类物质常用的方法，这一反应又称为 Molisch 反应。

② 间苯二酚反应　酮糖与间苯二酚在浓盐酸存在下加热，能较快生成红色物质，而醛糖在 2min 内不呈色。这是由于酮糖与盐酸共热后，能较快地生成糖醛衍生物，这一反应又称 Селиванов（西列凡诺夫）反应。利用这个反应，可以鉴别醛糖和酮糖。

③ 蒽酮反应　糖类化合物都能与蒽酮的浓硫酸溶液作用生成绿色物质，这个反应可以用来定量测定糖类化合物。

④ 苔黑酚反应　在浓盐酸存在下，戊糖与苔黑酚（5-甲基-1,3-苯二酚）反应，生成蓝绿色物质，此反应可用来区别戊糖和己糖。

14.1.4　重要的单糖及其衍生物

14.1.4.1　几种重要的单糖

（1）D-核糖和 D-2-脱氧核糖　核糖和脱氧核糖是生物体内极为重要的戊糖，常与磷酸及某些杂环化合物结合而存在于蛋白质中。它们是核糖核酸及脱氧核糖核酸的重要组分之一，其链式结构和环状结构表示如下：

α-D-核糖　　D-核糖　　β-D-核糖

α-D-2-脱氧核糖　　D-2-脱氧核糖　　β-D-2-脱氧核糖

（2）D-葡萄糖　D-葡萄糖是自然界分布最广的己醛糖，由于它是右旋的，所以也称右旋糖。葡萄糖多结合成二糖、多糖或糖苷而存在于生物体内，也有游离的葡萄糖存在。它也存在于动物的血液、淋巴液和脊髓中。

葡萄糖为无色结晶，熔点146℃，有甜味，易溶于水，微溶于乙醇和丙酮，不溶于乙醇和烃类。葡萄糖在医药上用作营养剂，并有强心、利尿、解毒等作用。在食品工业中用以制作糖浆、糖果等。在印染工业中用作还原剂。

（3）D-果糖　D-果糖以游离态存在于水果和蜂蜜中，是蔗糖的组成成分。在天然存在的糖中果糖是最甜的一种。$[\alpha] = -92°$，故又称"左旋糖"。果糖是无色结晶，熔点102℃（分解），易溶于水，也可溶于乙醇及乙醚中。能与氢氧化钙形成难溶于水的化合物 $C_6H_{12}O_6Ca(OH)_2 \cdot H_2O$。工业上用酸或酶水解菊粉来制取果糖。

（4）D-半乳糖　半乳糖是乳糖和棉籽糖的组成成分，也是组成脑髓的重要物质之一，它以多糖的形式存在于许多植物的种子或树胶中，它的衍生物也普遍存在于植物中。例如，半乳糖醛酸是植物黏液的主要成分，由藻类植物浸出的黏液——石花菜胶（即琼脂）主要就是半乳糖醛酸的高聚物。D-半乳糖是无色结晶，熔点167℃，有微甜味，能溶于水及乙醇，用于有机合成及医药上。

14.1.4.2　氨基糖

自然界存在的氨基糖都是氨基己糖，广泛存在的是 C^2 上的羟基被氨基取代的2-氨基葡萄糖和2-氨基半乳糖。它们常以结合状态存在于杂多糖中。例如，2-氨基-D-葡萄糖和乙酰氨基-D-葡萄糖是昆虫甲壳质的基本单位。2-乙酰氨基-D-半乳糖是软骨素中所含多糖的基本单位。

2-氨基-β-D-葡萄糖　　　　2-氨基-β-D-半乳糖

2-乙酰氨基-β-D-葡萄糖　　　2-乙酰氨基-β-D-半乳糖

14.1.4.3　维生素C

在结构上，维生素C可以看作是一个不饱和的糖酸内酯，分子中烯醇式羟基上的氢较易解离，故呈酸性。

由于维生素C有防止坏血病的功能，所以在医药上常称为抗坏血酸。维生素C容易氧化形成脱氢抗坏血酸，而脱氢抗坏血酸还原又重新变成抗坏血酸。所以在动植物体内氧化过程中具有传递质子和电子的作用。由于它是一种较强的还原剂，故可用作食品的抗氧剂。在工业上它是由葡萄糖制备而成的。

抗坏血酸   脱氢抗坏血酸

维生素 C 是白色结晶，易溶于水，为 L 型，比旋光度 $[\alpha]_D^{20} = +21°$，它广泛存在于植物体内，尤以新鲜的水果和蔬菜中含量最多。人体本身不能合成维生素 C，必须从食物获得。如果人体缺乏维生素 C，则将引起坏血病。

14.2 二糖

二糖是低聚糖中最重要的一类，也称作双糖。一个二糖分子经水解生成二个单糖分子，二糖是由两分子单糖失水形成的缩合物（糖苷）。自然界存在的二糖有还原性二糖和非还原性二糖两类。

14.2.1 还原性二糖

若一个单糖分子的半缩醛羟基与另一个单糖分子的醇羟基结合成苷，则其中一个单糖的结构单元仍保留了一个游离的半缩醛羟基，可开环形成链式结构，所以此类二糖有还原性、变旋现象、成脎反应，称为还原性二糖。比较重要的还原性二糖有以下几种。

（1）麦芽糖   在麦芽糖酶的催化下，麦芽糖水解得到 D-葡萄糖，但不被苦杏仁酶水解。这一事实说明麦芽糖属 α-D-葡萄糖苷。进一步的实验研究证明：麦芽糖是由一分子 α-D-葡萄糖 C^1 上的半缩醛羟基（苷羟基）与另一分子 α-D-葡萄糖 C^4 上的醇羟基失水形成 α-1,4-苷键结合而成的。其结构式如下：

麦芽糖

麦芽糖是无色片状结晶，熔点 102.5℃，易溶于水。因分子结构中还保留一个苷羟基，它在水溶液中仍可以 α、β 两种环状结构和链式结构三种形式存在，所以麦芽糖和葡萄糖等单糖一样，具有还原性。α-麦芽糖的 $[\alpha]_D = +168°$，β-麦芽糖的 $[\alpha]_D = +112°$。

麦芽糖在自然界以游离态存在的很少。在淀粉酶或唾液酶作用下，淀粉水解可以得到麦芽糖，它是饴糖的主要成分，甜度约为蔗糖的 40%，可代替蔗糖制作糖果、糖浆等。

（2）纤维二糖   在苦杏仁酶的催化作用下，纤维二糖能水解生成两分子 D-葡萄糖，但不被麦芽糖酶水解，因此其苷键属 β-D-葡萄糖苷，它是由两分子 β-D-葡萄糖通过 β-1,4-苷键相连接而成的二糖。

纤维二糖

纤维二糖分子结构中也保留着一个苷羟基，所以具有还原性。纤维二糖在自然界以结合状态存在，它是纤维素水解的中间产物。

（3）乳糖　乳糖是一分子 β-D-半乳糖的半缩醛羟基与一分子 α-D-葡萄糖 C^4 上的醇羟基缩合，以 β-1,4-苷键连接的二糖。分子结构中的葡萄糖结构单元保留有游离的半缩醛羟基，故具有还原性，属于还原性二糖。它能被酸、苦杏仁酶和乳糖酶水解，产生一分子 D-半乳糖和一分子 D-葡萄糖。

乳糖

乳糖存在于哺乳动物的乳汁中，为白色粉末，熔点 201.5℃，能溶于水，没有吸湿性，常用于食品工业和医药工业。

14.2.2　非还原性二糖

非还原性二糖是由两个单糖分子均利用它们的半缩醛羟基缩合而成的，这种二糖没有游离的半缩醛羟基，所以它不能开环形成链式结构，故没有还原性，没有变旋现象，也不能够成脎。

（1）蔗糖　经测定证明，蔗糖是由一分子 α-D-葡萄糖 C^1 上的半缩醛羟基与一分子 β-D-果糖 C^2 上的半缩醛羟基失去一分子水，通过 α-1-β-2-苷键连接而成的二糖。蔗糖分子中没有游离的半缩醛羟基，二个单糖单位均不能开环成链式结构，因此它没有还原性，没有变旋现象和成脎反应。

蔗糖

蔗糖是无色结晶，易溶于水。蔗糖的比旋光度为 $+66.5°$，在稀酸或蔗糖酶作用下，水解得到葡萄糖和果糖的等量混合物，该混合物的比旋光度为 $-19.8°$。由于在水解过程中，溶液的旋光度由右旋变为左旋，因此通常把蔗糖的水解作用称为转化作用。转化作用所生成的等量葡萄糖与果糖的混合物称为转化糖。因为蜜蜂体内有蔗糖酶，所以在蜜蜂中存在转化糖。蔗糖水解后，因其含有果糖，所以甜度比蔗糖大。

$$\text{蔗糖} + H_2O \xrightarrow{\text{稀酸}} \text{D-葡萄糖} + \text{D-果糖}$$
$$[\alpha] = +66.5° \qquad [\alpha] = +52° \quad [\alpha] = -92°$$
$$[\alpha] = -19.8°$$

蔗糖广泛存在于植物中，在甘蔗茎中含量可高达 26%，甜菜块根中约含 20%。甘蔗和甜菜都是榨取蔗糖的重要原料。日常生活用的食糖，如绵白糖、砂糖、冰糖等，都是晶粒大小不等的蔗糖。蔗糖不仅是一种非常重要的食品和调味品，而且还可用于制焦糖、转化糖、透明肥皂、药物防腐剂等。蔗糖是植物体内糖类化合物运输的主要形式，光合作用产生的葡萄糖转化为蔗糖后再向植物各部位运输，到各部位后又迅速地转变为葡萄糖供植物利用，或者变为淀粉贮藏起来。

（2）海藻糖　海藻糖是由两分子 α-D-葡萄糖在 C^1 上的两个苷羟基之间脱水，通过 α-1,1-苷键结合而成的二糖，其分子结构中不存在游离的半缩醛羟基，所以也是一种非还原性糖。海藻糖又叫酵母糖，存在于海藻、昆虫和真菌体内，它是各种昆虫血液中的主要血糖。海藻糖为白色晶体，能溶于水，熔点 96.5～97.5℃，比旋光度为 +178°。

海藻糖

14.3 多糖

多糖是一类由许多单糖以苷键相连的天然高分子化合物，它们广泛分布在自然界，结构极为复杂。组成多糖的单糖可以是戊糖、己糖、醛糖和酮糖，也可以是单糖的衍生物，如氨基己糖和半乳糖酸等。组成多糖的单糖数目可以是几百个，有的甚至高达几千个。多糖没有甜味、变旋现象和还原性，亦无成脎反应。多糖按其组成可分为两类：一类称为均多糖，它是由同种单糖构成的，如淀粉和纤维素等；另一类称为杂多糖，它是由两种或两种以上单糖构成的，如果胶质和黏多糖等。多糖按其生理功能大致可分为两类：一类是作为贮藏物质的，如植物中的淀粉，动物中的糖原；另一类是构成植物的结构物质，如纤维素、半纤维素和果胶质等。

14.3.1 淀粉

淀粉是植物的贮藏物质，广泛存在于植物体的各个部分，特别是在种子及某些块根和块茎中含量较高。例如，稻米中含淀粉 62%～82%，小麦含 57%～75%，马铃薯含 12%～14%，玉米含 65%～72%。

（1）淀粉的分子结构　淀粉是由许多个 α-D-葡萄糖通过苷键结合成的多糖，它们可用通式 $(C_6H_{10}O_5)_n$ 表示。淀粉一般是由两种成分组成的：一种是直链淀粉；另一种是支链淀粉，这两种淀粉的结构和理化性质都有差别。两者在淀粉中的比例随植物的品种而异，一般直链淀粉约占 10%～30%，支链淀粉约占 70%～90%。表 14-3 是几种粮食中直链淀粉和支链淀粉的含量。

□ 表 14-3　几种粮食中直链淀粉和支链淀粉的含量

粮食名称	直链淀粉含量/%	支链淀粉含量/%
小麦	24	76
稻米	17	83
糯米	0	100
玉米	23	77
糯玉米	0	100

　　粮食作物种子中的直链淀粉和支链淀粉的含量比例决定着谷物种子的食味品质和出饭率，甚至影响谷物的贮藏与加工。支链淀粉含量高，蒸煮后黏性比较大。粳米中支链淀粉比籼米多，因而米饭黏性强，出饭率低。而籼米蒸煮后，黏性小，米饭干松，膨胀大，出饭率高。糯米几乎全部是支链淀粉，所以饭的黏性最大。

　　淀粉可用酸水解，也可在淀粉酶作用下水解，其最终产物为 D-葡萄糖，但倒数第二个产物是麦芽糖，可见淀粉由 α-D-葡萄糖以 1,4-苷键结合而成的高分子化合物，也有以 1,6-苷键结合成支链，构成支链淀粉的片断。

　　直链淀粉大约是由 100～1000 个（一般为 250～300 个）α-D-葡萄糖单位通过 α-1,4-苷键连接而成的长链分子，分子量范围在 30000～100000。

　　实验证明，直链淀粉不是完全伸直的。由于分子内氢键的作用，使链卷曲盘旋成螺旋状，每卷螺旋一般含有六个葡萄糖单位（图 14-9）。现已发现直链淀粉能与磷酸、脂肪酸等生成复合物。

直链淀粉

图 14-9　直链淀粉的螺旋结构示意图

支链淀粉的分子比直链淀粉大得多。支链淀粉是由 1000 个以上（一般平均 6000 个）α-D-葡萄糖单位连接而成的树状大分子，为天然高分子化合物中最大的一种。在支链淀粉分子中的 α-D-葡萄糖除通过 α-1,4-苷键连接成长链外，还可以通过 α-1,6-苷键形成分支的侧链。侧链一般含 20～25 个葡萄糖单位，侧链内部的 α-D-葡萄糖单位仍是通过 α-1,4-苷键相互连接的。侧链上每隔 6～7 个葡萄糖单位又能再度形成另一支链结构，使支链淀粉形成复杂的树状分支结构的大分子。

支链淀粉中支链数目的多少随淀粉来源不同而异，但至少有 50 个。支链淀粉的形状没有一定的规律。

（2）淀粉的理化性质　淀粉是白色无定形粉末，不同来源的淀粉其形状、大小各异。直链淀粉和支链淀粉由于分子量和结构不同，所以性质亦有差异。

① 水溶性　直链淀粉不溶于冷水而易溶解在热水中而不成糊状。这是由于在加热的情况下，其螺旋状结构散开，易与水形成氢键而均匀地分布在水中成为溶胶，溶胶冻结则形成凝胶，没有黏性，因此含直链淀粉的薯粉和豆粉可制成粉皮和粉丝。

支链淀粉不溶于水，与水共热则膨胀而成糊状，不能形成溶胶。支链淀粉在热水中，其螺旋结构虽然也有所散开，但由于分子中有许多支链彼此纠缠（图 14-10 及图 14-11），而产生糊化现象，呈现很大的黏性，因此含支链淀粉多的糯米煮后黏性特别大。

图 14-10　支链淀粉结构示意图

图 14-11　支链淀粉片断

（每个圆圈代表一个葡萄糖单位，∞代表麦芽糖单位，箭头所指处为可被淀粉酶水解部分）

② 呈色反应　直链淀粉遇碘呈深蓝色，支链淀粉遇碘呈紫红色。淀粉与碘的反应很灵敏，常用来检验淀粉。在分析化学中，可溶性淀粉常用作碘量法的指示剂。直链淀粉遇碘呈深蓝色是由于碘分子"钻入"淀粉的螺旋结构的孔道中，在孔道内羟基的作用下，与淀粉形成了有色的配合物。加热时，淀粉的螺旋结构发生变化，与碘形成的配合物随之分解，故深蓝色褪去，冷却后又恢复淀粉螺旋结构，故又重新显色。

③ 水解　淀粉可以在酸或酶的作用下水解。淀粉水解是大分子逐步裂解为小分子的过程，这个过程的中间产物总称为糊精。糊精是淀粉部分水解的产物，分子虽然比淀粉小，但仍然是多糖。在水解过程中，糊精分子逐渐变小，根据它们与碘产生不同的颜色可分为蓝糊精、红糊精和无色糊精。无色糊精约含十几个葡萄糖单位，能还原斐林试剂，无色糊精再继

续水解则生成麦芽糖。麦芽糖在酸或麦芽糖酶的催化下最后水解生成葡萄糖。淀粉在淀粉酶催化下最后只能生成麦芽糖。淀粉的水解过程可表示如下：

淀粉 ——→ 蓝糊精 ——→ 红糊精 ——→ 无色糊精 ——→ 麦芽糖 ——→ 葡萄糖

$\underbrace{\qquad\qquad\qquad\qquad\qquad\qquad\qquad}_{\text{淀粉酶催化}}$ $\underbrace{\qquad\qquad\qquad\qquad}_{\text{麦芽糖酶催化}}$

淀粉在酸的作用下水解，最后产物是葡萄糖，可用下式表示：

$$(C_6H_{10}O_5)_n + (n-1)H_2O \xrightarrow{\text{稀酸}} nC_6H_{12}O_6$$
$$\text{淀粉} \qquad\qquad\qquad\qquad\qquad \text{葡萄糖}$$

糊精能溶于水，水溶液有黏性，可作为固体饮料的载体，还可作黏合剂及纸张、布匹等的上胶剂。

④ 生成淀粉衍生物　淀粉可以与一些试剂作用生成淀粉衍生物。例如，与乙酸酐作用生成乙酸淀粉；与氯乙酸作用生成羧甲基淀粉；与环氧乙烷作用生成羟乙基淀粉等。

此外，淀粉虽然是由葡萄糖分子结合而成的，但葡萄糖分子相互间是通过苷键连接的，只有在淀粉分子末端的葡萄糖单位上还保留游离的苷羟基，这种苷羟基在分子中所占的比例极小，因此淀粉无还原性。同理，其他多糖也无还原性。

淀粉除了作为食物外，还可作为酿造工业的原料、纺织工业的浆剂、造纸工业的填料、药剂的赋形剂和制取葡萄糖等。淀粉在食品工业中用处很多，可用来制造糕点、饼干、糖果和罐头食品。淀粉在食品中可作为增稠剂、胶体生成剂、保湿剂、乳化剂、黏合剂等。

14.3.2　糖原

糖原是动物体内的贮藏物质，又称动物淀粉，主要存在于肝和肌肉中，因此有肝糖原和肌糖原之分。糖原在动物体中的功用是调节血液的含糖量，当血液中含糖量低于常态时，糖原就分解为葡萄糖，当血液中含糖量高于常态时，葡萄糖就合成糖原。

糖原也是由许多个 α-D-葡萄糖结合而成的，其结构和支链淀粉相似。不过糖原的支链更多、更短，平均隔三个葡萄糖单位即可有一个分支，支链的葡萄糖单位也只有 12～18 个，外圈链甚至只有 6～7 个，所以糖原的分子结构比较紧密，整个分子团成球形。它的平均分子量大约在 $10^6 \sim 10^7$。

糖原为白色粉末，能溶于水及三氯醋酸，不溶于乙醇及其他有机溶剂，遇碘显红色，无还原性。糖原也可被淀粉酶水解成糊精和麦芽糖，若用酸水解，最终可得 D-葡萄糖。

14.3.3 纤维素

（1）纤维素的结构　纤维素分子是由许多 β-D-葡萄糖通过 β-1,4-苷键连接而成的一条没有分支的长链。组成纤维素的葡萄糖单位数目随纤维素的来源不同而异，一般在 5000～10000 个。一般认为纤维素分子由 8000 个左右的葡萄糖单位构成。纤维素分子的结构表示如下：

纤维素

纤维素是自然界分布最广的一种多糖，它是植物体的支撑物质，是细胞壁的主要成分。在自然界中，棉花的纤维含量最高，麻、木材、麦秆以及其他植物的茎秆都含有大量的纤维素（表 14-4）。

⊡ 表 14-4　几种植物纤维素的含量

名称	纤维素含量/%	名称	纤维素含量/%
棉花	88～98	黄麻	60～70
亚麻	80～90	木材	40～50
苎麻	80～85	稻草、麦秆	40～50

纤维素分子在植物细胞壁中构成一种称为微纤维的生物学结构单元，微纤维由一束沿分子长轴平行排列的纤维素分子构成。微纤维呈细丝状，含有 280～800 个纤维素分子，直径为 10～20nm，微纤维束的横切面为椭圆形。微纤维核心的纤维素分子常排列成三维晶格结构，称为纤维素微纤维的微晶区。微纤维核心晶格结构之外的纤维素分子仍大致上处于平行排列的构象，但未形成完善的三维晶格，称为微纤维亚结晶区或称无定形区，一般认为纤维素分子的聚合形式有这两种类型，这两束微纤维有时尚可融合在一起。由于纤维素分子构成的微纤维有强的结晶性质，使纤维素有强的机械强度和化学稳定性。

（2）纤维素的性质　纤维素是白色纤维状固体，无甜味，性质比较稳定。

① 溶解性　纤维素不溶于水，仅能吸水膨胀，也不溶于稀酸、稀碱和一般的有机溶剂，但能溶于硫酸铜的氨溶液、氯化锌的浓溶液、硫氰酸钙的浓溶液等。例如，纤维素溶于铜氨溶液的反应如下：

这个铜氨配合物遇酸后即分解，原来的纤维素又沉淀下来。人造丝就是利用这个性质制造的。

② 水解　纤维素可以发生水解，但比淀粉困难，纤维素可以被浓硫酸、浓盐酸或纤维素酶水解。水解过程中也产生一系列纤维素糊精、纤维二糖，最后产物是 D-葡萄糖。

纤维素用途很广，除用于制造各种纺织品和纸张外，还可制成人造丝、人造棉、玻璃纸、火棉胶、赛璐珞制品和电影胶片等。纤维素的衍生物，像 N,N-二乙氨基乙基纤维素（DEAE 纤维素）可用于分离蛋白质和核酸等，羧甲基纤维素（CMC）在纺织、医药、造纸和化妆品工业上都有广泛的用途。

14.3.4　甲壳素

甲壳素又称几丁质，存在于虾、蟹及许多昆虫的硬壳上，是这些动物的保护物质。蕈类和地衣的外膜也存在甲壳素。

甲壳素是一种含氮的均多糖，其结构单位是 2-乙酰氨基-β-D-葡萄糖，它们彼此以 β-1,4-苷键相连接。

甲壳素

甲壳素与纤维素相似，其分子也是一伸展的直链，但链与链间的氢键数多于纤维素，所以甲壳素相对更为坚硬。甲壳素不溶于水、稀酸和有机溶剂，也不溶于铜氨溶液。它的化学性质稳定，但能被强碱破坏，浓强酸能使其水解，水解的最终产物是 2-氨基葡萄糖和乙酸。

14.3.5　半纤维素

半纤维素是与纤维素共存于植物细胞壁的一类多糖。秸秆、糠麸、花生壳和玉米芯内含量较多。它的分子量比纤维素小，它的组成和结构与纤维素完全不同。不同来源的半纤维素成分也各不相同。

半纤维素不溶于水而能溶于碱，比纤维素容易水解。半纤维素彻底水解，可以得到某些戊糖、某些己糖以及某些戊糖和己糖的衍生物等，故认为半纤维素可能是多缩戊糖和多缩己糖以及杂多糖的混合物。

多缩戊糖中主要是多缩木糖和多缩阿拉伯糖，其中阿拉伯糖为 L 型。多缩戊糖的分子具有像纤维素的直链结构，但链比纤维素短得多。例如，多缩木糖中的基本单位为木糖，它通过 β-1,4-苷键连接成直链。

多缩木糖

多缩己糖中主要是多缩甘露糖、多缩半乳糖和多缩半乳糖醛酸。它们也是直链结构，链比纤维素短。例如，多缩甘露糖中的基本单位为甘露糖，也是通过 β-1,4-苷键连接成直链的。

半纤维素的结构现在还不清楚，它是高等植物细胞壁中非纤维素也非果胶类物质的多糖。半纤维素在植物体内主要起着骨架物质的作用。在适当的条件下，如种子发芽时，半纤维素在酶的作用下可以水解生成具有营养作用的单糖。半纤维素属于膳食纤维素的组分之一。膳食纤维素的存在，在消化机制和预防医学方面有一定的功用。

14.3.6　果胶质

果胶类物质又称为果胶多糖，是植物细胞壁的组成成分，它充塞在植物相邻细胞间，使细胞黏合在一起，是植物中的一群复杂胶状多聚糖。在植物的果实、种子、根、茎和叶里都含有果胶类物质，但以水果和蔬菜中含量较多。

果胶类物质是一类成分比较复杂的多糖，它们的分子结构尚未完全清楚。其化学组成常因来源不同而有差别。根据其结合状况、成分和理化性质，可把果胶类物质分为果胶酸、果胶酯酸和原果胶三类。

（1）果胶酸　纯果胶酸是由很多个 D-半乳糖醛酸通过 α-1,4-苷键结合而成的没有分支的线形长链高分子化合物。同时，任何具有果胶酸基本结构能呈现胶体性质的聚合体，都可以称为果胶酸。果胶酸是基本上不含甲氧基的果胶类物质，因其分子中含有羧基，故能与 Ca^{2+}、Mg^{2+} 生成不溶性的果胶酸钙、果胶酸镁沉淀，这个反应可以用来测定果胶类物质的含量。

果胶酸是果胶酯酸和原果胶的构成单位。

果胶酸

（2）果胶酯酸　果胶酯酸是指甲氧基比例较大的果胶酸。现已证实，果胶酯酸是一组以复杂方式连接的多聚鼠李糖、多聚半乳糖醛酸。它是由 α-1,4-苷键连接的 D-吡喃半乳糖醛酸单位组成骨架链，其中含有少数有序或无序的 α-1,2-苷键连接的鼠李糖单位，在鼠李糖富集区也夹杂有半乳糖醛酸单位。果胶酯酸的一般结构如图 14-12 所示。

图 14-12　果胶酯酸的结构

（○代表半乳糖醛酸；×代表甲基酯；◇代表葡萄糖醛酸；⬠代表岩藻糖；

◆代表木糖；△代表阿拉伯糖；▲代表半乳糖；●代表鼠李糖；⊘代表甲基醚）

从图 14-12 中可以看出，果胶酯酸的结构很复杂，其中有甲基醚、多聚鼠李糖、葡萄糖醛酸、木糖、阿拉伯糖、岩藻糖、半乳糖、多聚半乳糖醛酸及其甲酯等。

果胶是指具有各种甲氧基含量的水溶性果胶酯酸。

（3）原果胶　原果胶泛指一切水不溶性果胶类物质。原果胶存在于未成熟的水果和植物的茎、叶里，不溶于水。一般认为它是果胶酯酸与纤维素或半纤维素结合而成的高分子化合物。未成熟的水果是坚硬的，这直接与原果胶的存在有关。随着水果的成熟，原果胶在酶的作用下逐步水解为有一定水溶性的果胶酯酸，水果也就由硬变软了。

现在已经证实，果胶类物质主要分为同质多糖和异质多糖两类：前者包括多聚半乳糖醛酸、多聚半乳糖和多聚阿拉伯糖；后者包括多聚阿拉伯糖、多聚半乳糖和多聚鼠李糖醛酸，同时还有一些单糖组分，包括 D-半乳糖、L-阿拉伯糖、D-木糖、L-岩藻糖、D-葡萄糖醛酸以及罕见的 α-甲氧基-D-木糖、α-甲氧基-L-岩藻糖和 D-芹叶糖。

14.3.7　琼脂

琼脂又称琼胶，是从红藻类植物石花菜或其他藻类中提取出来的一种黏胶。其结构是由九个 D-半乳糖分子以 β-1,3-苷键相连，其还原性端基又以 1,4-苷键与一个 L-半乳糖连接。L-半乳糖的 C^6 上是硫酸酯，并且与钙形成盐类。其结构式表示如下：

（R为—$CH_2OSO_2OCa_{1/2}$）
琼脂

琼脂为白色或浅褐色，无臭味，不溶于冷水，加水煮沸则溶解成黏液，冷却后即成半透明的凝胶物质，可供食用，也常用作缓泻药，在微生物培养中用作培养基的固化物。

🔖 阅读材料 ┈┈┈

从 CO_2 到淀粉的人工合成

粮食危机和气候变化是人类面临的重大挑战。粮食淀粉可持续供给、CO_2 转化利用是当今世界科技创新的战略方向。而不依赖植物光合作用，设计人工生物系统固定 CO_2 合成淀粉，是影响世界的重大颠覆技术。淀粉是粮食最主要的组分，也是重要的工业原料。目前淀粉主要由玉米等农作物通过自然光合作用固定 CO_2 生产，合成与积累涉及约 60 步代谢反应以及复杂的生理调控，理论能量转化效率仅为 2% 左右。

中国科学院天津工业生物技术研究所马延和等报道了由 11 步核心反应组成的人工淀粉合成途径（ASAP）。该途径偶联化学催化与生物催化反应，在实验室实现了从 CO_2 和 H_2 到淀粉分子的人工全合成。通过从头设计 CO_2 到淀粉合成的非自然途径，采用模块化反应适配与蛋白质工程手段，解决了计算机途径热力学匹配、代谢流平衡以及副产物抑制等问题，克服了人工途径组装与级联反应进化等难题。在 H_2 驱动下，ASAP 将二氧化碳转化为淀粉分子的速度为每分钟每毫克催化剂 22nmol 碳单元，比玉米淀粉合成速度高 8.5 倍；

ASAP 淀粉合成的理论能量转化效率为 7%，是玉米等农作物的 3.5 倍，并可实现直链和支链淀粉的可控合成。该成果不依赖植物光合作用，实现了二氧化碳到淀粉的人工全合成。

人工淀粉合成途径

研究过程中，马延和带领团队采用一种类似"搭积木"的方式，利用化学催化剂将高浓度 CO_2 在高密度氢能作用下还原成 C1 化合物，然后通过设计构建 C1 聚合新酶，依据化学聚糖反应原理将 C1 化合物聚合成 C3 化合物，最后通过生物途径优化，将 C3 化合物又聚合成 C6 化合物，再进一步合成直链和支链淀粉。该团队还通过耦合化学催化与生物催化模块体系，创新高密度能量与高浓度 CO_2 利用的生物过程技术，通过反应时空分离优化，解决人工途径中底物竞争、产物抑制、热/动力学匹配等问题，扩展人工光合作用的能力。按照目前技术参数，在能量供给充足条件下，理论上 $1 m^3$ 生物反应器年产淀粉量相当于 5 亩土地玉米种植淀粉产量（按中国玉米淀粉平均亩产量计算）。这一成果使淀粉生产的传统农业种植模式向工业车间生产模式转变成为可能，并为 CO_2 原料合成复杂分子开辟新的技术路线。

蔡韬（该成果文章第一作者）坦言，中途也曾有过任务进行不下去、想要放弃的时候。与经历数十亿年进化的自然途径相比，人工设计的途径在不同催化反应以及酶之间，存在兼容性等一系列的科学问题。他告诉记者："为了实现从 0 到 1 的突破，实验室里记录表堆起来，接近一个办公桌的高度。"整整 6 年时间，一个团队为做一件事、一个目标、一个任务，紧紧地聚集在一起，生动诠释了研究所一直倡导的"细胞文化"，每一个成员就如同一个"细胞组件"，各自分工明确，有机统一，将细胞应有的功能发挥到极致。

人工合成淀粉，是中国科学家历时 6 年多科研攻关，继 20 世纪 60 年代在世界上首次完成人工合成结晶牛胰岛素之后，又在人工合成淀粉方面取得的重大颠覆性、原创性突破，国际上首次在实验室实现 CO_2 到淀粉的从头合成。

"中国科学历史上从来不缺有挑战精神的科学家，也从来不缺具有远见卓识的管理者。"

中科院副院长周琪提到，此次科研突破最大意义在于，让我们充分认识到："人，是有可能创造一些以往不存在的，但是更加合理的生物反应，可能改变生命过程，甚至也可能改变工业进程；同时也让我们再次认识到，有组织的建制化攻关机制和敢为人先、潜心研究、团结协作的科学家精神结合在一起，会迸发出多么强的创造力。"

本章小结

一、单糖的结构

1. 单糖构型的 D、L 标记法

2. 单糖的链式结构、Haworth 氧环式结构和变旋现象

二、单糖的主要化学性质

1. 差向异构化

2. 氧化反应

3. 还原反应

在催化加氢或酶的作用下，糖还原生成相应的糖醇。

4. 成脒反应

$$CHO \quad \xrightarrow[\text{HOAc}]{PhNHNH_2} \quad \left[HC=NNHPh \right] \quad \xrightarrow{PhNHNH_2} \quad HC=NNHPh$$

习题

14-1 写出下列化合物的 Haworth 式。

  （1）乙基-β-D-甘露糖苷   （2）α-D-半乳糖醛酸甲酯

  （3）α-D-葡萄糖-1-磷酸   （4）β-D-呋喃核糖

14-2 写出下列化合物的构象式。

  （1）β-D-吡喃葡萄糖   （2）α-D-呋喃果糖

  （3）甲基-β-D-吡喃半乳糖苷 （4）α-D-吡喃甘露糖

14-3 举例解释下列名词。

　　(1) 差向异构体　　　　(2) 端基异构体　　　　(3) 变旋现象

　　(4) 还原糖、非还原糖　　(5) 苷键

14-4 写出 D-葡萄糖与下列试剂作用的主要产物。

　　(1) H_2NOH　　　　　(2) Br_2-H_2O　　　　(3) CH_3OH/HCl

　　(4) $LiAlH_4$　　　　　(5) 苯肼

14-5 用简单化学方法鉴别下列各组化合物。

　　(1) 甲基葡萄糖苷、葡萄糖、果糖、淀粉

　　(2) 麦芽糖、蔗糖、果糖

14-6 有三种单糖与过量苯肼作用后生成相同的糖脎，其中一种为 A（D-葡萄糖），写出其他两个异构体 B 与 C 的 Fischer 投影式。

14-7 写出下列反应的主要产物或反应物。

(1) $\xrightarrow[\text{无水HCl}]{CH_3OH}$?

(2) $\xrightarrow{HIO_4}$?

(3) $\xrightarrow[\text{吡啶}]{(CH_3CO)_2O}$?

(4) $\xrightarrow[KOH]{PhCH_2Cl}$?

(5) $\xrightarrow{HIO_4}$?

(6) （A）$\xrightarrow{HNO_3}$ 内消旋酒石酸

(7) （B）$\xrightarrow{NaBH_4}$ 旋光性丁四醇

14-8 指出下列糖化合物哪些有还原性。

　　(1) D-阿拉伯糖　　　(2) D-甘露糖　　　(3) 淀粉

　　(4) 蔗糖　　　　　　(5) 纤维素　　　　(6) 苯基-β-D-葡萄糖苷

14-9 指出下列戊糖的名称、构型（D 或 L），哪些互为对映体？哪些互为差向异构体？

14-10 有两个具有旋光性的丁醛糖 A 和 B，与苯肼作用生成相同的脎。用硝酸氧化 A 和 B 都生成含有四个碳原子的二元酸，但前者有旋光性，后者无旋光性。试推测 A 和 B 的结构。

第15章

氨基酸、蛋白质和核酸

📖 **学习目标** ....

　　掌握氨基酸的分类、命名、构型和化学性质；了解多肽的组成、命名和结构测定，了解蛋白质和酶的结构与性质，了解核酸的组成、结构、生物功能以及人类基因组计划。

📋 **素质目标** ....

　　通过讲述中国科学家人工合成结晶牛胰岛素的重大成就，激发学生民族自豪感和文化自信心，同时培养良好的职业道德素养，树立勇于创新和敢于探索的科学精神，立志成为德才兼备、心怀家国和勇于担当的高素质人才，在科学研究和社会发展中贡献自己的力量。

　　蛋白质和核酸都是生物高分子化合物，是生命现象的物质基础。蛋白质存在于一切生物体中，肩负着各种生理功能，是生物体内各种生命活动的主要承担者。自然界中存在的蛋白质种类繁多，正是由于蛋白质的如此多样性，生物体才能表现出千差万别、丰富多彩的生物功能。核酸是生物遗传的物质基础，在生物体的生长、发育、繁殖、遗传、变异、转化等生命现象中，核酸起着决定性的作用。

　　蛋白质与核酸的生物功能与它们的化学结构密切相关。由于蛋白质水解的最终产物是氨基酸，这表明氨基酸是组成蛋白质的基本单位。因此，要了解蛋白质的结构和性质，首先要讨论氨基酸。

15.1 氨基酸

15.1.1 氨基酸的分类、命名和构型

　　氨基酸是羧酸分子中烃基上的氢原子被氨基（—NH_2）取代后的衍生物，分子中含有羧基和氨基两种官能团。目前已经发现几百种天然氨基酸，组成蛋白质的最基本的氨基酸有20余种。

　　根据氨基酸分子中氨基和羧基的相对位置不同，氨基酸可分为 α-氨基酸、β-氨基酸、γ-

氨基酸等。组成蛋白质的氨基酸都是 α-氨基酸，除脯氨酸外，其结构通式为：

$$\underset{\underset{H}{|}}{\overset{\overset{NH_2}{|}}{R-C-COOH}}$$

　　根据分子中烃基的结构不同，氨基酸可分为脂肪族氨基酸、芳香族氨基酸和杂环族氨基酸。根据分子中所含氨基和羧基的数目不同，氨基酸又分为中性氨基酸（氨基和羧基的数目相等）、酸性氨基酸（羧基的数目多于氨基的数目）、碱性氨基酸（氨基的数目多于羧基的数目）。

　　组成蛋白质的常见氨基酸通常采用俗名，即根据其来源或某些特性来命名，如氨基乙酸因具有甜味称为甘氨酸，丝氨酸最早来源于蚕丝而得名，天冬氨酸源于天门冬植物。为了方便起见，使用时常用中文代号或英文名称缩写符号表示氨基酸。例如，甘氨酸，英文名称为"glycine"，可用"甘"或"Gly"来表示。氨基酸的系统命名法与其他取代羧酸的命名相同，即以羧酸为母体来命名。存在于蛋白质中的二十种常见氨基酸的名称、中英文缩写及结构式见表 15-1。

□ **表 15-1　存在于蛋白质的二十种常见氨基酸**

分类	氨基酸俗名	英文缩写	中文代号	结构式	等电点(pI)
中性氨基酸	甘氨酸	Gly	甘	$\underset{\underset{NH_2}{\|}}{CH_2COOH}$	5.97
	丙氨酸	Ala	丙	$\underset{\underset{NH_2}{\|}}{CH_3CHCOOH}$	6.00
	丝氨酸	Ser	丝	$\underset{\underset{NH_2}{\|}}{HOCH_2CHCOOH}$	5.68
	半胱氨酸	Cys	半胱	$\underset{\underset{NH_2}{\|}}{HSCH_2CHCOOH}$	5.07
	缬氨酸 *	Val	缬	$\underset{\underset{NH_2}{\|}}{(CH_3)_2CHCHCOOH}$	5.96
	苏氨酸 *	Thr	苏	$\underset{\underset{NH_2}{\|}}{CH_3CHOHCHCOOH}$	5.70
	蛋氨酸 *	Met	蛋	$\underset{\underset{NH_2}{\|}}{CH_3SCH_2CH_2CHCOOH}$	5.74
	亮氨酸 *	Leu	亮	$\underset{\underset{NH_2}{\|}}{(CH_3)_2CHCH_2CHCOOH}$	5.98
	异亮氨酸 *	Ile	异亮	$\underset{\underset{NH_2}{\|}}{CH_3CH_2CHCH_3CHCOOH}$	6.02
	苯丙氨酸 *	Phe	苯丙	$\underset{\underset{NH_2}{\|}}{C_6H_5CH_2CHCOOH}$	5.48

分类	氨基酸俗名	英文缩写	中文代号	结构式	等电点(pI)
中性氨基酸	酪氨酸	Tyr	酪	HO—⟨⟩—CH$_2$CHCOOH | NH$_2$	5.66
	脯氨酸	Pro	脯	(环)—COOH	6.30
	色氨酸*	Try	色	CH$_2$CHCOOH | NH$_2$ (吲哚环)	5.89
	天冬酰胺	Asn	天酰	H$_2$NCOCH$_2$CHCOOH | NH$_2$	5.41
	谷酰胺	Gln	谷酰	H$_2$NCOCH$_2$CH$_2$CHCOOH | NH$_2$	5.65
酸性氨基酸	天冬氨酸	Asp	天冬	HOOCCH$_2$CHCOOH | NH$_2$	2.77
	谷氨酸	Glu	谷	HOOCCH$_2$CH$_2$CHCOOH | NH$_2$	3.22
碱性氨基酸	精氨酸	Arg	精	H$_2$NCNHCH$_2$CH$_2$CH$_2$CHCOOH | NH | NH$_2$	10.76
	赖氨酸*	Lys	赖	H$_2$NCH$_2$CH$_2$CH$_2$CH$_2$CHCOOH | NH$_2$	9.74
	组氨酸	His	组	CH$_2$CHCOOH | NH$_2$ (咪唑环)	7.59

表 15-1 中标有 "*" 者是动物自身不能合成，必须从食物中摄取的氨基酸，称为必需氨基酸。如果食物中缺少这些氨基酸，将会影响动物的生长发育。

自然界中存在的氨基酸，除甘氨酸外，分子中的 α-C 都是手性碳原子，具有旋光性。氨基酸的构型通常采用 D、L 标记法，即以甘油醛为参照标准，在 Fischer 投影式中，氨基酸分子中 α-氨基的位置与 L-甘油醛手性碳原子上—OH 的位置相同者为 L-型，相反者为 D-型。

$$\begin{array}{ccc} CHO & COOH & COOH \\ HO—|—H & H_2N—|—H & H_2N—|—H \\ CH_2OH & CH_2OH & CH_3 \end{array}$$

L-甘油醛　　　　　　　L-丝氨酸　　　　　　　L-丙氨酸

由蛋白质水解得到的氨基酸绝大多数是 L-型的，构型不同其生理功能则大不一样。

15.1.2　氨基酸的物理性质

氨基酸多为无色晶形固体，通常以内盐的形式存在，表现出盐类的特性。难溶于苯、石油醚等有机溶剂，一般能溶于水，但不同的氨基酸在水中的溶解度差别较大。在有机物中，氨基酸属于熔点较高的化合物，其熔点比相应的羧酸或胺类都要高，一般在 200℃ 以上，而且加热至熔点时常易分解。除甘氨酸外，α-氨基酸都有旋光性。

15.1.3 氨基酸的化学性质

氨基酸分子中同时含有氨基（—NH$_2$）和羧基（—COOH）两个官能团，因此氨基酸既具有羧酸的性质，也具有胺类化合物的性质，还具有由氨基与羧基共同参与而表现出的特殊性质。羧基和氨基的有些性质在前面相关章节已有介绍，这里不再赘述。

（1）氨基酸的两性和等电点　氨基酸分子中的氨基是碱性的，而羧基是酸性的，因而氨基酸既能与酸反应，也能与碱反应，是一个两性化合物。氨基酸分子本身的氨基和羧基也可发生反应，生成内盐，亦称两性离子或偶极离子。

$$
\underset{\underset{NH_2}{|}}{R-CH-COOH} \longrightarrow \underset{\underset{\overset{+}{N}H_3}{|}}{R-CH-COO^-}
$$

内盐（偶极离子）

氨基酸在溶液中的存在形式与溶液的酸碱度有关。在酸性溶液中，氨基酸偶极离子中的 —COO$^-$ 接受 H$^+$，氨基酸带正电荷；而在碱性溶液中偶极离子中的 —NH$_3^+$ 给出 H$^+$，氨基酸带负电荷。这种变化可用下式表示：

$$
\underset{\underset{NH_2}{|}}{R-CH-COO^-} \underset{H^+}{\overset{OH^-}{\rightleftharpoons}} \underset{\underset{\overset{+}{N}H_3}{|}}{R-\overset{H}{\underset{|}{C}}-COO^-} \underset{OH^-}{\overset{H^+}{\rightleftharpoons}} \underset{\underset{\overset{+}{N}H_3}{|}}{R-CH-COOH}
$$

阴离子　　　　　　偶极离子　　　　　　阳离子
pH＞pI　　　　　　　pI　　　　　　　　pH＜pI

显然，通过调节溶液的 pH 值，可以控制某种氨基酸在溶液中的存在形式。氨基酸以偶极离子形式存在时溶液的 pH 值，称为该氨基酸的等电点（用 pI 表示）。不难看出，当溶液 pH＜pI 时，氨基酸以正离子形式存在；当溶液 pH＞pI 时，氨基酸以负离子形式存在；当溶液 pH＝pI 时，氨基酸以偶极离子形式存在。

不同的氨基酸由于其组成与结构不同，因此具有不同的等电点（见表 15-1）。在等电点时，氨基酸的酸式解离和碱式解离程度相等，氨基酸是电中性的，但其水溶液并不是呈中性的，即溶液的 pH 并不等于 7。对于中性氨基酸，由于羧基比氨基解离程度大，因此需要加入适当的酸以抑制羧基的解离，促使氨基的解离，使氨基酸以偶极离子的形式存在，所以中性氨基酸的等电点都小于 7。酸性氨基酸的羧基多于氨基，必须加入更多的酸才能达到其等电点，因此酸性氨基酸的等电点更低。与之相反，要使碱性氨基酸达到其等电点，必须加入适量碱，因此碱性氨基酸的等电点都大于 7。

在等电点时，氨基酸在水中的溶解度最小，最易从溶液中析出沉淀。因此，可以通过调节等电点的方法，分离、提纯氨基酸。另外，不同的氨基酸在某一酸度下以不同的形式存在，利用它们在电场中移动的方向和速度的差异，可以分离和鉴别氨基酸。

（2）与亚硝酸反应　α-氨基酸中的氨基（伯胺），能与亚硝酸反应放出氮气，生成 α-羟基酸。

$$
\underset{\underset{NH_2}{|}}{R-CH-COOH} + HNO_2 \longrightarrow \underset{\underset{OH}{|}}{R-CH-COOH} + H_2O + N_2\uparrow
$$

α-羟基酸

由于此反应可定量释放出氮气，故可计算出氨基酸分子中氨基的含量，也可测定蛋白质分子中的游离氨基含量。

（3）与甲醛反应 氨基酸分子中的氨基作为亲核试剂与甲醛的羰基发生加成反应，生成 N,N-二羟甲基氨基酸。由于羟基的吸电子诱导效应，氨基氮原子上的电子云密度降低，使氨基的碱性消失，这样就可以用标准碱液来滴定氨基酸的羧基，用于氨基酸含量的测定。

$$\begin{array}{c} \text{RCHCOOH} \\ | \\ \text{NH}_2 \end{array} + 2\text{HCHO} \longrightarrow \begin{array}{c} \text{RCHCOOH} \\ | \\ \text{N(CH}_2\text{OH)}_2 \end{array}$$
$$N,N\text{-二羟甲基氨基酸}$$

（4）脱羧反应 将氨基酸缓缓加热或在高沸点溶剂中回流，可以发生脱羧反应，失去二氧化碳而得到少一个碳的胺。

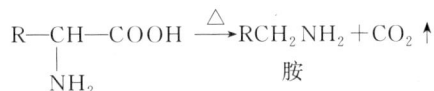

$$\begin{array}{c} \text{R}-\text{CH}-\text{COOH} \\ | \\ \text{NH}_2 \end{array} \xrightarrow{\triangle} \underset{\text{胺}}{\text{RCH}_2\text{NH}_2} + \text{CO}_2 \uparrow$$

生物体内的脱羧酶也能催化氨基酸的脱羧反应，这是蛋白质腐败发臭的主要原因。例如，赖氨酸脱羧生成 1,5-戊二胺（尸胺）。

（5）与茚三酮的显色反应 α-氨基酸与水合茚三酮发生显色反应，最终生成蓝紫色的化合物（称为罗曼紫），并放出 CO_2。该反应可用于 α-氨基酸的定性和定量分析。凡是具有游离氨基的 α-氨基酸均可和水合茚三酮发生显色反应，多肽和蛋白质也有此显色反应。

水合茚三酮　　　　　　　　　　　　　　　（蓝紫色）

（6）成肽反应 一个氨基酸分子中的氨基与另一个氨基酸分子中的羧基之间脱水缩合所形成的化合物称为肽，该反应称为成肽反应。例如：

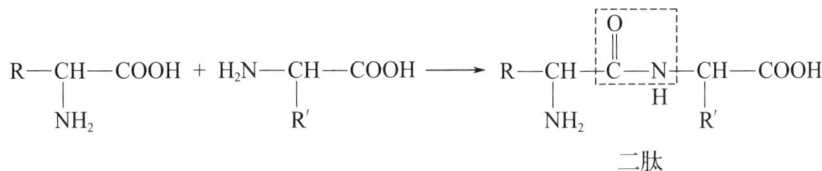

二肽

分子中的酰胺键（—CONH—）又称为肽键。由两分子氨基酸脱水缩合形成的肽称为二肽。以此类推，有三肽、四肽、五肽……多肽，分子量大于 10000 的多肽一般称为蛋白质。

15.2 多肽

15.2.1 多肽的组成和命名

多肽是多个氨基酸分子通过酰胺键（肽键）相连而形成的一类化合物。氨基酸形成多肽后，已不再是完整的氨基酸，故将多肽中的每个氨基酸单位称为氨基酸残基。多肽链中含有游离氨基的一端称为"N-端"，含有游离羧基的一端称为"C-端"。在写多肽结构时，通常将 N-端放在左边，C-端放在右边。例如：

$$\underbrace{NH_2}_{N端}-CH-\overset{R}{\underset{O}{C}}-\left[\ NH-CH-\overset{R'}{\underset{O}{C}}-\right]_n NH-CH-\underbrace{COOH}_{C端}$$

多肽命名时以含有完整羧基的氨基酸（即 C-端氨基酸）为母体，从 N-端开始，将其他氨基酸的"酸"字改为"酰"字，依次列在母体名称前，称为"某氨酰某氨酸"。例如：

$$NH_2-\overset{CH_3}{\underset{O}{CH}}-C-NH-\overset{CH_2OH}{\underset{O}{CH}}-C-NH-\overset{CH_2C_6H_5}{CH}-COOH$$

丙氨酰丝氨酰苯丙氨酸

为简便起见，也可用氨基酸的中文代号或英文缩写表示，氨基酸之间用"-"或"·"隔开。如上述三肽的名称可简写为丙-丝-苯丙或丙·丝·苯丙（Ala·Ser·Phe）。对于较复杂的多肽通常采用俗名，如催产素、胰岛素等。

天然存在的多肽都是由不同的氨基酸组成，分子大小不等，分子量一般在 10000 以下。有些多肽在生物体内起着很重要的作用，许多是具有特殊生理作用的活性物质。例如，具有促进子宫肌肉收缩作用的催产素和具有增高血压作用的增血压素都是肽类激素。

15.2.2 多肽的结构测定

测定多肽的分子结构是一项相当复杂的工作，不但要确定组成多肽的氨基酸种类和数目，还需要测出这些氨基酸残基在多肽链中的排列顺序。

（1）氨基酸组成和含量分析　利用全自动氨基酸分析仪可测定多肽的组成。将多肽用酸彻底水解成游离氨基酸的混合液，利用样品中各种氨基酸在结构、酸碱性、极性以及分子大小等方面的不同，进行色谱法分离，再经光度法确定其组成和含量。

至于多肽分子中氨基酸残基的排列顺序，则可通过末端残基分析法并配合部分水解等方法加以确定。

（2）多肽末端氨基酸残基的分析　末端残基分析即定性确定多肽链中 N-端和 C-端的氨基酸。通常选择一种适当的试剂作为标记化合物，使之与肽链 N-端或 C-端作用，再经肽链水解，则含有此标记物的氨基酸就是链端的氨基酸。

① 测定 N-端

a. 2,4-二硝基氟苯法　2,4-二硝基氟苯与氨基酸的 N-端氨基反应后，再经酸性水解，分离出 N-(2,4-二硝基苯基)氨基酸，用色谱法分析，即可知道 N-端为何种氨基酸。

$$O_2N-\overset{}{\underset{O_2N}{\bigcirc}}-F + H_2N-\overset{R^1}{\underset{O}{CH}}-C+NH-\overset{R^2}{\underset{O}{CH}}-C+NH-\overset{R^3}{CH}-COOH$$

$$\longrightarrow O_2N-\overset{}{\underset{O_2N}{\bigcirc}}-NH-\overset{R^1}{\underset{O}{CH}}-C+NH-\overset{R^2}{\underset{O}{CH}}-C+NH-\overset{R^3}{CH}-COOH$$

$$\xrightarrow{\text{水解}} O_2N\text{-}\underset{O_2N}{\underset{|}{\bigcirc}}\text{-NH-CH(R}^1\text{)-COOH} + H_2N\text{-CH(R}^2\text{)-COOH} + H_2N\text{-CH(R}^3\text{)-COOH}$$

b. 异硫氰酸苯酯法　异硫氰酸苯酯与氨基酸的 N-端氨基反应后，再经酸性水解，N-端氨基酸断裂下来，用色谱法分析，即可知道 N-端为何种氨基酸。

$$\bigcirc\text{-N=C=S} + H_2\ddot{N}\text{-CH(R}^1\text{)-C(O)-NH-CH(R}^2\text{)-CO}\sim \xrightarrow{OH^-}$$

$$\bigcirc\text{-}\underset{H}{\overset{}{N}}\text{-C(S)-NH-CH(R}^1\text{)-C(O)-NH-CH(R}^2\text{)-CO}\sim \xrightarrow{\text{稀酸}}$$

$$\bigcirc\text{-}\underset{\underset{O}{\overset{}{C}}}{\overset{\overset{S}{\|}}{N}}\underset{CHR_1}{\overset{NH}{}} + H_2N\text{-CH(R}^2\text{)-CO}\sim$$

异硫氰酸苯酯法的特点是，多肽中仅脱去 N-端的氨基酸残基，其余多肽链会保留下来，这样就可以继续测定其 N-端，逐个鉴定出氨基酸的排列顺序。

② 测定 C-端　C-端氨基酸的分析，通常是用羧肽酶水解法。羧肽酶可以有选择地只把 C-端氨基酸水解下来，对该氨基酸进行鉴定，即可知道 C-端为何种氨基酸。

（3）多肽链的部分水解及氨基酸排列顺序的确定　对于分子较大的复杂多肽，除采用端基标记法外，还需要配合部分水解法。即将多肽用不同的蛋白酶进行部分水解，使之生成二肽、三肽等碎片，再用端基分析法分析各碎片的结构，最后将各碎片在排列顺序上进行组合、对比，即可推断出多肽中氨基酸的排列顺序。

例如，某八肽完全水解后，经分析氨基酸的组成为：丙氨酸、亮氨酸、赖氨酸、苯丙氨酸、脯氨酸、丝氨酸、酪氨酸、缬氨酸；端基分析结果为：N-端为丙氨酸，C-端为亮氨酸；蛋白酶催化水解结果为：得到酪氨酸，一种三肽和一种四肽；用异硫氰酸苯酯法分别测定三肽、四肽的顺序，结果为：丙-脯-苯丙；赖-丝-缬-亮。

由上述信息即可推断出该八肽为：丙—脯—苯丙—酪—赖—丝—缬—亮。

15.3　蛋白质

15.3.1　蛋白质的组成和分类

（1）蛋白质的组成　蛋白质是由多种氨基酸缩合而成的一类天然高分子化合物，分子量一般在 10000 以上。从各种动物和植物组织中提取的蛋白质，经过元素分析，其组成主要有：碳 50%～55%，氢 6%～7%，氧 19%～24%，氮 13%～19%，硫 0～4%；有些蛋白质还含有磷、铁、碘、镁、锌、铜等元素。

生物体中的氮元素，大部分以蛋白质的形式存在，而且各种蛋白质的含氮量很接近，平

均含氮量为 16%，即每克氮相当于 $6.25g$ 蛋白质。因此，只要测定出生物样品中的含氮量，就可以计算出其中蛋白质的近似含量。

$$粗蛋白质含量＝氮含量×6.25$$

（2）蛋白质的分类　蛋白质结构复杂、种类繁多，有多种分类方法。

① 根据分子形状不同分类

a. 纤维蛋白　纤维蛋白外形细长或呈纤维状，大多不溶于水，如丝蛋白、角蛋白、胶原蛋白等。

b. 球蛋白　球蛋白的形状近似于球形或椭圆形，一般可溶于水或酸、碱、盐溶液，如酪蛋白、蛋清蛋白、血红蛋白等。

② 根据化学组成不同分类

a. 单纯蛋白质　单纯蛋白质是完全由 α-氨基酸通过肽键结合而成的蛋白质，其水解的最终产物都是 α-氨基酸。如蛋清蛋白、血清蛋白、角蛋白等。

b. 结合蛋白质　结合蛋白质是由单纯蛋白质和非蛋白质（又称辅基）组成的蛋白质，这类蛋白质完全水解后，除生成 α-氨基酸外，还含有糖、脂肪、色素和含磷、含铁化合物等。根据辅基不同，结合蛋白质又可分为核蛋白、脂肪蛋白、糖蛋白、磷蛋白、血红蛋白等。

③ 根据功能不同分类

a. 活性蛋白质　指生命活动中具有一定特殊生理活性的蛋白质，如酶、激素、抗体等。活性蛋白质占蛋白质的绝大部分。

b. 非活性蛋白质　指生物体中起保护或支撑作用的蛋白质，如角蛋白、胶原蛋白、弹性蛋白等。

15.3.2　蛋白质的结构

蛋白质是结构非常复杂的生物大分子，通常用一级结构、二级结构、三级结构和四级结构四种不同的层次来描述。

（1）蛋白质的一级结构　蛋白质的一级结构是指多肽链中氨基酸残基的种类及排列顺序。在一级结构中，氨基酸通过肽键相互连接成多肽链，多肽链是蛋白质分子的基本结构，肽键是蛋白质一级结构中主要的化学键。有的蛋白质分子就由一条多肽链组成，有些蛋白质分子则由两条或两条以上的多肽链构成。蛋白质的一级结构是其空间构象和特定生物学功能的基础。一级结构相似的多肽或蛋白质，其空间构象以及生物学功能也相似。

（2）蛋白质的空间结构　蛋白质的空间结构是指多肽链在空间进一步盘曲折叠形成的构象，它包括二级结构、三级结构和四级结构，又称为蛋白质的高级结构。

蛋白质的二级结构是指多肽链借助分子内氢键盘曲或折叠形成的有规则的空间构象，氢键是维持蛋白质二级结构稳定存在的重要因素。蛋白质的二级结构是蛋白质复杂空间结构的基础，主要包括 α-螺旋、β-折叠等基本类型。α-螺旋是一条肽链中的酰胺键上的氧原子与另一酰胺键中氨基上的氢原子形成氢键，而绕成螺旋形（图 15-1）；β-折叠是由链间氢键将肽链拉在一起形成的片状结构（图 15-2）。

蛋白质的三级结构是指在二级结构基础上，多肽链通过氢键、范德华力、疏水作用力、静电引力、二硫键等各种副键进一步卷曲、折叠所形成的稳定的空间构象。图 15-3 表示的是肌红蛋白的三级结构。

图 15-1 α-螺旋

图 15-2 β-折叠

很多蛋白质分子是由两条或两条以上具有完整三级结构的多肽链组成，聚合成具有一定空间构型的聚合体，这种空间构象称为蛋白质的四级结构。图 15 4 表示的是血红蛋白的四级结构。

图 15-3 肌红蛋白的三级结构图

图 15-4 血红蛋白的四级结构示意图

15.3.3 蛋白质的性质

蛋白质由氨基酸组成，因此，蛋白质具有一些与氨基酸相似的性质，如两性、等电点及某些颜色反应等。蛋白质是一种高分子化合物，分子量大，有复杂的空间结构，故又有其特有的性质，如胶体性质、沉淀、变性等。

（1）蛋白质的两性和等电点 蛋白质由氨基酸组成，不论肽链多长，在其链的两端总会有游离的氨基和羧基存在，并且其侧链上也常含有碱性基团和酸性基团。因此，蛋白质与氨基酸相似，也具有两性和等电点。调节蛋白质溶液 pH 值至某一合适值，使蛋白质分子所带的正、负电荷相等，此时溶液的 pH 值称为该蛋白质的等电点（pI）。不同 pH 值的溶液中，蛋白质以不同的形式存在：若 pH＜pI，蛋白质以阳离子的形式存在；若 pH＞pI，蛋白质以阴离子的形式存在；若 pH＝pI，蛋白质以两性离子的形式存在。

不同的蛋白质具有不同的等电点。在等电点时，蛋白质分子呈电中性，在电场中不发生迁移，这时的蛋白质溶解度最小。利用这些性质可以分离、纯化蛋白质。

由于蛋白质具有两性，所以在生物组织中它们既对外来酸、碱具有一定的抵抗能力，而且能对生物体内代谢所产生的酸、碱性物质起缓冲作用，使生物组织液维持在适当的 pH 值范围内。

（2）蛋白质的胶体性质　蛋白质是生物高分子化合物，其分子颗粒直径在 $1\sim100nm$ 的胶粒范围内，它们以单分子分散在水中而形成高分子溶液，具有胶体溶液的一般特性，如具有较强的吸附作用，蛋白质颗粒不能透过半透膜等。自然界中，具有生理活性的蛋白质几乎都处于溶胶或凝胶状态，一旦胶体体系遭到破坏，蛋白质的生理活性就被大大削弱，甚至完全消失。蛋白质能够形成稳定的亲水胶体溶液，一方面的原因是由于蛋白质分子在溶液中带电，由于同性电荷相互相斥，使蛋白质分子不易凝聚；另一方面的原因是由于蛋白质多肽链上含有多种亲水基团（如羧基、氨基、肽键、羟基、巯基等），使蛋白质分子表面形成一层水化膜，故蛋白质粒子不易聚集而沉降。

（3）蛋白质的沉淀　蛋白质的沉淀分为可逆沉淀和不可逆沉淀。使蛋白质沉淀的方法通常有以下几种。

① 盐析　向蛋白质溶液中加入一定量的强电解质无机盐（如硫酸铵、硫酸镁、氯化钠等），会使蛋白质从溶液中沉淀出来，这一作用称为蛋白质的盐析。这是由于强电解质在水中破坏了蛋白质表面的水化膜；同时，电解质离子所带的电荷也会中和或削弱蛋白质粒子表面所带的电荷，两者均使蛋白质的胶体溶液稳定性降低，进而产生凝聚沉降。盐析一般不会破坏蛋白质的结构，当再加水时，沉淀又能重新溶解，所以盐析作用是可逆沉淀。因此，采用盐析可以分离、提纯蛋白质。

② 水溶性有机溶剂沉淀法　向蛋白质溶液中加入适量的水溶性有机溶剂如乙醇、丙酮等，由于它们对水的亲和力较大，使蛋白质粒子脱去水化膜而沉淀。沉淀后若迅速将蛋白质与脱水剂分离，仍可保持蛋白质原有的性质。

③ 重金属盐沉淀法　蛋白质在其 $pH>pI$ 的溶液中带负电荷，可与 Hg^{2+}、Pb^{2+}、Cu^{2+}、Ag^+ 等重金属离子结合，产生不可逆沉淀。重金属的杀菌作用是由于它能沉淀蛋白质，牛奶、蛋清或豆浆对重金属中毒有解毒作用，也是利用了这一性质。

④ 生物碱试剂沉淀法　蛋白质在其 $pH<pI$ 的溶液中带正电荷，可与苦味酸、鞣酸、三氯醋酸、磷钼酸等生物碱试剂的酸根结合，产生不可逆沉淀。

（4）蛋白质的变性　蛋白质分子受某些物理因素（如高温、高压、高频振荡、紫外线、X 射线、超声波等）和化学因素（如强酸、强碱、有机溶剂、重金属离子、生物碱试剂）的影响，使蛋白质分子的空间结构发生改变，从而导致其理化性质的改变和生物活性的丧失，这种现象称为蛋白质的变性。

变性蛋白质的性质改变是很明显的。首先，蛋白质一旦变性，就会失去生理活性。例如，酶失去催化性能，激素失去生理调节功能，病毒失去致病能力等。其次，一些理化性质也会发生改变，如溶解度降低，容易被酶水解，侧链基团的化学活性更为显著等。

蛋白质的变性作用广泛应用在工农业生产、科学研究以及日常生活中。例如，通常采用的加热、紫外线照射、酒精杀菌消毒就是使细菌体内的蛋白质变性。在食品加工中，制作豆腐时利用钙盐使大豆蛋白质凝固。烹饪含蛋白质丰富的食物也是为了使蛋白质变性，因为变性蛋白质易被蛋白酶消化水解，便于人体吸收。

（5）蛋白质的水解　蛋白质在稀酸、稀碱或酶的催化作用下可以发生水解，彻底水解的产物是各种 α-氨基酸。在缓和的条件下谨慎地水解蛋白质，可以得到一系列中间产物，其中最重要的是胨，它是比蛋白质小得多的多肽，可以溶解于水，容易消化。胨进一步水解，可以得到各种小肽，最后得到 α-氨基酸。蛋白质的水解反应，对研究蛋白质的结构以及蛋白质在生物体中的代谢都具有十分重要的意义。

（6）蛋白质的颜色反应　蛋白质分子由不同的氨基酸残基组成，含有多种官能团，故蛋白质可以与很多试剂作用产生特殊的颜色反应，利用这些反应可以鉴别蛋白质。蛋白质的重要颜色反应有以下。

① 缩二脲反应　分子中含有两个以上肽键的有机化合物，都能与硫酸铜的碱性溶液作用呈红紫色，该反应称为缩二脲反应。蛋白质、多肽都能发生缩二脲反应。

② 茚三酮反应　蛋白质分子中仍存在 α-氨基酸残基，故能与水合茚三酮作用呈现蓝紫色。

③ 黄蛋白反应　分子中含有苯环的蛋白质，遇浓硝酸即显黄色，这是由于苯环发生了硝化的缘故。再用碱处理，颜色转深而变成橙色，此反应称为黄蛋白反应。

④ 米隆反应　蛋白质分子中含有酪氨酸残基时，在其溶液中加入米隆试剂（硝酸汞、亚硝酸汞、硝酸、亚硝酸的混合溶液）即产生白色的蛋白质汞盐沉淀，再加热则转变成暗红色，此反应称为米隆反应。这是酪氨酸分子中酚羟基所特有的反应，多数蛋白质都含有酪氨酸残基，故此反应也可用于检测蛋白质。

15.4 核酸

15.4.1 核酸的组成

（1）核酸的化学组成　根据化学组成的不同，核酸可分为核糖核酸（RNA）和脱氧核糖核酸（DNA）两类。组成核酸的元素有 C、H、O、N、P，在各类核酸中 P 的含量变化不大，平均含量为 9.5%，即每克磷相当于 10.5g 的核酸。因此，通过测定核酸的含磷量，即可算出核酸的大致含量。

$$粗核酸含量 = 磷含量 \times 9.5$$

核酸在酸、碱或酶的作用下，可以逐步水解。核酸完全水解后得到磷酸、戊糖、含氮碱三类化合物。其水解过程如下：

核酸(多核苷酸)
↓
核苷酸(单核苷酸)
→ 磷酸
→ 核苷
→ 戊糖
→ 含氮碱

两类核酸在组成的基本单位戊糖和含氮碱上存在差异。RNA 与 DNA 的基本化学组成如表 15-2 所示。

▫ 表 15-2　RNA 与 DNA 的基本化学组成

类别		RNA	DNA
戊糖		β-D-核糖	β-D-2-脱氧核糖
含氮碱	嘧啶碱	尿嘧啶　胞嘧啶	胸腺嘧啶　胞嘧啶
	嘌呤碱	腺嘌呤　鸟嘌呤	腺嘌呤　鸟嘌呤
磷酸		H_3PO_4	H_3PO_4

核酸中的戊糖有两类：D-核糖和D-2-脱氧核糖，二者都为 β-构型。结构式为：

β-D-核糖 β-D-2-脱氧核糖

核酸中的碱基有两类：嘧啶碱和嘌呤碱。结构式为：

尿嘧啶 (U)   胞嘧啶 (C)   胸腺嘧啶 (T)   腺嘌呤 (A)   鸟嘌呤 (G)

（2）核苷　核苷是由 D-核糖和 D-2-脱氧核糖 C^1 上的 β-苷羟基与嘧啶碱的 1 位氮原子或嘌呤碱 9 位氮原子上的氢原子脱水而成的 β-糖苷。核苷命名时，碱基放在核苷的前面。在 RNA 中四种核糖核苷的结构式及名称如下：

胞嘧啶核苷　　　尿嘧啶核苷　　　腺嘌呤核苷　　　鸟嘌呤核苷
（胞苷）　　　　（尿苷）　　　　（腺苷）　　　　（鸟苷）

在 DNA 中四种脱氧核糖核苷的结构式及名称如下：

胞嘧啶脱氧核苷　　胸腺嘧啶脱氧核苷　　腺嘌呤脱氧核苷　　鸟嘌呤脱氧核苷
（脱氧胞苷）　　　（脱氧胸苷）　　　　（脱氧腺苷）　　　（脱氧鸟苷）

（3）核苷酸　核苷酸是核苷中核糖或脱氧核糖上的 $C^{3'}$ 位或 $C^{5'}$ 上的羟基与磷酸缩合而成的酯。生物体内核苷酸主要是 $C^{5'}$-磷酸酯。单核苷酸的命名要包括糖基和碱基的名称，同时标出磷酸在戊糖上的位置。如腺苷酸又叫 5'-腺苷酸或腺苷-5'-磷酸。

组成 RNA 的核苷酸有胞苷酸、尿苷酸、腺苷酸和鸟苷酸；组成 DNA 的核苷酸有脱氧胞苷酸、脱氧胸苷酸、脱氧腺苷酸和脱氧鸟苷酸，其结构如下：

腺苷-5′-磷酸 (5′-AMP)

鸟苷-5′-磷酸 (5′-GMP)

胞苷-5′-磷酸 (5′-CMP)

尿苷-5′-磷酸 (5′-UMP)

脱氧腺苷-5′-磷酸 (5′-dAMP)

脱氧鸟苷-5′-磷酸 (5′-dGMP)

脱氧胞苷-5′-磷酸 (5′-dCMP)

脱氧胸苷-5′-磷酸 (5′-dTMP)

15.4.2 核酸的结构和生物功能

（1）核酸的一级结构　核酸的一级结构是指核酸分子中各种核苷酸排列的顺序，又称为核苷酸序列。由于核苷酸间的差别主要在于碱基，所以又称为碱基序列。在核酸分子中，各核苷酸之间是通过 3′ 和 5′-磷酸二酯键（即一个核苷酸的 3′-羟基与另一个核苷酸的 5′-磷酸基形成的磷酸酯键）连接的。DNA 的一级结构片段可用简式表示：用 P 表示磷酸，用竖线表示戊糖，碱基用相应的英文字母表示，用斜线表示磷酸酯键，如图 15-5 所示。

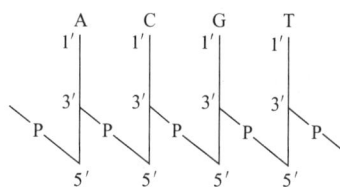

图 15-5　DNA 的一级结构简式片段

（2）DNA 的二级结构　核酸的二级结构主要指 DNA 分子的双螺旋结构。1953 年沃森（Watson）和克里克（Crick）在前人研究的基础上，提出了 DNA 的双螺旋结构模型。双螺旋结构模型认为，DNA 分子由两条核苷酸链组成，沿着一个共同的轴心以反平行走向盘旋成右手双螺旋结构（图 15-6）。在双螺旋结构中，亲水的脱氧戊糖基和磷酸基位于双螺旋的外侧，碱基则朝向内侧。一条链的碱基和另一条链的碱基通过氢键结合成对。碱基对的平面与螺旋结构的中心轴垂直。配对碱基总是腺嘌呤（A）与胸腺嘧啶（T）配对，鸟嘌呤（G）与胞嘧啶（C）配对，称之为碱基配对规则。

(a) DNA双螺旋结构　　　　　(b) 碱基配对

图 15-6　DNA 分子双螺旋结构及碱基配对示意图

碱基配对规则是由双螺旋结构的几何形状决定的，因为只有由嘌呤碱与嘧啶碱配对才能使碱基对合适地安置在双螺旋内。如果配对的碱基都是嘌呤碱，则体积太大而无法容纳；如果配对的碱基都是嘧啶碱，又会因两者相距太远而难以形成氢键。另外，如果腺嘌呤（A）与胸腺嘧啶（T）配对，鸟嘌呤（G）与胞嘧啶（C）配对，则可形成五个氢键；如果是腺嘌呤（A）与胞嘧啶（C）配对，鸟嘌呤（G）与胸腺嘧啶（T）配对，只能形成四个氢键。氢键的数目越多，越有利于双螺旋结构的稳定性。

在双螺旋结构中，双螺旋直径为 2.0nm，两个相邻碱基对平面之间的距离为 0.340nm，每 10 对碱基组成一个螺旋周期，即每旋转一周的高度（螺距）为 3.40nm。碱基间的疏水作用可导致碱基堆积，这种碱基堆积力维系着双螺旋的纵向稳定，而碱基对间的氢键则维系双螺旋的横向稳定。

由于一个碱基只能与另一个特定的碱基配对，所以一条核苷酸链上的碱基次序就决定了另一条核苷酸链的碱基次序。DNA 的这种特性在遗传学中具有重要意义。

RNA 在结构上与 DNA 不同，大多数天然 RNA 以单链形式存在，但在单链的许多区域可发生自身回折，在回折区域内碱基以 A-U 和 G-C 配对，配对的核苷酸链（约占 40%～70%）形成双螺旋结构，不能配对的碱基则形成突环。所以 RNA 的二级结构不如 DNA 分子有规律。

（3）核酸的生物功能

① 核酸是生物遗传的物质基础　遗传是生命的特征之一，而 DNA 则是生物遗传信息的携带者和传递着，即某种生物的形态结构和生理特征都是通过亲代 DNA 传给子代的。DNA 大分子中载有某种遗传信息的片段就是基因，它是由四种特定的核苷酸按一定顺序排列而成的，它决定着生物的遗传性状。在新生命形成时的细胞分裂过程中，DNA 按照自己的结构精确复制，将遗传信息（核苷酸的特定排列顺序）一代一代传下去，绵延着生物体的遗传特征。

② 核酸对蛋白质的生物合成起着决定性的作用　核酸在生物体内主要与蛋白质结合成核蛋白而存在，蛋白质是生命的物质基础，蛋白质的合成是生命活动的基本过程。DNA 主要存在于细胞核中，DNA 的结构决定生物合成蛋白质的特定结构，并保证把这种特性遗传给下一代。RNA 主要存在于细胞质中，它们是以 DNA 为模板而形成的，而且直接参与蛋白质的生物合成过程。根据在蛋白质合成过程中所起的作用，RNA 分为以下三类。

a. 核蛋白体 RNA（rRNA）　又称核糖体 RNA，细胞内 $80\%\sim90\%$ 的 RNA 都是核蛋白体组织，它是合成蛋白质的场所。

b. 信使 RNA（mRNA）　它是合成蛋白质的模板，在蛋白质合成时控制氨基酸的排列顺序。

c. 转运 RNA（tRNA）　它是合成蛋白质时的搬运工具。氨基酸先由各自特异的 tRNA "搬运"到核蛋白体上，然后再"组装"成多肽链。

可见，DNA 是 RNA 的模板，而 RNA 又是蛋白质的模板。存在于蛋白质分子上的遗传信息就是这样由 DNA 传递给 RNA，再传递给蛋白质。因此，核酸在生物体的生长、发育、繁殖、遗传、变异、转化等生命现象中起着决定性的作用，可以说"没有核酸就没有生命"。

🔬 阅读材料 ···

中国科研突破：全球首例人工合成牛胰岛素

牛胰岛素是牛胰脏中胰岛 β-细胞所分泌的一种调节糖代谢的蛋白质激素，是一种多肽。牛胰岛素在医学上有抗炎、抗动脉硬化、抗血小板聚集、治疗骨质增生、治疗精神疾病等作用。牛胰岛素的化学结构于 1955 年由英国的科学家桑格（S. Sanger）测定并阐明：牛胰岛素分子是一条由 21 个氨基酸组成的 A 链和另一条由 30 个氨基酸组成的 B 链，通过两对二硫键连结而成的一个双链分子，而且 A 链本身还有一对二硫键。

以后科学家们又陆续测定了不同生物来源的胰岛素，发现与桑格首次确定的牛胰岛素的化学结构大体相同。人胰岛素也是如此，只是 A 链的第 8 位由苏氨酸代替丙氨酸、第 10 位由异亮氨酸代替缬氨酸，B 链的第 30 位由苏氨酸代替丙氨酸。

中国是第一个合成人工牛胰岛素的国家。1958 年的上半年，中科院上海生化所的科技人员提出研究"人工合成胰岛素"这一意义重大、难度很高、国际上还没有人开始研究的基础科研项目。

然而对于一个蛋白质的合成来说，必须拿到了与天然物的生物活性和结构完全相同的纯产物，才能算得上真正实现了它的全合成。由于胰岛素分子不但化学结构复杂，而且还具有蛋白质分子的特定构象，因此人工合成胰岛素不仅要完成肽链的合成，而且还要求合成的肽

信号肽

−10

Leu Thr Leu Leu Ala Leu Leu Pro Arg Leu Arg Thr Trp Leu Ala Met

−20

Leu
Trp
Gln
Pro
Arg
Pro

−5

↓ 1

B链

10   20

Ala Gla Ala Phe Val Lys Gln His Leu Cys Gly Ser His Leu Val Glu Ala Leu Tyr Leu Vel Cys Gly Glu Arg

↓

S
S

70   80

Arg Gly Thr Val Asp Gln Cys Cys Thr Ser Thr Cys Ser Leu Tyr Gln Leu Glu Asn Tyr Cys Asn

Lys
Gln
Arg
Ala
Val
Glu
Leu

60

S — S

A链

Gly
Phe
Phe
Tyr
Thr
Pro
Met
Ser 30
Arg
Arg
Glu
Val

C肽

Ala Leu Thr Gln Leu Asp Gly Ala Gly Pro Gly Gly Gly Leu Glu Leu Gln Ala Val Gln Pro Asp Glu

50   40

牛胰岛素

链能够折叠成具有与天然胰岛素同样构象的活性分子。当时的胰岛素的"家族"中，牛胰岛素是唯一被测定了化学结构的，于是便作出了人工合成牛胰岛素的审慎抉择。

这一重大基础科研项目一经提出，立即得到了国家领导的重视。在王应睐所长的支持下，决定将已有的由钮经义领导的蛋白质人工合成组、曹天钦领导的蛋白质结构功能组和邹承鲁领导的酶组联合起来，成立一个由曹天钦任组长的"五人领导小组"，采用五路进军的方案，即：①抓住天然胰岛素 A、B 链拆合的关键；②加强多肽的合成力量，发展多肽合成；③组织生产原料氨基酸和多肽合成试剂；④开展有关胰岛素构象的研究，并从胰岛素酶解产物中分离纯化天然肽段，以期用作化学合成或酶促合成更大肽段的原料；⑤开展肽链的酶促合成和转肽反应的研究，向着牛胰岛素人工合成研究的成功彼岸挺进。

按照这个方案研究组积极组织人员，使各项研究工作很快顺利展开。首先在沈昭文的指导下，氨基酸的生产工艺建立起来，胰岛素 B 链中几个小片段完成人工合成；其后杜雨苍、张友尚等发现，天然胰岛素 A、B 链经磺酸化后，不仅能分离纯化得到稳定产物，而且容易进行 A、B 链的重组，并得到 5％～10％胰岛素活性产物。1959 年的这一成功，奠定了胰岛素合成可以采用化学合成 A、B 链的路线，至此胰岛素的合成研究取得了初步的进展。在此后的几年里，虽投入了"大兵团作战"，但并未取得实质性突破。

直到 1963 年邹承鲁领导研究的天然胰岛素 A、B 链重组生成胰岛素的产率由原来的 5％～10％提高到 50％左右；1964 年钮经义和龚岳亭领导的多肽合成组人工合成 B 链，并与天然 A 链重组构建胰岛素获得成功；1965 年中科院有机所和北京大学化学系合作，由汪猷和邢其毅领导的联合研究小组完成了胰岛素 A 链的化学合成，与上海生化所化学合成的胰岛素 B

链进行重组取得成功，并纯化得到了具有与天然胰岛素完全相同活性和抗原性的人工合成牛胰岛素结晶，其结晶形状和酶切图谱也与天然物相同。人工合成胰岛素的成功，宣告了中国科学工作者历经八年的科研攻关，夺得了这项科学竞赛的"世界冠军"。

随后由曹天钦主持起草论文，将这一重要科学研究成果首先以简报形式发表在 1965 年 11 月的《中国科学》杂志上，并于 1966 年 4 月全文发表。

本章小结

α-氨基酸的主要化学反应如下。

一、氨基的反应

1. 与亚硝酸反应

$$\underset{\overset{|}{NH_2}}{RCHCOOH} + HNO_2 \longrightarrow \underset{\underset{(\alpha\text{-羟基酸})}{\overset{|}{OH}}}{RCHCOOH} + H_2O + N_2 \uparrow$$

2. 与甲醛反应

$$\underset{\overset{|}{NH_2}}{RCHCOOH} + HCHO \longrightarrow \underset{(N,N\text{-二羟甲基氨基酸})}{HOH_2C-N-CH_2OH}$$
（N 上连接 R—CH—COOH）

二、羧基的反应

脱羧反应

$$\underset{\overset{|}{NH_2}}{R-CH-COOH} \overset{\triangle}{\longrightarrow} RCH_2NH_2 + CO_2 \uparrow$$

三、氨基与羧基共同参与的反应

1. 氨基酸的两性和等电点

$$\underset{\overset{|}{NH_2}}{R-CH-COOH} \longrightarrow \underset{\overset{|}{\overset{+}{NH_3}}}{R-CH-COO^-}$$
内盐（偶极离子）

2. 成肽反应

$$\underset{\overset{|}{NH_2}}{R-CH-COOH} + \underset{\overset{|}{R'}}{H_2N-CH-COOH} \longrightarrow \underset{\overset{|}{NH_2}}{R-CH}-\overset{O}{\underset{}{C}}-\underset{\overset{|}{H}}{N}-\underset{\overset{|}{R'}}{\overset{H}{C}}-COOH$$
二肽

3. 与茚三酮的显色反应

（茚三酮结构 + $\underset{\overset{|}{NH_2}}{R-CH-COOH}$ → 蓝紫色产物 + RCHO + $CO_2 \uparrow$）

(蓝紫色)

15-1 写出下列化合物的结构式。

(1) 苏氨酸　　(2) 苯丙氨酸　　(3) 丝氨酰甘氨酸　　(4) 半胱氨酸　　(5) 亮氨酸

(6) 谷氨酸　　(7) 丙-亮-甘　　(8) 胞嘧啶　　　　(9) 尿嘧啶核苷

15-2 写出下列氨基酸的主要存在形式。

(1) 丝氨酸在 pH=8.0 的溶液中

(2) 酪氨酸在 pH=4.0 的溶液中

(3) 谷氨酸在 pH=3.2 的溶液中

15-3 某氨基酸溶于 pH=7 的纯水中，所得溶液的 pH=6，该氨基酸的等电点是大于 6，还等于 6，还是小于 6？

15-4 将丙氨酸、丝氨酸、半胱氨酸置于电泳仪中，电泳仪中装有 pH=5.68 的缓冲溶液，试判断通电后它们向电极移动的情况。

15-5 某 DNA 双螺旋的一条多核苷酸链某一片段中碱基排列次序为 A-C-T-G-T-C，写出另一条对应的多核苷酸的碱基排列次序。

15-6 有一个八肽，经末端分析知 N 端和 C 端均为亮氨酸，缓慢水解此八肽得到如下一系列二肽、三肽：精-苯丙-甘、脯-亮、苯丙-甘、丝-脯-亮、苯丙-甘-丝、亮-丙-精、甘-丝、精-苯丙。试推断此八肽中氨基酸残基的排列顺序。

15-7 用化学方法鉴别下列各组化合物。

(1) 谷氨酸、蛋白质、淀粉

(2) 苯丙氨酸、丙-甘-半胱、甘氨酸

(3) 谷氨酸、葡萄糖、蛋白质

15-8 分子式为 $C_4H_9O_2N$ 的某有机物，具有旋光性，既能与酸也能与碱作用生成盐，并能与醇生成酯，与亚硝酸作用放出氮气。试推断该有机物的可能构造式。

15-9 化合物 A 的分子式为 $C_5H_{11}O_2N$，具有旋光性，用稀碱处理发生水解后生成 B 和 C。B 也有旋光性，既溶于酸又溶于碱，并能与亚硝酸作用放出氮气；C 无旋光性，但能发生碘仿反应。试推断 A、B、C 的构造式。

第16章

油脂和类脂化合物

了解油脂、蜡、磷脂结构上的特点以及组成和结构，了解类脂类化合物的组成及性质，了解肥皂及合成表面活性剂的组成和乳化作用，了解萜类和甾族化合物的结构及其重要化合物。

结合人工合成脂类物质——脂肪替代物的讲解，引导学生思考化学如何改变生活，提升学生的社会责任感，培养学生科学严谨的思维和正确的价值观，激发他们对未来职业的认同感和使命担当意识。

油脂和类脂化合物总称为脂类化合物，它们作为能量的贮存形式及生物膜的主要成分广泛存在于生物体中。油脂通常是指牛油、猪油、菜油、花生油、茶油等动、植物油。类脂化合物通常是指磷脂、蜡和甾体化合物等。虽然它们在化学组成和结构上有较大差别，但由于这些物质在物态及物理性质方面与油脂类似，因此把它们称为类脂化合物。

脂类具有特殊的生理功能，同时也是食品、化工、医药等工业的重要原料。1g脂肪在体内分解成二氧化碳和水并产生39kJ的能量，代谢所提供的能量是蛋白质或糖类化合物的两倍，正常人体每日所需的能量大约有 $25\%\sim30\%$ 是由所脂肪提供的。动物体内的脂肪除供给能量外，还是许多脂溶性生物活性物质如维生素等的良好载体。体表和脏器周围的脂肪具有保护内脏免受机械损伤的生物功能，皮下脂肪可防止体温散失。类脂是构成生物膜如细胞膜和线粒体膜等的重要物质，具有调节代谢、控制生物生长发育的作用，还与细胞识别、种属特异性和组织免疫等有着密切的关系。

16.1 油脂

16.1.1 油脂的组成与结构

油脂是油和脂肪的总称，通常把在常温下呈液体的称为油，呈固态或半固态的称为脂肪。油脂是由甘油与高级脂肪酸所形成的酯，称为三酰甘油或甘油三酯。结构通式表示如下：

R^1、R^2、R^3 分别表示三种高级脂肪酸的烃基，烃基可以完全相同，也可不相同。完全相同者称为单三酰甘油（简单三酰甘油），不同者则称为混三酰甘油（混合三酰甘油）。例如：

人造油　　　　　　　　　　　猪油

人造油中 3 个 R 是油酸烃基，水解后生成 1 分子甘油和 3 分子油酸，为单三酰甘油。猪油中 3 个 R 分别是油酸、软脂酸和硬脂酸烃基，是混三酰甘油。

三酰甘油命名时将脂肪酸名称放在前面，甘油的名称放在后面，叫作某酸甘油酯（或某脂酰甘油）。如果是混三酰甘油，则分别用 α，α' 和 β 表明脂肪酸的位次。例如：

三硬脂酸甘油酯　　　　　　α-硬脂酰-β-软脂酰-α'-油酰甘油

天然油脂是各种混三酰甘油的混合物。此外，还含有少量的磷脂、固醇、色素、维生素、游离脂肪酸、脂肪醇、蜡、醛和酮等。自然界中存在的混三酰甘油都是 L-构型，即在 Fischer 投影式中 C^2 上的酰基在甘油基碳链的左侧。组成油脂的高级脂肪酸种类很多，目前已经发现在油脂中的脂肪酸约 50 多种。常见的高级脂肪酸见表 16-1，它们都具有如下共性。

▱ 表 16-1　油脂中常见的脂肪酸

习惯名称	系统名称	结构式
月桂酸	十二碳酸	$CH_3(CH_2)_{10}COOH$
软脂酸	十六碳酸	$CH_3(CH_2)_{14}COOH$
硬脂酸	十八碳酸	$CH_3(CH_2)_{16}COOH$
油酸	Δ^9-十八碳烯酸	$CH_3(CH_2)_7CH=CH(CH_2)_7COOH$
亚油酸	$\Delta^{9,12}$-十八碳二烯酸	$CH_3(CH_2)_4(CH=CHCH_2)_2(CH_2)_6COOH$
亚麻酸	$\Delta^{9,12,15}$-十八碳三烯酸	$CH_3CH_2(CH=CHCH_2)_3(CH_2)_6COOH$
桐油酸	$\Delta^{9,11,13}$-十八碳三烯酸	$CH_3(CH_2)_3(CH=CH)_3(CH_2)_7COOH$
花生四烯酸	$\Delta^{5,8,11,14}$-二十碳四烯酸	$CH_3(CH_2)_4(CH=CHCH_2)_4(CH_2)_2COOH$

① 碳链很长，一般有 14～20 个碳原子，几乎都是偶数。最常见的是 16～18 个碳原子，12 个碳原子以下的饱和脂肪酸多存在于哺乳类动物的乳脂中。

② 饱和脂肪酸中，最普遍的是软脂酸（C_{16}）和硬脂酸（C_{18}）。不饱和脂肪酸常见的有油酸、亚油酸、亚麻酸和花生四烯酸等。

③ 不饱和脂肪酸的熔点比链长相等的饱和脂肪酸低。

④ 不饱和高级脂肪酸包含有一个或多个 C═C 双键，其中以 C_{18} 不饱和脂肪酸为主。

不饱和脂肪酸的双键多数位于碳链中间 C^9 的位置，双键常用"Δ"表示，把双键的位置写在"Δ"的右上角。

⑤ 几乎所有的不饱和脂肪酸都是顺式构型。

多数脂肪酸在人体内都能合成。亚油酸、亚麻酸在人体内不能自身合成，花生四烯酸虽然能自身合成，但量太少，还必须由食物供给，故三者称为必需脂肪酸。人体从食物中获得这些必需脂肪酸后就能够合成同族的其他不饱和脂肪酸，所以必需脂肪酸对人体的健康是必不可少的。

16.1.2 油脂的性质

16.1.2.1 物理性质

纯净的油脂是无色、无臭、无味的。大多数天然油脂由于溶有维生素和色素的缘故而呈黄色至红色。天然油脂尤其是植物油，都带有些香味或特殊的气味，如芝麻油有香味，而鱼油有令人作呕的臭味。油脂比水轻，相对密度 0.9～0.95，难溶于水，易溶于有机溶剂，如乙醇、乙醚、石油醚、氯仿、四氯化碳和苯等。

油脂的熔点高低取决于所含不饱和脂肪酸的数目，含有不饱和脂肪酸多的油脂有较高的流动性和较低的熔点。这是因为油脂中的不饱和脂肪酸的 C═C 双键大多数是顺式构型，这种构型使脂肪酸的碳链弯曲，分子内羧酸脂肪链之间不能紧密排列，导致三酰甘油分子之间的作用力减弱，熔点降低。植物油中含不饱和脂肪酸的比例较动物脂肪中的大（表 16-2），因此常温下植物油呈液态，动物脂肪呈固态。油脂是混三酰甘油的混合物，无恒定的熔点和沸点。

▫ 表 16-2　常见油脂中脂肪酸的含量和皂化值、碘值

油脂名称	软脂酸/%	硬脂酸/%	油酸/%	亚油酸/%	皂化值/mg·g^{-1}	碘值/g·$(100g)^{-1}$
牛油	24～32	14～32	35～48	2～4	190～200	31～47
猪油	28～30	12～18	41～48	6～7	190～200	46～66
花生油	6～9	4～6	50～57	13～26	185～194	83～105
大豆油	6～10	2～4	21～29	50～59	189～194	124～136
棉籽油	19～24	1～2	23～33	40～48	191～196	103～115
桐油		2～6	4～16	0～1	190～197	160～180
蓖麻油	0～1		0～9	3～9	176～187	81～90
亚麻油	4～7	2～5	9～38	3～43	189～196	170～204

16.1.2.2 化学性质

（1）水解和皂化　三酰甘油在酸、碱或酶（如胰脂酶）的作用下发生水解，生成一分子甘油和三分子脂肪酸。油脂在碱性条件下的水解，则得到甘油和高级脂肪酸的盐类，这种盐

类俗称肥皂，故油脂在碱性溶液中的水解又称皂化。普通肥皂是各种高级脂肪酸钠盐的混合物。油脂用氢氧化钾皂化所得的高级脂肪酸钾盐质软，叫做软皂。现在广义地把酯的碱性水解称为"皂化"。

$$
\begin{array}{c}
\text{CH}_2\text{OCR}^1 \\
| \\
\text{CHOCR}^2 \\
| \\
\text{CH}_2\text{OCR}^3
\end{array}
\quad + \quad 3\text{NaOH} \quad \longrightarrow \quad
\begin{array}{c}
\text{CH}_2\text{OH} \\
| \\
\text{CHOH} \\
| \\
\text{CH}_2\text{OH}
\end{array}
\quad + \quad
\begin{array}{c}
\text{R}^1\text{COONa} \\
\text{R}^2\text{COONa} \\
\text{R}^3\text{COONa}
\end{array}
$$

油脂　　　　　　　　　　　　甘油　　　脂肪酸钠

1.0g 油脂完全皂化时所需氢氧化钾的质量（单位：mg）称为皂化值。根据皂化值的大小，可以判断油脂中所含三酰甘油的平均分子量。皂化值越大，表示油脂中三酰甘油酯的平均分子量越小。两者之间有如下关系：

$$
\text{平均分子量} = \frac{3 \times 56 \times 1000}{\text{皂化值}}
$$

皂化值是衡量油脂质量的重要指标之一，天然油脂都有正常的皂化值范围，如果测得某油脂的皂化值低于或高于其正常范围，表明该油脂中含有不能被皂化或者可以与氢氧化钾作用的杂质。常见油脂的皂化值见表 16-2。

（2）加成

① 氢化　油脂中不饱和脂肪酸的碳碳双键可催化加氢，转化为饱和程度较高的固态或半固态脂肪。这一过程可使油脂的物态发生变化，叫油脂的氢化或硬化。氢化后得的油脂称为硬化油，氢化后的油脂不易被氧化，便于贮存和运输。

② 加碘　油脂的不饱和程度可用碘值来定量衡量，工业上把 100g 油脂所吸收的碘的克数称为碘值。碘值越大，油脂所含双键的数目越多，油脂的不饱和程度也越大。通常碘不易与碳碳双键直接进行加成，故实际常用氯化碘（ICl）或溴化碘（IBr）在冰醋酸中与油脂的反应来测定。

碘值是标志油脂不饱和程度的重要数据，故按碘值大小将油脂分为三类：第一类是干性油，结膜快，如桐油、亚麻子油，碘值在 130 以上；第二类是半干性油，结膜慢，如棉籽油，碘值在 100～130；第三类是非干性油，不能结膜，如花生油、蓖麻油，碘值小于 100。

（3）酸败　油脂在空气中长期放置，逐渐发生变质，产生难闻的气味，这种现象称为酸败。酸败是一个复杂的化学变化过程，受空气中的氧、水分或微生物（酶）的作用，油脂中不饱和脂肪酸的双键被氧化生成过氧化物，这些过氧化物再继续分解或进一步氧化，产生有臭味的低级醛、酮和或羧酸。此外，由于油脂可水解成甘油和游离的脂肪酸，脂肪酸在微生物或酶的作用下可发生 β-氧化，即羧酸中的 β-C 被氧化为羰基，生成 β-酮酸，β-酮酸可进一步分解生成有臭味的低级酮或羧酸。光、热或湿气都可以加速油脂的酸败过程。

油脂的酸败可用酸值来表示。即中和 1.0g 油脂中的游离脂肪酸所需的氢氧化钾的质量（mg）称为油脂的酸值。酸值大小也是衡量油脂品质好坏的重要指标之一。酸值越大，说明油脂中脂肪酸的含量越高，油脂的品质越低。为防止酸败，油脂应贮存于密闭容器中，放置于阴凉处，也可适当添加少量抗氧化剂（如维生素 E 等）。

（4）干性　某些油脂如桐油、亚麻油等涂成薄层暴露在空气中，能逐渐形成一层坚韧、有弹性、不透水的薄膜，这种现象称为油脂的干化作用。干化作用的化学本质不十分清楚，一般认为与油脂的不饱和程度以及碳碳双键的共轭效应有关。

16.2 磷脂和蜡

16.2.1 磷脂

磷脂是一类含有磷元素的类脂化合物，也称磷脂类、磷脂质。主要存在于脑、神经组织、骨髓、心、肝及肾等器官中，蛋黄、植物种子、胚芽及大豆中也含有丰富的磷脂。它是由两分子脂肪酸和一分子磷酸或取代磷酸与甘油缩合而成的复合类脂，按其结构，可将磷脂分成甘油磷脂和鞘磷脂两类。由甘油构成的磷脂称为甘油磷脂；由神经鞘氨醇构成的磷脂称为鞘磷脂。磷脂是体内最多的脂类，具有重要的生理作用。油料种子中含有丰富的磷脂，见表 16-3。

▫ 表 16-3 几种重要油料种子中的磷脂含量

油料种子	磷脂含量/%	油料种子	磷脂含量/%
大豆	1.21~3.30	棉籽	1.25~1.75
油菜	1.03~1.21	向日葵	0.61~0.85
花生仁	0.44~0.62	蓖麻籽	0.25~0.30
亚麻籽	0.44~0.74	大麻籽	0.86

（1）甘油磷脂　甘油磷脂可以看作磷脂酸的衍生物。甘油磷脂中所含甘油的两个羟基与脂肪酸成酯，第三个羟基与磷酸成酯，这个化合物称为磷脂酸。磷脂酸中的磷酸再分别与胆碱、乙醇胺（胆胺）等分子中的醇羟基以磷酸酯键相结合，得到各种甘油磷脂。甘油磷脂有磷脂酰胆碱（卵磷脂）、磷脂酰乙醇胺（脑磷脂）、磷脂酰丝氨酸、磷脂酰甘油、二磷脂酰甘油（心磷脂）及磷脂酰肌醇等。每一类磷脂因其组成的脂肪酸不同而有若干种，这些磷脂分别对生物体的各部位和各器官起着相应的功能。

磷脂酸结构中 C^2 是一个手性碳原子，可形成一对对映体，天然存在的甘油磷脂都属于 R 构型。国际纯粹与应用化学联合会（IUPAC）和国际生物化学联合会（IUB）的生物化学命名委员会建议采用专门的习惯法给手性甘油磷脂进行编号和命名，命名原则如下：

在甘油的 Fischer 投影式中，C^2 上的羟基写在碳链的左侧，磷酰基连在碳链 C^3 的位置，从上到下碳原子的编号为 1、2 和 3，该编号次序不能颠倒，这种编号称为立体专一编号，用 Sn（stereospecific numbering）表示，写在化合物名称的前面。如：

$$
CH_3(CH_2)_7CH=CH(CH_2)_7C-O-C-H
$$

Sn-甘油-1-硬脂酸-2-油酸-3-磷酸酯

（2）鞘磷脂　鞘磷脂又称神经磷脂，不含甘油的成分，这是鞘磷脂与甘油磷脂最主要的差异。鞘磷脂的主链为鞘氨醇或二氢鞘氨醇，鞘氨醇或二氢鞘氨醇是具有脂肪族长链的氨基二元醇，人体以含十八碳的鞘氨醇为主。鞘氨醇的氨基与脂肪酸以酰胺键结合，所得 N-脂酰鞘氨醇称为神经酰胺。神经酰胺 C^1 上的烃基与磷酸胆碱（或磷酸乙醇胺）通过磷酸酯键相连接的化合物即为鞘磷脂。鞘氨醇、神经酰胺、鞘磷脂的结构如下：

鞘氨醇　　　　　　　　　　神经酰胺　　　　　　　　　　鞘磷脂

天然鞘磷脂分子中，鞘氨醇残基中的碳碳双键以反式构型存在。在不同组织器官中，鞘磷脂中的脂肪酸种类有所不同，神经组织中以硬脂酸、二十四碳酸和神经酸（15-二十四碳烯酸）为主，而在脾脏和肺组织中则以软脂酸和二十四碳酸为主。

鞘磷脂有两条由鞘氨醇残基和脂肪酸残基构成的疏水性长碳氢链，有一个亲水性的磷酸胆碱残基，故结构与甘油磷脂类似，具有乳化性质。鞘磷脂是白色结晶，在空气中不易被氧化，不溶于丙酮及乙醚，而溶于热的乙醇中。鞘磷脂是构成生物膜的重要成分之一，大量存在于脑和神经组织中，人的红细胞脂质中含 20%～30% 鞘磷脂。

16.2.2　蜡

蜡是类脂的一种，存在于许多海生浮游生物中，也是某些动物羽毛、毛皮、植物的叶及果实的保护层。它的主要成分是高级脂肪酸与高级一元醇形成的酯。一般含 24～26 个偶数碳原子的脂肪酸和含有 16～36 个偶数碳原子的脂肪醇形成的酯混合物。几种重要的蜡见表 16-4。蜡中除高级脂肪酸的高级醇酯外，还含有少量游离脂肪酸、高级醇、酮和烃。蜡根据其来源可分为动物蜡和植物蜡两类。

名称	主要成分	熔点/℃
虫蜡	$C_{25}H_{51}COOC_{26}H_{53}$	80～84
蜂蜡	$C_{15}H_{31}COOC_{30}H_{61}$	62～65
鲸蜡	$C_{15}H_{31}COOC_{16}H_{33}$	42～45
巴西棕榈蜡	$C_{15}H_{51}COOC_{30}H_{61}$	82～86

动物蜡有蜂蜡、虫蜡、鲸蜡、羊毛蜡等。虫蜡也叫白蜡，是寄生于女贞树上的白蜡虫的分泌物。白蜡为我国特产，主要产地是四川，其熔点高，硬度大。蜂蜡是由工蜂腹部的蜡腺分泌出来的蜡，是建造蜂窝的主要物质。鲸蜡是从巨头鲸脑部的油中冷却分离得到的。植物蜡有巴西棕榈蜡，存在于巴西棕榈叶中。蜡比油脂硬而脆，稳定性大，不溶于水，溶于乙醚、苯等有机溶剂。在空气中不易变质，难于皂化，在体内不能被脂肪酶所水解，故无营养价值。植物的果实、幼枝和叶的表面常有一层蜡起保护作用，以减少水分蒸腾，避免外伤和传染病。此外，蜡在鸟和动物的表面防水方面起着重要的作用。蜡还可以用来制造蜡纸、软膏、鞋油、上光剂、地板蜡、润滑油等。

蜡和石蜡不能混淆，石蜡是石油中得到的直链烷烃（含有 26～30 个碳原子）的混合物，虽然它们的物态、物性相近，但化学性质则完全不同。

16.3　肥皂及合成表面活性剂

16.3.1　肥皂的组成及乳化作用

油脂皂化后得到的高级脂肪酸钠盐就是肥皂。

高级脂肪酸钠盐从结构上看，一部分是羧酸盐离子，具有极性，是亲水基；另一部分是链状的烃基，非极性的，是疏水基。在水溶液中，这些链状的烃基由于范德华力互相靠近聚成一团，似球状。在球状物表面为有极性的羧酸离子所占据，带负电荷，这种球状物称为胶束。如图 16-1 所示。

在油水两相中，胶囊的烃基部分可溶入油中。羧酸离子部分伸在油滴外面而溶入水中，这样油就可以被肥皂分子包围起来，分散而悬浮于水中，形成一种乳液。这种现象叫乳化作用，具有乳化作用的物质称为乳化剂。

肥皂是一种弱酸盐，遇酸后游离出高级脂肪酸而失去乳化功能，故肥皂不能在酸性溶液中使用。肥皂也不能在硬水中使用，因为在含有 Ca^{2+}、Mg^{2+} 的硬水中，肥皂转化为不溶性的高级脂肪酸钙盐或镁盐，从而失去乳化能力。因此，肥皂的应用有一定限制，同时制造肥皂还要消耗大量天然油脂，近年来已经广泛采用合成表面活性剂。

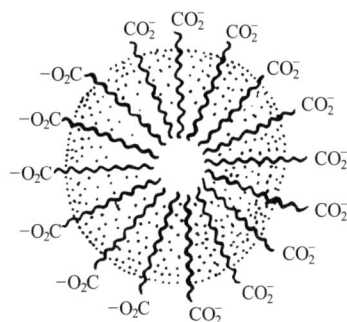

图 16-1　胶束示意图

16.3.2 合成表面活性剂

能够降低液体表面张力的物质叫表面活性剂，其分子中既含亲水基又含疏水基。肥皂就是一种表面活性剂。表面活性剂按用途可分为乳化剂、润湿剂、起泡剂、洗涤剂、分散剂等；按离子类型可分为阴离子型表面活性剂、阳离子型表面活性剂和非离子型表面活性剂。

（1）阴离子型表面活性剂　这一类表面活性剂在水中可以生成带有疏水基的阴离子，起表面活性作用的是阴离子。例如：

$RSO_3^- Na^+$　　　　烷基磺酸钠（R：$C_{12} \sim C_{20}$）

$R-\!\!\!\!\bigcirc\!\!\!\!-SO_3^- Na^+$　　烷基苯磺酸钠（R：$C_{10} \sim C_{12}$）

$RCOO^- Na^+$　　　脂肪酸钠（R：$C_{15} \sim C_{17}$）

肥皂就是一种阴离子表面活性剂。烷基磺酸钠和烷基苯磺酸钠是常见的合成洗涤剂，它们在水中都能生成带有疏水基的阴离子，可用作发泡剂、润湿剂、洗涤剂，也可用作牙膏、化妆品、洗头水和洗衣粉等日用化学工业原料。

（2）阳离子型表面活性剂　这一类表面活性剂在水中可以生成带有疏水基的阳离子，起表面活性作用的是阳离子。常用的主要是季铵盐，也有一些含磷、含硫的化合物。例如：

溴化二甲基-苯氧乙基-十二烷基铵(杜灭芬)　　　　溴化二甲基-苄基-十二烷基铵(新洁尔灭)

它们除了作乳化剂外，还有较强的杀菌作用，所以常用做消毒剂。例如，新洁尔灭用于外科手术时皮肤和器械的消毒；杜灭芬用于预防和治疗口腔炎、咽炎；四丁基溴化铵用作相转移催化剂等。

（3）非离子型表面活性剂　这一类表面活性剂在水中不能生成离子，它们的亲水基主要是羟基和多个醚键，能和水形成氢键的基团，起表面活性作用的是中性分子。例如：

$R-\!\!\!\!\bigcirc\!\!\!\!-O\text{+}CH_2CH_2-O\text{+}_n H$　　　　$(HOCH_2)_3CCH_2OOCC_{17}H_{35}$

聚氧乙烯烷基酚醚（$n = 6 \sim 12$，$R = C_8 \sim C_{10}$）　　　硬脂酸季戊四醇酯

这类化合物通常为黏稠液体，它们极易与水混溶，常用作洗涤剂和乳化剂。此外，它们不解离，所以不会和硬水中的 Ca^{2+}、Mg^{2+} 形成不溶性盐而失去乳化能力。

16.4 萜类化合物

萜类化合物广泛存在于自然界，如植物香精油中的某些组分及动植物中的某些色素等都含有萜类化合物。萜类化合物的特点是分子中碳原子的个数是异戊二烯碳原子个数的整数倍（个别例外），这种结构特点称为异戊二烯规则。根据分子中所含异戊二烯骨架的多少，萜类化合物可分为单萜和多萜（表 16-5）。

□ 表 16-5　萜类化合物的分类

类别	异戊二烯单位/个	碳原子数/个	类别	异戊二烯单位/个	碳原子数/个
单萜	2	10	三萜	6	30
倍半萜	3	15	四萜	8	40
二萜	4	20			

16.4.1　单萜

单萜是由两个异戊二烯单位组成的化合物，根据碳架的连接方式分为开链单萜、单环单萜和双环单萜三类。

开链单萜是由两个异戊二烯单位组成的开链化合物，其中许多是重要的香料或用作合成香料的原料，少数用于配制日用香精。这类化合物中通常都含有羟基和羰基等官能团。

β-月桂烯　　　　橙花醇　　　　α-柠檬醛

单环单萜可以看作二聚异戊二烯的环状结构，这类化合物分子中都含有一个六元碳环。单纯的单环单萜实际上并不存在于自然界，但其衍生物却是重要的萜类。

对䓬烷　　　　苧烯　　　　薄荷醇

双环单萜是由一个六元环分别和三、四或五元环共用两个或两个以上碳原子组成，属于桥环化合物。他们广泛分布于植物体中，具有明显的生理效应，在医药、香料工业应用较广。

α-蒎烯　　　　蒎烷　　　　菠醇

16.4.2　倍半萜

倍半萜是由三个异戊二烯单位组成的化合物，如金合欢醇及山道年都属于倍半萜。

金合欢醇　　　　　　　山道年

16.4.3 二萜

二萜是四个异戊二烯单位组成的化合物，广泛分布于动植物界，如叶绿醇、松香酸和维生素 A 等。

叶绿醇　　　　　　　　松香酸　　　　　　　　维生素A₁

16.4.4 三萜

三萜是六个异戊二烯单位组成的化合物。如龙涎香醇和角鲨烯等。

龙涎香醇　　　　　　　　　　　角鲨烯

16.4.5 四萜

四萜是由八个异戊二烯单位组成的化合物，这类化合物分子中都含有较长的 C=C 共轭体系，往往都具有颜色，也称为多烯色素。四萜在自然界分布很广，如 β-胡萝卜素、叶黄素、番茄红素和虾青素等。

β-胡萝卜素

叶黄素

番茄红素

虾青素

16.4.6 多萜

多萜是含有较多异戊二烯单位的化合物。天然橡胶是异戊二烯的高聚物,可以视为多萜类化合物。

16.5 甾族化合物

甾体化合物亦称为类固醇,广泛存在于动植物体内,并在动植物生命活动中起着重要的调节作用,是一类重要的天然类脂化合物。

16.5.1 甾体化合物的结构

从化学结构上看,甾体化合物分子中都含有氢化程度不同的环戊烷并多氢菲结构,该结构是甾体化合物的母核,四个环常用 A、B、C、D 分别表示,环上的碳原子按如下顺序编号:

环戊烷并多氢菲(甾环)

甾体化合物除都具有环戊烷并多氢菲母核外,几乎所有此类化合物在 C^{10} 和 C^{13} 处都有一个甲基,叫角甲基,在 C^{17} 上还有一些不同的取代基。

甾体化合物都含有四个环,它们两两之间都可以在顺位或反位相稠合。存在于自然界的甾体化合物,环 B 与环 C 都是反式稠合的,环 C 与环 D 也是反式稠合的,环 A 和环 B 可以是顺式或反式相稠合。若 A、B 环反式稠合则称作异系;顺式稠合则称作正系。

A、B反式(异系)　　　　　　A、B顺式(正系)

如果用平面结构式表示时,以 A、B 环之间的角甲基作为标准,把它安排在环平面的前面,并用楔形线与环相连。凡是与这个甲基在环平面同一边的,都用楔形线与环相连,不在同一边的取代基则用虚线与环相连。例如:

胆甾烷(异系)

16.5.2 重要的甾体化合物

(1) 胆甾醇   胆甾醇是脊椎动物细胞的重要组分,在脑和神经组织中特别多,人体内发现的胆石,几乎全都由胆甾醇构成,故俗称胆固醇。

胆甾醇是无色蜡状固体,不溶于水,易溶于有机溶剂。结构中含有双键,能与氢和碘加成。它在氯仿溶液中与乙酸酐和硫酸作用生成蓝绿色,颜色深浅与胆甾醇的浓度成正比,故可用比色法来测定胆甾醇的含量。所有其他不饱和甾醇都有此反应。在人体中,如胆固醇代谢发生障碍,血液中的胆固醇就会增加,这是引起动脉硬化的原因之一。

胆甾醇在酶催化下氧化成 7-脱氢胆甾醇,它的 B 环中有共轭双键。7-脱氢胆甾醇存在于皮肤组织中,在日光照射下发生化学反应,转化为维生素 D_3。

胆甾醇   7-脱氢胆甾醇

维生素D_3

维生素 D_3 是小肠吸收 Ca^{2+} 的关键化合物,体内维生素 D_3 的浓度太低会引起 Ca^{2+} 缺乏,不足以维持骨骼的正常生长而产生软骨病。

(2) 麦角甾醇   麦角甾醇存在于酵母、麦角之中,是一种重要的植物甾醇。在紫外线照射下,通过一系列中间产物,最后生成维生素 D_2。

麦角甾醇   维生素D_2

维生素 D_2 同维生素 D_3 一样,也能抗软骨病。因此,可将麦角甾醇用紫外线照射后加入到牛奶或其他食品中,以保证儿童能得到足够的维生素 D。

(3) 甾体激素   激素是动物体内分泌的物质,它能控制生长、营养、性机能,其中具有甾体结构的激素称为甾体激素。性激素是重要的甾体激素之一,它是人和动物性腺的分泌物,分为雄性激素和雌性激素两种。

睾酮是睾丸分泌的一种雄性激素，其主要功用是促进男性器官的形成及副性器官的发育。雌二醇为卵巢分泌物，对雌性第二性征的发育起主要作用。孕甾酮是卵巢排卵后形成的黄体分泌物，故称黄体酮，它的生理作用是抑制排卵，并使受精卵在子宫里发育，促进乳腺发育，医药上用于防止流产等。

睾酮　　　　　　　　　雌二醇　　　　　　　　　孕甾酮

　　（4）昆虫蜕皮激素　　昆虫蜕皮激素是由昆虫的前胸腺分泌出来的一种激素，它可以控制昆虫蜕皮。昆虫的一生要经历多次蜕变和变态，这些蜕变和变态是由蜕皮激素和保幼激素协调控制的，可控制昆虫的发育与变态，在昆虫生理上十分重要。

　　昆虫蜕皮激素不但可以从昆虫中得到，而且从甲壳动物，甚至从植物中也得到了数十种具有同样生理活性的物质。人工也合成了许多与昆虫蜕皮激素有类似结构和功能的化合物。例如：

R＝H,蜕皮激素　　　　　　　　　R＝OH,蜕皮甾酮

　　蜕皮激素对害虫的防治作用大致可分为两种：一种作用是通过施用蜕皮激素使昆虫体内激素平衡失调，产生生理障碍或发育不全而死亡；另一种作用是蜕皮激素使害虫不能正常发育，以达到控制害虫生长的目的。在家蚕的饲料中加入适量的蜕皮激素，可以促进上簇和结茧整齐，达到增产的目的。

阅读材料 ....

人工合成脂类物质——脂肪替代物

　　脂肪替代物是为了克服天然脂肪容易引起肥胖病或心血管疾病而通过人工合成或对其他天然产物经过改造而形成的具有脂类物质口感和组织特性的物质。

　　目前可见到的脂肪替代物包括脂肪替代品和脂肪模拟品两类。脂肪替代品常见的是人工合成物，而脂肪模拟物常为天然非油脂类物质。如蔗糖脂肪酸聚酯和山梨醇聚酯是已经有所应用的脂肪替代品。前者为蔗糖与 6～8 个脂肪酸通过酯基团转移或酯交换而形成的蔗糖酯的混合物，不能为人体提供能量。山梨醇聚酯是山梨醇与脂肪酸形成的三、四及五酯，可提供的热量仅为 $4.2\text{kJ}\cdot\text{g}^{-1}$，远比甘油三酯的 $39\text{kJ}\cdot\text{g}^{-1}$ 低。脂肪模拟品常以天然蛋白或多糖（植物胶、改性淀粉、某些纤维素等）经加工形成。

　　最早面世、广泛使用的脂肪替代物是 Simplesse 于 1988 年由 Nutrasweel 公司推出，于

1990 年被公认为安全可食用的。它以牛奶或鸡蛋蛋白质为原料,用特殊加热混合加工法(也称"微结粒"法)制成,蛋白质受热后凝聚,产生胶凝大颗粒,经进一步混合,胶凝变成极细的球形小颗粒,使人们在饮用时的口感是液体,而不是一个个小颗粒,同时提供通常脂肪所特有的油腻和奶油状感。目前,它已广泛用于冷冻甜点、酸奶、奶酪、乳制品、沙拉盖料、蛋黄酱和人造奶油等产品中,但不可用在烹调油或需要熔烤或煎炸的食物中,这是因为高温会使蛋白质凝固,失去其脂肪状口感。Olestra 是一种酷似食用脂肪的人造蔗糖酯,可直接通过人体消化系统,不会被吸收,不会产生热量或胆固醇,其在外观、香味和品质方面均与尺度脂肪相似,因此,适合作脂肪替换品,包括在焙烤、煎炸中的应用。

本章小结

一、油脂的主要化学性质

1. 水解和皂化

2. 加成反应(氢化、加碘)

3. 酸败

4. 干性

二、类脂化合物

1. 蜡

2. 磷脂

3. 萜类化合物、异戊二烯规则

4. 甾体化合物

5. 表面活性剂

习题

16-1 写出下列化合物的结构式。

(1)亚油酸 (2)胆固醇 (3)卵磷脂 (4)脑磷脂

16-2 指出卵磷脂和脑磷脂结构上的主要差别,如何将它们分离?

16-3 油脂中脂肪酸的结构有哪些特点?

16-4 解释下列化学名词。

(1)皂化和皂化值 (2)油脂的酸败和酸值 (3)油脂的硬化和油脂的碘值

16-5 油脂、蜡和磷脂在结构上的主要区别是什么?

16-6 下列化合物分别属于几萜类化合物?试用虚线分开其结构中的异戊二烯单元。

(1)
莰烯

(2)
红没药烯

(3)
松香酸

(4)

番茄红素

16-7 有一萜化合物 A（$C_{10}H_{18}O$）与 Tollens 试剂反应得到一羧酸 B（$C_{10}H_{18}O_2$），A 用酸性的高锰酸钾溶液氧化得到丙酮和一种二元羧酸 C〔$HOOCCH_2CH(CH_3)CH_2CH_2COOH$〕。请推测 A 的结构并写出有关反应式。

16-8 某单萜 A 分子式为 $C_{10}H_{18}$，催化加氢生成化合物 B（$C_{10}H_{22}$）。用高锰酸钾氧化 A，则得到乙酸、丙酮和 4-氧代戊酸。试推测 A 和 B 的构造式。

习题参考答案

1-1

(1) CH_3CH_2CHO (2) CH_3COCH_3 (3) OH   (4) $CH_2=CHOCH_3$

(5)   (6) $CH_2=CHCH_2OH$

1-2

碳原子的杂化类型依次为：sp^3，sp、sp^3，sp^2，sp^2

1-3

极性分子有（2），（3），（7），（8），（9），（10），（11），（12）；非极性分子有（1），（4），（5），（6）。

1-4

(1) 卤代烃　(2) 醚　(3) 醇　(4) 脂肪醛　(5) 烯烃　(6) 胺　(7) 脂肪族硫醇
(8) 酯　(9) 羧酸　(10) 芳香醛　(11) 酚　(12) 芳胺

1-5

能溶于水化合物有（3），（4），（5），（6），（7）；
能溶于有机溶剂的化合物有：（1），（2），（8）

1-6

路易斯酸是（1），（6），（9），（10），（11），（12）；
路易斯碱是（2），（3），（4），（5），（7），（8）

1-7

酸性由强至弱顺序为：（10），（7），（6），（5），（1），（3），（2），（9），（8），（4）

1-8

化合物的分子式为 $C_2H_4O_2$。

1-9

化合物的分子式为 $C_6H_{14}O_2N_2$。

2-1

(1) $CH_3CH_2CH=CH_2$ 在 $3000cm^{-1}$ 处存在 $=C-H$ 的伸缩振动吸收，在 $1600cm^{-1}$ 处存在 $C=C$ 的中强吸收；

（2）$CH_3CH_2C{\equiv}CH$ 在 $3100cm^{-1}$ 处存在 ${\equiv}C—H$ 的伸缩振动吸收；

（3）CH_3CH_2CHO 在 $2850cm^{-1}$ 处存在醛氢的特征吸收；

（4）$CH_3CH_2CH_2OH$ 在 $3300cm^{-1}$ 处存在羟基的特征吸收，$CH_3CH_2CH_2NH_2$ 在 $3300\sim3100cm^{-1}$ 处存在氨基的特征吸收；

（5）苯在 $1600\sim1450cm^{-1}$ 处存在苯环的骨架振动。

2-2

（A）$3450cm^{-1}$ 处可能存在缔合—OH，$2900cm^{-1}$ 处为 C—H 的伸缩振动吸收，$1600\sim1450cm^{-1}$ 处可能为苯环的骨架振动，$1200cm^{-1}$ 处可能为 C—O 的伸缩振动吸收，$900\sim700cm^{-1}$ 处可能为 ${=}C—H$ 的弯曲振动吸收。

（B）$3291cm^{-1}$ 处可能为 N—H 的伸缩振动吸收，$3058\sim3054cm^{-1}$ 处可能为 ${\equiv}C—H$ 或 ${=}C—H$ 的伸缩振动吸收，$2100cm^{-1}$ 处可能为—C≡N 或 C≡C 的伸缩振动，$1488\sim1444cm^{-1}$ 处可能为 C—H 的弯曲振动吸收，$1000cm^{-1}$ 以下可能为其他键的弯曲振动吸收。

2-3

第三个化合物能吸收较长波长的光，第二个化合物能吸收较短波长的光。因为第三个化合物分子中的共轭体系最大，第二个化合物分子中的共轭体系最小。

2-4

（1）n→π* 跃迁，R 带　　　（2）π→π* 跃迁，K 带

（3）π→π* 跃迁，K 带　　　（4）π→π* 跃迁，K 带，B 带，E 带

2-5

化合物可能结构式为：$CH_3CHBrCH_2CH_2Br$

2-6

化合物可能结构式为：A　$(CH_3)_2CHI$；　　　　　B　CH_3CHBr_2；

C　$ClCH_2CH_2CH_2Cl$；　　D　$CH_3CH_2OOCCH{=}CHCOOCH_2CH_3$

2-7

化合物可能结构式为：$CH_3OOCCH_2CH_2COCH_2CH_3$

2-8

化合物可能结构式为：

$$H_3CH_2CO—\overset{\overset{O}{\|}}{C}—\underset{}{\bigcirc}—\overset{\overset{O}{\|}}{C}—OCH_2CH_3$$

3-1

（1）2-甲基-4,5-二乙基庚烷　　　　　（2）2,2,3-三甲基丁烷

（3）2,3-二甲基-3-乙基戊烷　　　　　（4）2,2,4-三甲基-3-乙基戊烷

（5）8-氯二环 [3.2.1] 辛烷　　　　　（6）8-甲基螺 [4.5] 癸烷

（7）反-1,4-二甲基环己烷　　　　　（8）5-异丁基螺 [2.4] 庚烷

3-2

（1）$CH_3CH_2\underset{\underset{CH_2CH_3}{|}}{\overset{\overset{CH_3}{|}}{C}}HCHCH_2CH_2CH_2CH_3$

（2）$CH_3\underset{\underset{CH_3}{|}}{C}H—\underset{\underset{CH_3CH_3}{| \ |}}{\overset{\overset{C_2H_5}{|}}{C}}—CHCH_3$

（3）$CH_3\underset{\underset{CH_3}{|}}{C}HCH_2CH_2CH_3$

（4）

（5）

3-3

略

3-4

(1)   (2)

3-5

(1)   (2)   (3)

3-6

1,2-二甲基环己烷的反式异构体较稳定，因两甲基空间距离较远，排斥力较小；1-甲基-3-异丙基环己烷，是顺式异构体稳定还是反式异构体较稳定，理由同上。构象式略。

3-7

(1) > (3) > (2)

3-8

(4) > (2) > (3) > (1)

3-9

(1) 正丙基，n-Pr　　(2) 异丙基，iso-Pr　　(3) 异丁基，iso-Bu

(4) 叔丁基，$tert$-Bu　　(5) 甲基，Me　　(6) 乙基，Et

4-1

(1) 2-乙基-1-丁烯　　　　　　　(2) 2,5 二甲基-2-己烯

(3) 2-正丙基-1-己烯　　　　　　(4) 3,5-二甲基-3-庚烯

(5) 4-甲基-1-己炔　　　　　　　(6) 3,4-二甲基-1,3-戊二烯

(7) 4-甲基-1-己烯-5-炔　　　　　(8) 3-甲基-4-己烯-1-炔

(9) 　　　　　(10) $HC\equiv CCH_2C\equiv CCH_3$

(11) $HC\equiv CC(CH_3)_2CH_2CH_2CH_3$　　(12)

(13) 　　　(14)

4-2

(1) 　(2) 错，应为 1-丁烯 　(3)

(4) 　(5) 　(6) 错，应为 2,3-二甲基-1-戊烯

(7) 　(8) 错，应为 2-甲基-3-乙基-2-己烯

4-3

(1) CH$_3$CHCH$_3$ CH$_3$CHCH$_3$
       | |
       OSO$_3$H   OH

(2) CH$_3$CH$_2$CCH$_3$ (with CH$_3$ above and Br below)

(3) CH$_3$CH$_2$CH$_2$CCH$_3$ (with Cl above and Cl below)

(4) CH$_3$CH$_2$CCH$_3$ (C=O) $+$ CO$_2$

(5) CH$_3$CH$_2$COOH   CH$_3$COOH

(6) CH$_3$CH$_2$CH$_2$COCH$_3$ $+$ CH$_3$CH$_2$COCH$_2$CH$_3$

(7) [cyclohexene ring]—CHO

(8) [cyclohexene ring]—CN

(9) CH$_3$C=CHCH$_2$Br
        |
        CH$_3$

(10) CH$_3$CH$_2$C=CH$_2$
           |
           CN

(11) CH$_3$CH$_2$C≡CAg

(12) CH$_3$CH$_2$CH$_2$CH$_3$

4-4

4-5

[pent-1-ene structure] 或 [3-methylbut-1-ene structure]

4-6

CH$_3$CHCH$_2$C≡CH
      |
      CH$_3$

4-7

A CH$_3$CH$_2$CH$_2$CH$_2$C≡CH   B CH$_3$CH=CHCH=CHCH$_3$

4-8

CH$_3$CH$_2$C≡CCH$_2$CH$_3$

5-1

(1) 2-甲基-3-苯基-1-丁烯   (2) 间乙基苯乙烯   (3) 3-甲基-1-萘甲醛
(4) 对苯基苯甲醛   (5) 环戊基苯   (6) 四氢萘
(7) 8-硝基-2-萘磺酸   (8) 对硝基邻氯苯甲酸   (9) 4-硝基-4'-甲基二苯甲烷

5-2

5-3 只给出提示：（1）烷基化反应（异构化） （2）硝化反应（特别提示：甲基是致活基）

（3）侧链 α-氢以及双键部位的氧化反应 （4）亲电加成；α-氯代

（5）苯环上的亲电取代 （6）分子内的烷基化反应 （7）分子内的酰基化反应

（8）硝化反应；萘环的溴代反应（特别提示：硝基是致钝基） （9）侧链 α-氯代

（10）侧链 α-氢的氧化反应

5-4 （1）、（3）、（5）、（8）能；

（2）、（4）、（6）、（7）不能

5-5 （1）甲苯＞苯＞氯苯＞硝基苯

（2）苯酚＞甲苯＞苯甲酸＞硝基苯

（3）对二甲苯＞甲苯＞对甲苯甲酸＞苯甲酸

（4）苯甲醚＞苯＞溴苯＞苯乙酮

5-6 （1）C^4 位 （2）C^4 位、C^6 位 （3）C^4 位、C^6 位 （4）C^4 位、C^6 位

（5）C^5 位 （6）C^5 位 （7）C^4 位、C^6 位 （8）C^3 位

5-7

（1）先加硝酸银的氨溶液（产生白色沉淀者为苯乙炔）；再加溴的四氯化碳溶液（褪色者为苯乙烯）；加高锰酸钾的酸性溶液（褪色者为乙苯）；剩下的即为乙基环己烷。

（2）先加硝酸银的氨溶液（产生白色沉淀者为苯乙炔）；再加溴的四氯化碳溶液（褪色者为 1,3-环己二烯）；加高锰酸钾的酸性溶液（褪色者为甲苯）；剩下的即为苯。

（3）先加溴的四氯化碳溶液（褪色者为环己烯）；再加高锰酸钾的酸性溶液（褪色者为环己基苯）；剩下的即为苯。

5-8

只给出提示：（1）先氧化，后氯代 （2）先溴代，后氧化 （3）先硝化，后氯代

（4）先氯代，后磺化 （5）先硝化，再氯代，最后氧化 （6）先溴代，再氧化，最后硝化

（7）先硝化，再侧链 α-氯代，最后烷基化

5-9

具有芳香性的是：环丙烯正离子、环戊二烯负离子、䓬

5-10

$C_6H_5CH_2CH{=\!=}CHCH_2C_6H_5$

5-11

A 为对甲苯乙炔；B 为对乙基甲苯；C 为对苯二甲酸

5-12

A 为丙苯或异丙苯；B 为对乙基甲苯；C 为均三甲苯

6-1

C D D C A

6-2

(1)   (2) A、B具有对称因素，C、D是手性分子。

6-3

(1) (R)-1-氯-1-溴乙烷 (2) (R)-3-溴-1-戊烯

(3) (2S，3R)-2，3-二氯戊烷 (4) (2R，3R)-3-氯-2-溴戊烷

6-4

$130.8 = 42.3/\rho_B \times 1$，计算得 $\rho_B = 3.09\text{g·mL}^{-1}$

6-5

6-6

7-1

(1) 3-甲基-4-氯庚烷 (2) 顺-3-甲基-2-氯-2-戊烯

(3) 4-乙基-2-氯甲苯 (4) 3-溴戊烯

(5) 4-甲基-2-氯-6-溴庚烷 (6) 1-环己基-3-溴-1,3-丁二烯

(7) 顺-1-叔丁基-3-氯环己烷 (8) 反-1,2-二溴环己烷

(9) 2-氯二环［2.2.1］庚烷 (10) 5-溴螺［3.4］辛烷

7-2

7-3

7-4

(1) 氯化苄 ＞ 1-苯基-2-氯乙烷 ＞ 对氯甲苯

(2) 3-溴环戊烯 ＞ 4-溴环戊烯 ＞ 1-溴环戊烯

7-5

(1) ①>②>③   (2) ①>②>③

7-6

(1) S_N2 (2) S_N1 (3) S_N2 (4) S_N1

7-7

(A)   (B) Br   (C)

7-8

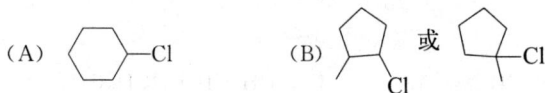

(A) Cl   (B) 或   Cl

(C)   (D)

7-9

(A) $CH_3CH\!=\!CH_2$ (B) $CH_3CH\!-\!CH_2$ Cl Cl   (C) $CH_2\!=\!CHCH_2Cl$

(D) $CH_2\!=\!CHCH_2CH_2CH_3$ (E) $CH_2\!=\!CHCHCH_2CH_3$ Br

(F) $CH_2\!=\!CHCH\!=\!CHCH_3$ (G)

8-1

(1) 3,3-二甲基丁醇   (2) 4-戊炔-2-醇   (3) 2-丙基-2-丁烯-1-醇   (4)（2S,3R）-2,3-戊二醇

(5) 3-甲氧基苯酚（间甲氧基苯酚）   (6) 3-硝基-2-氯苯酚   (7) 2-环戊烯-1-醇

(8) 2-苯基-2-戊醇   (9) 4-叔丁基-2,6-二溴苯酚   (10) 5-甲基-2-萘酚

(11) 乙基乙烯基醚   (12) 4-甲基苯甲醚（对甲基苯甲醚）

8-2

8-3

(1) D>C>A>B   (2) C>A>B>D>E

8-4

(1) $H_3C\!-\!CH\!-\!CH_3$ Br $H_3C\!-\!CH\!-\!CH_3$ MgBr   (2) CH_2Br

（3）

（4）

（5）

（6）

（7）
 ＋CH₃CH₂I

（8）

8-5

（1）可以使溴水褪色的是环己烯，能使高锰酸钾褪色的是环己醇，没有变化的是环己烷。

（2）首先分别将四种物质加入到溴水中，能褪色的是 3-丁烯-2-醇和 3-丁烯-1-醇，不能褪色的是正丁醇和 2-丁醇。再将上述物质分别加入卢卡斯试剂中，很快出现浑浊的为 3-丁烯-2-醇和 2-丁醇，长时间无浑浊者为 3-丁烯-1-醇和正丁醇。

（3）首先用三氯化铁溶液加入到盛有四种物质的试管中，呈现出紫色的物质是苯酚；其次将钠加入到盛有剩下三种物质的试管中，其中会放出氢气的物质是苄醇；最后向盛有剩余两种物质的试管中滴加酸性高锰酸钾溶液，其中能使高锰酸钾溶液会褪色的是甲苯，剩下的一种物质是苯甲醚。

8-6

（1）用少量的浓硫酸洗涤，再分液，有机层为环己烷。

（2）加入足量碳酸钠溶液，用乙酸乙酯萃取，分液，水层加入稀盐酸至弱酸性，再用乙酸乙酯萃取，减压蒸馏得到苯酚；有机层用浓硫酸洗涤，乙酸乙酯萃取，再将有机层减压蒸馏出去溶剂得到苯；浓硫酸溶液用氢氧化钠溶液中和至弱碱性，再用乙酸乙酯萃取，减压蒸馏得到苯甲醚。

8-7

（1）

（2）

（3）

8-8

A (OMe苯) B (OH苯) C CH₃I

(1) (OMe苯) $\xrightarrow{HI}$ (OH苯) $+CH_3I$

(2) (OH苯) $\xrightarrow{NaOH}$ (ONa苯) $+H_2O$

(3) $CH_3I \xrightarrow{AgNO_3} CH_3ONO_2 + AgI$

8-9

9-1

(1) 2,3-二甲基丁醛　(2) 4-甲基-2-戊酮　(3) 2,4-戊二酮　(4) 3-甲基-2-丁烯醛

(5) 1-戊烯-3-酮　(6) 2-甲基环己酮　(7) 苯丙酮　(8) 二苯酮

(9) 2-甲氧基苯甲醛（邻甲氧基苯甲醛）

9-2

9-3

(1) $CH_3-\underset{\underset{CH_3}{|}}{CH}-\underset{\underset{OH}{|}}{CH}-CN$　(2) (环状缩酮)　(3) (邻甲基苯基-CH(OH)-CH₂CH₃)　(4) $CH_3-\underset{\underset{CH_3}{|}}{CH}-\underset{\underset{SO_3Na}{|}}{\overset{\overset{OH}{|}}{C}}-CH_3$

(5) (间硝基苯-CH=NOH)　(6) (CH₃CH₂-CH(OH)-CH(CH₃)-CHO)　(7) $CH_3-\underset{\underset{CH_3}{|}}{\overset{\overset{CH_3}{|}}{C}}-COOH + CH_3-\underset{\underset{CH_3}{|}}{\overset{\overset{CH_3}{|}}{C}}-CH_2OH$

(8) $H_3C-CHCH_2CH_3$ (苯基)

(9) $CH_3CH_2\underset{\underset{OH}{|}}{CH}CHCH=CH_2$　(10) (间硝基苯甲酸 COOH, NO₂)　(11) (苯-CH₂-CO-ONa)

(12) (四氢吡喃-2-OH), (四氢吡喃-2-OCH₃)

9-4

(1) $\underset{\substack{O\\\parallel}}{CH_3CH} > \underset{\substack{O\\\parallel}}{H_3CCCH_3} > \underset{\substack{O\\\parallel}}{CH_3CCH_2CH_3} > \underset{\substack{O\\\parallel}}{(CH_3)_3CCC(CH_3)_3}$

(2) $\underset{\substack{O\\\parallel}}{CCl_3CCH_2CH_3} > \underset{\substack{O\\\parallel}}{CH_3CCH_2CH_3}$

9-5

（1）先将三种物质分别加入盛有斐林试剂的试管中，有砖红色沉淀产生的甲醛和乙醛，没有变化的是丙酮。在甲醛和乙醛中分别加入碘的氢氧化钠溶液，产生黄色沉淀的是乙醛，没有变化的是甲醛。

（2）加入托伦试剂，有光亮银镜产生的是醛；在两种醛中，分别加入斐林试剂，有红色沉淀的是戊醛，没有变化的是苯甲醛。再在两种酮中，分别加碘的氢氧化钠溶液，有黄色沉淀生成的是 2-戊酮，没有变化的是环戊酮。

（3）加入卢卡斯试剂，静置一段时间有沉淀的是异丙醇，加热生成沉淀的是丙醇。剩下的为丙醛和丙酮，再用碘的氢氧化钠溶液，有黄色沉淀生成的为丙酮，不反应的为丙醛。

（4）能使 $FeCl_3$ 溶液显紫色的是苯酚，加入吐伦试剂并微热，有白色沉淀的是苯甲醛；向其余两个中加入碘的氢氧化钠溶液，有黄色沉淀的是苯乙酮，没有变化的是苯甲醇。

9-6

（1）三氯乙醛＞一氯乙醛＞乙醛＞苯乙酮＞二苯甲酮

（2）三氯乙醛＞甲醛＞乙醛＞丙酮

9-7　（1），（2）和（6）可以发生碘仿反应，产物为（1）

（2）　　（6）

9-8

先用吉拉德（Girard）试剂与混合物反应，再加入水，并用乙酸乙酯萃取、分液，有机层减压蒸馏得到 1-戊醇，水溶液用酸处理解离出醛和酮。醛和酮的混合物用饱和亚硫酸钠溶液处理，再用乙酸乙酯萃取、分液，有机层减压蒸馏得到 3-戊酮。水层再用稀盐酸处理，用乙酸乙酯萃取并分液，有机层减压蒸馏得到戊醛。

9-9

（3）

（4）

$CH_3CH_2COOH+CH_3CH_2CH_2OH \xrightarrow[\triangle]{H_2SO_4} CH_3CH_2COOCH_2CH_2CH_3+H_2O$

（5）

9-10

（1）

（2）

9-11

9-12

亲核加成反应受电子效应和空间位阻的影响，$ArCH_2COR$ 由于羰基离芳基较远因而位阻相对于 Ar-COR 要小，反应活性较高。同时由于 ArCOR 的羰基直接与芳基相连，因而可以形成共轭体系，使得羰基更稳定，因而活性相对较低。综上，$ArCH_2COR$ 的亲核加成活性优于 ArCOR。

9-13

（1）

（2） 羰基与甲基相连才能发生碘仿反应

（3）

9-14

A

(1)

(2)

9-15

A B

C D

(1)

(2)

(3)

(4)

10-1

(1) (2E,4E)-2,4-己二烯酸　　　　(2) 2,5-二甲基庚酸

(3) 对羟基苯甲酸　　　　　　　　(4) 2,4-二氯苯氧乙酸

(5) 邻乙酰氧基苯甲酸（乙酰水杨酸）　(6) N-甲基氨基甲酸苯酯

(7) 5-羟基萘乙酸　　　　　　　　(8) 3-甲基-4-环己基丁酸

10-2

(1) 　　　　　(2)

(3) CH₃CH₂CH—CHCOOH　　(4)

(5) 　　(6)

(7) 　　(8)

10-3

(1) 苯酚＜乙酸＜氯乙酸＜二氯乙酸

(2) 丙酸＜3-氯丙酸＜2-氯丙酸＜2,2-二氯丙酸

(3) 环己醇＜水＜苯甲酸＜甲酸

10-4

(1) Tollens 试剂，Na_2CO_3 溶液，$KMnO_4$ 溶液

(2) $FeCl_3$ 溶液，Na_2CO_3 溶液

(3) 水，苯胺

10-5

(4) $CH_3CH\!=\!CHCOOH$ (5)   (6)

10-6

略

10-7

10-8

10-9

10-10

10-11

11-1

(1) 硝基乙烷　　(2) 1,7-庚二胺　　(3) N-亚硝基二乙基胺　　(4) 氯化苯铵　　(5) 邻溴乙酰苯胺

(6) 对硝基苯肼　　(7) 1-甲基哌啶　　(8) 丁二酰亚胺　　(9) 溴化甲基乙基苄基十二烷基铵

(10) N-甲基-N-乙基对氯苯胺　　(11) N-甲基吡咯烷酮

11-2

(1) 二甲胺＞甲胺＞氨＞乙酰胺　　　　(2) 环己胺＞对甲氧基苯胺＞苯胺

(3) 甲乙胺＞戊胺＞苯胺＞乙酰苯胺

(4) 氢氧化四甲铵＞甲胺＞尿素＞甲酰胺＞邻苯二甲酰亚胺

11-3

(7) $(CH_3)_2N^+(CH_2CH_3)_3I^-$, $(CH_3)_2N^+(CH_2CH_3)_2OH^-$, $(CH_3)_2NCH_2CH_3 + CH_2 = CH_2$

11-4

(1) 采用 Hinsberg 反应鉴定。

(2) 采用 Hinsberg 反应鉴定。

(3) 银镜反应鉴定出乙醛，碘仿反应鉴定出乙醇，Hinsberg 反应鉴定出乙胺，剩余乙酸。

11-5

$$CH_3CH_2CHCH_3 \xrightarrow{H^+} CH_3CH_2CHCH_3 \xrightarrow{SOCl_2} \xrightarrow{NH_3}$$
$$\quad\quad\ \ |CN \quad\quad\quad\quad\quad\quad |COOH$$

$$CH_3CH_2CHCH_3 \xrightarrow{Br_2,OH^-} CH_3CH_2CHCH_3$$
$$\quad\quad\ \ |CONH_2 \quad\quad\quad\quad\quad |NH_2$$

(2)

(3)

11-6

      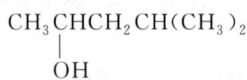 $CH_3CH=\!\!=CHCH(CH_3)_2$

$\quad\quad\ \ A \quad\quad\quad\quad\quad\quad\quad\quad B \quad\quad\quad\quad\quad\quad\quad C$

12-1

(1) 环己基硫醇　　(2) 甲基环己基硫醚　　(3) 对甲基苯硫酚　　(4) 对甲基苯磺酰氯

(5) 乙基异丙基硫醚　　(6) 2-巯基-3-丁烯酸　　(7) O,O-二乙基-O-对硝基苯基磷酸酯

(8) O,O,O-三甲基磷酸酯

12-2

(1) CH_3CH_2SH　　　(2) 　　　(3) $\begin{array}{l}CH_3CH_2CH_2CHCH_3\\ \quad\quad\quad\quad\ \ |SCH_3\end{array}$

(4) 　　(5) $CH_3CH_2CH_2CH_2\!-\!S\!-\!S\!-\!CH_2CH_2CH_3$

(6) 　　(7)

(8)

12-3

(1) $CH_3OSO_2OCH_3 < CH_3CH_2SO_2NHCH_3 < CH_3CH_2SO_2OH$

(2) 对甲基苯酚 < 硫酚 < 苯磺酸

12-4

(1) 乙醇 > 乙硫醇 > 甲硫醇

（2）正丁醇＞异丁醇＞异丁硫醇

12-5

（1）$CH_3CH_2SNa + H_2O$　　　（2）$CH_3CH_2SO_3H$　　　（3）$SNa + H_2O + CO_2\uparrow$

（4）　（5）$2CH_3OH + H_3PO_4 + CH_3$—$\overset{O}{\overset{\|}{C}}$—$CH_2COONa + CH_3NH_2$

12-6

（1）加入 $NaHCO_3$　　　（2）加入 $CH_3CH_2NH_2$（$NaOH$ 溶液）

12-7

略

12-8

A　　　　　B　$CH_3CH_2SO_3H$　　　C　

D　$CH_3\overset{\|}{\underset{O}{C}}CH_2CH_3$　　　E　

13-1

（1）2-甲基-5-溴噻吩　　（2）2-羟基-4-吡啶甲酸　　（3）6,8-二羟基嘌呤

（4）5-甲氧基咪唑　　（5）5-羟基嘧啶　　（6）4-溴-3-吲哚基乙酸

（7）　（8）　（9）　（10）

13-2

在吡啶分子中，氮原子的电负性比碳大，表现出吸电子诱导效应，使环中碳原子的电子云密度小于苯中碳原子的电子云密度，是缺电子芳杂环，所以难以发生亲电取代反应。而吡咯分子中环上电子云密度比苯大，是富电子芳杂环，所以易于发生亲电取代。

13-3

（1）

（2）

（3）

（4）

（5）

(6)

(7)

(8)

13-4

（1）苄胺＞氨＞吡啶＞苯胺＞吡咯

（2）四氢吡咯＞吡啶＞吡咯

13-5

（1）用浓盐酸处理，吡啶具有碱性而与盐酸生成盐溶于水相，分离出吡啶。

（2）在室温下用浓硫酸处理，噻吩在室温与浓硫酸反应生成 α-噻吩磺酸而溶于浓硫酸，苯不反应。

13-6

A   B

C   D

13-7

（1）   （2） 略

13-8

略

14-1

（1）   （2）

（3）   （4）

14-2

（1）   （2）

（3）   （4）

14-3

（1）D-葡萄糖和 D-甘露糖的差别仅 C^2 位的构型不同，像这种有多个手性碳的非对映异构体，彼此间只有一个手性碳原子的构型不同，而其余都相同，称为差向异构体。

（2）连有半缩醛羟基的手性碳构型相反，其他相对应的手性碳的构型均相同的糖互为端基异构体。

（3）糖在水溶液中自动改变比旋光度，最后达到恒定值的现象称为变旋光现象。

（4）凡是能被弱氧化剂（Tollens，Benedict 和 Fehling 试剂）氧化的糖称为还原糖，如葡萄糖、麦芽糖。不能被弱氧化剂氧化的糖称为非还原糖，如蔗糖。

（5）糖的半缩醛羟基与其他化合物分子脱水键合所形成的键，称为苷键。

14-4

14-5

14-6

14-7

(3)

(4)

(5)

(6)

(7)

14-8

（1）D-阿拉伯糖　　　（2）D-甘露糖

14-9

（1）D-核糖　　（2）D-阿拉伯糖　　（3）L-核糖　　（4）D-木糖

（1）与（3）互为对映异构体；（1）与（2），（1）与（4）互为差向异构体。

14-10

15-1

（1）$CH_3CH(OH)CH(NH_2)COOH$　　　　　　（2）$C_6H_5CH_2CH(NH_2)COOH$

（3）$CH_2(OH)CH(NH_2)CONHCH_2COOH$　　（4）$CH_2(SH)CH(NH_2)COOH$

（5）$(CH_3)_2CHCH_2CH(NH_2)COOH$　　　　（6）$HOOCCH_2CH_2CH(NH_2)COOH$

（7）　　　　　　　　（8）

15-2

(1) 负离子　　　 (2) 正离子　　　 (3) 两性离子

15-3

小于 6

15-4

丙氨酸（正离子）向阴极移动；半胱氨酸（负离子）向阳极移动；丝氨酸（两性离子）不移动

15-5

G-A-C-A-G-T

15-6

亮-丙-精-苯丙-甘-丝-脯-亮

15-7

(1) 蛋白质（茚三酮反应）；淀粉（与 I_2 的显色反应）。

(2) 苯丙氨酸（黄蛋白反应）；丙-甘-半胱（茚三酮反应）。

(3) 葡萄糖（银镜反应）；蛋白质（茚三酮反应）。

15-8

$CH_3CH_2CH(NH_2)COOH$ 或 $CH_3CH(NH_2)CH_2COOH$ 或 $H_2NCH_2CH(CH_3)COOH$

15-9

A：$CH_3CH(NH_2)COOC_2H_5$　　　 B：$CH_3CH(NH_2)COOH$　　　 C：CH_3CH_2OH

16-1

(1) $CH_3(CH_2)_4(CH\!=\!CHCH_2)_2(CH_2)_6COOH$

(2)

(3)

(4)

16-2

卵磷脂又称为磷脂酰胆碱，分子结构中含有胆碱。脑磷脂又称为磷脂酰胆胺，分子结构中含有胆胺（乙醇胺）。脑磷脂在冷乙醇中的溶解度很小，而卵磷脂在冷乙醇中的溶解度较大，利用此溶解性差异可将二者分离。

16-3

天然油脂中的脂肪酸一般都是含偶数碳原子的直链饱和脂肪酸和非共轭的不饱和脂肪酸。绝大多数脂肪酸含 12～18 个碳原子。而且不饱和脂肪酸中的双键多是顺式构型。

16-4

（1）皂化是油脂在碱催化下水解成高级脂肪酸和甘油的反应。1g 油脂完全皂化时所需氢氧化钾的毫克数称为皂化值。

（2）脂的酸败是指油脂中不饱和脂肪酸被空气中的氧缓慢氧化，生成小分子醛、羧酸等物质的过程。中和 1g 油脂中的游离脂肪酸所需氢氧化钾的毫克数称为油脂的酸值。

（3）油脂的硬化是指在催化剂存在下，使油脂中的不饱和键氢化为饱和键的过程。100g 油脂中不饱和键所能吸收碘的克数称为油脂的碘值。

16-5

略

16-6

（单萜）	（倍半萜）	（二萜）

（四萜）

16-7

A　3,7-二甲基-6-辛烯醛（香茅醛）

16-8

［1］ 邢其毅，等．基础有机化学．4 版．北京：高等教育出版社，2017.

［2］ 赵温涛，等．有机化学．6 版．北京：高等教育出版社，2019.

［3］ 傅建熙．有机化学——结构和性质相关分析与功能．4 版．北京：高等教育出版社，2018.

［4］ 汪小兰．有机化学．5 版．北京：高等教育出版社，2017.